计算机技术开发与应用丛书

FFmpeg入门详解
音视频流媒体播放器原理及应用

梅会东 ◎ 编著

清华大学出版社
北京

内容简介

本书系统讲解了音视频流媒体及播放器的基础理论及案例应用。本书为FFmpeg音视频流媒体系列的第5册，前4册分别是《FFmpeg入门详解——音视频原理及应用》《FFmpeg入门详解——流媒体直播原理及应用》《FFmpeg入门详解——命令行及音视频特效原理及应用》《FFmpeg入门详解——SDK二次开发及直播美颜原理及应用》。

全书共9章，系统讲解了LibVLC二次开发播放器、Qt Multimedia实现音视频播放器、OpenCV结合MFC实现视频采集及播放、SDL 2开发库详解及FFplay二次开发播放器，最后从源码级别剖析FFplay播放器及音视频同步原理等知识点。这些开发库功能都非常强大，对音视频的封装性也很好，而且都是跨平台的，使用起来既简单又方便。

本书通俗易懂地讲解了VLC、OpenCV、Qt和FFmpeg的音视频播放器相关的原理及案例应用，重点讲解FFplay+SDL 2实现播放器的知识，由浅入深，详细展开。本书的内容安排按"VLC播放器—Qt播放器—MFC播放器—SDL 2多媒体开发库—FFplay播放器—Android播放器—音视频同步"的主线进行。书中包含大量示例，图文并茂，争取让每个音视频流媒体领域的读者都能真正开发出专业的播放器。本书知识体系比较完整，侧重音视频流媒体及播放器原理的讲解及案例应用。建议读者先学习FFmpeg音视频流媒体系列的前4册，然后学习本书。本书的讲解过程由浅入深，让读者在不知不觉中学会播放器开发方面的专业知识，并能动手实现各种播放器。

本书适合有一定音视频基础的读者阅读，可作为音视频流媒体及播放器方面的专业书籍，也可作为高年级本科生和研究生的学习参考书籍。

本书封面贴有清华大学出版社防伪标签，无标签者不得销售。
版权所有，侵权必究。举报：010-62782989，beiqinquan@tup.tsinghua.edu.cn。

图书在版编目(CIP)数据

FFmpeg入门详解：音视频流媒体播放器原理及应用/梅会东编著．—北京：清华大学出版社，2023.8
（计算机技术开发与应用丛书）
ISBN 978-7-302-63559-8

Ⅰ．①F… Ⅱ．①梅… Ⅲ．①视频系统－系统开发 Ⅳ．①TN94

中国国家版本馆CIP数据核字(2023)第088499号

责任编辑：赵佳霓
封面设计：吴　刚
责任校对：韩天竹
责任印制：丛怀宇

出版发行：清华大学出版社
网　　址：http://www.tup.com.cn，http://www.wqbook.com
地　　址：北京清华大学学研大厦A座　　邮　编：100084
社 总 机：010-83470000　　邮　购：010-62786544
投稿与读者服务：010-62776969，c-service@tup.tsinghua.edu.cn
质量反馈：010-62772015，zhiliang@tup.tsinghua.edu.cn
课件下载：http://www.tup.com.cn，010-83470236

印 装 者：北京同文印刷有限责任公司
经　　销：全国新华书店
开　　本：186mm×240mm　　印　张：27.25　　字　数：615千字
版　　次：2023年9月第1版　　印　次：2023年9月第1次印刷
印　　数：1～2000
定　　价：109.00元

产品编号：100464-01

前言
PREFACE

近些年，随着5G网络技术的迅猛发展，FFmpeg音视频及流媒体直播应用越来越普及，音视频流媒体方面的开发岗位也非常多，然而，市面上缺少通俗易懂的系统完整的音视频及流媒体播放器方面的入门书籍。网络上的知识虽然不少，但是太散乱，不适合读者入门。很多程序员想从事音视频或流媒体开发，但始终糊里糊涂、不得入门。笔者在这条路上付出了艰苦的努力，终于有一些收获。借此机会，整理成专业书籍，希望对读者有所帮助，少走弯路。FFmpeg发展迅猛，功能强大，命令行也很简单、很实用，但是有一个现象：即便使用命令行做出了一些特效，但依然很难理解原理，不知道具体的参数是什么含义。音视频与流媒体是一门很复杂的技术，涉及的概念、原理、理论非常多，很多初学者不学基础理论，而是直接做项目、看源码，但在看到C/C++的代码时往往会一头雾水，不知道代码到底是什么意思。这是因为没有学习音视频和流媒体的基础理论，如同学习英语，不学习基本单词，而是天天听英语新闻，总也听不懂，所以一定要认真学习基础理论，然后学习播放器、转码器、非编、流媒体直播、视频监控等。

众所周知，播放器使用起来简单方便，但从源码级别开发一款播放器则比较困难。本书为FFmpeg音视频流媒体系列的第5册，侧重于播放器原理及源码实现，重点讲解LibVLC二次开发播放器、Qt Multimedia实现音视频播放器、OpenCV结合MFC实现视频采集及播放、SDL 2开发库详解及FFplay二次开发播放器，最后从源码级别剖析FFplay播放器及音视频同步原理等知识点。

本书主要内容：

第1章 音视频及流媒体播放原理。

第2章 VLC播放器及二次开发应用。

第3章 Qt信号槽机制及图片轮播。

第4章 Qt播放音视频及Multimedia多媒体模块。

第5章 MFC+OpenCV视频采集及播放。

第6章 SDL 2开发库及高级应用。

第7章 FFmpeg解码音视频及流媒体。

第8章 FFplay+SDL 2开发音视频流媒体播放器。

第9章 FFplay源码剖析及音视频同步。

阅读建议

本书是一本音视频与流媒体播放器方面的专业书籍,既有通俗易懂的基本概念,又有丰富的案例和原理分析,图文并茂,知识体系完善。对音视频、流媒体和播放器的基本概念和原理进行复习,对重要的概念进行了具体阐述,然后结合 LibVLC、Qt Multimedia、OpenCV、SDL 2、FFmpeg 及 FFplay 等知识点开发播放器并进行案例实战,使读者既能学到实践操作知识,也能理解底层理论,非常适合初学者。建议读者先学习 FFmpeg 音视频流媒体系列的前 4 册,然后学习本书。

本书共分为四大部分。

第一部分,即第 1 章和第 2 章,介绍音视频流媒体的入门概念及使用 LibVLC 库二次开发实现播放器。

第二部分,即第 3 章和第 4 章,介绍 Qt Multimedia 多媒体模块的专业知识,并实现音视频播放器。

第三部分,即第 5 章,使用 OpenCV4 结合 MFC 实现视频采集及播放功能。

第四部分,即第 6～9 章,使用 SDL 2 结合 FFplay 二次开发实现播放器。

建议读者在学习过程中,循序渐进。本书的知识体系是笔者精心准备的,对于抽象复杂的概念和原理,笔者尽量通过图文并茂的方式进行讲解,非常适合初学者。从最基础的音视频流媒体概念和 FFmpeg 编解码知识点入手,理论与实践并重,读者一定要动手实践,亲自试验各个案例,并理解原理和流程。首先详细讲解各个模块的 API 函数功能,然后应用到具体的案例中,争取每个案例都能将知识点活学活用。建议读者将本系列的前 4 册所学的音视频基础知识和流媒体直播基础知识应用到本书中,理论指导实践,加深对每个知识点的理解。不但要开发出专业的播放器,还要理解底层原理及相关的理论基础。最后进行分析总结,争取使所学的理论升华,做到融会贯通。

资源下载提示

素材(源码)等资源:扫描目录上方的二维码下载。

视频等资源:扫描封底的文泉云盘防盗码,再扫描书中相应章节中的二维码,可以在线学习。

致谢

首先感谢清华大学出版社赵佳霓编辑给编者提出了许多宝贵的建议,并推动了本书的出版。感谢我的家人和所有的亲朋好友,祝大家快乐健康。感谢我的学员,群里的学员越来越多,并经常提出很多宝贵意见。随着培训时间和经验的增长,对知识点的理解也越来越透彻,希望给大家多带来一些启发,尽量让大家少走弯路。群里的部分老学员通过学到的 FFmpeg 音视频流媒体知识已经获得了 50 万元的年薪,这一点让我感到非常欣慰。将知识分享出去,是 1 变 N 的成效,看着大家成长起来,心里确实有一股股暖流。学习是一个过程,没有终点,唯有坚持,大家一起加油,为美好的明天而奋斗。

由于时间仓促,书中难免存在不妥之处,请读者见谅,并提宝贵意见。

梅会东

2023 年 1 月 8 日于北京清华园

目 录
CONTENTS

本书源码

第 1 章 音视频及流媒体播放原理 ··· 1
- 1.1 音视频简介 ··· 1
  - 1.1.1 视频简介 ··· 1
  - 1.1.2 音频简介 ··· 3
- 1.2 流媒体简介 ··· 6
  - 1.2.1 流媒体传输方式 ··· 6
  - 1.2.2 常见的流媒体协议 ··· 7
- 1.3 播放原理简介 ··· 11
  - 1.3.1 视频播放器简介 ··· 12
  - 1.3.2 FFmpeg 播放架构与原理 ··· 13

第 2 章 VLC 播放器及二次开发应用 ··· 15
- 2.1 VLC 播放器简介 ··· 15
  - 2.1.1 VLC 简介 ··· 16
  - 2.1.2 VLC 的功能列表 ··· 17
  - 2.1.3 VLC 播放网络串流 ··· 18
  - 2.1.4 VLC 的技术特点 ··· 18
- 2.2 VLC 作为流媒体服务器使用 ··· 26
- 2.3 VLC 二次开发 ··· 29
  - 2.3.1 VLC 的功能模块简介 ··· 29
  - 2.3.2 LibVLC 简介 ··· 30
  - 2.3.3 LibVLC 的 API ··· 31
  - 2.3.4 安装 VLC 的 SDK ··· 34
  - 2.3.5 使用 VS 控制台开发基于 LibVLC 的播放器 ··· 36
  - 2.3.6 使用 MFC 开发基于 LibVLC 的播放器 ··· 43
  - 2.3.7 使用 Duilib 美化基于 LibVLC 的播放器 ··· 57
  - 2.3.8 使用 Qt 开发基于 LibVLC 的播放器 ··· 72

第 3 章 Qt 信号槽机制及图片轮播 ··· 85
- 3.1 Qt 信号槽机制及应用 ··· 85
- 3.2 Qt 显示图像 ··· 95

3.3　Qt实现图片轮播 ······ 98

第 4 章　Qt 播放音视频及 Multimedia 多媒体模块 ······ 107
4.1　Qt 的 Multimedia 多媒体框架简介 ······ 107
4.2　Qt 的 QMediaPlayer 播放音视频 ······ 112
4.3　Qt 实现音乐播放器 ······ 116
4.4　Qt 实现视频播放器 ······ 128

第 5 章　MFC＋OpenCV 视频采集及播放 ······ 144
5.1　使用 VS 2015 搭建 OpenCV 4 开发环境 ······ 144
5.2　OpenCV 显示摄像头及磨皮美颜 ······ 151
5.3　MFC 结合 OpenCV 显示图片 ······ 168
5.4　MFC 结合 OpenCV 实现采集和录制功能 ······ 184

第 6 章　SDL 2 开发库及高级应用 ······ 193
6.1　SDL 2 简介及开发环境的搭建 ······ 193
6.2　SDL 2 的核心对象 ······ 203
6.3　SDL 2 的扩展库及应用 ······ 230
6.4　SDL 2 播放 YUV 视频 ······ 254
6.5　VS 2015 编译并运行 SDL 2 的相关案例 ······ 263
6.6　将 SDL 2 的窗口嵌入 MFC 或 Qt 的界面中 ······ 270

第 7 章　FFmpeg 解码音视频及流媒体 ······ 280
7.1　FFmpeg 编解码框架及原理 ······ 280
7.2　FFmpeg 使用命令行解码音视频 ······ 283
　　7.2.1　ffplay 视频播放 ······ 283
　　7.2.2　从 MP4 文件中提取音频流和视频流 ······ 284
　　7.2.3　h264_mp4toannexb ······ 289
　　7.2.4　MP4 格式的 faststart 快速播放模式 ······ 291
7.3　FFmpeg 使用 API 解码音视频 ······ 292
　　7.3.1　FFmpeg 播放流程简介 ······ 292
　　7.3.2　配置 Qt 和 VS 2015 的 FFmpeg 开发环境 ······ 296
　　7.3.3　FFmpeg 解码流程与案例实战 ······ 307

第 8 章　FFplay＋SDL 2 开发音视频流媒体播放器 ······ 319
8.1　FFplay 播放器简介 ······ 319
8.2　VS 2015 控制台开发 FFplay＋SDL 2 播放器 ······ 322
8.3　MFC 移植 FFplay 播放器及二次开发 ······ 328
8.4　Qt 移植 FFplay 播放器及二次开发 ······ 336

第 9 章　FFplay 源码剖析及音视频同步 ······ 346
9.1　FFplay 播放器概述 ······ 346
9.2　FFplay 的数据结构及 API ······ 349
9.3　FFplay 的核心框架及流程 ······ 363

9.4　FFplay的音视频解码 ……………………………………………………………… 374
9.5　FFplay的图像格式转换 ……………………………………………………………… 377
9.6　FFplay的音频重采样 ………………………………………………………………… 383
9.7　FFplay的播放控制 …………………………………………………………………… 394
9.8　FFplay音视频同步原理及实现 ……………………………………………………… 400

第 1 章 音视频及流媒体播放原理

CHAPTER 1

音视频播放器主要是指能够同时且同步播放音频、视频和字幕等信息的计算机软件程序。常见的音视频播放器包括超级解霸、VLC、QQ影音、KMPlayer、PPTV、风行、迅雷看一看、快播和QQLive等。市面上也有一些常见的音乐播放器，例如千千静听、Foobar2000、百猎、WinMP3Exp、Winamp和KuGo等。播放器技术主要包括音视频、流媒体等基础理论知识，也包括音视频和流媒体的播放原理、架构及音视频同步等知识。

1.1 音视频简介

近年来5G技术飞速发展，同时也加速了音视频产业的发展。音视频是一门非常复杂的专业，令很多初学者望而生畏。多媒体是多种媒体的综合，一般包括文本、声音和图像等多种媒体形式，涉及的概念比较杂乱，例如媒体、多媒体与多媒体技术。日常生活中，音视频随处可见，但从技术角度来看，音视频涉及几个专业概念，包括音频、视频、编解码、封装容器、音视频等。

1.1.1 视频简介

图像是人对视觉感知的物质再现。三维自然场景的对象包括深度、纹理和亮度信息。二维图像主要包括纹理和亮度信息。视频本质上是连续的图像。视频由多幅图像构成，包含对象的运动信息，又称为运动图像。总之，视频是由多幅连续图像组成的。

1. 数字视频

数字视频可以理解为自然场景空间和时间的数字采样表示。数字视频的系统流程包括采集、处理、显示这3个步骤，如图1-1所示。

(1) 采集：通常使用照相机或摄像机。

(2) 处理：包括编解码器和传输设备。

(3) 显示：通常用显示器进行数字视频的渲染。

图 1-1 数字视频系统的原理流程示意图

2. 帧率与码率

视频(Video)泛指将一系列静态影像以电信号的方式加以捕捉、记录、处理、存储、传送与重现的各种技术。当连续的图像变化每秒超过24帧画面以上时，根据视觉暂留原理，人眼无法辨别单幅的静态画面，看上去是平滑连续的视觉效果，这样连续的画面叫作视频。视频技术最早是为电视系统而发展的，但现在已经发展为各种不同的格式以方便消费者将视频记录下来。网络技术的发达也促使视频的记录片段以串流媒体的形式存在于因特网之上并可被计算机接收与播放。视频与电影属于不同的技术，后者是利用照相术将动态的影像捕捉为一系列的静态照片。常见的视频格式有AVI、MOV、MP4、WMV、FLV、MKV等。

帧(Frame)就是视频或者动画中的每张画面，而视频和动画特效就是由无数张画面组合而成的，每张画面都是一帧。视频是由许多静态图片组成的，视频的每张静态图片就叫一帧。视频帧又分为I帧、P帧和B帧。I帧即帧内编码帧，大多数情况下I帧就是关键帧，是一个完整帧，是无须任何辅助就能独立完整显示的画面。P帧即前向预测编码帧，是一个非完整帧，通过参考前面的I帧或P帧生成画面。B帧即双向预测编码帧，参考前后图像帧编码生成，通过参考前面的I/P帧或者后面的P帧来协助形成一个画面。只有I帧和P帧的视频序列，如I1P1P2P3P4I2P5P6P7P8，包括I帧、P帧和B帧的序列，如I1P1P2B1 P3P4B2 P5I2B3 P6 P7。

帧率(Frame Rate)是用于测量显示帧数的量度，单位为f/s(Frames per Second)，即每秒显示的帧数或赫兹(Hz)。帧率越高，画面越流畅、逼真，对显卡的处理能力要求越高，数据量越大。前面提到每秒超过24帧的图像变化看上去是平滑连续的，这是针对电影等视频而言的，但是针对游戏来讲24f/s是不流畅的。

码率即比特率，是指单位时间内播放连续媒体(如压缩后的音频或视频)的比特数量。在不同领域有不同的含义，在多媒体领域，指单位时间播放音频或视频的比特数，可以理解成吞吐量或带宽。码率的单位为b/s，即每秒传输的数据量，常用单位有b/s、Kb/s等。比特率越高，带宽消耗得越多。通俗一点理解码率就是取样率，取样率越大，精度就越高，图像质量越好，但数据量也越大，所以要找到一个平衡点，用最低的比特率达到最低的失真。

3. 视频压缩编码

视频为什么需要编码，关键就在于一个原始视频，如果未经编码，则文件大小非常庞大。以一个分辨率为1920×1080像素，帧率为30fps的视频为例，共有1920×1080＝2 073 600像素，每个像素占24b(假设采取RGB24)。也就是每张图片为2 073 600×24＝49 766 400b。8b(位)＝1B(字节)，所以，49 766 400b＝6 220 800B≈6.22MB。这才是一幅1920×1080像素图片的原始大小(6.22MB)，再乘以帧率30。也就是说，1s视频的大小是186.6MB，1min大约是11GB，一部90min的电影，约为1000GB(约1TB)。

视频产生之后涉及两个问题,包括存储和传输。如果按照 100Mb/s 的网速(12.5MB/s),下载刚才的那部电影,则大约需要 22 小时。为了看一部电影,需要等待 22 小时,这是用户不能接受的。正因为如此,专业的视频工程师就提出,必须对视频进行压缩编码。数据编码是指按指定的方法将信息从一种格式转换成另一种格式。视频编码就是将一种视频格式转换成另一种视频格式。视频编码和解码是互逆的过程,如图 1-2 所示。

图 1-2　视频编码

编码的终极目的是压缩,市面上各种各样的视频编码方式都是为了让视频变得更小,有利于存储和传输。视频编码是指通过特定的压缩技术,将某个视频格式的文件转换成另一种视频格式。视频数据在时域和空域层面都有极强的相关性,这表示有大量的时域冗余信息和空域冗余信息,压缩编码技术就是去掉数据中的冗余信息。

去除时域冗余信息的主要方法包括运动补偿、运动表示、运动估计等。运动补偿是通过先前的局部图像来预测、补偿当前的局部图像,可有效地减少帧序列冗余信息。运动表示是指不同区域的图像使用不同的运动向量来描述运动信息,运动向量通过熵编码进行压缩(熵编码在编码过程中不会丢失信息)。运动估计是指从视频序列中抽取运动信息,通用的压缩标准使用基于块的运动估计和运动补偿。

去除空域冗余信息的主要方法包括变换编码、量化编码和熵编码。变换编码是指将空域信号变换到另一正交向量空间,使相关性下降,数据冗余度减小。量化编码是指对变换编码产生的变换系数进行量化,控制编码器的输出位率。熵编码是指对变换、量化后得到的系数和运动信息进行进一步无损压缩。

1.1.2　音频简介

音频(Audio)是一个专业术语,人类能够听到的所有声音都称为音频,它可能包括噪声。声音被录制下来以后,无论是说话声、歌声、乐器声都可以通过数字音乐软件处理。把它制作成 CD,这时所有的声音没有改变,因为 CD 本来就是音频文件的一种类型,而音频只是存储在计算机里的声音。例如演讲和音乐,如果用计算机加上相应的音频卡,把所有的声音录制下来,包括声音的声学特性,则音的高低都可以用音频文件的方式存储下来。反过来,也可以把存储下来的音频文件通过一定的音频程序播放,还原以前录下的声音。

1. 数字音频

音频数据的承载方式最常用的是脉冲编码调制,即 PCM。在自然界中,声音是连续不断的,是一种模拟信号,怎样才能把声音保存下来呢?目前最常用的办法是对声音进行数字化处理,即转换为数字信号,然后存储到磁盘。声音是一种波,有振幅和频率,所以要保存声音,就要保存声音在各个时间点上的振幅,但数字信号并不能连续保存所有时间点的振幅,事实上,并不需要保存连续的信号,就可以还原到人耳可接受的声音。根据奈奎斯特采样定理：为了不失真地恢复模拟信号，采样频率应该不小于模拟信号频谱中最高频率的2倍。根据以上分析，PCM的采集分为以下步骤：

$$模拟信号 \rightarrow 采样 \rightarrow 量化 \rightarrow 编码 \rightarrow 数字信号$$

音频是一个专业词汇，相关的概念包括比特率、采样、采样率、奈奎斯特采样定律等。比特率表示经过编码（压缩）后的音频数据每秒需要用多少比特来表示，单位常为 Kb/s。采样是把连续的时间信号变成离散的数字信号。采样率是指每秒采集多少个样本。

数字音频是一种利用数字化手段对声音进行录制、存放、编辑、压缩或播放的技术，它是随着数字信号处理技术、计算机技术、多媒体技术的发展而形成的一种全新的声音处理手段。数字音频的主要应用领域是音乐后期制作和录音。

计算机数据的存储是以 0、1 的形式存储的，那么数字音频就是首先对音频文件进行转化，接着将这些电平信号转化成二进制数据进行保存，播放时就把这些数据转换为模拟的电平信号再送到扬声器播出。数字声音和一般磁带、广播、电视中的声音就存储播放方式而言有着本质区别。相比而言，它具有存储方便、存储成本低廉、存储和传输的过程中没有声音的失真、编辑和处理非常方便等特点。

数字音频涉及的基础概念非常多，包括采样、量化、编码、采样率、采样数、声道数、音频帧、比特率、PCM 等。从模拟信号到数字信号的过程包括采样、量化、编码 3 个阶段，如图 1-3 所示。

2. 声道数与采样率

声道数，即声音的通道数目，常见的有单声道和双声道（立体声道）。记录声音时，如果每次生成一个声波数据，则称为单声道；每次生成两个声波数据，称为双声道（立体声）。立体声存储大小是单声道的 2 倍。单声道的声音只能使用一个声道发声，或者也可以处理成两个扬声器输出同一个声道的声音，当通过两个扬声器回放单声道信息时，可以明显感觉到声音是从两个音箱中间传递到耳朵里的，无法判断声源的具体位置。双声道就是有两个声音通道，其原理是当人们听到声音时可以根据左耳和右耳对声音相位差来判断声源的具体位置。声音在录制过程中被分配到两个独立的声道，从而达到了很好的声音定位效果。

音频跟视频不太一样，视频的每帧就是一幅图像，但是音频是流式的，本身没有一帧的概念。对于音频来讲，确实没有办法明确定义出一帧。例如对于 PCM 流来讲，采样率为 44 100Hz，采样位数为 16b，通道数为 2，那么 1s 音频数据的大小是固定的，共有 44 100×16b×2÷8＝176 400B。通常情况下，可以规定一帧音频的概念，例如规定每 20ms 的音频是一帧。

比特率（码率），是指音频每秒传送的比特数，单位为 b/s。比特率越大表示单位时间内采样的数据越多，传输的数据量就越大。例如对于 PCM 流，采样率为 44 100Hz，采样大小为 16b，声道数为 2，那么比特率为 44 100×16×2＝1 411 200b/s。一个音频文件的总大小，可以根据采样率、采样位数、声道数、采样时间来计算，即文件大小＝采样率×采样时间×采样位数×声道数÷8。

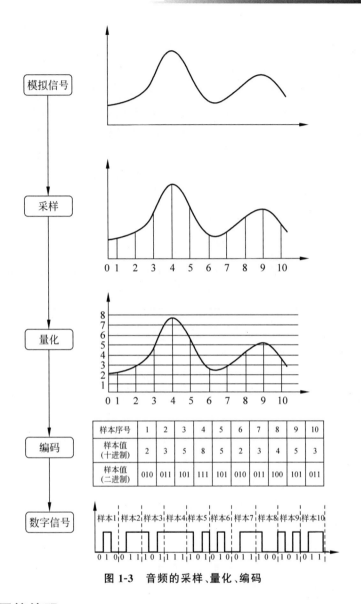

图 1-3　音频的采样、量化、编码

3. 声音压缩编码

在原始的音频数据中存在大量的冗余信息，有必要进行压缩处理。音频信号能压缩的基本依据，包括声音信号中存在大量的冗余度，以及人的听觉具有强音能抑制同时存在的弱音的现象。

压缩编码，其原理是压缩掉冗余的信号，冗余信号是指不能被人耳感知的信号，包括人耳听觉范围之外的音频信号及被掩蔽掉的音频信号。模拟音频信号转换为数字信号需要经过采样和量化。根据不同的量化策略，产生了许多不同的编码方式，常见的编码方式有 PCM 和 ADPCM。这些数据代表着无损的原始数字音频信号，添加一些文件头信息，就可以存储为 WAV 文件了，它是一种由微软和 IBM 联合开发的用于音频数字存储的标准，可以很容易地被解析和播放。在进一步了解音频处理和压缩之前需要明确几个概念，包括音调、响度、采样率、采样精度、声道数、音频帧长等。

音频压缩编码主要包括两大类，包括无损压缩和有损压缩。

（1）无损压缩，主要指熵编码，包括霍夫曼编码、算术编码、行程编码等。

（2）有损压缩，包括波形编码、参数编码、混合编码。波形编码包括 PCM、DPCM、ADPCM、子带编码、向量量化等。

音频编码致力于降低传输所需要的信道带宽，同时保持输入语音的高质量。音频编码的目标在于设计低复杂度的编码器以尽可能低的比特率实现高品质数据传输。音频信号数字化是指将连续的模拟信号转换成离散的数字信号，完成采样、量化和编码 3 个步骤。它又称为脉冲编码调制，通常由 A/D 转换器实现。

注意：关于音视频基础理论的详细讲解，可参考笔者的另一本书《FFmpeg 入门详解——音视频原理及应用》。

1.2 流媒体简介

所谓流媒体是指采用流式传输的方式在 Internet 播放的媒体格式，如音频、视频或多媒体文件。流式媒体在播放前并不需要下载整个文件，只需将开始部分内容存入内存，流式媒体的数据流便随时传送随时播放，只是在开始时有一些延迟。流媒体实现的关键技术就是流式传输。流式传输方式则是将整个 A/V 及 3D 等多媒体文件经过特殊的压缩方式分成一个一个压缩包，由视频服务器向用户计算机连续、实时传送。在采用流式传输方式的系统中，用户不必像采用下载方式那样等到整个文件全部下载完毕，而是只需经过几秒或几十秒的启动延时便可以在用户的计算机上利用解压设备（硬件或软件）对压缩的 A/V、3D 等多媒体文件解压后进行播放和观看。此时多媒体文件的剩余部分将在后台的服务器内继续下载。与单纯的下载方式相比，这种对多媒体文件边下载边播放的流式传输方式不仅使启动延时大幅度地缩短，而且对系统缓存容量的需求也大幅降低。综上所述，流媒体传输流程需要编码器、媒体服务器或代理服务器、RTP/RTCP、TCP/UDP、解码器等，如图 1-4 所示。

1.2.1 流媒体传输方式

流媒体最主要的技术特征就是流式传输，它使数据可以像流水一样传输。流式传输是指通过网络传送媒体（音频、视频等）技术的总称。实现流式传输主要有两种方式：顺序流式传输（Progressive Streaming）和实时流式传输（Realtime Streaming）。采用哪种方式依赖于具体需求，下面就对这两种方式进行简要介绍。

顺序流式传输是顺序下载，用户在观看在线媒体的同时下载文件，在这一过程中，用户

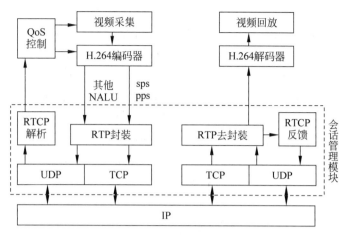

图 1-4　流媒体传输流程

只能观看已下载完的部分,而不能直接观看未下载部分。也就是说,用户总是在一段延时后才能看到服务器传送过来的信息。由于标准的 HTTP 服务器就可以发送这种形式的文件,它经常被称为 HTTP 流式传输。由于顺序流式传输能够较好地保证节目播放的质量,因此比较适合在网站上发布可供用户点播的高质量的视频。顺序流式文件通常放在标准 HTTP 或 FTP 服务器上,易于管理,基本上与防火墙无关。顺序流式传输不支持现场广播,也不适合长片段和有随机访问要求的视频,如讲座、演说与演示。

实时流式传输必须保证匹配连接带宽,使媒体可以被实时观看。在观看过程中用户可以任意观看媒体前面或后面的内容,但在这种传输方式中,如果网络传输状况不理想,则收到的图像质量就会比较差。实时流式传输需要特定服务器,如 Quick Time Streaming Server、Realserver、Windows Media Server、SRS、ZLMediaKit 等。这些服务器允许对媒体发送进行更多级别的控制,因而系统设置、管理比标准 HTTP 服务器更复杂。实时流式传输还需要特殊网络协议,如实时流协议(Real Time Streaming Protocol,RTSP)或微软媒体服务(Microsoft Media Server,MMS)。在有防火墙时,有时会对这些协议进行屏蔽,导致用户不能看到一些地点的实时内容,实时流式传输总是实时传送,因此特别适合现场事件。

1.2.2　常见的流媒体协议

这几年网络直播特别火,国内很多网络直播平台做得风生水起,下面介绍几种常见的流媒体协议。

1. RTMP

实时消息协议(Real-Time Messaging Protocol,RTMP)是一个古老的协议,最初由 Macromedia 开发,后被 Adobe 收购,至今仍被使用。由于 RTMP 播放视频需要依赖 Flash 插件,而 Flash 插件多年来一直受安全问题困扰,正在被迅速淘汰,因此,目前 RTMP 主要用于提取视频流。也就是说,将视频发送到托管平台时,首先使用 RTMP 协议发送到

CDN，随后使用另一种协议（通常是 HLS）传递给播放器。RTMP 协议延迟非常低，但由于需要 Flash 插件，所以不建议使用该协议，但流提取时例外。在流提取方便时，RTMP 非常强大，并且几乎得到了普遍支持。

RTMP 是一种用来进行实时数据通信的网络协议，主要用来在 Flash/AIR 平台和支持 RTMP 协议的流媒体/交互服务器之间进行音视频和数据通信。支持该协议的软件包括 Adobe Media Server/Ultrant Media Server/Red5 等。RTMP 与 HTTP 一样，都属于 TCP/IP 四层模型的应用层。RTMP Client 与 RTMP Server 的交互流程需要经过握手、建立连接、建立流、播放/发送 4 个步骤。握手成功后，需要在建立连接阶段去建立客户端和服务器之间的"网络连接"。建立流阶段用于建立客户端和服务器之间的"网络流"。播放阶段用于传输音视频数据。RTMP 依赖于 TCP，Client 和 Server 的整体交互流程如图 1-5 所示。

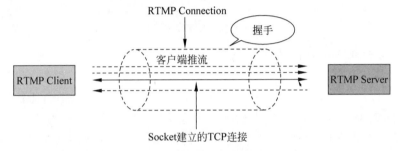

图 1-5　RTMP 客户端和服务器端交互流程

2. MPEG-DASH

MPEG-DASH（HTTP 上的动态自适应流传输，ISO/IEC 23009-1）是由 MPEG 和 ISO 批准的独立于供应商的国际标准，它是一种基于 HTTP 的使用 TCP 传输协议的流媒体传输技术。MPEG-DASH 是一种自适应比特率流技术，可根据实时网络状况实现动态自适应下载。尽管未被广泛使用，但该协议有一些很大的优势。首先，MPEG-DASH 支持码率自适应。这意味着将始终为观众提供当前互联网连接速度可以支持的最佳视频质量，在网络速度波动时 DASH 可以保持不间断播放。其次，MPEG-DASH 几乎支持所有编解码器，还支持加密媒体扩展（Encrypted Media Extensions，EME）和媒体源扩展（Media Source Extensions，MSE），这些扩展用于浏览器的数字版权管理标准 API，但由于兼容性问题，如今只有一些广播公司在使用，将来或许会成为标准技术。

3. MSS

MSS，全称是 Microsoft Smooth Streaming，该技术于 2008 年推出。如今，以 Microsoft 为重点的开发人员和在 Xbox 生态系统的开发人员仍在使用，除此之外已逐渐失去用户。Smooth Streaming 支持码率自适应，并且拥有强大的数字版权管理工具。除非目标用户是 Xbox 用户，或计划只开发 Windows 平台的应用程序，否则不推荐使用该协议。

4. HDS

HDS，全称是 HTTP Dynamic Streaming，是 Adobe 公司开发的流协议。HDS 是

RTMP 的后继产品,也是依赖 Flash 的协议,但增加了码率自适应,并以高质量著称。它是延迟较低的流协议之一,具备分段和加密操作。在流媒体体育比赛和其他重要事件中广受欢迎。通常,不建议使用 HDS。对于任何公司而言,采用基于 Flash 的技术无法吸引用户,围绕 Flash 搭建播放器不是一个好主意。

5. HLS

HLS,全称是 HTTP Live Streaming,由 Apple 开发,旨在能够从 iPhone 中删除 Flash,如今已成为使用最广泛的协议。桌面浏览器、智能电视、Android、iOS 均支持 HLS。HTML5 视频播放器也原生支持 HLS,但不支持 HDS 和 RTMP。这样就可以触达更多的用户。HLS 支持码率自适应,并且支持最新的 H.265 编解码器,同样大小的文件,H.265 编码的视频质量是 H.264 的二倍。此前,HLS 的缺点一直是高延迟,但 Apple 在 WWDC 2019 发布了新的解决方案,可以将延迟从 8s 降低到 1~2s。具体可以查看 Introducing Low-Latency HLS。HLS 是目前使用最广泛的协议,并且功能强大。统计数据显示,如果视频播放过程中遇到故障,则只有 8% 的用户会继续在当前网站观看视频。使用广泛兼容的自适应协议(如 HLS),可以提供最佳的受众体验。

HLS 的工作原理是把整个流分成一个一个小的基于 HTTP 的文件来下载,每次只下载一些。当媒体流正在播放时,客户端可以选择从许多不同的备用源中以不同的速率下载同样的资源,允许流媒体会话适应不同的数据速率。在开始一个流媒体会话时,客户端会下载一个包含元数据的 Extended M3U/M3U8 Playlist 文件,用于寻找可用的媒体流。HLS 只请求基本的 HTTP 报文,与实时传输协议(RTP)不同,HLS 可以穿过任何允许 HTTP 数据通过的防火墙或者代理服务器。它也很容易使用内容分发网络来传输媒体流。HLS 的网络框架结构如图 1-6 所示。

(1) 服务器将媒体文件转换为 m3u8 及 ts 分片;对于直播源,服务器需要实时动态更新。

(2) 客户端请求 m3u8 文件,根据索引获取 ts 分片;点播与直播服务器不同的地方是,直播的 m3u8 文件会不断更新,而点播的 m3u8 文件是不会变的,只需客户端在开始时请求一次。

6. RTSP

RTSP 是 TCP/IP 协议体系中的一个应用层协议,是由哥伦比亚大学、网景和 RealNetworks 公司提交的 IETF RFC 标准。HTTP 与 RTSP 相比,HTTP 请求由客户机发出,服务器作出响应;使用 RTSP 时,客户机和服务器都可以发出请求,即 RTSP 可以是双向的。RTSP 是用来控制声音或影像的多媒体串流协议,并允许同时开启多个串流需求控制(Multicast),传输时所用的网络通信协定并不在其定义的范围内,服务器端可以自行选择使用 TCP 或 UDP 来传送串流内容,它的语法和运作跟 HTTP 1.1 类似,但并不特别强调时间同步,所以比较能容忍网络延迟。它允许同时开启多个串流需求控制,除了可以降低服务器端的网络用量,更进而支持多方视频会议(Video Conference)。因为与 HTTP 1.1 的运作方式相似,所以代理服务器的缓存功能也同样适用于 RTSP,并因 RTSP 具有重新导向功能,可视实际负载情况来转换提供服务的服务器,以避免过大的负载集中于同一服务器而造成延迟。

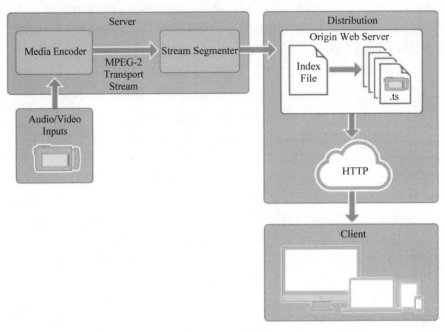

图 1-6 HLS 框架

应用层	SDP	
	RTSP	
传输层		RTP
	TCP	UDP
网络层	IP	

图 1-7 RTSP 在 TCP/IP 协议簇中的位置

RTSP 是 TCP/IP 协议体系中的一个应用层协议,如图 1-7 所示。该协议定义了一对多应用程序如何有效地通过 IP 网络传送多媒体数据。RTSP 在体系结构上位于 RTP 和 RTCP 之上,它使用 TCP 或 UDP 完成数据传输。HTTP 与 RTSP 相比,HTTP 传送 HTML,而 RTSP 传送的是多媒体数据。

RTSP 是基于文本的协议,采用 ISO10646 字符集,使用 UTF-8 编码方案。行以 CRLF 中断,包括消息类型、消息头、消息体和消息长,但接收者本身可将 CR 和 LF 解释成行终止符。基于文本的协议使其以自描述方式增加可选参数更容易,接口中采用 SDP 作为描述语言。

RTSP 是应用级协议,控制实时数据的发送。RTSP 提供了一个可扩展框架,使实时数据(如音频与视频)的受控点播成为可能。数据源包括现场数据与存储在剪辑中的数据。该协议的目的在于控制多个数据发送连接,为选择发送通道(如单播 UDP、组播 UDP 与 TCP)提供途径,并为选择基于 RTP 上发送机制提供方法。

RTSP 可建立并控制一个或几个时间同步的连续流媒体。尽管连续媒体流与控制流交换是可能的,通常它本身并不发送连续流。换言之,RTSP 充当多媒体服务器的网络远程控制。RTSP 连接没有绑定到传输层连接,如 TCP。在 RTSP 连接期间,RTSP 用户可打开或关闭多个对服务器的可传输连接以发出 RTSP 请求。此外,可使用无连接传输协议,如 UDP。RTSP 流控制的流可能用到 RTP,但 RTSP 操作并不依赖用于携带连续媒体的传输机制。

7. HTTP-FLV

HLS 其实是一个"文本协议",而并非流媒体协议。流(Stream)是指数据在网络上按时间先后次序传输和播放的连续音/视频数据流。之所以可以按照顺序传输和连续播放是因为在类似 RTMP、FLV 的协议中,每个音视频数据都被封装成了包含时间戳信息头的数据包,而当播放器获得这些数据包解包时能够根据时间戳信息把这些音视频数据和之前到达的音视频数据连续起来播放。MP4、MKV 等类似这种封装,必须获得完整的音视频文件才能播放,因为里面的单个音视频数据块不带有时间戳信息,播放器不能将这些没有时间戳信息的数据块按顺序连接起来,所以就不能实时地解码播放。

HTTP-FLV、RTMP 和 HLS 都是流媒体协议,从延迟性方面分析,HTTP-FLV 和 RTMP 延迟低,内容延迟可以做到 2s; HLS 延迟较高,一般在 10s 甚至更高。RTMP 和 HTTP-FLV 的播放端安装率高,只要浏览器支持 Flash Player 就能非常简易地播放; HLS 的最大的优点是 HTML5 可以直接打开播放;可以把一个直播链接通过微信等转发分享,不需要安装任何独立的 App,有浏览器即可。

下面对 RTMP 和 HTTP-FLV 进行比较。

(1) 穿墙:很多防火墙会屏蔽 RTMP,但是不会屏蔽 HTTP,因此 HTTP-FLV 出现奇怪问题的概率很小。

(2) 调度:RTMP 有个 302,但只有 Flash 播放器才支持,HTTP-FLV 流就支持 302,方便 CDN 纠正 DNS 的错误。

(3) 容错:SRS 的 HTTP-FLV 回源时可以回多个,和 RTMP 一样,可以支持多级热备。

(4) 简单:FLV 是最简单的流媒体封装,HTTP 是最广泛的协议,这两个组合在一起可维护性更高,比 RTMP 简单。

HTTP 协议中有一个约定,即 content-length 字段,可以指定 HTTP 的 body 部分的长度。服务器回复 HTTP 请求时如果有这个字段,客户端就接收这个长度的数据,然后就可以认为数据传输完成了;如果服务器回复 HTTP 请求中没有这个字段,客户端就一直接收数据,直到服务器跟客户端的 Socket 连接断开。HTTP-FLV 直播就是利用这个原理,服务器回复客户端请求时不加 content-length 字段,在回复了 HTTP 内容之后,紧接着发送 FLV 数据,这样客户端就可以一直接收数据了。

注意:关于流媒体基础理论的详细讲解,可参考笔者的另一本书《FFmpeg 入门详解——流媒体原理及应用》。

1.3 播放原理简介

绝大多数的视频播放器,如 VLC、MPlayer、Xine,包括 DirectShow,在播放视频的原理和架构上非常相似。视频播放器在播放一个互联网上的视频文件时需要经过几个步骤,包括解协议、解封装、音视频解码、音视频同步、音视频输出。

1.3.1 视频播放器简介

视频播放器播放本地视频文件或互联网上的流媒体大概需要解协议、解封装、音视频解码、音视频同步等几个步骤,如图1-8所示。

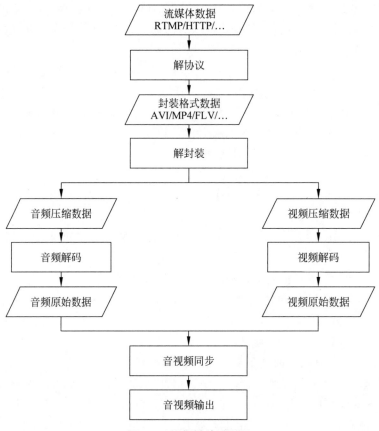

图 1-8 视频播放流程图

1. 解协议

解协议是指将流媒体协议的数据解析为标准的封装格式数据。音视频在网络上传播时,常采用各种流媒体协议,例如 HTTP、RTMP、MMS 等。这些协议在传输音视频数据的同时,也会传输一些信令数据。这些信令数据包括对播放的控制(播放、暂停、停止),或者对网络状态的描述等。解协议的过程中会去掉信令数据而只保留音视频数据。例如采用 RTMP 协议传输的数据,经过解协议操作后,输出 FLV 格式的数据。

注意:"文件"本身也是一种"协议",常见的流媒体协议有 HTTP、RTSP、RTMP 等。

2. 解封装

解封装是指将输入的封装格式的数据分离成为音频流压缩编码数据和视频流压缩编码数据。封装格式种类很多，例如 MP4、MKV、RMVB、TS、FLV、AVI 等，其作用就是将已经压缩编码的视频数据和音频数据按照一定的格式放到一起。例如 FLV 格式的数据，经过解封装操作后，输出 H.264 编码的视频码流和 AAC 编码的音频码流。

3. 音视频解码

解码是指将视频/音频压缩编码数据解码成为非压缩的视频/音频原始数据。音频的压缩编码标准包含 AAC、MP3、AC-3 等，视频的压缩编码标准则包含 H.264、MPEG2、VC-1 等。解码是整个系统中最重要也是最复杂的一个环节。通过解码，压缩编码的视频数据输出成为非压缩的颜色数据，例如 YUV420P 和 RGB 等；压缩编码的音频数据输出成为非压缩的音频抽样数据，例如 PCM 数据。

4. 音视频同步

根据解封装模块处理过程中获取的参数信息，同步解码出来视频和音频数据并将视频和音频数据分别送至系统的显卡和声卡播放出来。为什么需要音视频同步？媒体数据经过解复用流程后，音频/视频解码便是独立的，也是独立播放的，而在音频流和视频流中，其播放速度都是由相关信息指定的，例如视频根据帧率，音频根据采样率。从帧率及采样率可知视频/音频的播放速度。声卡和显卡均以一帧数据来作为播放单位，如果单纯依赖帧率及采样率进行播放，则在理想条件下应该是同步的，不会出现偏差。

下面以一个 44.1kHz 的 AAC 音频流和 24f/s 的视频流为例来说明。一个 AAC 音频 frame 每个声道包含 1024 个采样点，则一个 frame 的播放时长为 (1024/44 100)×1000ms＝23.22ms，而一个视频 frame 的播放时长为 1000ms/24＝41.67ms。理想情况下，音视频完全同步，但实际情况下，如果用上面那种简单的方式，慢慢地就会出现音视频不同步的情况，要么是视频播放快了，要么是音频播放快了。可能的原因包括一帧的播放时间难以精准控制；音视频解码及渲染的耗时不同，可能造成每帧输出有一点细微差距，长久累计，不同步便越来越明显；音频输出是线性的，而视频输出可能是非线性的，从而导致有偏差；媒体流本身音视频有差距（特别是 TS 实时流，音视频能播放的第 1 个帧起点不同），所以在解决音视频同步问题时便引入了时间戳，它包括几个特点：首先选择一个参考时钟（要求参考时钟上的时间是线性递增的）；编码时依据参考时钟给每个音视频数据块都打上时间戳；播放时，根据音视频时间戳及参考时钟来调整播放，所以视频和音频的同步实际上是一个动态的过程，同步是暂时的，而不同步则是常态。

1.3.2 FFmpeg 播放架构与原理

FFplay 是使用 FFmpeg API 开发的功能完善的开源播放器。FFplay 源代码包含多个线程，如图 1-9 所示，扮演角色如下：read_thread 线程扮演着 Demuxer 的角色；video_thread 线程扮演着 Video Decoder 的角色；audio_thread 线程扮演着 Audio Decoder 的角色。主线程中的 event_loop 函数循环调用 refresh_loop_wait_event 则扮演着视频渲染的角色。回调函数 sdl_audio_callback 扮演着音频播放的角色。VideoState 结构体变量则扮演着各个线程之间的信使。

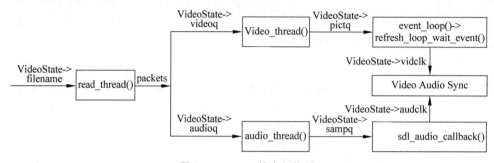

图 1-9　FFplay 基本架构图

（1）read_thread 线程负责读取文件内容，将 Video 和 Audio 内容分离出来生成 packet，将 packet 输到 packet 队列中，包括 Video Packet Queue 和 Audio Packet Queue，不考虑 Subtitle。

（2）video_thread 线程负责读取 Video Packets Queue 队列，将 Video Packet 解码得到 Video Frame，将 Video Frame 输到 Video Frame Queue 队列中。

（3）audio_thread 线程负责读取 Audio Packets Queue 队列，将 Audio Packet 解码得到 Audio Frame，将 Audio Frame 输到 Audio Frame Queue 队列中。

（4）主线程→event_loop→refresh_loop_wait_event 负责读取 Video Frame Queue 中的 Video Frame，调用 SDL 进行显示，其中包括了音视频同步控制的相关操作。

（5）SDL 的回调函数 sdl_audio_callback 负责读取 Audio Frame Queue 中的 Audio Frame，对其进行处理后，将数据返给 SDL，然后由 SDL 进行音频播放。

第 2 章 VLC 播放器及二次开发应用
CHAPTER 2

VLC 播放器是一款高度便携的多媒体播放器,可播放多种音视频格式,例如 MPEG-1、MPEG-2、MPEG-4、DivX、MP3、OGG 等,也支持 DVD、VCD 和各种流协议。它的全称是 VLC Media Player,最初被命名为 VideoLAN 客户端,是 VideoLAN 品牌产品,是 VideoLAN 计划的多媒体播放器。它支持众多音频与视频解码器及文件格式,并支持 DVD 影音光盘、VCD 影音光盘及各类流式协议。它也能作为单播(Unicast)或多播(Multicast)的流式服务器在 IPv4 或 IPv6 的高速网络连接下使用。VLC 融合了 FFmpeg 解码库和 libdvdcss 程序库,具备播放多媒体文件及加密 DVD 影碟的功能。VLC 的官网下载网址为 https://www.videolan.org/。

2.1 VLC 播放器简介

VLC 媒体播放器软件的开发是由法国学生所发起的,参与者来自世界各地,设计了对多平台的支持,可以用于播放网络传输流及播放本机多媒体文档,如图 2-1 所示。

图 2-1 VLC 的 LOGO

2.1.1 VLC 简介

VLC 是具有悠久历史的播放器。从 1996 年诞生起，到 2001 年以 GPL 协议发布，直到现在已经走过 20 多个年头。VLC 几乎支持了所有能用的系统，如图 2-2 所示，从广为人知的 Windows 系统到鲜为人知的 OS2，时至今日仍有开发者在持续不断地更新及维护着。VLC 媒体播放器支持 Windows、BeOS、macOS X、Syllable 和各种 Linux 操作系统，例如 Debian GNU/Linux、Ubuntu、Mandriva Linux、Fedora、openSUSE、Familiar Linux、Red Hat Enterprise Linux、Slackware Linux、ALT Linux、Arch Linux、YOPY/Linupy、Zaurus，以及 NetBSD、OpenBSD、FreeBSD、Solaris、QNX、Gentoo Linux、Crux Linux。

图 2-2　VLC 支持的操作系统类型

虽然 VLC 通常被作为播放器使用，但历史上的 VLC 其实是由两部分组成的，如图 2-3 所示。一个是 VLC 客户端，另一个是 VideoLan Server（VLS），在发展的过程中两部分逐渐合并，才有了今天的 VLC。在国外 VLC 经常用于投屏，例如 VLC 支持 Chromecast 投屏协议。VLC 媒体播放器既能用作媒体流服务器，又可当成客户端接收网络流。VLC 媒体播放器可以流化播放和接收的源非常多，包括 MPEG-1、MPEG-2、MPEG-4、DVD、数字卫星频道、数字地面电视频道、以单播或组播方式播放的网络电视频道等。

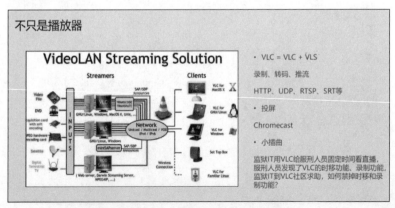

图 2-3　VLC 支持的操作系统类型

VLC 的架构建立在插件化的基础上,如图 2-4 所示,其核心很小,仅提供内存管理、网络基础操作、多线程封装和时钟同步等功能,其他例如输入设备、传输协议、封装格式、编码格式、渲染方式等都是通过插件实现的。

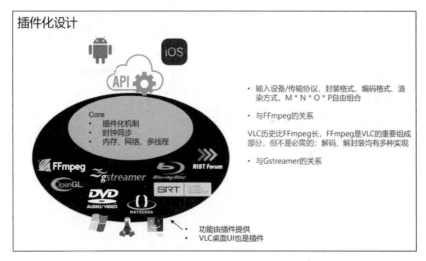

图 2-4 VLC 的插件化设计理念

很多人将 VLC 误解为只是 FFmpeg 的简单封装,但事实上 VLC 的诞生比 FFmpeg 早,所以这种观点不攻自破。VLC 和 FFmpeg 的关系十分紧密,FFmpeg 是 VLC 的重要组成部分,但不是必需的,VLC 的解码、解封装均有多种实现方式。

VLC 和 Gstreamer 也有着千丝万缕的联系。VLC 可以使用 Gstreamer 的 Codec 进行解码,VLC 和 Gstreamer 都具有插件化的特性,但相比之下,VLC 的插件化刚刚好,Gstreamer 的插件化就有一些"走火入魔"了。

VLC 媒体播放器的另一项特色是能够将影片的播放直接嵌入桌面,让使用者的桌面背景直接就是正在播放的影片,如此就能够一边操作桌面上的工作一边观看影片。这项功能可说是独创的。

VLC 媒体播放器占用的系统资源相当小。此播放器最特别之处是可以预览 BT/eMule/eDonkey 等正在下载中的影片,可在下载完成前预先得知影片的画质效果,并且查看是否为假影片文档,以免浪费时间下载。

VLC 版本演进的过程如图 2-5 所示。现在广泛使用的是 3.0 稳定版,3.0 版本已经可以支持如 VR、HDR 和 AV1 等功能,并且 3.0 版本对移动端的硬件解码进行了全面加速支持。4.0 版本最为重要的升级是重新设计了 Clock 时钟同步模块。另外用户较为关心的 UI 界面也进行了较为现代化的设计,在低延时方面也有很大改进。

2.1.2 VLC 的功能列表

VLC 是一款自由、开源的跨平台多媒体播放器及框架,可播放大多数多媒体文件、

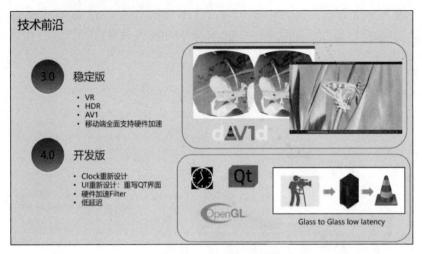

图 2-5 VLC 的版本发展

DVD、CD、VCD 及支持各类流媒体协议。VLC 支持大量的音视频传输、封装和编码格式，下面是简要的功能列表。

(1) 操作系统包括 Windows、WinCE、Linux、macOS X、BEOS、BSD 等。
(2) 访问形式包括文件、DVD/VCD/CD、HTTP、FTP、TCP、UDP、HLS、RTSP 等。
(3) 编码格式包括 MPEG、DIVX、WMV、MOV、3GP、FLV、H.264、FLAC 等。
(4) 视频字幕包括 DVD、DVB、Text、Vobsub 等。
(5) 视频输出包括 DirectX、X11、XVideo、SDL、FrameBuffer、ASCII 等。
(6) 控制界面包括 WxWidgets、QT、Web、Telnet、Command Line 等。
(7) 浏览器插件包括 ActiveX 和 Mozilla 等。

2.1.3 VLC 播放网络串流

VLC 播放一个视频大致分为 4 个步骤：第 1 步为 access，即从不同的源获取流；第 2 步为 demux，即把通常合在一起的音频和视频分离（有的视频也包含字幕）；第 3 步为 decode，即解码，包括音频和视频的解码；第 4 步为 output，即输出，也分为音频和视频的输出（aout 和 vout）。

使用 VLC 可以很方便地打开网络串流，首先单击主菜单的"媒体"，选择"打开网络串流"，如图 2-6 所示，然后在弹出的对话框界面中输入"网络 URL"，如图 2-7 所示，单击"播放"按钮，即可看到播放的网络流效果，如图 2-8 所示。测试网址为 http://playertest.longtailvideo.com/adaptive/bipbop/gear4/prog_index.m3u8。

2.1.4 VLC 的技术特点

VLC 属于古老的播放器，但融合了很多新颖的技术，下面从几个方面进行介绍。

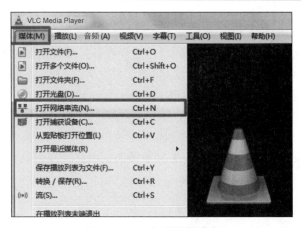

图 2-6 VLC 打开网络串流

图 2-7 VLC 输入网络串流地址

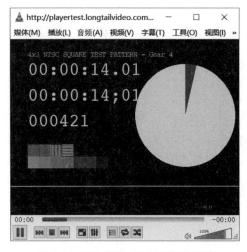

图 2-8 VLC 播放 CCTV1 高清频道

1. 应用场景及在线流媒体特性

因为 VLC 诞生比较早，所以它的目标定位和现在的播放器定位略有不同，VLC 同时具备传统播放器和在线流媒体播放器的特性，如图 2-9 所示。VLC 支持的多样场景远超其他播放器，低延迟直播的场景仍然属于小范围内的场景。当前在线流媒体对 QoS 和 QoE 十分重视，而 VLC 不考虑首帧、快进快退的速度。VLC 支持各种网络传输协议，内置就包括对 Samba、FTP 等的支持。VLC 的音视频同步时钟、缓冲设计来自早期 DVB 时代。又因为其属于开源驱动，在开源的前提下实现向下兼容，对于低延迟这个目标来讲是十分困难的。

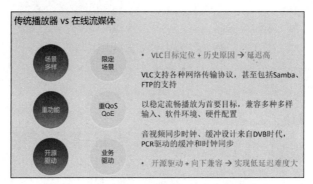

图 2-9　VLC 的应用场景及在线流媒体特性

2. 直播延迟性分析

VLC 的播放延迟性涉及多个环节。端到端的英文名称为 Glass to Glass，或 End to End。第 1 个 Glass 指的是摄像头，第 2 个 Glass 指的是显示器，其中经过采集、编码、封装、传输到服务器端，再经过传输、解封装、解码、渲染过程。每个过程都有很多种技术可以选择，如图 2-10 所示。

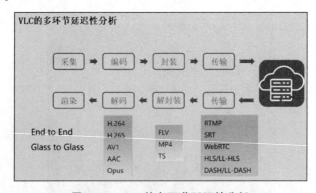

图 2-10　VLC 的多环节延迟性分析

采集延迟和渲染延迟如图 2-11 所示。采集延迟（Camera Latency）主要是指采集摄像头时产生的延迟，渲染延迟（Render Latency）主要是指渲染环节产生的延迟。播放器在进行音视频同步时,往往会让某一帧在到一定时间点时才渲染,但从系统获得这一帧,再渲染输出,仍然存在延迟。

在编解码延迟方面需要注意两个原则,如图 2-12 所示。第一是解决问题的技术手段通常伴随着副作用,不存在万能良药;第二是掌握其特性,权衡收益与损失,对症下药。例如当一个关键帧过大时,发送该关键帧会对网络产生一定的冲击,虽然可以通过多 Slice 编码的方法降低延迟、减少对网络的冲击,但是多 Slice 编码会降低压缩的效率。另外禁用 B 帧、减小 GOP、开启 Periodic Intra Refresh 等方法,在带来便利的同时也或多或少存在一些副作用。

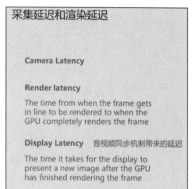

图 2-11 VLC 的采集延迟和渲染延迟

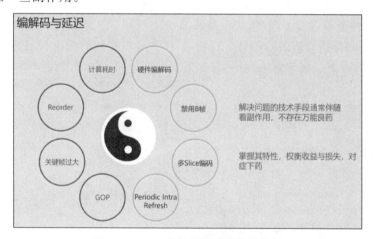

图 2-12 VLC 的编解码延迟技术分析

接下来重点介绍解码方面的低延迟,如图 2-13 所示。一些读者认为现在的硬件设备的运算速度越来越快,解码不存在延迟,但事实上,不同平台硬件解码的延迟是不同的。通常情况下硬件解码比软件解码延迟低。硬件解码虽然吞吐量比软件高,但其延迟也可能会高于软解码,尤其是某些国产手机厂商移动端的延迟会达到 100ms 甚至更多。FFmpeg 软解码有两种并行的方式来加快解码速度。一个是帧级别的多线程并行,另一个是 Slice 级别的多线程。默认情况下多为帧级别的多线程。随着芯片技术的升级,CPU 核数越来越多,FFmpeg 默认开启的线程数也会增加,而每增加一个线程就多一帧延迟,所以在用 FFmpeg 进行软件解码时需要控制并行的线程数或者修改并行的方式。

媒体封装与解封装对延迟的影响主要包括媒体封装冗余和交织问题,如图 2-14 所示。一是媒体封装冗余,封装层也可能占用很大一部分带宽,例如 TS 封装的冗余可高达 15%。封装格式和编码的关系就像过度包装的快递,播放器需要的是封装在里面的真实音视频数据,但却需要很大盒子的"容器"来封装。另一个是音视频交织的方式对延迟的影响,其中包

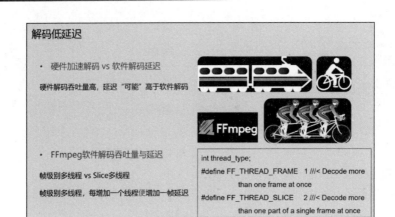

图 2-13　VLC 的解码延迟优化

含交织错位和交织稀疏两方面。交织错位是指音频和视频错位,音频播放到 10s 而视频播放到 15s。如果播放端进行了同步,则会导致某个流下载了一堆却没法使用,从而导致延迟的增加。交织稀疏是指类似前两秒只有音频、后两秒只有视频的情况。虽然对于 WebRTC 和一些音频、视频分开的场景影响稍小,但如何在音视频同步的同时做到低延迟是仍然需要认真考虑的问题。

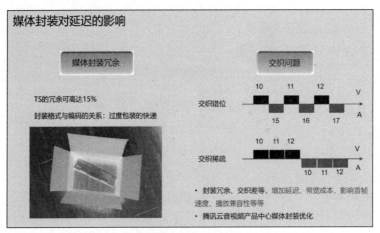

图 2-14　媒体封装对延迟的影响

传输协议对延迟的影响比较大,如图 2-15 所示。WebRTC 属于超低延迟的首选。除了 WebRTC,HLS 正在努力和 DASH 一起实现低延迟,但它们的目标是将延迟降低到 5s 以内而不是取代 WebRTC。国内热衷于采用 RTMP,出现了很多基于 RTMP 的再创造,例如 RTMP 和 QUIC 结合、RTMP 和 SRT 结合等。总而言之,选择一个合适的传输协议是达成低延迟的关键。安全可靠传输(Secure Reliable Transport,SRT)协议是一种基于 UDT 协议的开源互联网传输协议,能够在复杂互联网环境下,实现多地之间安全可靠低延时的高清网络视频传输与分发。

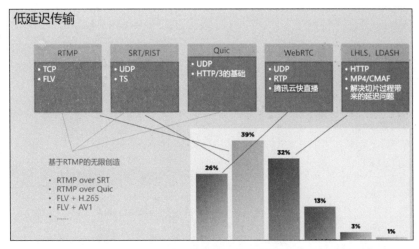

图 2-15 传输对延迟的影响

在播放器架构的设计模式中,任何一级和下一级之间都可能存在缓冲,如图 2-16 所示。传输层到解复用之间缓冲区的大小会影响延迟。解复用到解码之间存在几秒、十几秒甚至分钟级别的缓冲。解码到渲染也存在缓冲队列,解码并行时缓冲也会隐藏在解码器的内部。多级的缓冲是为了使架构灵活及播放流畅,但对于延迟来讲十分不友好。SRT 的一个特性叫作固定延迟,即在传输时其延迟会在设定值附近,不会有太大变动。在之后的操作中不再需要考虑额外的延迟。在传输过程中进行 ARQ 的丢包恢复时,缓冲区越大,丢包恢复能力越强,但如果缓冲区被分配到 Demux 之后,则无法用于 ARQ 丢包恢复。只有全部在传输层时,才会得到最大化的利用。虽然效果明显,但是这一级也存在一定的使用难度,例如其时间戳感知不太强烈。WebRTC 因为存在 RTP,传输和解封装有一定程度的重合,天生具有一定的优势。SRT 通过自己设定的时间戳来控制延迟。自动重传请求(Automatic Repeat-reQuest,ARQ)是 OSI 模型中数据链路层的错误纠正协议之一,它包括停止等待 ARQ 协议和连续 ARQ 协议、错误侦测(Error Detection)、正面确认(Positive Acknowledgement)、逾时重传(Retransmission after Timeout)与负面确认继以重传(Negative Acknowledgement and Retransmission)等机制。

VLC 在低延迟方面的优化主要包括传输、解封装、解码和渲染等,如图 2-17 所示。VLC 3.0 版本已经支持低延迟传输 SRT 和 RIST,但在使用过程中存在不少问题,这些问题会在 4.0 版本中解决。WebRTC 因为存在版本问题及其过于庞大,导致不太适合放在上游社区。同样的还有 FFmpeg,通常是基于 FFmpeg 进行定制来支持 WebRTC。

在 VLC 内部新增了低延迟(low-delay)模式,同时影响解封装、解码、缓冲控制等环节。解码插件在 low-delay 模式时,会禁用帧级别多线程 FF_THREAD_FRAME 并打开 Slice 级别线程并行。VLC 使用节目时钟参考(PCR)进行音视频同步,PCR 的主要作用是同步编码端和播放端的时钟。通过 PCR 进行缓冲控制,TS 的 PCR 会增加延迟,所以需要增加一个针对 TS 的配置来降低 PCR 的影响。这些属于常规优化,已经集成到了 VLC 的内部。

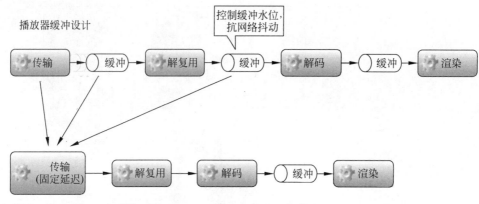

图 2-16 缓冲区对延迟的影响

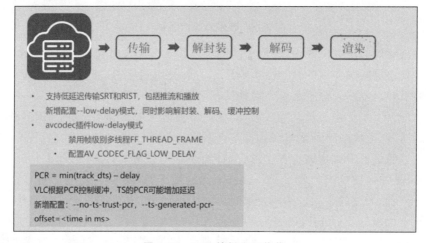

图 2-17 VLC 的低延迟优化

3. RIST 协议简介

视频压缩技术的进步和互联网基础设施的普及,使流媒体在互联网上广泛传输,但是网络丢包一直是一个困扰人们的问题。市面上已经有许多私有的解决方案用于解决流媒体传输的丢包问题,但是由于是私有协议,各个厂商的设备之间无法实现互操作性。为解决在公共网络上的丢包问题,同时解决各厂商设备之间缺乏互操作性的问题,Video Services Forum(VSF)于 2017 年初成立了可靠的互联网流传输(Reliable Internet Stream Transport,RIST)协议小组,为协议创建通用规范。

基本 RIST 系统包括发送端(A)和接收端(B),它们连接在可能有损的网络上,同时可能启用了多路径传输,如图 2-18 所示。

RIST 的首选流传输协议是 RTP 配合 RTCP。如果 RTP 发送端口为偶数 P,则 RTCP 端口为 $P+1$。推荐在发送端 RTCP 使用 Sender Report(SR)+ CNAME,在接收端使用 Receiver Report(RR)+ CNAME。RIST 系统应使用基于 NACK 的选择性重传协议来恢

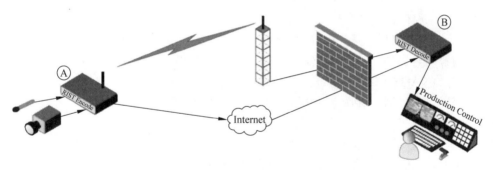

图 2-18　RIST 的系统基本框架

复数据包丢失。该协议的一般操作如下：

（1）除非发现数据包丢失，否则接收方不与发送方通信。

（2）一旦检测到丢包，接收方将请求重传丢失的数据包。

（3）接收端将实现一个缓冲区，以适应一个或多个网络往返延迟和数据包重新排序。

（4）如果解码器缓冲区足够大以允许将恢复的分组以正确的顺序放置在解码器流中，则可以多次请求数据包。

RIST 的编解码器及数据流向如图 2-19 所示。

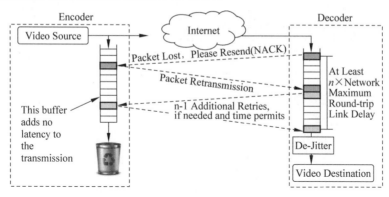

图 2-19　RIST 的编解码器

RIST 编码器负责接收视频输入（基本版本接收多种媒体格式的 RTP 流）并生成适当标记的输出流。除了 RTP 的 SSRC、目标 IP 地址和 UDP 端口号之外，不对流进行重大修改。另外，RIST 中不应该阻止用户使用多个同时进行的 IP 连接。当数据包被发送时，编码器会在一段时间内存储每个出站的包的副本以应对解码器请求重传该包的情况，此缓冲区不会为整个端到端数据包的传输时间添加任何延迟。数据包可以通过标准单播或多播 IP 网络从 RIST 编码器传输到 RIST 解码器，预计偶尔会遇到数据包丢失的情况。

RIST 解码器负责整个传输系统的大部分处理工作。当数据包到达解码器时，它们将被接收在一个缓冲区中，该缓冲区负责处理无序数据包并根据它们的序列号将它们放回正确的顺序。该操作还将支持多个信道的绑定，从而应对沿着不同路径行进的数据包经历不同的延迟到达的情况。该缓冲区的大小至少应与编码器和解码器之间的最佳和最差路径延迟之间的差异一样,并且具有足够的额外余量以适应由网络引起的任何可能的包重排序。

下一个主要处理步骤是分析 RTP 分组号,并通过查找序列中的间隙来确定是否丢包。如果是,则解码器将需要向编码器发出请求以重新发送丢失的分组。分组重传由解码器将(未经请求的)NACK RTCP 包发送到编码器来启动。该 NACK 中的数据用于指示丢失分组的序列号。当编码器收到此消息时,它从其缓冲区中检索指示的数据包并将其重新发送到解码器。当数据包到达解码器时,必须将它们放回解码器缓冲区内的正确序列中。多次往返可用于对延迟不是特别敏感的应用中。对于这些情况,解码器可以多次向编码器发送 NACK 消息以请求丢失的数据包。可以进行的重试次数(n)受到解码器缓冲区大小的限制,该大小必须至少是最大往返延迟的 n 倍。每个数据包必须以 FIFO 方式通过解码器缓冲区,故 RIST 系统的整体延迟由解码器缓冲区的大小驱动。解码器输出使用去抖动缓冲器来平滑出站数据包的流量。

注意:ACK(Acknowledgement)是一种正向反馈,接收方收到数据后回复消息告知发送方。NACK(Negative Acknowledgement)则是一种负向反馈,接收方只有在没有收到数据时才通知发送方。

2.2 VLC 作为流媒体服务器使用

VLC 的功能很强大,不仅是一个视频播放器,也可作为小型的视频服务器,还可以一边播放一边转码,把视频流发送到网络上。VLC 作为视频服务器的具体操作步骤如下:

(1)选择主菜单的"流"。

(2)在弹出的对话框中单击"添加"按钮,选择一个本地视频文件,如图 2-20 所示。

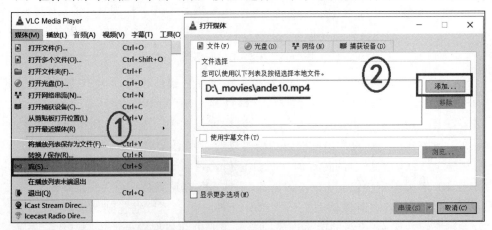

图 2-20 VLC 流媒体服务器之打开本地文件

(3)选择页面下方的"串流",添加串流协议,如图 2-21 所示。

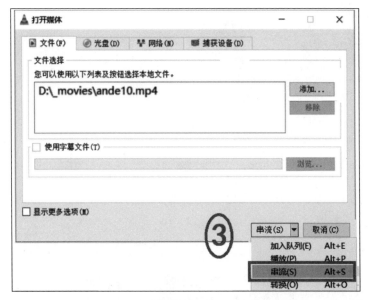

图 2-21　VLC 流媒体服务器之添加串流协议

（4）该页面会显示刚才选择的本地视频文件，然后单击"下一步"按钮，如图 2-22 所示。

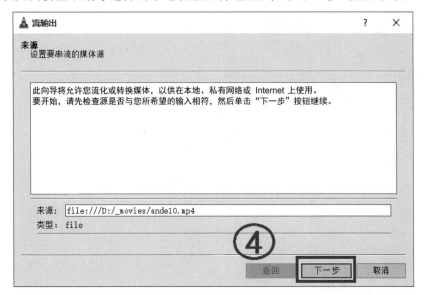

图 2-22　VLC 流媒体服务器之文件来源

（5）在该页面单击"添加"按钮，选择具体的流协议，例如 RTSP，然后单击"下一步"按钮，如图 2-23 所示。

（6）在该页面的下拉列表中选择"Video-H.264＋MP3(TS)"，然后单击"下一步"按钮，如图 2-24 所示。

28 FFmpeg入门详解——音视频流媒体播放器原理及应用

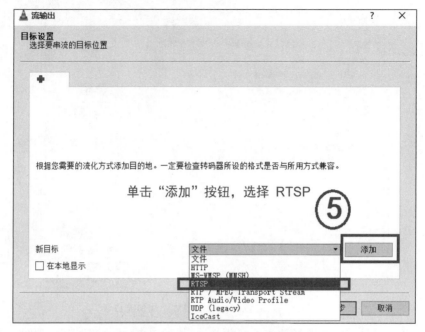

图 2-23　VLC 流媒体服务器之选择 RTSP 协议

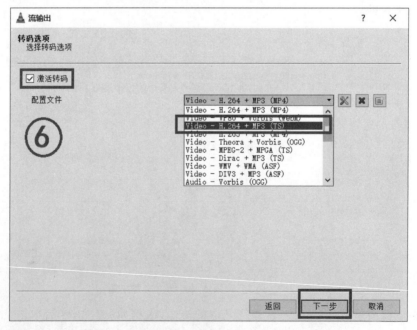

图 2-24　VLC 流媒体服务器之 H.263＋MP3（TS）

注意：一定要选中"激活转码"复选框，并且需要是 TS 流格式。

(7) 在该页面可以看到 VLC 生成的所有串流输出参数,然后单击"流"按钮即可,如图 2-25 所示。

图 2-25　VLC 流媒体服务器之串流输出参数字符串

2.3　VLC 二次开发

VLC 是一个纯粹围绕着 LibVLC 写成的程序。它是非常小但功能很齐全的媒体播放器,主要归功于 LibVLC 的动态组件支持。

2.3.1　VLC 的功能模块简介

VLC 采用多线程并行解码架构,线程之间通过单独的一个线程控制所有线程的状态,解码器采用过滤器模式,主要包括以下几大模块。

(1) LibVLC:是 VLC 的核心部分。它是一个提供接口的库,给 VLC 提供功能接口,包括流的接入、音频和视频的输出、插件管理和线程系统等。

(2) Interface:包含与用户交互的按键和设备弹出等。

(3) Playlist:管理播放列表的交互,如停止、播放、下一个和随机播放等。

(4) Video_output:初始化 Video 显示器,从解码器得到所有的图片和子图片,将其转换为相关的格式(如 YUV 或 RGB)并且播放。

(5) Audio_output:初始化音频混合器(Mixer),然后播放从解码器接收过来的音频帧。

（6）Misc：被其他部分使用的杂项，如线程系统、消息队列、CPU 探测、对象查询系统和特定平台代码等。

对于一个视频的播放，VLC 播放器的执行步骤包括读取原始数据、解复用、解码和显示。VLC 在包含这几个概念的基础上，又抽象出几个其他概念，如图 2-26 所示。

（1）Playlist：表示播放列表，VLC 在启动后，即创建一个播放线程（Playlist Thread），用户输入后，会动态增加播放列表。

（2）Input：表示输入，当用户通过界面输入一个文件或者流地址时，输入线程（Input Thread）会被动态创建，该线程的生命周期直到本次播放结束。

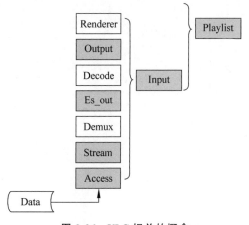

图 2-26　VLC 相关的概念

（3）Access：表示访问，是 VLC 抽象的一个层，该层向下直接使用文件或网络 IO 接口，向上为 Stream 层服务，提供 IO 接口。

（4）Stream：表示流，是 VLC 抽象的一个层，该层向下直接使用 Access 层提供的 IO 接口，向上为 Demux 层服务，提供 IO 接口。

（5）Demux：表示解复用，是视频技术中的概念，该层向下直接使用 Stream 层提供的 IO 接口，数据出来后送给 Es_out。

（6）Es_out：表示输出，是 VLC 抽象的一个层，该层获取 Demux 后的数据，送给 Decode 解码。

（7）Decode：表示解码，是视频技术中的概念，获取 Es_out 出来的数据（通过一个 FIFO 进行交互），解码后送给 Output。

（8）Output：表示输出，获取从 Decode 出来的数据，送给 Renderer。

（9）Renderer：表示显示，获取从 Output 出来的数据，然后显示。

2.3.2　LibVLC 简介

LibVLC 是 VLC 的核心部分，它是一个提供接口的库。总体来讲，LibVLC 和 VLC 是基础核心与扩展应用的关系，如图 2-27 所示。关于 VLC 的所有应用都是基于 LibVLC 提供的 API 而写的，VLC 播放器新添加的组件也要封装成 LibVLC 提供的接

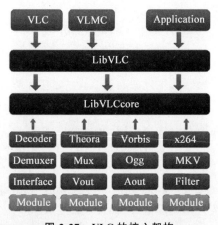

图 2-27　VLC 的核心架构

口形式,否则无法被上层调用。

2.3.3 LibVLC 的 API

1. libvlc_new

创建并初始化一个 LibVLC 实例,该函数可接收一个命令行参数列表,这个参数列表影响 LibVLC 实例的缺省配置,该函数的代码如下:

```
libvlc_instance_t * libvlc_new(int argc, const char * const * argv);
```

该函数可以接收从命令行传递过来的参数,与 VLC 媒体播放器一致。有效的参数列表依赖于 LibVLC 的版本、操作系统、平台及 LibVLC 的插件集。无效或不支持的参数将会导致该 API 的失败(return NULL)。此外,某些参数可能会改变 LibVLC 的行为或以其他方式干扰 LibVLC 的其他功能。argc 代表命令行参数的个数,argv 代表命令行类型参数。如果执行成功,则返回 LibVLC 实例,否则返回 NULL。

2. libvlc_release

减少 LibVLC 实例的引用计数,并且如果引用计数为 0 就摧毁它。参数 p_instance 代表需要操作的 LibVLC 实例。该函数的代码如下:

```
/* 减少 libVLC 实例的引用计数,如果引用计数为 0,则将其销毁 */
VLC_PUBLIC_API void libvlc_release(libvlc_instance_t * p_instance);
```

3. libvlc_media_player_new

创建一个空的媒体播放器对象,参数 p_libvlc_instance 代表被创建的媒体播放器所属的 LibVLC 实例。如果执行成功,则返回一个新的媒体播放器对象,否则返回 NULL。该函数的代码如下:

```
VLC_PUBLIC_API libvlc_media_player_t *
    libvlc_media_player_new(libvlc_instance_t * p_libvlc_instance);
```

4. libvlc_media_player_release

减少媒体播放器对象的引用次数。如果计数已经为 0,则该方法将释放媒体播放器对象,如果媒体播放器对象已经被释放了,则这种方法不应该再被调用。参数 p_mi 代表要释放的媒体播放器对象。该函数的代码如下:

```
//chapter2/libvlc-help-apis.txt
/* 使用"减少媒体播放器对象的引用计数"后释放媒体播放器。如果引用计数为 0,则 libvlc_media_
player_release()将释放媒体播放器对象.如果媒体播放器对象已释放,则不应再次使用 */
VLC_PUBLIC_API void libvlc_media_player_release(libvlc_media_player_t * p_mi);
```

5. libvlc_media_player_event_manager

从发送事件的媒体播放器对象那里获取一个事件管理器,参数 p_mi 代表媒体播放器对象,如果执行成功,则返回关联到给定媒体播放器对象的事件管理器,否则返回 NULL。该函数的代码如下:

```
/* 获取媒体播放器发送事件的事件管理器 */
VLC_PUBLIC_API libvlc_event_manager_t *
    libvlc_media_player_event_manager (libvlc_media_player_t *p_mi);
```

6. libvlc_event_attach

注册事件通知器(Register for an Event Notification),各个参数的含义如下。

(1) p_event_manager:关联的事件管理器。
(2) i_event_type:所要关注事件的类型。
(3) f_callback:事件发生时的回调函数。
(4) user_data:用户自定义数据(user custom data to carry with the event)。

如果该函数执行成功,则返回 0,否则返回 ENOMEM,函数的代码如下:

```
//chapter2/libvlc-help-apis.txt
VLC_PUBLIC_API int libvlc_event_attach(
    libvlc_event_manager_t *p_event_manager,
    libvlc_event_type_t i_event_type,
    libvlc_callback_t f_callback,
    void *user_data );
```

7. libvlc_media_player_set_hwnd

设置给予媒体播放器媒体输出的 Win32/Win64 窗口句柄。如果编译 LibVLC 时没有 Win32/Win64 API 输出的内置支持,则该方法将不起作用。参数 p_mi 代表媒体播放器,drawable 代表绘制媒体(媒体输出)的窗口句柄。该函数的代码如下:

```
//chapter2/libvlc-help-apis.txt
/* 如果编译 LibVLC 时缺少 Win32/Win64 的输出支持,则该函数没有效果 */
VLC_PUBLIC_API void libvlc_media_player_set_hwnd (
    libvlc_media_player_t *p_mi, void *drawable );
```

8. libvlc_get_log_verbosity

libvlc_log_* 等一系列函数提供对 LibVLC 消息日志的访问,主要用于调试。参数 p_instance 代表 LibVLC 实例。该函数返回 LIBVLC 的日志级别,函数的代码如下:

```
VLC_PUBLIC_API unsigned libvlc_get_log_verbosity(const libvlc_instance_t *p_instance );
```

9. libvlc_log_open

打开一个 LibVLC 消息日志句柄。参数 p_instance 代表 LibVLC 实例。如果函数执行

成功,则返回日志消息实例,否则返回 NULL。该函数的代码如下:

```
VLC_PUBLIC_API libvlc_log_t * libvlc_log_open(libvlc_instance_t * p_instance );
```

10. libvlc_log_close

关闭一个 LibVLC 消息日志实例。参数 p_log 代表 LibVLC 日志实例或 NULL。该函数的代码如下:

```
VLC_PUBLIC_API void libvlc_log_close(libvlc_log_t * p_log );
```

11. libvlc_log_count

返回日志实例内的消息数目。参数 p_log 代表 LibVLC 日志实例或 NULL。如果函数执行成功,则返回日志消息的数目,否则返回 NULL。该函数的代码如下:

```
VLC_PUBLIC_API unsigned libvlc_log_count(const libvlc_log_t * p_log );
```

12. libvlc_log_clear

清空一个日志实例,参数 p_log 代表 LibVLC 日志实例或 NULL。日志实例内所有的消息都将被清空。日志应定期清除以避免堵塞。该函数的代码如下:

```
VLC_PUBLIC_API void libvlc_log_clear(libvlc_log_t * p_log );
```

13. libvlc_log_get_iterator

分配或返回一个指向日志消息的新迭代器。参数 p_log 代表 LibVLC 日志实例。如果函数执行成功,则返回日志迭代器对象,否则返回 NULL。该函数的代码如下:

```
VLC_PUBLIC_API libvlc_log_iterator_t * libvlc_log_get_iterator(const libvlc_log_t * p_log );
```

14. libvlc_log_iterator_free

释放之前分配的日志消息迭代器。参数 p_iter 代表 LibVLC 日志迭代器或 NULL。该函数的代码如下:

```
VLC_PUBLIC_API void libvlc_log_iterator_free(libvlc_log_iterator_t * p_iter );
```

15. libvlc_log_iterator_has_next

迭代器返回日志是否有更多消息。参数 p_iter 代表 LibVLC 日志迭代器或 NULL。如果有更多消息,则返回值为 true,否则返回值为 false。该函数的代码如下:

```
VLC_PUBLIC_API int libvlc_log_iterator_has_next(const libvlc_log_iterator_t * p_iter );
```

16. libvlc_log_iterator_next

返回下一条日志消息。参数 p_iter 代表 LibVLC 日志迭代器或 NULL，参数 p_buffer 代表日志缓冲区。函数返回日志消息对象或 NULL。该函数的代码如下：

```
VLC_PUBLIC_API libvlc_log_message_t * libvlc_log_iterator_next(libvlc_log_iterator_t * p_iter, libvlc_log_message_t * p_buffer );
```

17. libvlc_media_new_location/libvlc_media_new_path

打开视频流，包括本地文件和网络流。如果打开流媒体路径，例如 RTMP 或 RTSP 等流链接地址，则需要使用 libvlc_media_new_location() 函数。如果打开本地视频文件，则建议使用 libvlc_media_new_path() 函数。这两个函数的代码如下：

```
//chapter2/libvlc-help-apis.txt
/**
 * 创建具有特定媒体资源位置的媒体，例如有效的 URL
 *
 * 注意:要使用此功能引用本地文件,file://...必须使用 URI 语法(请参阅 IETF RFC3986)。
 * 建议在处理本地文件时使用 libvlc_media_new_path()
 *
 * \see libvlc_media_release
 *
 * \param p_instance the instance
 * \param psz_mrl the media location
 * \return the newly created media or NULL on error
 */
LIBVLC_API libvlc_media_t * libvlc_media_new_location(
                        libvlc_instance_t * p_instance,
                        const char * psz_mrl );

/**
 * 为特定文件路径创建媒体
 *
 * \see libvlc_media_release
 *
 * \param p_instance the instance
 * \param path local filesystem path
 * \return the newly created media or NULL on error
 */
LIBVLC_API libvlc_media_t * libvlc_media_new_path(
                        libvlc_instance_t * p_instance,
                        const char * path );
```

2.3.4　安装 VLC 的 SDK

VLC 的官方网址为 http://www.videolan.org/vlc/，如图 2-28 所示，但是官方安装包

在 3.0 之后的版本中不包含 SDK，而包含 SDK 的下载网址被移到了其他地方，网址为 http://download.videolan.org/pub/videolan/vlc/3.0.18/win64/，如图 2-29 所示，下载速度比较慢，笔者将该安装包放到了本书的课件资料中，读者可以扫码下载。笔者下载的是 vlc-3.0.18-win64.7z(Windows 系统中 64 位的开发库版本)，其他版本的网址为 http://download.videolan.org/pub/videolan/vlc/。下载完成后，直接解压出来即可，其中 sdk 这个文件夹包含 include 和 lib 两个子文件夹，如图 2-30 所示。另外运行时还需要 libvlc.dll 和 libvlccore.dll 这两个动态库文件。

图 2-28　VLC 的官方安装包

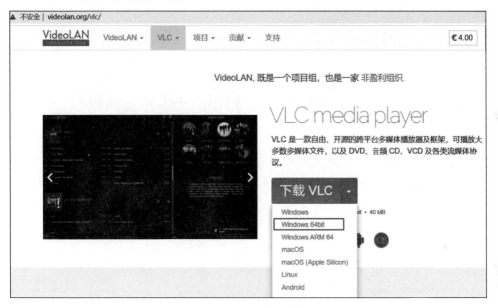

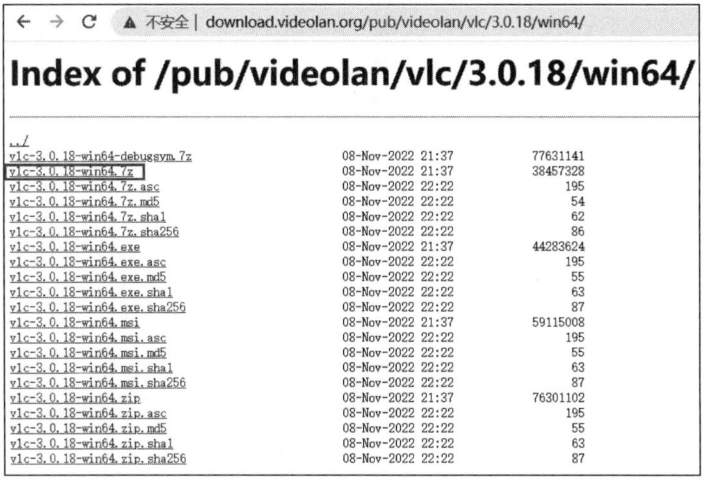

Index of /pub/videolan/vlc/3.0.18/win64/

../

vlc-3.0.18-win64-debugsym.7z	08-Nov-2022 21:37	77631141
vlc-3.0.18-win64.7z	08-Nov-2022 21:37	38457328
vlc-3.0.18-win64.7z.asc	08-Nov-2022 22:22	195
vlc-3.0.18-win64.7z.md5	08-Nov-2022 22:22	54
vlc-3.0.18-win64.7z.sha1	08-Nov-2022 22:22	62
vlc-3.0.18-win64.7z.sha256	08-Nov-2022 22:22	86
vlc-3.0.18-win64.exe	08-Nov-2022 21:37	44283624
vlc-3.0.18-win64.exe.asc	08-Nov-2022 22:22	195
vlc-3.0.18-win64.exe.md5	08-Nov-2022 22:22	55
vlc-3.0.18-win64.exe.sha1	08-Nov-2022 22:22	63
vlc-3.0.18-win64.exe.sha256	08-Nov-2022 22:22	87
vlc-3.0.18-win64.msi	08-Nov-2022 21:37	59115008
vlc-3.0.18-win64.msi.asc	08-Nov-2022 22:22	195
vlc-3.0.18-win64.msi.md5	08-Nov-2022 22:22	55
vlc-3.0.18-win64.msi.sha1	08-Nov-2022 22:22	63
vlc-3.0.18-win64.msi.sha256	08-Nov-2022 22:22	87
vlc-3.0.18-win64.zip	08-Nov-2022 21:37	76301102
vlc-3.0.18-win64.zip.asc	08-Nov-2022 22:22	195
vlc-3.0.18-win64.zip.md5	08-Nov-2022 22:22	55
vlc-3.0.18-win64.zip.sha1	08-Nov-2022 22:22	63
vlc-3.0.18-win64.zip.sha256	08-Nov-2022 22:22	87

图 2-29　VLC 包含 SDK 的下载网址

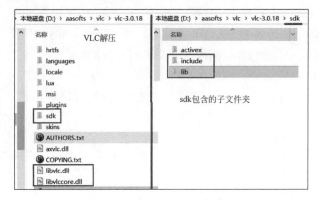

图 2-30　VLC 的 sdk 目录结构

2.3.5　使用 VS 控制台开发基于 LibVLC 的播放器

1. 设置相关的文件路径

开发 LibVLC 所需的文件路径主要包括以下几类。

（1）动态链接库（*.dll）：VLC 安装目录下的 libvlc.dll、libvlccore.dll 及 plugins 目录下的所有文件。

（2）静态链接库（*.lib）：安装目录下的/sdk/lib 中的文件，包括 libvlc.lib 和 libvlccore.lib。

（3）头文件（*.h）：安装目录/sdk/include 的一系列文件，如图 2-31 所示。

注意：VLC 支持非常多的 plugin，因此 plugins 目录中的文件确实非常大。基于 LibVLC 开发的程序，在运行时除了需要 libvlc.dll 和 libvlccore.dll 这两个动态库文件，还需要对应的 plugins 目录下所有相关的插件。每个插件都是一个独立的动态库文件。

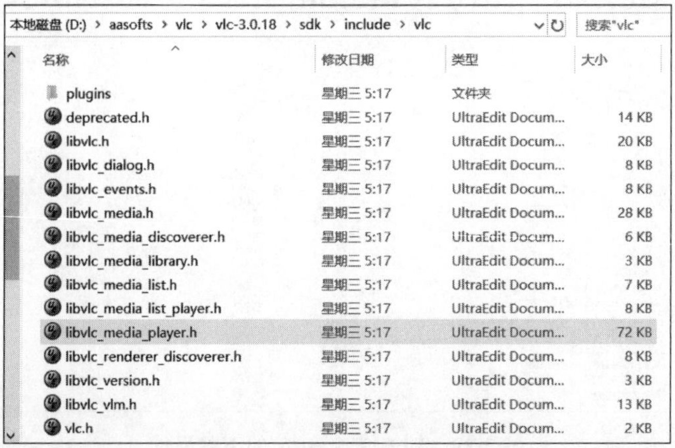

图 2-31　VLC 的 include 头文件

2. LibVLC 重要的数据结构及 API

使用 LibVLC 开发一个播放器相对比较简单，主要流程如图 2-32 所示。该流程图中包含了 3 个结构体，如下所示。

(1) libvlc_instance_t：代表一个 libVLC 的实例。

(2) libvlc_media_t：代表一个可以播放的媒体。

(3) libvlc_media_player_t：代表一个 VLC 媒体播放器（一个视频播放器播放一个视频）。

另外还包括以下几个主要函数。

(1) libvlc_new()：创建 libvlc_instance_t。

(2) libvlc_media_new_path()：创建 libvlc_media_t。

(3) libvlc_media_player_new_from_media()：创建 libvlc_media_player_t。

(4) libvlc_media_player_release()：释放 libvlc_media_player_t。

(5) libvlc_media_release()：释放 libvlc_media_t。

(6) libvlc_release()：释放 libvlc_instance_t。

然后可以通过下面的函数控制媒体的播放或者暂停，这些函数都需要使用 libvlc_media_player_t 作为参数，如下所示。

(1) libvlc_media_player_play()：播放。

(2) libvlc_media_player_pause()：暂停。

(3) libvlc_media_player_stop()：停止。

(4) libvlc_media_player_set_position()：设置指定的播放位置。

3. libvlc_media_t 实例的创建

创建 libvlc_media_t 实例有两种方法，包括 libvlc_media_new_path() 和 libvlc_media_new_location() 这两个函数。这两个函数的区别主要在于 libvlc_media_new_location() 函数用于打开网络协议，而 libvlc_media_new_path() 函数用于打开本地文件，所以传递给 libvlc_media_new_path() 函数的就是普通的文件路径（绝对路径，例如 D:\xxx.flv；相对路径，例如 xxx.mp4），而传递给 libvlc_media_new_location() 的就是网络协议地址（例如 udp://… 或 http://…），但是这里有一点需要注意，在 VLC 中"文件"也属于一种广义上的"协议"，因此使用 libvlc_media_new_location() 也可以打开文件，但是必须在文件路径前面加上"文件协议"的标记(file://)。例如打开 D:\movie\test1.mp4 视频文件，实际使用的代码如下：

```
libvlc_media_new_location (inst, "file://D:\\movie\\test1.mp4");
```

此外，VLC 还支持很多"神奇"的协议，例如输入 screen://协议就可以进行屏幕录制，代码如下：

```
libvlc_media_new_location (inst, "screen://");
```

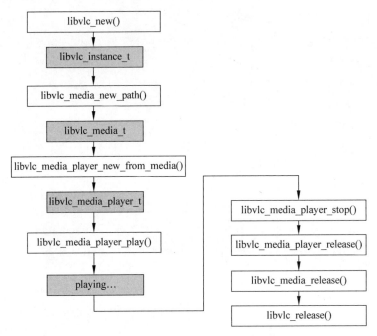

图 2-32　LibVLC 开发播放器的流程图

4. 基于 LibVLC 的播放器代码

使用 VS 2015 创建一个控制台项目 ConsoleLibVLCDemo，开发基于 LibVLC 的播放器，完整代码如下：

```
//chapter2/ConsoleLibVLCDemo/ConsoleLibVLCDemo.cpp
//ConsoleLibVLCDemo.cpp：定义控制台应用程序的入口点

#include "stdafx.h"
#include <windows.h>

//注意：ssize_t 需要专门定义出来，否则 LibVLC 在编译时会出问题
#if defined(_MSC_VER)
#include <BaseTsd.h>
typedef SSIZE_T ssize_t;
#endif

#include "vlc/vlc.h"
#pragma comment(lib, "libvlc.lib")
#pragma comment(lib, "libvlccore.lib")

int main()
{
    libvlc_instance_t * inst;              //定义代表 LibVLC 的实例
    libvlc_media_player_t * mp;            //定义代表媒体播放器的实例
    libvlc_media_t * m;                    //定义代表音视频媒体的实例
```

```c
    libvlc_time_t length;
    int width;
    int height;
    int wait_time = 2000;

    //libvlc_time_t length;

    /* Load the VLC engine:加载 LibVLC 引擎 */
    inst = libvlc_new(0, NULL);

    //Create a new item

    /*
打开本地文件
libvlc_media_new_location (inst, "file://D:/work/test.mp4");

打开 RTSP 流媒体
libvlc_media_new_location (inst, "rtsp://127.0.0.1:554/test1");

打开 RTMP 流媒体
libvlc_media_new_location (inst, "rtmp://127.0.0.1:1935/test1");

播放当前桌面屏幕: libvlc_media_new_location (inst, "screen://");
     */
    //Method 1:
    //m = libvlc_media_new_location (inst, "VideoTest.mp4");
    //Screen Capture:这个可以录屏
    //m = libvlc_media_new_location (inst, "screen://");
    //Method 2:这个可以播放本地文件
    m = libvlc_media_new_path(inst, "VideoTest.mp4");

    //Method 3:这个可以播放 RTSP
    //m = libvlc_media_new_path(inst, "rtsp://127.0.0.1:8554/test1");
    //error
    //m = libvlc_media_new_location(inst, "rtsp://127.0.0.1:8554/test1");

    /* Create a media player playing environement:创建媒体播放器实例 */
    mp = libvlc_media_player_new_from_media(m);


    /* No need to keep the media now */
    libvlc_media_release(m);

    //play the media_player
    libvlc_media_player_play(mp);

    //wait until the tracks are created

    ::Sleep(wait_time);
    length = libvlc_media_player_get_length(mp);
    width = libvlc_video_get_width(mp);
```

```
        height = libvlc_video_get_height(mp);
        printf("Stream Duration: %ds\n", length / 1000);
        printf("Resolution: %d x %d\n", width, height);
        //Let it play
        Sleep(length - wait_time);

        //Stop playing
        libvlc_media_player_stop(mp);

        //Free the media_player
        libvlc_media_player_release(mp);

        libvlc_release(inst);

        return 0;
}
```

在该案例中，使用 VS 2015 创建了一个基于控制台的应用程序，由于下载的是 64 位的 VLC，所以这里的编译需要选择 x64，如图 2-33 所示，然后需要配置 VS 2015 的包含目录，将 VLC 的开发包 sdk 文件夹复制到项目路径下，如图 2-34 所示。另外还要配置 VS 2015 的链接库路径，如图 2-35 所示。在源文件 ConsoleLibVLCDemo.cpp 中，引入头文件和库文件的代码如下：

```
#include "vlc/vlc.h"
#pragma comment(lib, "libvlc.lib")
#pragma comment(lib, "libvlccore.lib")
```

编译时由于 VS 2015 的 x64 编译器无法识别 ssize_t 类型，所以需要手工定义该类型，代码如下：

```
//chapter2/ConsoleLibVLCDemo/ConsoleLibVLCDemo.cpp
//注意:ssize_t 需要专门定义出来,否则 LibVLC 在编译时会出问题
#if defined(_MSC_VER)
#include <BaseTsd.h>
typedef SSIZE_T ssize_t;
#endif
```

此时再次编译该项目即可成功，然后运行项目会提示找不到 libvlc.dll，如图 2-36 所示。这时需要将 VLC 安装路径下的 libvlc.dll 和 libvlccore.dll 这两个文件，以及 plugins 文件夹同时复制到生成的 .exe 文件的同路径下，将 VideoTest.mp4 视频文件也复制到该路径下，再次运行就可以成功了，如图 2-37 所示。

注意：LibVLC 使用了 ssize_t 类型，但是 VS 2015 的 x64 编译器无法识别，需要自己手工定义出来，否则编译时会出错。

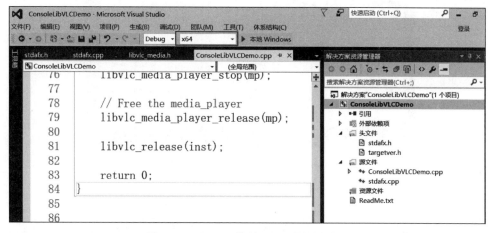

图 2-33　LibVLC 的 VS 2015 控制台项目

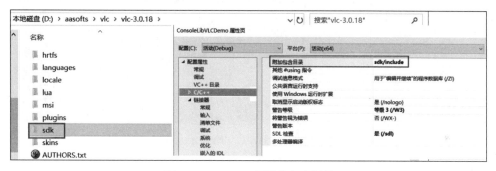

图 2-34　LibVLC 项目的包含目录

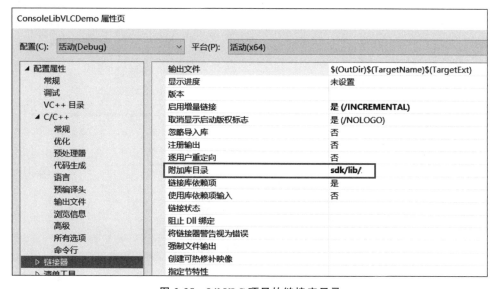

图 2-35　LibVLC 项目的链接库目录

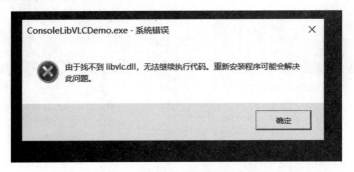

图 2-36 LibVLC 项目运行时提示找不到 libvlc.dll

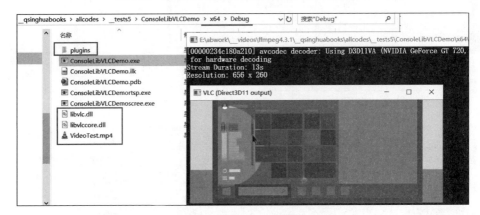

图 2-37 LibVLC 播放器成功播放本地视频文件

5. 配置环境变量

每次将 libvlc.dll、libvlccore.dll 这两个文件,以及 plugins 文件夹(130MB)都复制到生成的.exe 文件的同路径下比较麻烦,因此将 VLC 的安装路径配置到 Path 环境变量中会比较方便,所有相关的.exe 文件在运行时就不会提示缺少 libvlc.dll 文件了。配置用户变量或系统变量中的 Path 都可以,笔者 VLC 的安装路径为 D:\aasofts\vlc\vlc-3.0.18(读者需要配置自己本地 VLC 的安装路径),如图 2-38 所示。

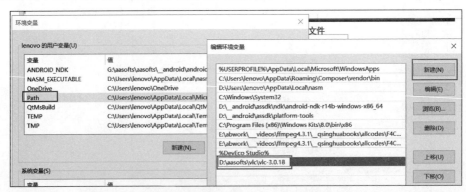

图 2-38 配置 VLC 的 Path 环境变量

2.3.6 使用 MFC 开发基于 LibVLC 的播放器

使用 VS 2015 开发基于 LibVLC 的播放器,整个工程的文件结构及界面如图 2-39 所示,主要包括主项目类(MFCVlcPlayer)、对话框类(MFCVlcPlayerDlg)及封装 LibVLC 的自定义类(AVPlayer)。

注意:该案例的完整工程代码可参考本书源码中的 MFCVlcPlayer,建议读者先下载源码将工程运行起来,然后结合本书进行学习。

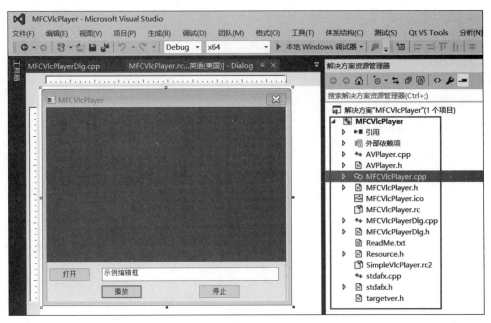

图 2-39 MFCVlcPlayer 工程的目录结构

1. AVPlayer 类

先来看 AVPlayer.h 这个头文件,主要功能是封装 LibVLC 的相关操作,包括 LibVLC 实例、媒体播放器实例、播放事件及相关的回调函数。该文件的代码如下:

```
//chapter2/MFCVlcPlayer/MFCVlcPlayer/player/AVPlayer.h
#ifndef __AVPlayer_H__
#define __AVPlayer_H__
#include <iostream>
#include <windows.h>

typedef void (* pfnCallback) (void * data);          //VLC 事件的回调函数指针
struct libvlc_instance_t;
struct libvlc_media_player_t;
```

```cpp
struct libvlc_event_t;

class CAVPlayer
{
    //VLC的事件管理
    friend void OnVLC_Event(const libvlc_event_t * event, void * data);

public:
    CAVPlayer(void);
    ~CAVPlayer(void);

    bool Play(const std::string &strPath);          //播放路径为strPath的文件
    void Play ();                                    //播放
    void Pause();                                    //暂停
    void Stop ();                                    //停止

    void Volume(int iVol);                           //将音量设置为iVol
    void VolumeIncrease();                           //音量增大
    void VolumeReduce();                             //音量减小

    void SeekTo(int iPos);                           //跳到指定位置iPos
    void SeekForward();                              //快进
    void SeekBackward();                             //快退

    void SetHWND(HWND hwnd);                         //设置视频显示的窗口句柄
    HWND GetHWND();                                  //获取视频显示的窗口句柄

    void SetFullScreen(bool full);                   //设置全屏

    bool IsOpen();                                   //文件是否打开
    bool IsPlaying();                                //文件是否正在播放
    int GetPos();                                    //获取文件当前播放的位置
    __int64 GetTotalTime();                          //获取总时间
    __int64 GetTime();                               //获取时间
    int GetVolume();                                 //获取音量

    void SetCallbackPlaying(pfnCallback pfn);        //设置文件头读取完毕时的回调函数
    void SetCallbackPosChanged(pfnCallback pfn);     //设置文件位置改变时的回调函数
    void SetCallbackEndReached(pfnCallback pfn);     //设置文件读取完毕时的回调函数

private:
    libvlc_instance_t       * m_pVLC_Inst;           //VLC实例
    libvlc_media_player_t   * m_pVLC_Player;         //VLC播放器
    HWND                      m_hWnd;                //视频显示的窗口句柄
    pfnCallback               m_pfnPlaying;          //文件读取完毕,准备播放
    pfnCallback               m_pfnPosChanged;       //文件位置改变时的回调函数
    pfnCallback               m_pfnEndReached;       //文件播放完毕的回调函数

    void Init();                                     //初始化
    void Release();                                  //清理内存
};

#endif
```

该类的成员变量 m_pVLC_Inst 代表 LibVLC 实例、m_pVLC_Player 代表 LibVLC 播放器实例、m_hWnd 代表视频显示的窗口句柄。共有 3 个回调函数，m_pfnPlaying 代表文件读取完毕后准备播放时的回调函数，m_pfnPosChanged 代表文件位置改变时的回调函数，m_pfnEndReached 代表文件播放完毕的回调函数。

Init()函数的主要功能是进行 LibVLC 实例的初始化工作，先判断 m_pVLC_Inst 是否为空，然后调用 libvlc_new()函数创建一个 LibVLC 实例。Release()函数的主要功能是先调用 Stop()函数停止播放，然后调用 libvlc_release()函数来释放 LibVLC 实例。这两个函数的代码如下：

```
//chapter2/MFCVlcPlayer/MFCVlcPlayer/player/AVPlayer.cpp
void CAVPlayer::Init()
{
    if (! m_pVLC_Inst)
    {
        m_pVLC_Inst = libvlc_new(0, NULL);
    }
}

void CAVPlayer::Release()
{
    Stop();

    if (m_pVLC_Inst)
    {
        libvlc_release (m_pVLC_Inst);
        m_pVLC_Inst = NULL;
    }
}
```

CAVPlayer::Play(const std::string &strPath)函数的主要功能是根据输入参数的视频 URL 来创建相关的实例和组件，并绑定好 VLC 事件管理的各种回调函数，代码如下：

```
//chapter2/MFCVlcPlayer/MFCVlcPlayer/player/AVPlayer.cpp
bool CAVPlayer::Play(const std::string &strPath)
{
    if (! m_pVLC_Inst)
    {
        Init();
    }

    if(strPath.empty() || ! m_pVLC_Inst)
    {
        return false;
    }

    Stop();
```

```cpp
        bool bRet = false;
        libvlc_media_t * m;
        m = libvlc_media_new_path(m_pVLC_Inst, strPath.c_str());

        if (m)
        {    //创建 VLC 播放器实例
            if (m_pVLC_Player = libvlc_media_player_new_from_media(m))
            {
                libvlc_media_player_set_hwnd(m_pVLC_Player, m_hWnd);
                libvlc_media_player_play(m_pVLC_Player);

                //事件管理
                libvlc_event_manager_t * vlc_evt_man = libvlc_media_player_event_manager(m_pVLC_Player);
//注意,在回调时这个 this 参数就会传递给::OnVLC_Event 函数
                libvlc_event_attach(vlc_evt_man, libvlc_MediaPlayerPlaying, ::OnVLC_Event, this);
                libvlc_event_attach(vlc_evt_man, libvlc_MediaPlayerPositionChanged, ::OnVLC_Event, this);
                libvlc_event_attach(vlc_evt_man, libvlc_MediaPlayerEndReached, ::OnVLC_Event, this);
                bRet = true;
            }

            libvlc_media_release(m);
        }

        return bRet;
    }
```

从代码中可以看出,该函数的主要工作是创建 LibVLC 实例和播放器实例,并通过 libvlc_media_new_path() 函数准备好需要播放的媒体。创建 VLC 播放器实例需要调用 libvlc_media_player_new_from_media() 函数,然后需要调用 libvlc_media_player_set_hwnd() 函数将该实例与窗口句柄绑定起来。只有调用 libvlc_media_player_play() 函数之后,才会真正开始播放视频。为了完成视频播放过程的各种控制功能(例如暂停、快进等),需要调用 libvlc_media_player_event_manager() 函数来创建 libvlc_event_manager_t 类型的变量,然后绑定各种事件,通过调用 libvlc_event_attachr() 函数来完成,事件类型通过枚举量来定义,代码如下:

```cpp
//chapter2/MFCVlcPlayer/MFCVlcPlayer/player/AVPlayer.cpp
    libvlc_MediaPlayerMediaChanged = 0x100,         //媒体改变事件
    libvlc_MediaPlayerOpening,                      //媒体打开事件
    libvlc_MediaPlayerPlaying,                      //媒体播放事件
    libvlc_MediaPlayerPaused,                       //媒体暂停事件
    libvlc_MediaPlayerStopped,                      //媒体停止事件
    libvlc_MediaPlayerForward,                      //媒体前进事件
```

```
libvlc_MediaPlayerBackward,                    //媒体后退事件
libvlc_MediaPlayerEndReached,                  //媒体文件尾事件
libvlc_MediaPlayerTimeChanged,                 //媒体时间更改事件
libvlc_MediaPlayerPositionChanged,             //媒体位置更改事件
libvlc_MediaPlayerSeekableChanged,             //媒体随机定位事件
```

在本案例中共绑定了3种事件，包括 libvlc_MediaPlayerPlaying(媒体开始播放)、libvlc_MediaPlayerPositionChanged(媒体位置更改)和 libvlc_MediaPlayerEndReached(到达尾部)，并绑定了::OnVLC_Event()回调函数。libvlc_event_attach()函数是 LibVLC 的一个 API，代码如下：

```
//chatper2/libvlc-help-apis.txt
/**
 * 注册事件通知
 *
 * \要附加到的事件管理器。通常，它是通过 vlc_my_object_event_manager()获得的，
 * 其中 my_object 是想要监听的对象
 * \我们想要收听的所需事件
 * \当 i_event_type 发生时要调用的函数
 * \用户提供的活动数据
 * \如果成功，则返回0，否则返回错误码 ENOMEM
 */
LIBVLC_API int libvlc_event_attach(libvlc_event_manager_t * p_event_manager,
                libvlc_event_type_t i_event_type,            //事件类型
                libvlc_callback_t f_callback,                //回调函数
                void * user_data );                          //私有数据
```

这里需要特别注意::OnVLC_Event()这个回调函数，它不是 CAVPlayer 类的成员函数，而是一个友元函数，代码如下：

```
//chapter2/MFCVlcPlayer/MFCVlcPlayer/player/AVPlayer.cpp
//VLC 的事件管理
friend void OnVLC_Event(const libvlc_event_t * event, void * data);

//该函数的定义如下
void OnVLC_Event(const libvlc_event_t * event, void * data )
{
    //注意，这个 data 参数其实就是回调时传递进来的 this 指针
    CAVPlayer * pAVPlayer = (CAVPlayer * ) data; pfnCallback pfn = NULL;

    if (! pAVPlayer)
    {
        return;
    }

    switch(event->type)//根据事件类型来调用不同的函数
    {
    case libvlc_MediaPlayerPlaying:
        pfn = pAVPlayer->m_pfnPlaying;
```

```
            break;
        case libvlc_MediaPlayerPositionChanged:
            pfn = pAVPlayer->m_pfnPosChanged;
            break;
        case libvlc_MediaPlayerEndReached:
            pfn = pAVPlayer->m_pfnEndReached;
            break;
        default:
            break;
        }

        if (pfn)
        {
            pfn(data);
/* 此回调函数还可以传入其他参数,除了 data 外,还有 event 的各种信息
(如 event->u.media_player_position_changed.new_position)等,请自行扩展
*/
        }
}
```

该类的其他几个成员函数主要调用 LibVLC 的相关 API 进行媒体的控制,主要包括暂停、播放、停止、快进、快退、随机定位和音量控制等,相关的 API 包括 libvlc_media_player_pause()、libvlc_audio_set_volume()、libvlc_media_player_set_position() 和 libvlc_media_player_set_time()等。AVPlayer.cpp 文件的完整代码如下:

```
//chapter2/MFCVlcPlayer/MFCVlcPlayer/player/AVPlayer.cpp
#include "stdafx.h"
#include "AVPlayer.h"
#include <cmath>
#include "vlc/vlc.h"

#pragma comment(lib, "vlc/lib/libvlc.lib")
#pragma comment(lib, "vlc/lib/libvlccore.lib")

CAVPlayer::CAVPlayer(void) :
m_pVLC_Inst(NULL),
m_pVLC_Player(NULL),
m_hWnd(NULL),
m_pfnPlaying(NULL),
m_pfnPosChanged(NULL),
m_pfnEndReached(NULL)
{
}

CAVPlayer::~CAVPlayer(void)
{
    Release();
}
```

```cpp
void CAVPlayer::Init()
{
    if (! m_pVLC_Inst)
    {
        m_pVLC_Inst = libvlc_new(0, NULL);
    }
}

void CAVPlayer::Release()
{
    Stop();

    if (m_pVLC_Inst)
    {
        libvlc_release (m_pVLC_Inst);
        m_pVLC_Inst = NULL;
    }
}

bool CAVPlayer::Play(const std::string &strPath)
{
    if (! m_pVLC_Inst)
    {
        Init();
    }

    if(strPath.empty() || ! m_pVLC_Inst)
    {
        return false;
    }

    Stop();

    bool bRet = false;
    libvlc_media_t * m;

    m = libvlc_media_new_path(m_pVLC_Inst, strPath.c_str());

    if (m)
    {
        if (m_pVLC_Player = libvlc_media_player_new_from_media(m))
        {
            libvlc_media_player_set_hwnd(m_pVLC_Player, m_hWnd);
            libvlc_media_player_play(m_pVLC_Player);

            //事件管理
            libvlc_event_manager_t * vlc_evt_man = libvlc_media_player_event_manager(m_pVLC_Player);
            libvlc_event_attach(vlc_evt_man, libvlc_MediaPlayerPlaying, ::OnVLC_Event, this);
```

```cpp
                libvlc_event_attach(vlc_evt_man, libvlc_MediaPlayerPositionChanged, ::OnVLC_Event, this);
                libvlc_event_attach(vlc_evt_man, libvlc_MediaPlayerEndReached, ::OnVLC_Event, this);
            bRet = true;
        }

        libvlc_media_release(m);
    }

    return bRet;
}
void CAVPlayer::Stop()
{
    if (m_pVLC_Player)
    {
        libvlc_media_player_stop(m_pVLC_Player);            /* 停止播放 */
        libvlc_media_player_release(m_pVLC_Player);         /* 释放媒体播放器 */
        m_pVLC_Player = NULL;
    }
}

void CAVPlayer::Play()
{
    if (m_pVLC_Player)
    {
        libvlc_media_player_play(m_pVLC_Player);
    }
}

void CAVPlayer::Pause()
{
    if (m_pVLC_Player)
    {
        libvlc_media_player_pause(m_pVLC_Player);
    }
}

void CAVPlayer::Volume(int iVol)
{
    if (iVol < 0)
    {
        return;
    }

    if (m_pVLC_Player)
    {
        //如果放到100,则会感觉比迅雷的100少了30,所以这里用1.3倍音量
        libvlc_audio_set_volume(m_pVLC_Player, int(iVol * 1.3));
    }
```

```cpp
}

void CAVPlayer::VolumeIncrease()
{
    if (m_pVLC_Player)
    {
        int iVol = libvlc_audio_get_volume(m_pVLC_Player);
        Volume((int)ceil(iVol * 1.1));
    }
}

void CAVPlayer::VolumeReduce()
{
    if (m_pVLC_Player)
    {
        int iVol = libvlc_audio_get_volume(m_pVLC_Player);
        Volume((int)floor(iVol * 0.9));
    }
}

int CAVPlayer::GetPos()
{
    if (m_pVLC_Player)
    {
        return (int)(1000 * libvlc_media_player_get_position(m_pVLC_Player));
    }

    return 0;
}

void CAVPlayer::SeekTo(int iPos)
{
    if (iPos < 0 || iPos > 1000)
    {
        return;
    }

    if (m_pVLC_Player)
    {
        libvlc_media_player_set_position(m_pVLC_Player, iPos/(float)1000.0);
    }
}

void CAVPlayer::SeekForward()
{
    //int iPos = GetPos();
    //SeekTo((int)ceil(iPos * 1.1));

    //一次快退 5s
    if (m_pVLC_Player)
    {
```

```cpp
            libvlc_time_t i_time = libvlc_media_player_get_time(m_pVLC_Player) + 5000;

            if (i_time > GetTotalTime())
            {
                i_time = GetTotalTime();
            }

            libvlc_media_player_set_time(m_pVLC_Player, i_time);
        }
    }

    void CAVPlayer::SeekBackward()
    {
        //int iPos = GetPos();
        //SeekTo((int)floor(iPos * 0.9));

        if (m_pVLC_Player)
        {
            libvlc_time_t i_time = libvlc_media_player_get_time(m_pVLC_Player) - 5000;

            if (i_time < 0)
            {
                i_time = 0;
            }

            libvlc_media_player_set_time(m_pVLC_Player, i_time);
        }
    }

    void CAVPlayer::SetHWND(HWND hwnd )
    {
        if (::IsWindow(hwnd))
        {
            m_hWnd = hwnd;
        }
    }

    HWND CAVPlayer::GetHWND()
    {
        return m_hWnd;
    }

    void CAVPlayer::SetFullScreen(bool full)
    {
        libvlc_set_fullscreen(m_pVLC_Player, full);
        int iRet = libvlc_get_fullscreen(m_pVLC_Player);
    }

    bool CAVPlayer::IsOpen()
    {
```

```cpp
        return NULL != m_pVLC_Player;
}

bool CAVPlayer::IsPlaying()
{
    if (m_pVLC_Player)
    {
        return (1 == libvlc_media_player_is_playing(m_pVLC_Player));
    }

    return false;
}

__int64 CAVPlayer::GetTotalTime()
{
    if (m_pVLC_Player)
    {
        return libvlc_media_player_get_length(m_pVLC_Player);
    }

    return 0;
}

__int64 CAVPlayer::GetTime()
{
    if (m_pVLC_Player)
    {
        return libvlc_media_player_get_time(m_pVLC_Player);
    }

    return 0;
}

int CAVPlayer::GetVolume()
{
    if (m_pVLC_Player)
    {
        return libvlc_audio_get_volume(m_pVLC_Player);
    }

    return 0;
}

void CAVPlayer::SetCallbackPlaying(pfnCallback pfn )
{
    m_pfnPlaying = pfn;
}

void CAVPlayer::SetCallbackPosChanged(pfnCallback pfn )
{
    m_pfnPosChanged = pfn;
```

```
}

void CAVPlayer::SetCallbackEndReached(pfnCallback pfn )
{
    m_pfnEndReached = pfn;
}

void OnVLC_Event(const libvlc_event_t * event, void * data )
{
    CAVPlayer * pAVPlayer = (CAVPlayer * ) data;
    pfnCallback pfn = NULL;

    if (! pAVPlayer)
    {
        return;
    }

    switch(event->type)
    {
    case libvlc_MediaPlayerPlaying:
        pfn = pAVPlayer->m_pfnPlaying;
        break;
    case libvlc_MediaPlayerPositionChanged:
        pfn = pAVPlayer->m_pfnPosChanged;
        break;
    case libvlc_MediaPlayerEndReached:
        pfn = pAVPlayer->m_pfnEndReached;
        break;
    default:
        break;
    }

    if (pfn)
    {
        pfn(data); //此回调函数还可以传入其他参数,除了 data 外,还有 event 的各种信息(如
                   //event->u.media_player_position_changed.new_position)等,请自行扩展
    }
}
```

2. CMFCVlcPlayerDlg 类

CMFCVlcPlayerDlg 是该 MFC 项目中的一个对话框类,继承自 CDialogEx,主要功能是调用 CAVPlayer 类型进行视频文件的播放和控制,头文件中的代码如下:

```
//chapter2/CMFCVlcPlayer/CMFCVlcPlayer/CMFCVlcPlayerDlg.h
//header file
//

# pragma once
# include "player/AVPlayer.h"
```

```cpp
#include "afxwin.h"

//CMFCVlcPlayerDlg dialog
class CMFCVlcPlayerDlg : public CDialogEx
{
//Construction
public:
    CMFCVlcPlayerDlg(CWnd* pParent = NULL);        //standard constructor

//Dialog Data
#ifdef AFX_DESIGN_TIME
    enum { IDD = IDD_SIMPLEVLCPLAYER_DIALOG };
#endif

    protected:
    virtual void DoDataExchange(CDataExchange* pDX);    //DDX/DDV support


//Implementation
protected:
    HICON m_hIcon;

    //Generated message map functions
    virtual BOOL OnInitDialog();
    afx_msg void OnSysCommand(UINT nID, LPARAM lParam);
    afx_msg void OnPaint();
    afx_msg HCURSOR OnQueryDragIcon();
    DECLARE_MESSAGE_MAP()
public:
    afx_msg void OnBnClickedButtonOpen();
    afx_msg void OnBnClickedButtonPlay();
    afx_msg void OnBnClickedButtonStop();
private:
    CAVPlayer m_myPlayer;                //播放器
    CString m_strFilePath;
    BOOL    m_bIsFullScreen;
public:
    afx_msg void OnLButtonDblClk(UINT nFlags, CPoint point);
    void SetFullScreen(BOOL full);
    void HideControl(BOOL isHide);
    CStatic m_playWnd;
    afx_msg void OnBnClickedButton1();
};
```

在 CMFCVlcPlayerDlg::OnInitDialog()函数中需要指定播放窗口，代码如下：

```cpp
gPlayHwnd = GetDlgItem(IDC_PLAYWND)->GetSafeHwnd();
m_myPlayer.SetHWND(gPlayHwnd);          //设置播放器的窗口句柄
```

其他的代码比较简单，主要调用对应的函数即可，例如播放需要调用 m_myPlayer.Play()函数、暂停需要调用 m_myPlayer.Pause()函数。

3. CMFCVlcPlayer 类

CMFCVlcPlayer 类继承自 CWinApp，封装了 Windows 应用程序控制和属性，是程序的主进程控制类和入口。该 App 类是很好的全局变量、全局函数的替代品。因为在整个程序中，这个类始终只有一个实例并方便全局访问，在程序的任何地方，都可以通过 AfxGetApp() 函数访问它，所以类成员变量就等同于一个安全的全局变量。在它的 InitInstance() 函数中定义了一个 CMFCVlcPlayerDlg 类型的变量，将窗口显示出来。

编译该项目生成 MFCVlcPlayer.exe 可执行程序，运行该程序时需要 libvlc.dll、libvlccore.dll 这两个文件，以及 plugins 文件夹。笔者将 MFCVlcPlayer.exe 这个文件直接复制到 VLC 的安装目录下（读者也可以直接设置好本地 VLC 的环境变量），然后双击运行即可，效果如图 2-40 所示。

图 2-40　MFCVlcPlayer 的运行效果

4. 全屏模式

在视频播放过程中，在客户区双击会进入全屏模式，当再次双击时会退出全屏模式，运行效果如图 2-41 所示。

图 2-41　MFCVlcPlayer 播放器的全屏模式

在程序中使用 SetFullScreen() 函数来处理全屏模式，先调用 SetWindowLong() 函数隐藏标题栏，然后调用 ShowWindow() 函数将窗口最大化显示，此时客户区就相当于整个屏幕，最后调用播放器句柄 m_playWnd 的 MoveWindow() 函数将窗口大小调整为整个屏幕即可，相关的函数的代码如下：

```cpp
//chapter2/MFCVlcPlayer/MFCVlcPlayer/MFCVlcPlayerDlg.cpp
void CMFCVlcPlayerDlg::OnLButtonDblClk(UINT nFlags, CPoint point)
{
    //TODO: Add your message handler code here and/or call default
    if (m_myPlayer.IsOpen())
    {
        SetFullScreen(!m_bIsFullScreen);
    }

    CDialogEx::OnLButtonDblClk(nFlags, point);
}

void CMFCVlcPlayerDlg::SetFullScreen(BOOL full)
{
    m_bIsFullScreen = full;

    if (full)
    {
        HideControl(TRUE);
        //隐藏标题栏
        SetWindowLong(GetSafeHwnd(), GWL_STYLE, GetWindowLong(m_hWnd, GWL_STYLE) - WS_CAPTION);
        ShowWindow(SW_MAXIMIZE);
        CRect rc;
        GetClientRect(&rc);
        m_playWnd.MoveWindow(rc);
    }
    else
    {
        HideControl(FALSE);
        SetWindowLong(this->GetSafeHwnd(), GWL_STYLE, GetWindowLong(m_hWnd, GWL_STYLE) + WS_CAPTION);
        ShowWindow(SW_NORMAL);
        CRect rc;
        GetClientRect(&rc);
        rc.DeflateRect(0, 0, 0, 80);
        m_playWnd.MoveWindow(rc);
    }
}

void CMFCVlcPlayerDlg::HideControl(BOOL isHide)
{
    ((CButton *)GetDlgItem(IDC_BUTTON_OPEN))->ShowWindow(!isHide);
    ((CButton *)GetDlgItem(IDC_BUTTON_PLAY))->ShowWindow(!isHide);
    ((CButton *)GetDlgItem(IDC_BUTTON_STOP))->ShowWindow(!isHide);
    ((CEdit *)GetDlgItem(IDC_EDIT_PATH))->ShowWindow(!isHide);
}
```

2.3.7 使用 Duilib 美化基于 LibVLC 的播放器

Duilib 是 Windows 系统下的开源的 DirectUI 界面库(遵循 BSD 协议),完全免费,可用于商业软件开发。Duilib 可以简单方便地实现大多数界面,包括换肤、换色、透明等功能,支持多种图片格式,使用 XML 可以方便地定制窗口,能较好地做到 UI 和逻辑相分离,尽量减少在代码里创建 UI 控件。目前,Duilib 已经在国内有较为广泛的使用。使用 Duilib 结合 LibVLC 可以开发出比较美观且功能强大的播放器,如图 2-42 所示。

注意:该案例的完整工程代码可参考本书源码中的 DuiVLCPlayerDemo,建议读者先下载源码将工程运行起来,然后结合本书进行学习。

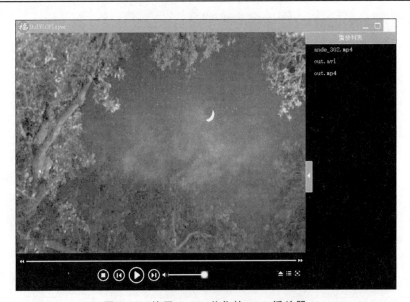

图 2-42　使用 Duilib 美化的 VLC 播放器

　　DirectUI 是一套开发理念,主要思想就是主窗口有句柄 HWND,但是子控件(如 Button、List 等)等都没有窗口句柄,使用 spy++无法抓取控件的 HWND。DirectUI 界面库取名自微软的一个窗口类名 DirectUIHWND(Paint on parent dc directly),即子窗口不以窗口句柄的形式创建,只是逻辑上的窗口,绘制在父窗口之上。DirectUI 界面库使用 XML 来描述界面风格和界面布局,可以很方便地构建高效的、绚丽的且易于扩展的界面,从而很好地将界面和逻辑分离,同时易于实现各种超炫的界面效果,如换色、换肤和透明等。

　　DirectUI 技术在本质上采用的是 XML 配置文件、图片和后台代码相结合的方式。这点与网页开发 HTML+CSS+JavaScript 的模式十分相似,使 C++程序员就像开发网页一样来开发 Windows 桌面程序界面,其开发效率会提高很多,可以将程序员从烦琐的界面绘制工作中解脱出来,专心开发逻辑代码。同时也可以减少代码量,因为据统计,在传统 MFC 程序中,界面代码大约占总代码的 1/3。也就是说,这 1/3 的代码都可以由 XML 来替代。DirectUI 技术最早被用于 Windows XP 资源管理器左边栏,被称为 Task Folder,而广为国人所知的 QQ 2009 界面就是使用 DirectUI 技术开发的。比较有名的开源免费 DirectUI 库有 Duilib、SOUI、REDM 和 DuiVision 等。

1. WinMain 入口函数

首先需要引入 Duilib 的头文件和库文件,在项目文件夹 DuiVLCPlayer 目录下有一个子目录 duilib,如图 2-43 所示。这个 duilib 包含 3 个子目录(bin、include 和 lib),其中 include 和 lib 分别对应头文件和库文件,而 bin 目录下存放着程序运行时所需要的 DLL 动态库文件。在 include 目录下存放着 Duilib 的源码及相关的工程,读者也可以自己编译生成 DLL,如图 2-44 所示。一般情况下引入头文件和 lib 库文件的代码如下:

```
//chapter2/libvlc-help-apis.txt
#pragma once
#include "duilib/include/UIlib.h"
using namespace DuiLib;

#ifdef _Debug
#ifdef _UNICODE
#pragma comment(lib, "duilib/lib/DuiLib_ud.lib")
#else
#pragma comment(lib, "duilib/lib/DuiLib_d.lib")
#endif
#else
#ifdef _UNICODE
#pragma comment(lib, "duilib/lib/DuiLib_u.lib")
#else
#pragma comment(lib, "duilib/lib/DuiLib.lib")
#endif
#endif
```

然后需要引入 VLC 的头文件和库文件,在项目文件夹 DuiVLCPlayer 目录下有一个子目录 vlc,它也包含 3 个子目录(bin、include 和 lib)。注意这里的 lib 和 dll 都是 32 位的,所以读者在编译项目时需要选择 x86 编译器,如图 2-45 所示,否则会出现编译错误。

注意:在本案例中配备的 VLC 开发库是 32 位的,所以编译时不能选择 x64。

使用 Duilib 库的程序和 Win32 程序一样,也是从 WinMain()函数开始的,代码如下:

```
//chapter2/DuiVLCPlayerDemo/DuiVLCPlayer/main.cpp
#include <windows.h>
#include "DuiFrameDlg.h"

int APIENTRY _tWinMain(HINSTANCE hInstance, HINSTANCE hPrevInstance, LPTSTR lpCmdLine, int nCmdShow)
{
    ::CoInitialize(NULL);           //将程序实例与皮肤绘制管理器挂钩
    CPaintManagerUI::SetInstance(hInstance);

    //设置皮肤库的资源路径,资源有图片、XML 文件等
    CPaintManagerUI::SetResourcePath(CPaintManagerUI::GetInstancePath() + _T("skin"));
```

```cpp
        //通过new创建一个类,这个类继承自CWindowWnd类
        //调用类的Create函数创建窗口,这里会发送WM_CREATE消息
        //而这个类一般会在HandleMessage函数中处理WM_CREATE消息
        //创建完窗口后,可以调用该类的SetIcon(IDI_HW)函数设置任务栏上显示的图标
        //然后调用CPaintManagerUI::MessageLoop(),进入消息循环
        CDuiFrameDlg * pFrame = new CDuiFrameDlg(_T("Player.xml"));
        pFrame->Create(NULL, _T("DuiVLCPlayer"), UI_WNDSTYLE_FRAME, WS_EX_WINDOWEDGE | WS_EX_
ACCEPTFILES);
        pFrame->ShowModal();

        delete pFrame;
        ::CoUninitialize();
        return 0;
}
```

在该函数中,通过CPaintManagerUI::SetInstance()函数将程序实例与皮肤绘制管理器挂钩,然后设置皮肤库的资源路径,这里设置的路径为应用程序的运行时所在路径下的skin子目录,其中CPaintManagerUI::GetInstancePath()函数获取的路径为EXE程序运行时所在的目录。CDuiFrameDlg是一个自定义的C++类,继承自CXMLWnd。CXMLWnd类是Duilib库封装好的一个类,根据XML文件来生成界面的窗口基类,它继承自WindowImplBase类,然后通过new创建一个实例出来,调用它的Create()函数将会绘制这个窗口,最后通过ShowModal()函数将这个窗口以对话框的方式显示出来。这几个类所涉及的主要代码如下:

```cpp
//chapter2/DuiVLCPlayerDemo/DuiVLCPlayer/DuiFrameDlg.h
#pragma once
#include <vector>
#include <iostream>
#include "Duilib.h"
#include "player/AVPlayer.h"

using namespace std;
const int MAX_PLANE = 1;

class CDuiFrameDlg : public CXMLWnd
{
public:
    explicit CDuiFrameDlg(LPCTSTR pszXMLName);
    ~CDuiFrameDlg();

    DUI_DECLARE_MESSAGE_MAP()
    virtual void InitWindow();
    virtual CControlUI * CreateControl(LPCTSTR pstrClassName);
    virtual void Notify(TNotifyUI& msg);
    virtual LRESULT HandleMessage(UINT uMsg, WPARAM wParam, LPARAM lParam);
    virtual void OnClick(TNotifyUI& msg);
    void OnMouseMove();
    LRESULT OnPlaying(HWND hwnd, WPARAM wParam, LPARAM lParam);    //文件头读取完毕,开始播放
```

```cpp
        LRESULT OnPosChanged(HWND hwnd, WPARAM wParam, LPARAM lParam);  //进度改变,采用播放器传
                                                                       //回来的进度
        LRESULT OnEndReached(HWND hwnd, WPARAM wParam, LPARAM lParam);  //文件播放完毕
        void OnGetMinMaxInfo(HWND hwnd, LPMINMAXINFO lpMinMaxInfo);
        bool OnPosChanged(void * param);                               //进度改变,用户主动改变进度
        bool OnVolumeChanged(void * param);                            //音量改变
private:
        void ShowPlayWnd(bool show);
        void OpenFolderDlg();
        void ShowPlaylist(bool show);
        void SetFullScreen(bool full);
        void SetListFocus(int index);
        BOOL IsPointAtRect(POINT p, int rcl, int rct, int rcr, int rcb);
        BOOL AddPlayFile(WCHAR * folder);
        BOOL IsClickPlayWnd();
        int GetPlayerNum();
        int MinUnPlayerNum();

private:
        vector<wstring>     m_vcPlayFile;                  //播放文件
        wstring             m_strFolderName;               //播放文件夹
        bool                m_bPingPong;
        bool                m_bIsFullScreen;               //全屏标志
        bool                m_bIsShowPlaylist;             //播放列表显示标识
        int                 m_iMonitorWidth;               //显示器宽度
        int                 m_iMonitorHeight;
        int                 m_iSelectItemIndex;
        CSliderUI           * m_pSliderPlay;               //文件播放进度
        CLabelUI            * m_pLabelTime;                //文件播放时间
        WINDOWPLACEMENT     m_OldWndPlacement;             //保存窗口原来的位置
        CAVPlayer           m_myPlayer;                    //播放器
};


//CXMLWnd 是 Duilib 的类:以 XML 生成界面的窗口基类
class CXMLWnd : public WindowImplBase
{
public:
        explicit CXMLWnd(LPCTSTR pszXMLName)
            : m_strXMLName(pszXMLName){}

public:
        virtual LPCTSTR GetWindowClassName() const
        {
            return _T("XMLWnd");
        }

        virtual CDuiString GetSkinFile()
        {
            return m_strXMLName;
        }

        virtual CDuiString GetSkinFolder()
        {
```

```
        return _T("");
    }

protected:
    CDuiString m_strXMLName; //XML 的名字
};
```

图 2-43　duilib 子目录

图 2-44　DuiLib 的 VS 2015 工程

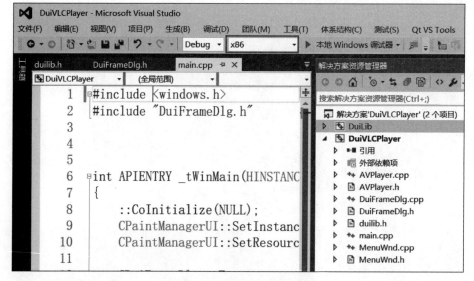

图 2-45　编译时需要选择 x86

2. XML 配置文件

Duilib 主要通过 XML 进行界面的布局配置，程序通过读取并解析 XML 文件来创建对应的窗体。Duilib 的页面元素分为 3 类，包括窗体（Window）、容器（Contain）和控件（Control）。顾名思义，窗体就是要创建的窗口；容器则相当于窗体内的一个子窗体，可以在容器内添加容器或者控件,定义的位置相对于容器内的左上顶点;控件就是一些常用的 Button、Edit、Label 等窗体上的基本元素。

常见的容器包括垂直布局容器(VerticalLayout)、水平布局容器(HorizontalLayout)、页标签布局容器(TabLayout)、富文本框(RichEdit)、下拉文本框(Combo)和列表(List)等。常见的控件包括标签(Label)、按钮(Button)、选择框(Option)、文本框(Edit)和滚动条(ScrollBar)等。

XML 文件的根节点必须是 Window,表示整个窗体,然后在根节点内可以添加内容。各节点可以添加属性,属性包含名字、位置、大小、背景色、前景色、背景图片、显示文本和鼠标悬浮提示等。一段简洁的 XML 代码如下(新建一个 XML 文件,注意保存为 UTF-8 格式):

```
//chapter2/DuiVLCPlayerDemo/skin/Player.xml
<?xml version = "1.0" encoding = "UTF - 8"?>
< Window size = "960,540"> <!-- 窗口的初始尺寸 -->
    < HorizontalLayout bkcolor = "#FF00FF00"> <!-- 整个窗口的背景 -->
    < Button name = "btnWnd" float = "false" text = "Hello World"/>
    </HorizontalLayout>
</Window>
```

这里的 float 属性为 true,表示绝对位置,如果值为 false,则表示相对位置,默认的 float 为 false。一般情况下使用相对位置,所以可以省略 float 属性。

在本案例中,主 XML 文件为 Player.xml,它存放在 skin 文件夹下,代码如下:

```
//chapter2/DuiVLCPlayerDemo/skin/Player.xml
<?xml version = "1.0" encoding = "UTF - 8"?>
< Window size = "960,660" caption = "0,0,0,25" sizebox = "6,6,6,6" mininfo = "960,660"> <!--
窗口的初始尺寸 -->
    < VerticalLayout bkcolor = "#FF000000"> <!-- 整个窗口的背景 -->

    < HorizontalLayout name = "title" height = "30" bkcolor = "#FF1b1b1b"> <!-- 标题栏背景色
bkcolor、bkcolor2、bkcolor3 分别是渐变色的 3 个值 -->
        < HorizontalLayout width = "5" />
        < Button name = "logo" width = "30" height = "30" normalimage = " file = 'logo.png'" />
        < Button name = "logotext" width = "100" text = "DuiVLCPlayer" textcolor = "#FFFFFFFF"
align = "center" />
        < HorizontalLayout />
        < HorizontalLayout width = "90">
            < Button name = "minbtn" tooltip = "最小化" normalimage = " file = 'img\btn_suo_1.png'"
hotimage = " file = 'img\btn_suo_2.png'" pushedimage = " file = 'img\btn_suo_3.png'" />
            < Button name = "maxbtn" tooltip = "最大化" normalimage = " file = 'img\btn_da_1.png'"
hotimage = " file = 'img\btn_da_2.png'" pushedimage = " file = 'img\btn_da_3.png'" />
            < Button name = "restorebtn" visible = "false" tooltip = "还原" normalimage = " file =
'img\btn_xiao_1.png'" hotimage = " file = 'img\btn_xiao_2.png'" pushedimage = " file = 'img\btn_
xiao_3.png'" />
            < Button name = "closebtn" tooltip = "关闭" normalimage = " file = 'img\btn_guan_1.png'"
hotimage = " file = 'img\btn_guan_2.png'" pushedimage = " file = 'img\btn_guan_3.png'" />
        </HorizontalLayout>
    </HorizontalLayout>
```

```
            <HorizontalLayout>
                <VerticalLayout>

                    <HorizontalLayout name = "PlayWnd">
                     <Button name = "MediaBkg" bkcolor = " # FF2f2f2f" normalimage = "playerbk.png"
visible = "true" />
                        <WndMediaDisplay name = "WndMedia" visible = "false" />
                    </HorizontalLayout>

                    <PlayPanel height = "90" />
                </VerticalLayout>

                <Playlist width = "225"/>
              </HorizontalLayout>
           </VerticalLayout>

</Window>
```

在该界面中包含最上方的标题栏、右侧的播放列表、最下方的控制按钮(开始、暂停和停止等)、进度条及中间的播放器显示控件等,如图2-46所示。

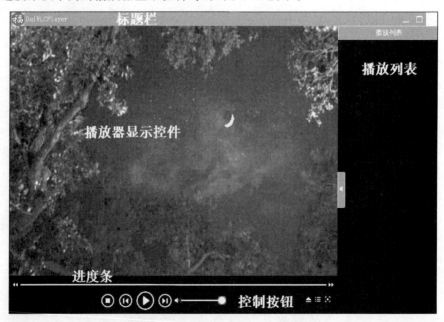

图 2-46　DuiVLCPlayer 的页面布局

标题栏部分主要是左侧的 LOGO 图标和右上角的最大化/最小化按钮,通过给 Button 按钮设置背景图片进行美化,例如最小化按钮的代码如下:

```
<Button name = "minbtn" tooltip = "最小化" normalimage = " file = 'img\btn_suo_1.png" hotimage
= " file = 'img\btn_suo_2.png' " pushedimage = " file = 'img\btn_suo_3.png' "/>
```

播放控制按钮通过 PlayPanel 自定义控件来指定，它本身是一个独立的 XML 文件（PlayPanel.xml）。该文件中代码较多，笔者只摘取了几个主要的子控件，包括进度条、开始播放按钮和全屏按钮，其他的几个按钮的实现与此大同小异，这里不再赘述。主要代码如下：

```
//chapter2/DuiVLCPlayerDemo/skin/PlayPanel.xml
<?xml version = "1.0" encoding = "utf-8" standalone = "yes" ?>
<Window size = "609,90" >
    <VerticalLayout name = "ctnPlayWnd" bkcolor = "#FF000000">
        <VerticalLayout height = "10" />
        <HorizontalLayout height = "20">
            <HorizontalLayout name = "ctnSlider" visible = "true">
                <VerticalLayout width = "27">
                </VerticalLayout>
                <VerticalLayout >
                    <Slider name = "sliderPlay" height = "20"
bkimage = "slider\SliderBack.png" foreimage = "slider\SliderFore.png" min = "0" max = "1000"
value = "0" hor = "true" thumbhotimage = "file = &apos;slider\SliderBar.png&apos;
source = &apos;21,0,41,20&apos;"
thumbpushedimage = "file = &apos;slider\SliderBar.png&apos;
source = &apos;42,0,62,20&apos;" thumbsize = "20,20" />
                </VerticalLayout>

            </HorizontalLayout>
        </HorizontalLayout>

        <HorizontalLayout >
            <HorizontalLayout width = "25" />
            <VerticalLayout >
                <Label name = "labelPlayTime" font = "2" width = "120" height = "18" textcolor
 = "#FF85909F" align = "center" />
            </VerticalLayout>
            <HorizontalLayout width = "350" height = "48">
                <HorizontalLayout width = "40" inset = "0,4,0,4">

                </HorizontalLayout>
                <HorizontalLayout width = "40" inset = "0,4,0,4">

                </HorizontalLayout>
                    <Button name = "btnPlay" tooltip = "播放" visible = "true" width = "48"
height = "48" textcolor = "#FF000000" disabledtextcolor = "#FFA7A6AA" align = "center"
normalimage = "file = &apos;btn_play.png&apos;
source = &apos;0,0,48,50&apos;" hotimage = "file = &apos;btn_play.png&apos; source = &apos;49,
0,97,48&apos;" pushedimage = "file = &apos;btn_play.png&apos;
source = &apos;98,0,146,48&apos;" />
                <HorizontalLayout width = "40" inset = "0,4,0,4">

                </HorizontalLayout>
                <HorizontalLayout width = "16" inset = "0,16,0,16">
                </HorizontalLayout>

            </HorizontalLayout>

            <VerticalLayout >
```

```
            <VerticalLayout height = "12"/>
            <HorizontalLayout height = "18">
            <HorizontalLayout />
            <HorizontalLayout width = "66">
                <HorizontalLayout width = "24" >
                </HorizontalLayout>
                <HorizontalLayout width = "18">
                </HorizontalLayout>
                <HorizontalLayout width = "24">
                    <Button name = "btnScreenFull" tooltip = "全屏"
enabled = "false" textcolor = "#FF000000" disabledtextcolor = "#FFA7A6AA" align = "center"
normalimage = "file = &apos;btn_screen_full.png&apos;
source = &apos;0,0,24,18&apos;"
hotimage = "file = &apos;btn_screen_full.png&apos;
source = &apos;25,0,49,18&apos;"
pushedimage = "file = &apos;btn_screen_full.png&apos;
source = &apos;50,0,74,18&apos;"
disabledimage = "file = &apos;btn_screen_full.png&apos;
source = &apos;75,0,99,18&apos;" />
                </HorizontalLayout>
            </HorizontalLayout>
            <HorizontalLayout width = "10"/>
        </HorizontalLayout>
    </VerticalLayout>
        </HorizontalLayout>
    </VerticalLayout>
</Window>
```

页面右侧的播放列表是通过一个自定义控件 Playlist 来定义的，它本身也是一个独立的 XML 文件(Playlist.xml)，通过 TreeView 控件来展示所有的播放列表文件。该 XML 文件的代码如下：

```
//chapter2/DuiVLCPlayerDemo/skin/Playlist.xml
<?xml version = "1.0" encoding = "utf-8" standalone = "yes" ?>
<Window size = "225,480">
    <VerticalLayout name = "ctnPlaylist" bkcolor = "#FF000000">
        <Button name = "playlist" text = "播放列表" textcolor = "#FFFFFFFF" bordersize = "1"
bordercolor = "#FF2f2f2f" bkcolor = "#FF1b1b1b" height = "30" tooltip = "播放列表" />
        <HorizontalLayout >
            <VerticalLayout width = "17" inset = "0,50,0,0">
                <HorizontalLayout />
                <HorizontalLayout height = "77">
                    <Button name = "btnSideHide" tooltip = "隐藏列表"
normalimage = "btn_suojing_1.png" hotimage = "btn_suojing_2.png" pushedimage = "btn_suojing_2.png" />
                    <Button name = "btnSideShow" tooltip = "显示列表" visible = "false"
normalimage = "btn_dakai_1.png" hotimage = "btn_dakai_2.png"
pushedimage = "btn_dakai_2.png" />
                </HorizontalLayout>
                <HorizontalLayout />
```

```
        </VerticalLayout>

        <HorizontalLayout>
            <TreeView name = "treePlaylist" childpadding = "4" multipleitem = "true" inset = "4,0,3,0"
bordersize = "0" bordercolor = " # FFadb6c6" itemtextcolor = " # FF164f7d" itemhottextcolor =
" # FFC8C6CB" selitemtextcolor = " # FFFFFFFF" itemhotbkcolor = " # FF1b1b1b" itemselectedbkcolor =
" # FFadb6c6" font = "18" vscrollbar = "true" hscrollbar = "true" >
            </TreeView>
        </HorizontalLayout>

    </HorizontalLayout>
    </VerticalLayout>
</Window>
```

3. C++ 后台代码

主 XML 文件中有一个自定义的播放器控件 WndMediaDisplay，但是没有对应的 XML 文件。可以通过重写 CXMLWnd 类的 CreateControl() 虚函数来动态地生成自定义控件，主要代码如下：

```
//chapter2/DuiVLCPlayerDemo/DuiVLCPlayer/DuiFrameDlg.cpp
//在类的.h头文件(DuiFrameDlg.h)中声明虚函数
virtual CControlUI * CreateControl(LPCTSTR pstrClassName);

//在类的.cpp实现文件中(DuiFrameDlg.cpp)定义该函数
/***********************
*
* 功能:创建自定义控件
*
/*********************** /
CControlUI * CDuiFrameDlg::CreateControl(LPCTSTR pstrClassName)
{
    CDuiString strXML;
    CDialogBuilder builder;

    if (_tcsicmp(pstrClassName, _T("Caption")) == 0)
    {
        strXML = _T("Caption.xml");
    }
    else if (_tcsicmp(pstrClassName, _T("PlayPanel")) == 0)
    {
        strXML = _T("PlayPanel.xml");
    }
    else if (_tcsicmp(pstrClassName, _T("Playlist")) == 0)
    {
        strXML = _T("Playlist.xml");
    }
    else if (_tcsicmp(pstrClassName, _T("WndMediaDisplay")) == 0)
    {
        CWndUI * pUI = new CWndUI;
        HWND hWnd = CreateWindow(_T(" # 32770"), _T("WndMediaDisplay"), WS_VISIBLE | WS_
CHILD, 0, 0, 0, 0, m_PaintManager.GetPaintWindow(), (HMENU)0, NULL, NULL);
```

```cpp
        pUI->Attach(hWnd);
        return pUI;
    }

    if (!strXML.IsEmpty())
    {
        //这里必须传入 m_PaintManager,否则子 XML 不能使用默认滚动条等信息
        CControlUI * pUI = builder.Create(strXML.GetData(), NULL, NULL, &m_PaintManager, NULL);
        return pUI;
    }

    return NULL;
}
```

通过代码可以看出,当传入的字符串参数是 Caption、PlayPanel 和 Playlist 时,会指定相应的 XML 文件,而当参数是 WndMediaDisplay 时,则会直接通过 CreateWindow()函数创建一个普通的窗口,用来显示视频。

InitWindow()也是 CXMLWnd 类的一个虚函数,用来进行初始化工作,主要代码如下:

```cpp
//chapter2/DuiVLCPlayerDemo/DuiVLCPlayer/DuiFrameDlg.cpp
void CDuiFrameDlg::InitWindow()
{
    CenterWindow();

    HMONITOR monitor = MonitorFromWindow(*this, MONITOR_DEFAULTTONEAREST);
    MONITORINFO info;
    info.cbSize = sizeof(MONITORINFO);
    GetMonitorInfo(monitor, &info);
    m_iMonitorWidth = info.rcMonitor.right - info.rcMonitor.left;
    m_iMonitorHeight = info.rcMonitor.bottom - info.rcMonitor.top;

    //几个常用控件作为成员变量
    CSliderUI * pSilderVol = static_cast<CSliderUI *>(m_PaintManager.FindControl(_T("sliderVol")));
    m_pSliderPlay = static_cast<CSliderUI *>(m_PaintManager.FindControl(_T("sliderPlay")));
    m_pLabelTime = static_cast<CLabelUI *>(m_PaintManager.FindControl(_T("labelPlayTime")));

    pSilderVol->OnNotify += MakeDelegate(this, &CDuiFrameDlg::OnVolumeChanged);
    m_pSliderPlay->OnNotify += MakeDelegate(this, &CDuiFrameDlg::OnPosChanged);

    CWndUI * pWnd = static_cast<CWndUI *>(m_PaintManager.FindControl(_T("WndMedia")));
    if (pWnd)
    {
        m_myPlayer.SetHWND(pWnd->GetHWND());
        m_myPlayer.SetCallbackPlaying(CallbackPlaying);
        m_myPlayer.SetCallbackPosChanged(CallbackPosChanged);
        m_myPlayer.SetCallbackEndReached(CallbackEndReached);
    }
}
```

MonitorFromWindow()函数用于获取显示器的句柄,该显示器与特定窗口的矩形边框有最大的交叉面积,然后通过 OnNofity()函数给 Slider 类型的控件指定进度条变化时相关的事件函数,例如音量进度条和播放进度条变化时分别对应 CDuiFrameDlg::OnVolumeChanged()和 CDuiFrameDlg::OnPosChanged()函数。

CAVPlayer 类是封装 LibVLC 的一个自定义类,通过它来引用 VLC 播放器的相关功能。在 CDuiFrameDlg 类中定义了一个成员变量 m_myPlayer,代表 VLC 播放器。首先在 CDuiFrameDlg::InitWindow()函数中,将自定义控件 WndMediaDisplay 的句柄通过 SetHWND()函数赋值给 m_myPlayer,因此 LibVLC 的视频最终显示在这个自定义控件上,然后通过 SetCallbackPlaying()、SetCallbackPosChanged()和 SetCallbackEndReached()函数设置相关的回调函数即可,主要代码如下:

```cpp
//chapter2/DuiVLCPlayerDemo/DuiVLCPlayer/DuiFrameDlg.cpp
void CallbackPlayer(void * data, UINT uMsg)
{
    CAVPlayer *pAVPlayer = (CAVPlayer *)data;

    if (pAVPlayer)
    {
        HWND hWnd = pAVPlayer->GetHWND();

        if (::IsWindow(hWnd) && ::IsWindow(::GetParent(hWnd)))
        {
            ::PostMessage(::GetParent(hWnd), uMsg, (WPARAM)data, 0);
        }
    }
}

void CallbackPlaying(void * data)
{
    CallbackPlayer(data, WM_USER_PLAYING);
}

void CallbackPosChanged(void * data)
{
    CallbackPlayer(data, WM_USER_POS_CHANGED);
}

void CallbackEndReached(void * data)
{
    CallbackPlayer(data, WM_USER_END_REACHED);
}
```

这几条消息最终在虚函数 HandleMessage 中被处理,代码如下:

```cpp
//chapter2/DuiVLCPlayerDemo/DuiVLCPlayer/DuiFrameDlg.cpp
//在头文件中声明
virtual LRESULT HandleMessage(UINT uMsg, WPARAM wParam, LPARAM lParam);
```

```cpp
//在 C++文件中定义
LRESULT CDuiFrameDlg::HandleMessage(UINT uMsg, WPARAM wParam, LPARAM lParam)
{
    LRESULT lRes = __super::HandleMessage(uMsg, wParam, lParam);

    switch (uMsg)
    {
        //HANDLE_MSG( *this, WM_DROPFILES, OnDropFiles);
        //HANDLE_MSG( *this, WM_DISPLAYCHANGE, OnDisplayChange);
        HANDLE_MSG( *this, WM_GETMINMAXINFO, OnGetMinMaxInfo);

    case WM_USER_PLAYING:
        return OnPlaying( *this, wParam, lParam);
    case WM_USER_POS_CHANGED:
        return OnPosChanged( *this, wParam, lParam);
    case WM_USER_END_REACHED:
        return OnEndReached( *this, wParam, lParam);
    case WM_MOUSEMOVE:
        OnMouseMove();
        break;

    case WM_LBUTTONDBLCLK:
    {
        if (IsClickPlayWnd())
        {
            SetFullScreen(m_bPingPong);
            //用作全屏切换标识
            m_bPingPong = !m_bPingPong;
        }
        break;
    }

    case WM_RBUTTONUP:
        if (IsClickPlayWnd())
        {
            POINT ptMouse;
            GetCursorPos(&ptMouse);
            CMenuWnd *pMenu = new CMenuWnd(_T("menu.xml"));
            POINT pt = {ptMouse.x, ptMouse.y };
            pMenu->Init(&m_PaintManager, pt);
            pMenu->ShowWindow(TRUE);
        }

    }
    return lRes;
}
```

CXMLWnd 还有一个比较常用的 Notify()虚函数,用来处理一些自定义消息,在本案例中主要用来处理 TreeView 控件的双击事件。双击某一条,然后单击右侧播放列表中的

视频会切换视频进行播放,效果如图 2-47 所示,主要代码如下:

```cpp
//chapter2/DuiVLCPlayerDemo/DuiVLCPlayer/DuiFrameDlg.cpp
/*********************************************
* 功能:Duilib 自定义消息
* 输入:消息类型
* 返回:无
/********************************************/
void CDuiFrameDlg::Notify(TNotifyUI& msg)
{
    if(msg.sType == DUI_MSGTYPE_ITEMACTIVATE)
    {
        CTreeViewUI * pTree = static_cast<CTreeViewUI *>(m_PaintManager.FindControl(_T("treePlaylist")));
        CTreeNodeUI * pTreePlayChannel = static_cast<CTreeNodeUI *>(m_PaintManager.FindControl(_T("ctnPlayChannel")));
        if (pTree && -1 != pTree->GetItemIndex(msg.pSender) && U_TAG_PLAYLIST == msg.pSender->GetTag())
        {
            m_iSelectItemIndex = pTree->GetItemIndex(msg.pSender);
            ShowPlayWnd(true);
            m_myPlayer.Play(UnicodeToUTF8(m_strFolderName + L"\\" + m_vcPlayFile[m_iSelectItemIndex]));
            SetListFocus(m_iSelectItemIndex);
            SetTimer(NULL, 1, 1000, (TIMERPROC)TimeProc);
        }

    }
    __super::Notify(msg);
}
```

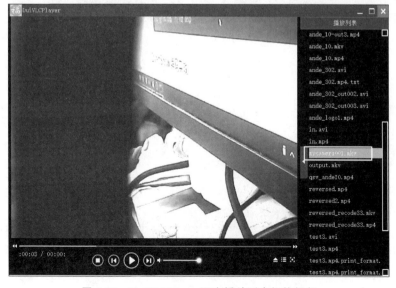

图 2-47　DuiVLCPlayer 双击播放列表切换视频

2.3.8 使用 Qt 开发基于 LibVLC 的播放器

Qt 是一个由 Qt Company 开发的跨平台 C++ 图形用户界面应用程序开发框架。它既可以开发 GUI 程序，也可用于开发非 GUI 程序，例如控制台工具和服务器。Qt 是面向对象的框架，使用元对象编译器（Meta Object Compiler，MOC）的特殊代码生成扩展机制及其他一些特殊宏，Qt 很容易扩展，并且允许组件化编程。可以使用 Qt 结合 LibVLC 开发播放器，由 Qt 负责界面及逻辑控制部分，而播放器引擎由 LibVLC 负责。本案例的程序运行界面如图 2-48 所示。

图 2-48 Qt 开发的 LibVLCPlayer 播放器

1. QtVLCPlayer 项目简介

首先打开 Qt（笔者的版本为 Qt 5.9.8），创建一个 Qt Widgets Application 项目，如图 2-49 所示。然后将 LibVLC 的开发包（vlcsdk）复制到 Qt 项目的源码根目录下，如图 2-50 所示，在该目录中有两个子目录，包括 include 和 lib，分别对应头文件和库文件。完整的项目文件结构如图 2-51 所示。

注意：该案例的完整工程代码可参考本书源码中的 QtVLCPlayerDemo，建议读者先下载源码将工程运行起来，然后结合本书进行学习。

在项目配置文件 QtVLCPlayerDemo.pro 中添加头文件和库文件的引用，如图 2-52 所示，代码如下：

第 2 章　VLC 播放器及二次开发应用

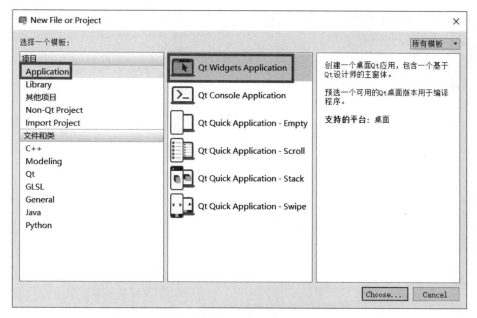

图 2-49　使用 Qt 创建 Qt Widgets Application 项目

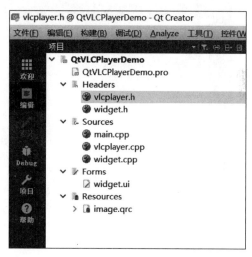

图 2-50　将 VLC 开发包复制到 Qt 项目中　　图 2-51　QtVLCPlayerDemo 项目的完整文件结构

```
INCLUDEPATH += $$PWD/vlcsdk/include
LIBS += -L$$PWD/vlcsdk/lib -llibvlc -llibvlccore
```

　　笔者在该项目中提供的 LibVLC 版本是 32 位的，所以需要选择 32 位的编译套件，这里选择 MinGW 32 位编译套件，如图 2-53 所示，然后在运行程序时需要将生成的 QtVLCPlayerDemo.exe 可执行文件复制到 libvlc.dll 和 libvlccore.dll 的同路径下，如图 2-54 所示。

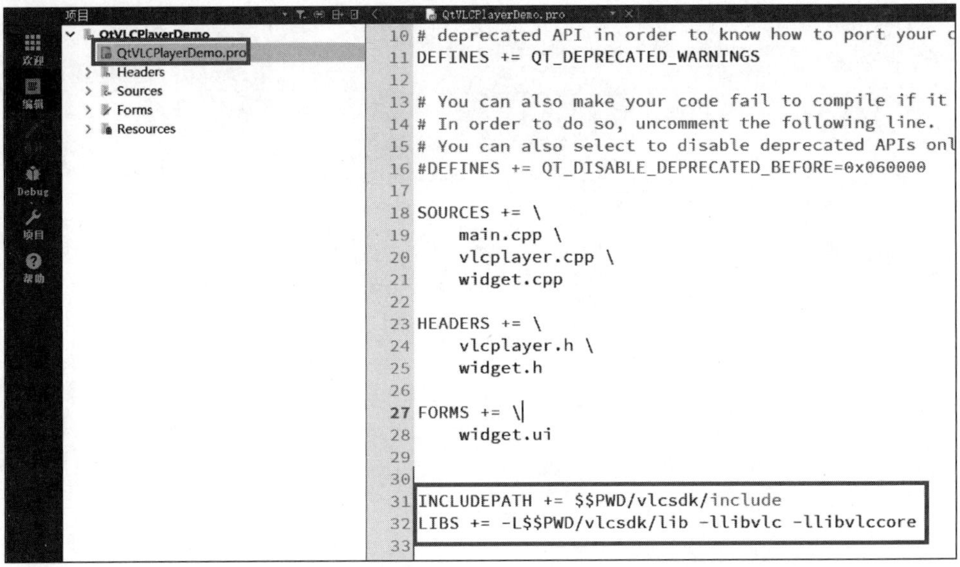

图 2-52　在 Qt 项目的配置文件中引入 VLC 的头文件和库文件

图 2-53　选择 MinGW 32 位编译套件

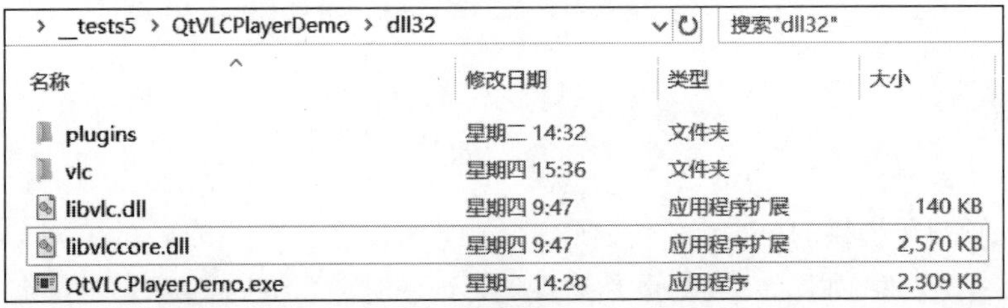

图 2-54　将生成的 EXE 文件和 libvlc.dll 放到同一路径下

2. QFileSystemModel 简介

QFileSystemModel 提供了一个可用于访问本机文件系统的数据模型。QFileSystemModel 和视图组件 QTreeView 结合使用，可以用目录树的形式显示本机上的文件系统，如同 Windows 的资源管理器一样。使用 QFileSystemModel 提供的接口函数，可以创建目录、删除目录、重命名目录，可以获得文件名称、目录名称、文件大小等参数，还可以获得文件的详细信息。

注意：该案例的完整工程代码可参考本书源码中的 QtFileSystemModel，建议读者先下载源码将工程运行起来，然后结合本书进行学习。

要通过 QFileSystemModel 获得本机的文件系统，需要用 setRootPath() 函数为 QFileSystemModel 设置一个根目录，示例代码如下：

```
QFileSystemModel * model = new QFileSystemModel;
model->setRootPath(QDir::currentPath());
```

静态函数 QDir::currentPath()用于获取应用程序的当前路径。用于获取磁盘文件目录的数据模型类还有一个 QDirModel，QDirModel 的功能与 QFileSystemModel 类似，也可以获取目录和文件，但是 QFileSystemModel 采用单独的线程获取目录文件结构，而 QDirModel 不使用单独的线程。使用单独的线程就不会阻碍主线程，所以推荐使用 QFileSystemModel。

QFileSystemModel 类包含几个常用的 API，代码如下：

```
//chatper2/libvlc-help-apis.txt
//文件路径
QString filePath(const QModelIndex &index) const;

//文件名
QString fileName(const QModelIndex &index) const;

//文件类型
QString type(const QModelIndex &index) const;

//文件大小
qint64 size(const QModelIndex &index) const;
```

打开 Qt，创建一个 Qt Widgets Application 项目（笔者的项目名称为 QtFileSystemModel），用鼠标左键双击 widget.ui 文件打开设计界面，从左侧工具箱中将一个 TreeView 控件拖曳到右侧空白界面上并调整大小，在页面下方拖曳几个 Label 控件，将它们的名称分别修改为 lbPath、lbType、lbName 和 lbSize，如图 2-55 所示。笔者已经将第 1 个 lbPath 拖曳成功，读者可以尝试将剩下的几个补充完毕。在 widget.h 头文件中定义一个 QFileSystemModel 类型的成员变量，代码如下：

```
QFileSystemModel * m_model;              /* 文件系统模式 */
```

在 widget.cpp 文件的构造函数中，完成 QFileSystemModel 组件的初始化工作，并绑定 TreeView 组件，代码如下：

```
//chapter2/QFileSystemModel/widget.cpp
Widget::Widget(QWidget * parent) :
    QWidget(parent),
    ui(new Ui::Widget)
{
    ui->setupUi(this);

    //QFileSystemModel 提供单独线程，推荐使用
    m_model = new QFileSystemModel(this);

    //设置根目录
    m_model->setRootPath(QDir::currentPath());

    ui->treeView->setModel(m_model);  //设置数据模型
}
```

打开 widget.ui 设计界面，用鼠标右击 TreeView 控件，在弹出的快捷菜单中选择"转到槽"这个子菜单选项，在弹出的界面中选择"Clicked(QModelIndex)"信号，如图 2-56 所示，然后用鼠标左键单击 OK 按钮，就会生成 TreeView 控件的单击事件，相关的信号和槽函数的代码如下：

```
//chapter2/QFileSystemModel/widget.h
//在 widget.h 头文件中生成槽函数的声明
private slots:
    void on_treeView_clicked(const QModelIndex &index);

//在 widget.cpp 文件中生成槽函数的定义，读者可以自己添加代码
void Widget::on_treeView_clicked(const QModelIndex &index)
{
    ui->lbPath->setText(m_model->filePath(index));
//ui->lbType->setText(m_model->type(index));
//ui->lbName->setText(m_model->fileName(index));
//int sz = m_model->size(index)/1024;
//if (sz<1024)
//ui->lbSize->setText(QString("%1 KB").arg(sz));
//else
//ui->lbSize->setText(QString::asprintf("%.1f MB",sz/1024.0));
}
```

编译并运行该程序，效果如图 2-57 所示。本项目的代码较少，主要包括 widget.h、widget.cpp 和 main.cpp 这几个文件，完整代码如下：

```
//chapter2/QFileSystemModel/main.cpp
//main.cpp 文件代码
```

```cpp
#include "widget.h"
#include <QApplication>

int main(int argc, char *argv[])
{
    QApplication a(argc, argv);
    Widget w;
    w.show();

    return a.exec();
}

//widget.h 文件代码
#ifndef WIDGET_H
#define WIDGET_H

#include <QWidget>
#include <QFileSystemModel>

namespace Ui {
class Widget;
}

class Widget : public QWidget
{
    Q_OBJECT

public:
    explicit Widget(QWidget *parent = nullptr);
    ~Widget();

private slots:
    void on_treeView_clicked(const QModelIndex &index);

private:
    Ui::Widget *ui;
    QFileSystemModel* m_model;        /* 文件系统模式 */
};

#endif //WIDGET_H

//widget.cpp 文件代码
#include "widget.h"
#include "ui_widget.h"

Widget::Widget(QWidget *parent) :
    QWidget(parent),
    ui(new Ui::Widget)
{
    ui->setupUi(this);
```

```cpp
    //QFileSystemModel提供单独线程,推荐使用
    m_model = new QFileSystemModel(this);

    //设置根目录
    m_model->setRootPath(QDir::currentPath());

    ui->treeView->setModel(m_model); //设置数据模型
}

Widget::~Widget()
{
    delete ui;
}

void Widget::on_treeView_clicked(const QModelIndex &index)
{
    ui->lbPath->setText(m_model->filePath(index));
//ui->lbType->setText(m_model->type(index));
//ui->lbName->setText(m_model->fileName(index));
//int sz = m_model->size(index)/1024;
//if (sz<1024)
//ui->lbSize->setText(QString("%1 KB").arg(sz));
//else
//ui->lbSize->setText(QString::asprintf("%.1f MB",sz/1024.0));
}
```

图 2-55　QFileSystemModel 项目的界面设计

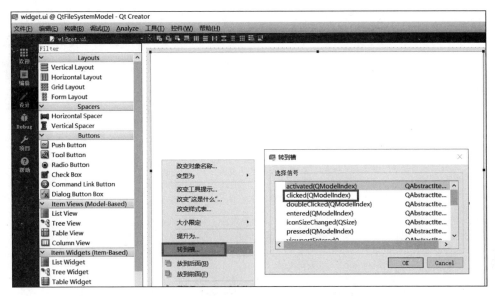

图 2-56 添加槽函数

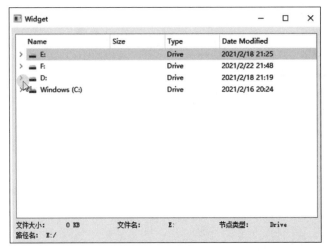

图 2-57 QFileSystemModel 项目的运行效果

3. VlcPlayer 类简介

项目中的 VlcPlayer 类主要用来封装 LibVLC 的操作，头文件 vlcplayer.h 中的代码如下：

```
//chapter2/QtVLCPlayerDemo/QtVLCPlayerDemo/vlcplayer.h
#ifndef PLAYER_H
#define PLAYER_H
```

```cpp
#include <QObject>
#include <QWidget>
#include "vlc/vlc.h"
#include "vlc/libvlc.h"

class VlcPlayer : public QObject
{
    Q_OBJECT
public:
    explicit VlcPlayer(QObject * parent = nullptr);

signals:
    void signal_MediaPlayerPlaying();
    void signal_MediaPlayerStopped();
signals:
    void signal_media_player_time(int curtime);
private:
    void MediaPlayerEncounteredError();
public:
    bool setURL(QString& URL);
    void setPosition(float position);
    void media_play();
    void media_pause();
    void media_stop();
    int media_get_length();
    void media_set_voice(int value);
    void set_media_player_hwnd(QWidget * widget);
    libvlc_state_t get_media_player_state();
private:
    //订阅事件
    void attachEvents();
    static void handleEvents(const libvlc_event_t * event, void * userData);
private:
    libvlc_event_manager_t * libvlc_eventManager;      /*事件管理器*/
    libvlc_instance_t * libvlc_inst;                   /*VLC 播放器实例*/
    libvlc_media_player_t * libvlc_mp;                 /*VLC 播放器*/
    libvlc_media_t * libvlc_m;                         /*音视频文件*/
    libvlc_state_t libvlc_state;                       /*播放状态*/
    QWidget * libvlc_mainWindow;                       /*播放器窗口*/
    WId libvlc_WId;                                    /*窗口*/
    QString libvlc_url;                                /*播放的 URL*/
    /*时间相关*/
    int m_timeLength;
};

#endif //PLAYER_H
```

该类包含几个与 LibVLC 相关的成员变量,其中 libvlc_inst 代表 VLC 播放器实例、libvlc_eventManager 代表事件管理器、libvlc_mp 代表 VLC 播放器控件。

media_play() 函数主要用于完成视频的播放功能,代码如下:

```cpp
//chapter2/QtVLCPlayerDemo/QtVLCPlayerDemo/vlcplayer.cpp
void VlcPlayer::media_play()
{
    if (libvlc_state != libvlc_NothingSpecial) {
        qDebug()<<"Media is playing now."<< endl;
        return;
    }

    const char * version;
    version = libvlc_get_version();
    qDebug()<<"version:"<< version << endl;

    /* Load the VLC engine */
    const char * const vlc_args[] = {
        "--demux=h264",
        "--ipv4",
        "--no-prefer-system-codecs",
        "--rtsp-caching=300",
        "--network-caching=500",            //网络额外缓存值(ms)
        "--rtsp-frame-buffer-size=10000000",
        "--rtsp-tcp",                        //RTSP采用TCP传输方式
    };
    /* Create a new item */
    if (libvlc_url.contains("rtsp")) {
        //URL 播放 RTSP 网络流
        /* Load the VLC engine */
        libvlc_inst = libvlc_new(sizeof(vlc_args) / sizeof(vlc_args[0]), vlc_args);

        if (libvlc_inst == NULL)
        {
            qDebug()<<"libvlc_new error"<< endl;
            return;
        }
        libvlc_m = libvlc_media_new_location(libvlc_inst, libvlc_url.toStdString().c_str());
        if (libvlc_m == NULL)
        {
            qDebug()<<"error :libvlc_media_new_location error"<< endl;
            return;
        }
    }
    else
    {
        libvlc_inst = libvlc_new(0, NULL);
        if (libvlc_inst == NULL)
        {
            qDebug()<<"libvlc_new error"<< endl;
            return;
        }
        //本地播放视频流
        libvlc_m = libvlc_media_new_path(libvlc_inst, libvlc_url.toStdString().c_str());
        static int index = 0;
```

```cpp
            qDebug()<<"URL["<< index++<<"]:"<< libvlc_url.toStdString().c_str();
            if (libvlc_m == NULL)
            {
                qDebug()<<"libvlc_media_new_path error";
                media_stop();
                return;
            }
        }
        /* Create a media player playing environement */
        libvlc_mp = libvlc_media_player_new_from_media(libvlc_m);

        /* 添加事件 */
        attachEvents();

        /* No need to keep the media now */
        libvlc_media_release(libvlc_m);


        //on Windows
        if (libvlc_mainWindow != NULL){
            Sleep(45);
            libvlc_WId = libvlc_mainWindow->winId();
            libvlc_media_player_set_hwnd(libvlc_mp, (void *)libvlc_WId);
        }
        else
        {
            Sleep(45);
        }

        /* play the media_player */
        libvlc_media_player_play(libvlc_mp);
        libvlc_state = libvlc_Playing;
}
```

分析代码可知,先调用 libvlc_new() 函数创建一个 LibVLC 引擎,然后通过 libvlc_media_new_path() 函数根据 URL 创建视频媒体,通过 libvlc_media_player_new_from_media() 函数创建 VLC 播放器控件实例,然后调用 libvlc_media_player_set_hwnd() 函数设置播放器窗口句柄,最后调用 libvlc_media_player_play() 函数正式播放视频。attachEvents() 函数用来绑定相关的播放事件,代码如下:

```cpp
//chapter2/QtVLCPlayerDemo/QtVLCPlayerDemo/vlcplayer.cpp
void VlcPlayer::attachEvents()
{
    //事件列表
    QList<libvlc_event_e> events;
    events << libvlc_MediaPlayerOpening
           << libvlc_MediaPlayerBuffering
           << libvlc_MediaPlayerPlaying
```

```cpp
            << libvlc_MediaPlayerPaused
            << libvlc_MediaPlayerStopped
            << libvlc_MediaPlayerEncounteredError
            << libvlc_MediaPlayerMuted
            << libvlc_MediaPlayerUnmuted
            << libvlc_MediaPlayerAudioVolume
            << libvlc_MediaPlayerLengthChanged
            << libvlc_MediaPlayerTimeChanged
            << libvlc_MediaPlayerPositionChanged
            << libvlc_MediaPlayerEndReached;
    //订阅事件
    libvlc_eventManager = libvlc_media_player_event_manager(libvlc_mp);
    foreach (const libvlc_event_e &event, events) {
        libvlc_event_attach(libvlc_eventManager, event, handleEvents, this);
    }
}

void VlcPlayer::handleEvents(const libvlc_event_t * event, void * userData)
{
    VlcPlayer * player = static_cast<VlcPlayer *>(userData);
    switch (event->type) {
    //播放状态改变
    case libvlc_MediaPlayerOpening:{
        qDebug()<<"libvlc_MediaPlayerOpening"<< endl;
        break;
    }
    case libvlc_MediaPlayerBuffering:{
        break;
    }
    case libvlc_MediaPlayerPlaying: {
        emit player->signal_MediaPlayerPlaying();
        break;
    }
    case libvlc_MediaPlayerPaused: {
        break;
    }
    case libvlc_MediaPlayerStopped: {
        //当 libvlc_media_player_stop(libvlc_mp)被调用时才会触发该信号
        qDebug()<< "播放结束" << endl;
        break;
    }
    case libvlc_MediaPlayerEncounteredError: {
        player->MediaPlayerEncounteredError();
        break;
    }
    //时长改变时获取一次总时长
    case libvlc_MediaPlayerLengthChanged: {
        player->m_timeLength = libvlc_media_player_get_length(player->libvlc_mp);
        break;
    }
    //播放时间改变
```

```cpp
        case libvlc_MediaPlayerTimeChanged: {
            //播放时间是一直在变的
            int curtime = libvlc_media_player_get_time(player->libvlc_mp);
            player->signal_media_player_time(curtime);
            break;
        }
        //播放位置改变
        case libvlc_MediaPlayerPositionChanged: {
            //播放位置是一直在变的,个人认为等同 libvlc_MediaPlayerTimeChanged
            break;
        }
        case libvlc_MediaPlayerEndReached:
            //当视频播放结束时触发该信号
            emit player->signal_MediaPlayerStopped();
            break;
        default:
            break;
        }
}
```

第 3 章　Qt 信号槽机制及图片轮播

CHAPTER 3

3.1　Qt 信号槽机制及应用

5min

信号槽(Signal & Slot)是 Qt 编程的基础,也是 Qt 的一大创新。因为有了信号槽的编程机制,在 Qt 中处理界面的各个组件在进行交互操作时变得更加直观和简单。信号槽是 Qt 框架引以为豪的机制之一。所谓信号槽,实际就是观察者模式。当某个事件发生后,例如按钮检测到自己被单击了一下,它就会发出一个信号(Signal)。这种发出是没有目的的,类似广播。如果有对象对这个信号感兴趣,则可以使用连接(Connect)函数将想要处理的信号和自己的一个槽函数(Slot)绑定,以此来处理这个信号。也就是说,当信号发出时,被连接的槽函数会自动被回调。信号槽机制是 Qt GUI 编程的基础,使用信号槽机制可以比较容易地将信号与响应代码关联起来。

1. 信号

信号就是在特定情况下被发射的事件,例如下压式按钮(PushButton)最常见的信号就是鼠标单击时发射的 clicked()信号,而一个组合下拉列表(ComboBox)最常见的信号是选择的列表项在变化时发射的 CurrentIndexChanged()信号。GUI 程序设计的主要内容就是对界面上各组件的信号进行响应,只需知道什么情况下发射哪些信号,合理地去响应和处理这些信号就可以了。信号是一个特殊的成员函数声明,返回值的类型为 void,只能声明不能定义实现。信号必须用 signals 关键字声明,访问属性为 protected,只能通过 emit 关键字调用(发射信号)。当某个信号对其客户或所有者发生的内部状态发生改变时,信号被一个对象发射。只有定义过这个信号的类及其派生类能够发射这个信号。当一个信号被发射时,与其相关联的槽将被立刻执行,就像一个正常的函数调用一样。信号槽机制完全独立于任何 GUI 事件循环。只有当所有的槽返回以后发射函数(emit)才返回。如果存在多个槽与某个信号相关联,则当这个信号被发射时,这些槽将会一个接一个地执行,但执行的顺序将会是随机的,不能人为地指定哪个先执行哪个后执行。信号的声明是在头文件中进行的,Qt 的 signals 关键字指出进入了信号声明区,随后即可声明自己的信号,代码如下:

```
signals:
    void mycustomsignals();
```

signals 是 QT 的关键字，而非 C/C++ 的。信号可以重载，但信号却没有函数体定义，并且信号的返回类型都是 void，不要指望能从信号返回什么有用信息。信号由 MOC 自动产生，不应该在 .cpp 文件中实现。

2. 槽

槽就是对信号响应的函数。槽就是一个函数，与一般的 C++ 函数一样，可以定义在类的任何部分（public、private 或 protected），可以具有任何参数，也可以被直接调用。槽函数与一般函数的不同点在于：槽函数可以与一个信号关联，当信号被发射时，关联的槽函数被自动执行。槽也能够声明为虚函数。槽的声明也是在头文件中进行的，代码如下：

```
public slots:
    void setValue(int value);
```

只有 QObject 的子类才能自定义槽，定义槽的类必须在类声明的最开始处使用 Q_OBJECT，类中声明槽需要使用 slots 关键字，槽与所处理的信号在函数签名上必须一致。

3. 信号槽的关联

信号槽的关联是用 QObject::connect() 函数实现的，其代码如下：

```
//chapter3/qt-help-apis.txt
//QObject::connect(sender, SIGNAL(signal()), receiver, SLOT(slot()));
bool QObject::connect (const QObject * sender, const char * signal,
                       const QObject * receiver, const char * method,
                       Qt::ConnectionType type = Qt::AutoConnection );
```

connect() 函数是 QObject 类的一个静态函数，而 QObject 是所有 Qt 类的基类，在实际调用时可以忽略前面的限定符，所以可以直接写为

```
connect(sender, SIGNAL(signal()), receiver, SLOT(slot()));
```

其中，sender 是发射信号的对象的名称，signal() 是信号名称。信号可以看作特殊的函数，需要带圆括号，当有参数时还需要指明参数。receiver 是接收信号的对象名称，slot() 是槽函数的名称，需要带圆括号，当有参数时还需要指明参数。SIGNAL 和 SLOT 是 Qt 的宏，用于指明信号和槽，并将它们的参数转换为相应的字符串。一段简单的代码如下：

```
QObject::connect(btnClose, SIGNAL(clicked()), Widget, SLOT(close()));
```

这行代码的作用就是将 btnClose 按钮的 clicked() 信号与窗体（Widget）的槽函数 close() 相关联，当单击 btnClose 按钮（界面上的 Close 按钮）时，就会执行 Widget 的 close() 槽函数。

当信号槽没有必要继续保持关联时,可以使用 disconnect 函数来断开连接,代码如下:

```
bool QObject::disconnect (const QObject * sender, const char * signal,
                         const QObject * receiver, const char * method );
```

disconnect()函数用于断开发射者中的信号与接收者中的槽函数之间的关联。在 disconnect()函数中 0 可以用作一个通配符,分别表示任何信号、任何接收对象、接收对象中的任何槽函数,但是发射者 sender 不能为 0,其他 3 个参数的值可以等于 0。以下 3 种情况需要使用 disconnect()函数断开信号槽的关联。

(1) 断开与某个对象相关联的任何对象,代码如下:

```
disconnect(sender, 0, 0, 0);
sender->disconnect();
```

(2) 断开与某个特定信号的任何关联,代码如下:

```
disconnect(sender, SIGNAL(mySignal()), 0, 0);
sender->disconnect(SIGNAL(mySignal()));
```

(3) 断开两个对象之间的关联,代码如下:

```
disconnect(sender, 0, receiver, 0);
sender->disconnect(receiver);
```

4. 信号槽的注意事项

Qt 利用信号槽机制取代传统的回调函数机制(Callback)进行对象之间的沟通。当操作事件发生时,对象会发射一个信号,而槽则是一个函数,用于接收特定信号并且运行槽本身设置的动作。信号与槽之间,需要通过 QObject 的静态方法 connect()函数连接。信号在任何运行点皆可发射,甚至可以在槽里再发射另一个信号,信号槽的连接不限定为一对一的连接,一个信号可以连接到多个槽或多个信号连接到同一个槽,甚至信号也可连接到信号。以往的回调缺乏类型安全,在调用处理函数时,无法确定是传递正确形态的参数,但信号和其接收的槽之间传递的数据形态必须相匹配,否则编译器会发出警告。信号和槽可接收任何数量、任何形态的参数,所以信号槽机制是完全类型安全。信号槽机制也确保了低耦合性,发送信号的类并不知道哪个槽会接收,也就是说一个信号可以调用所有可用的槽。此机制会确保当"连接"信号和槽时,槽会接收信号的参数并且正确运行。关于信号槽的使用,需要注意以下规则。

(1) 一个信号可以连接多个槽,代码如下:

```
connect(spinNum, SIGNAL(valueChanged(int)), this, SLOT(addFun(int)));
connect(spinNum, SIGNAL(valueChanged(int)), this, SLOT(updateStatus(int)));
```

当一个对象 spinNum 的数值发生变化时,所在窗体有两个槽函数进行响应,一个

addFun()函数用于计算,另一个 updateStatus()函数用于更新状态。当一个信号与多个槽函数关联时,槽函数按照建立连接时的顺序依次执行。当信号和槽函数带有参数时,在connect()函数里,要写明参数的类型,但可以不写参数名称。

(2) 多个信号可以连接同一个槽,例如让 3 个选择颜色的 RadioButton 的 clicked()信号关联到相同的一个自定义槽函数 setTextFontColor(),代码如下:

```
//chapter3/qt-help-apis.txt
connect(ui->rBtnBlue,SIGNAL(clicked()),this,SLOT(setTextFontColor()));
connect(ui->rBtnRed,SIGNAL(clicked()),this,SLOT(setTextFontColor()));
connect(ui->rBtnBlack,SIGNAL(clicked()),this,SLOT(setTextFontColor()));
```

当任何一个 RadioButton 被单击时都会执行 setTextFontColor() 槽函数。

(3) 一个信号可以连接另外一个信号,代码如下:

```
connect(spinNum, SIGNAL(valueChanged(int)), this, SIGNAL
(refreshInfo(int));
```

当一个信号发射时,也会发射另外一个信号,实现某些特殊的功能。

(4) 在严格的情况下,信号槽的参数个数和类型需要一致,至少信号的参数不能少于槽的参数。如果不匹配,则会出现编译错误或运行错误。

(5) 在使用信号槽的类中,必须在类的定义中加入宏 Q_OBJECT。

(6) 当一个信号被发射时,与其关联的槽函数通常会被立即执行,就像正常调用一个函数一样。只有当信号关联的所有槽函数执行完毕后,才会执行发射信号处后面的代码。

5. 元对象工具

元对象编译器对 C++文件中的类声明进行分析并产生用于初始化元对象的 C++代码,元对象包含全部信号和槽的名字及指向槽函数的指针。

元对象编译器读 C++源文件,如果发现有 Q_OBJECT 宏声明的类,就会生成另外一个 C++源文件,新生成的文件中包含该类的元对象代码。假设有一个头文件 mysignal.h,在这个文件中包含信号或槽的声明,那么在编译之前元对象编译器工具就会根据该文件自动生成一个名为 mysignal.moc.h 的 C++源文件并将其提交给编译器;对应的 mysignal.cpp 文件元对象编译器工具将自动生成一个名为 mysignal.moc.cpp 的文件提交给编译器。

元对象代码是信号槽机制所必需的。用元对象编译器产生的 C++源文件必须与类实现一起进行编译和连接,或者用#include 语句将其包含到类的源文件中。元对象编译器并不扩展#include 或者#define 宏定义,只是简单地跳过所遇到的任何预处理指令。

信号和槽函数的声明一般位于头文件中,同时在类声明的开始位置必须加上 Q_OBJECT 语句,Q_OBJECT 语句将告诉编译器在编译之前必须先应用元对象编译器工具进行扩展。关键字 signals 是对信号的声明,signals 的默认属性为 protected。关键字 slots 是对槽函数的声明,slots 有 public、private、protected 等属性。signals、slots 关键字是 Qt 自己定义的,不是 C++中的关键字。信号的声明类似于函数的声明而非变量的声明,左边要有类型,右边要有括号,如果要向槽中传递参数,则应在括号中指定每个形式参数的类型,而形式参数的个数可以多于一个。关键字 slots 指出随后开始槽的声明,这里 slots 用的也是复数形式。槽的声明与普通函数的声明一样,可以携带零个或多个形式参数。既然信号的声明类似于普通 C++ 函数的声明,那么,信号也可采用 C++ 中虚函数的形式进行声明,即同名但参数不同。例如,第 1 次定义的 void mySignal()没有带参数,而第 2 次定义的却带有参数,从这里可以看出 Qt 的信号机制是非常灵活的。信号槽之间的联系必须事先用 connect()函数进行指定。如果要断开二者之间的联系,则可以使用 disconnect()函数。

6. 标准信号槽案例应用

新建一个 Qt Widgets Application 项目(笔者的项目名称为 MySignalSlotsDemo),基类选择 QWidget,如图 3-1 所示,然后在构造函数中动态地创建一个按钮,实现单击按钮关闭窗口的功能。编译并运行该程序,效果如图 3-2 所示。

注意:该案例的完整工程代码可参考本书源码中的 chapter3/MySignalSlotsDemo,建议读者先下载源码将工程运行起来,然后结合本书进行学习。

图 3-1　Qt Widgets 项目的基类选择

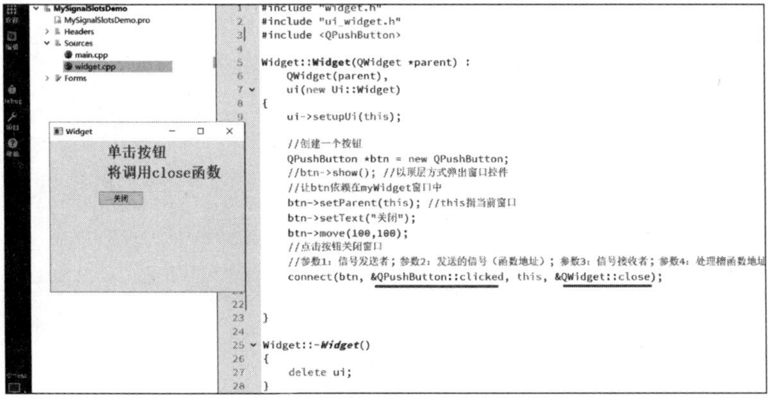

图 3-2　Qt 信号槽的运行效果

本项目包含的代码如下：

```cpp
//chapter3/MySignalSlotsDemo/widget.h
//widget.h头文件////
#ifndef WIDGET_H
#define WIDGET_H

#include <QWidget>

namespace Ui {
class Widget;
}

class Widget : public QWidget
{
    Q_OBJECT

public:
    explicit Widget(QWidget *parent = nullptr);
    ~Widget();

private:
    Ui::Widget *ui;
};
#endif //WIDGET_H


/////widget.cpp文件//////
#include "widget.h"
#include "ui_widget.h"
#include <QPushButton>

Widget::Widget(QWidget *parent) :
    QWidget(parent),
    ui(new Ui::Widget)
{
    ui->setupUi(this);

    //创建一个按钮
    QPushButton *btn = new QPushButton;
    //btn->show(); //以顶层方式弹出窗口控件
    //让btn依赖在myWidget窗口中
    btn->setParent(this); //this指当前窗口
    btn->setText("关闭");
    btn->move(100,100);

    //关联信号和槽:单击按钮关闭窗口
    //参数1:信号发送者;参数2:发送的信号(函数地址)
    //参数3:信号接收者;参数4:处理槽函数地址
    connect(btn, &QPushButton::clicked, this, &QWidget::close);
```

```
}
Widget::~Widget()
{
    delete ui;
}
```

7. 自定义信号槽案例应用

当 Qt 提供的标准信号和槽函数无法满足需求时，就需要用到自定义信号槽，可以使用 emit 关键字来发射信号。例如定义老师和学生两个类（都继承自 QObject），当老师发出"下课"信号时，学生响应"去吃饭"的槽功能。由于"下课"不是 Qt 标准的信号，所以需要用到自定义信号槽机制。这里不再创建新的 Qt 项目，直接使用上文的 MySignalSlotsDemo 项目，先添加两个自定义类 Teacher 和 Student，它们都继承自 QObject。用鼠标右击项目名称 MySignalSlotsDemo，在弹出的快捷菜单中选择 Add New…菜单选项，如图 3-3 所示，然后在弹出的"新建文件"对话框中，单击左侧的 C++模板，在右侧选择 C++Class，如图 3-4 所示，然后在弹出的 C++Class 对话框中，输入 Class name(Teacher)，在 Base class 下拉列表中选择 QObject，如图 3-5 所示，然后以同样的步骤创建 Student 类，成功后，项目中多了两个类（Teacher 和 Student），如图 3-6 所示。

图 3-3 Qt 项目中 Add New 添加新项

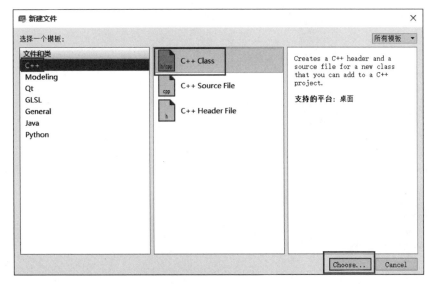

图 3-4 Qt 项目中选择 C++Class

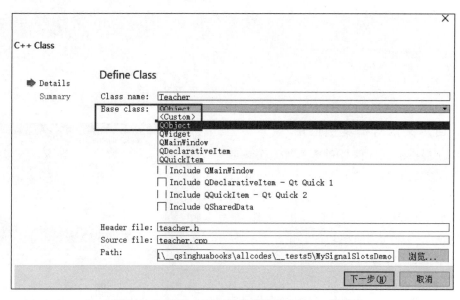

图 3-5　Qt 项目中添加新类并选择 QObject 基类

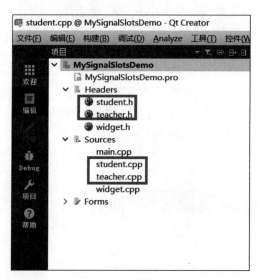

图 3-6　Qt 项目中添加了两个类

在 Teacher 类中添加一个"下课"信号（finishClass），代码如下：

```
//chapter3/MySignalSlotsDemo/student.h
signals:
    //自定义信号,写到 signals 下
    //返回值为 void,只用申明,不需要实现
    //可以有参数,可以重载
    void finishClass();
```

在 Student 类中添加一个"去吃饭"槽(gotoEat),代码如下:

```
//chapter3/MySignalSlotsDemo/student.h
public slots:
//在早期 Qt 版本中需要写到 public slots 下,高级版本可以写到 public 或全局下
//返回值为 void,需要声明,也需要实现
//可以有参数,可以重载
    void gotoEat();

//sutdent.cpp
void Student::gotoEat()
{
    qDebug() << "准备去吃饭……";
}
```

在 Widget 类中声明老师类(Teacher)和学生类(Student)的成员变量,并在构造函数中通过 new 创建实例,然后通过 connect()函数来关联老师类的"下课"信号和学生类的"去吃饭"槽,代码如下:

```
//chapter3/MySignalSlotsDemo/widget.h
private:
    Teacher * m_teacher;
    Student * m_student;

//widget.cpp
Widget::Widget(QWidget * parent) :
    QWidget(parent),
    ui(new Ui::Widget)
{
    //省略其他代码
    //创建老师对象
    this->m_teacher = new Teacher(this);
    //创建学生对象
    this->m_student = new Student(this);
    //连接老师的"下课"信号和学生的"去吃饭"槽函数
    connect(m_teacher,&Teacher::finishClass,
            m_student,&Student::gotoEat);
}
```

然后在界面上拖曳一个按钮,将文本内容修改为"下课",用来模拟老师的下课信号,然后双击这个按钮,在 Qt 自动生成的 Widget::on_pushButton_clicked()函数中添加的代码如下:

```
//chapter3/MySignalSlotsDemo/widget.cpp
void Widget::on_pushButton_clicked()
{
    //通过 emit 发射信号
    emit this->m_teacher->finishClass();
}
```

编译并运行该程序,单击"下课"按钮,此时会在控制台输出"准备去吃饭……",证明学生类的槽函数被成功触发,如图3-7所示。在本案例中老师类和学生类的相关代码如下(其余代码读者可参考源码工程):

```
//chapter3/MySignalSlotsDemo/teacher.h
////teacher.h////
#ifndef TEACHER_H
#define TEACHER_H
#include <QObject>

class Teacher : public QObject
{
    Q_OBJECT
public:
    explicit Teacher(QObject *parent = nullptr);

signals:
    //自定义信号,写到signals下
    //返回值为void,只用申明,不需要实现
    //可以有参数,可以重载
    void finishClass();

public slots:

};
#endif //TEACHER_H


////teacher.cpp////
#include "teacher.h"
Teacher::Teacher(QObject *parent) : QObject(parent)
{

}


////student.h////
#ifndef STUDENT_H
#define STUDENT_H
#include <QObject>

class Student : public QObject
{
    Q_OBJECT
public:
    explicit Student(QObject *parent = nullptr);

signals:

public slots:
```

```
//在早期 Qt 版本中需要写到 public slots 下,高级版本可以写到 public 或全局下
//返回值为 void,需要声明,也需要实现
//可以有参数,可以重载
    void gotoEat();
};
#endif //STUDENT_H


////student.cpp////
#include "student.h"
#include <QDebug>
Student::Student(QObject * parent) : QObject(parent)
{
}

void Student::gotoEat()
{
    qDebug() << "准备去吃饭……";
}
```

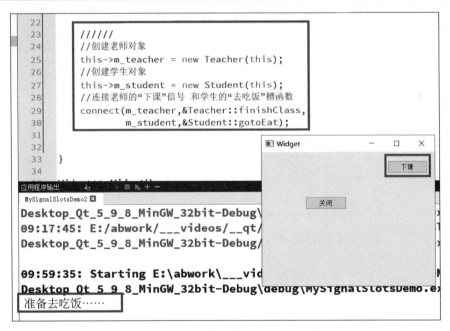

图 3-7　Qt 项目中自定义信号槽的应用

3.2　Qt 显示图像

　　Qt 可显示基本的图像类型,利用 QImage、QPxmap 类可以实现图像的显示,并且利用类中的方法可以实现图像的基本操作(缩放、旋转等)。Qt 可以直接读取并显示的格式有

BMP、GIF、JPG、JPEG、PNG、TIFF、PBM、PGM、PPM、XBM 和 XPM 等。可以使用 QLabel 显示图像，QLabel 类有 setPixmap()函数，可以用来显示图像。也可以直接用 QPainter 画出图像。如果图像过大，当直接用 QLabel 显示时，则会出现部分图像显示不出来的情况，这时可以用 Scroll Area 部件。

1. Qt 显示图像

首先使用 QFileDialog 类的静态函数 getOpenFileName()打开一张图像，将图像文件加载进 QImage 对象中，再用 QPixmap 对象获得图像，最后用 QLabel 选择一个 QPixmap 图像对象进行显示。该过程的关键代码如下（完整代码可参考 chapter3/QtImageDemo 工程）：

```cpp
//chapter3/QtImageDemo/widget.cpp
//Qt 显示图片
void Widget::on_btnShowImage_clicked()
{
    QString filename;
    filename = QFileDialog::getOpenFileName(this,
tr("选择图像"),"",tr("Images ( *.png *.bmp *.jpg *.tif *.GIF )"));
    if(filename.isEmpty()){
        return;
    }
    else{
        m_img = new QImage;
        if(!(m_img->load(filename)))  //加载图像
        {
            QMessageBox::information(this,
                    tr("打开图像失败"),tr("打开图像失败!"));
            delete m_img;
            return;
        }
        ui->lblImage->setPixmap(QPixmap::fromImage(*m_img));
    }
}
```

QImage 为图像的像素级访问进行了优化，QPixmap 使用底层平台的绘制系统进行绘制，无法提供像素级别的操作，而 QImage 则使用独立于硬件的绘制系统。编译并运行该工程，单击"显示图像"按钮，选择一张本地的图片，如图 3-8 所示。

2. Qt 缩放图像

Qt 缩放图像可以用 scaled()函数，函数原型的代码如下：

```
//chapter3/qt-help-apis.txt
QImage QImage::scaled (const QSize & size,Qt::
AspectRatioMode
```

图 3-8　Qt 使用 QImage 和 QPixmap 显示图像

```
aspectRatioMode = Qt::IgnoreAspectRatio,
Qt::TransformationModetransformMode = Qt::FastTransformation ) const;
```

利用上面已经加载成功的图像(m_img),在 scaled()函数中 width 和 height 分别表示缩放后图像的宽和高,即将原图像缩放到 width×height 大小。例如在本案例中显示的图像的原始长和宽为 200×200,缩放后修改为 100×100,编译并运行,如图 3-9 所示,代码如下:

```
//chapter3/QtImageDemo/widget.cpp
void Widget::on_btnScale_clicked(){
    QImage * imgScaled = new QImage;
    * imgScaled = m_img -> scaled(100,100, Qt::KeepAspectRatio);
    ui -> lblScale -> setPixmap(QPixmap::fromImage( * imgScaled));
}
```

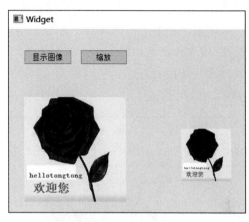

图 3-9　Qt 缩放图像

3. Qt 旋转图像

Qt 旋转图像可以用 QMatrix 类的 rotate()函数,代码如下:

```
//chapter3/QtImageDemo/widget.cpp
void Widget::on_btnRotate_clicked(){
    QImage * imgRotate = new QImage;
    QMatrix matrix;
    matrix.rotate(270);
    * imgRotate = m_img -> transformed(matrix);
    ui->lblRotate->setPixmap(QPixmap::fromImage( * imgRotate));
}
```

编译并运行该项目,使用时依次单击"显示图像""缩放""旋转"按钮,效果如图 3-10 所示。

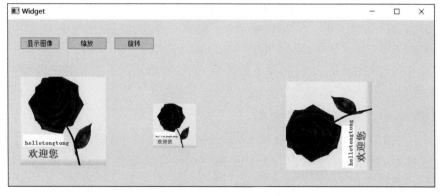

图 3-10　Qt 显示、缩放和旋转图像

3.3 Qt 实现图片轮播

网页上经常看到的各种广告基本会使用图片轮播技术，也可以用 Qt 实现图片轮播的效果，实现小区域内嵌入多个广告的效果，主要包括定时自动切换广告图片和手动单击选择切换图片这两种方式。可以使用 Qt 的动画类（QPropertyAnimation）实现图片轮播效果，如图 3-11 所示。

注意：该案例的完整工程代码可参考本书源码中的 chatper3/CarouselImageWindow，建议读者先下载源码将工程运行起来，然后结合本书进行学习。

图 3-11 Qt 实现的图片轮播效果

1. 创建 Qt 项目并准备图片

首先创建 Qt Widgets Application 项目，将默认的窗口类名修改为 CarouselImageWindow，基类选择 QWidget，将项目名称修改为 CarouselImageWindow，如图 3-12 所示。创建项目成功后，需要添加资源文件（images.qrc）。右击项目名称，在弹出的对话框中选择 Qt→Qt Resource File，然后单击 Choose 按钮，如图 3-13 所示，资源名称输入 images 即可，然后在 Qt 项目中会多出一个 images.qrc 资源文件。单击右侧的"添加"按钮，在"前缀"文本框中输入"/"即可，如图 3-14 所示。在项目根目录下新建一个文件夹（QtImagesRes），存储 5 张图片，如图 3-15 所示。单击右侧的"添加"按钮并选择"文件"下拉选项，如图 3-16 所示，在弹出的页面中选择 QtImagesRes 目录下的图片，依次操作将这 5 张图片都添加到资源中，如图 3-17 所示。

2. QPropertyAnimation 动画类

在 Qt 中可以使用自带的属性动画类（QPropertyAnimation）实现动画效果。使用时需要包含头文件，先通过 new 创建出一个实例来，然后设置使用动画的控件及动画效果，一个简单的案例代码如下：

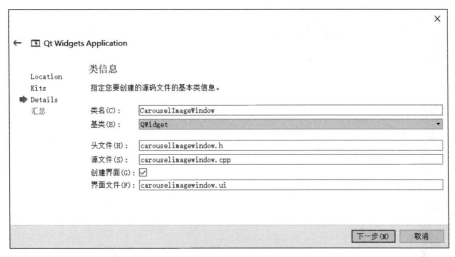

图 3-12　创建 Qt 项目并修改类名称

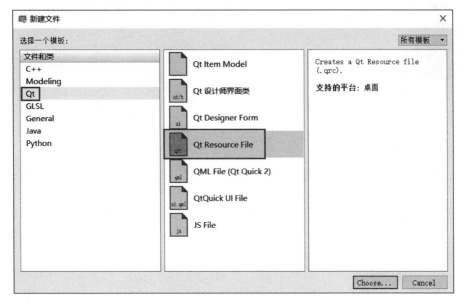

图 3-13　Qt 添加资源文件

```
//chapter3/qt-help-apis.txt
#include <QPropertyAnimation>   //包含头文件
//注意,在类的头文件中定义 QPropertyAnimation 类型的成员变量
//QPropertyAnimation * m_animation;
void Animation::createAnimation(){
    m_animation = new QPropertyAnimation();              //创建动画
    m_animation->setTargetObject(label);                 //设置使用动画的控件
    m_animation->setEasingCurve(QEasingCurve::Linear);   //设置动画效果
}
```

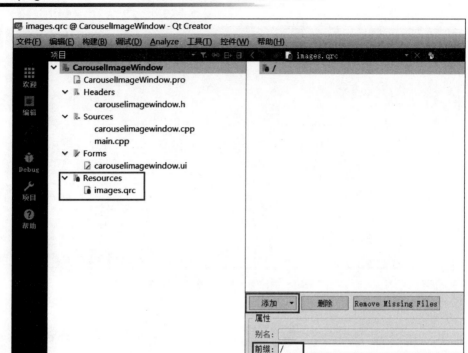

图 3-14 Qt 的资源前缀

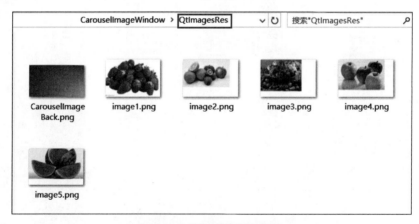

图 3-15 准备原始图片素材

图 3-16 将本地原始图片添加到 Qt 资源中

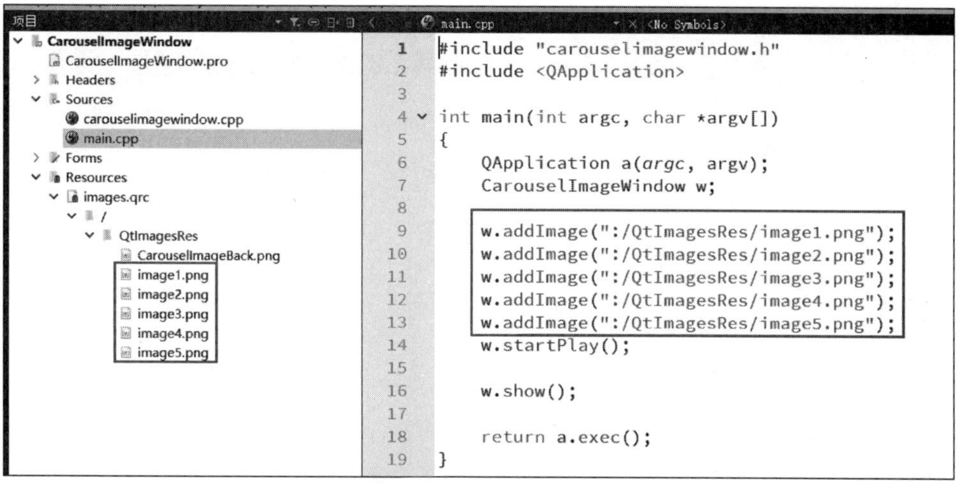
项目
CarouselImageWindow
CarouselImageWindow.pro
Headers
Sources
carouselimagewindow.cpp
main.cpp
Forms
Resources
images.qrc
/
QtImagesRes
CarouselImageBack.png
image1.png
image2.png
image3.png
image4.png
image5.png
main.cpp
<No Symbols>
#include "carouselimagewindow.h"
#include <QApplication>
int main(int argc, char *argv[])
{
QApplication a(argc, argv);
CarouselImageWindow w;
w.addImage(":/QtImagesRes/image1.png");
w.addImage(":/QtImagesRes/image2.png");
w.addImage(":/QtImagesRes/image3.png");
w.addImage(":/QtImagesRes/image4.png");
w.addImage(":/QtImagesRes/image5.png");
w.startPlay();
w.show();
return a.exec();
}

图 3-17 添加完毕后的图片资源

可以使动画按照点移动，并可以设置动画持续时间，代码如下：

```
//chapter3/qt-help-apis.txt
void Animation::moveAnimation(){
    //pos:按点移动的动画(移动)
    m_animation->setPropertyName("pos");                      //指定动画属性名
    m_animation->setDuration(3000);                           //设置动画时间(单位:毫秒)
    m_animation->setStartValue(label->pos());                 //将动画起始位置设置在 label
                                                              //控件当前的 pos
    m_animation->setEndValue(label->pos() + QPoint(200, 100)); //设置动画结束位置
    m_animation->start();                                     //启动动画
}
```

可以使动画实现缩放效果，代码如下：

```
//chapter3/qt-help-apis.txt
void Animation::zoom(){
    m_animation->setPropertyName("geometry");                 //指定动画属性名
    m_animation->setDuration(3000);                           //设置动画时间(单位:毫秒)
    m_animation->setStartValue(label->rect());                //设置动画起始位置

    //获取控件初始的大小
    int width = label->rect().width();
    int height = label->rect().height();

    //设置动画步长值,以及在该位置时的长和宽
    m_animation->setKeyValueAt(0.5, QRect(label->pos(),QSize(width - 20, height - 20)));
    //设置动画结束位置及其大小
    m_animation->setEndValue(QRect(label->pos(),QSize(width-100, height-100)));
    m_animation->start();                                     //启动动画
}
```

也可以设置窗口的不透明效果(只对顶级窗口有效),代码如下:

```
//chapter3/qt-help-apis.txt
void Animation::opcity(){
    //windowOpacity:不透明度(注意该效果只对顶级窗口有效)
    m_animation->setTargetObject(this);                       //重设动画使用对象
    m_animation->setPropertyName("windowOpacity");//指定动画属性名
    m_animation->setDuration(2000);                           //设置动画时间(单位:毫秒)

    //设置动画步长值,以及在该位置时显示的透明度
    m_animation->setKeyValueAt(0, 1);
    m_animation->setKeyValueAt(0.5, 0);
    m_animation->setKeyValueAt(1, 0);

    //动画循环次数,-1表示一直循环
    m_animation->setLoopCount(-1);        //当值为-1时,动画一直运行,直到窗口关闭
    m_animation->start();                 //启动动画
}
```

3. QTimer 定时器类

QTimer 类提供了一个既可重复触发又可单次触发的定时器,它是一个高层次的应用程序接口。要使用它,只需创建一个 QTimer 类对象,将它的 timeout()信号连接到适当的槽函数上,然后调用其 start()函数开启定时器。此后,QTimer 对象就会周期性地发出 timeout()信号,与此关联的槽函数就会被自动触发。例如,一个 1s 执行一次的定时器,代码如下:

```
//chapter3/qt-help-apis.txt
QTimer * timer = new QTimer(this);                         //创建定时器
//update()函数是当前窗口类中的一个函数,关联信号槽函数
connect(timer, SIGNAL(timeout()), this, SLOT(update()));
timer->start(1000);                             //在 start 函数中将时间间隔指定为 1000ms
```

在上述代码中 update()函数每隔 1s 就会被调用一次。当然也可以让一个 QTimer 对象在启动后只触发一次,只需调用该类的 setSingleShot(true)函数。更简单的做法是使用该类的静态方法 QTimer::singleShot(),以某个时间间隔来启动一个单次触发的定时器,代码如下:

```
QTimer::singleShot(2000, this, SLOT(updateCaption()));
```

上面这句代码执行结束,2s 后会调用一次 updateCaption()函数,并且只调用一次。

4. Qt 实现图片轮播

在 Qt 中可以使用属性动画类(QPropertyAnimation)结合定时器类(QTimer)实现图片轮播效果。在上述项目中创建的窗口类(CarouselImageWindow)继承自 QWidget,为了实现图片轮播效果,需要为它添加几个成员变量和成员函数,代码如下:

```cpp
//chapter3/CarouselImageWindow/carouselimagewindow.h
#ifndef CAROUSELIMAGEWINDOW_H
#define CAROUSELIMAGEWINDOW_H

#include <QWidget>
#include <QScrollArea>
#include <QTimer>
#include <QPropertyAnimation>
#include <QPushButton>

namespace Ui {
class CarouselImageWindow;
}

class CarouselImageWindow : public QWidget{
    Q_OBJECT

public:
    explicit CarouselImageWindow(QWidget * parent = nullptr);
    ~CarouselImageWindow();
    //设置图片列表
    void setImageList(QStringList imageFileNameList);
    //添加图片
    void addImage(QString imageFileName);
    //开始播放
    void startPlay();

private:
    //初始化图片切换按钮
    void initChangeImageButton();
    //绘图事件
    void paintEvent(QPaintEvent * event);

    //鼠标单击事件
    void mousePressEvent(QMouseEvent * event);

public slots:
    //图片切换时钟
    void onImageChangeTimeout();

    //图片切换按钮单击
    void onImageSwitchButtonClicked(int buttonId);


private:
    Ui::CarouselImageWindow * ui;

    //图片列表
    QList<QString> m_imageFileNameList;
    //切换图片
    QPixmap m_curPixmap;
```

```
    QPixmap m_nextPixmap;
    //图片切换动画类
    QPropertyAnimation * m_opacityAnimation;

    //图片切换时钟
    QTimer m_imageChangeTimer;

    //当前显示图片的 index
    int m_curDrawImageIndx;

    //按钮列表
    QList<QPushButton *> m_pButtonChangeImageList;
};

#endif //CAROUSELIMAGEWINDOW_H
```

分析代码发现，主要在头文件中添加了图片切换动画类的实例（m_opacityAnimation）、定时器类的实例（m_imageChangeTimer）及图片列表（m_imageFileNameList）等。在该类的构造函数中需要进行初始化工作，代码如下：

```
//chapter3/CarouselImageWindow/carouselimagewindow.cpp
CarouselImageWindow::CarouselImageWindow(QWidget * parent) :
    QWidget(parent),
    ui(new Ui::CarouselImageWindow),
    m_curDrawImageIndx(0){
    ui->setupUi(this);
    //添加 ImageOpacity 属性
    this->setProperty("ImageOpacity", 1.0);

    //动画切换类
    m_opacityAnimation = new QPropertyAnimation(this, "ImageOpacity");
    //这里要设置的动画时间小于图片切换时间
    m_opacityAnimation->setDuration(1500);

    //设置 ImageOpacity 属性值的变化范围
    m_opacityAnimation->setStartValue(1.0);
    m_opacityAnimation->setEndValue(0.0);

    //透明度变化及时更新绘图
    connect(m_opacityAnimation, SIGNAL(valueChanged(const QVariant&)), this, SLOT(update()));

    //设置图片切换时钟的槽函数
    connect(&m_imageChangeTimer, SIGNAL(timeout()), this, SLOT(onImageChangeTimeout()));
    this->setFixedSize(QSize(400, 250));
    this->setWindowFlags(Qt::FramelessWindowHint);
}
```

定时器关联的 onImageChangeTimeout()槽函数通过修改索引值（m_curDrawImageIndx）

来准备下一张图片素材，然后调用 start()函数让动画类重新开始即可，代码如下：

```
//chapter3/CarouselImageWindow/carouselimagewindow.cppvoid CarouselImageWindow::
onImageChangeTimeout(){
    //设置前后的图片
    m_curPixmap = QPixmap(m_imageFileNameList.at(m_curDrawImageIndx));
    m_curDrawImageIndx++;
    if (m_curDrawImageIndx >= m_imageFileNameList.count()) {
        m_curDrawImageIndx = 0;
    }
    m_nextPixmap = QPixmap(m_imageFileNameList.at(m_curDrawImageIndx));

    m_pButtonChangeImageList[m_curDrawImageIndx]->setChecked(true);

    //动画类重新开始
    m_opacityAnimation->start();
}
```

界面的绘制工作在 paintEvent()函数中实现，它是被高度优化过的函数，本身已经自动开启并实现了双缓冲机制，因此在 Qt 中重绘操作不会引起屏幕上的任何闪烁现象。paintEvent(QPaintEvent *)函数是 QWidget 类中的虚函数，用于 UI 界面的绘制，它会在多种情况下被其他函数自动调用，例如 update()函数。重绘事件用来重绘一个部件的全部或者部分区域，下面几个原因中的任意一个都会发生重绘事件：

（1）repaint()函数或者 update()函数被调用时。
（2）被隐藏的部件被重新显示时。
（3）其他一些原因（例如强制绘制整个界面时）。

在本案例中主要根据图片索引通过 QPainter 类将图片显示出来，代码如下：

```
//chapter3/CarouselImageWindow/carouselimagewindow.cppvoid CarouselImageWindow::paintEvent
(QPaintEvent * event){
    QPainter painter(this);
    QRect imageRect = this->rect();

    //如果图片列表为空，则显示默认图片
    if (m_imageFileNameList.isEmpty()){
        QPixmap backPixmap = QPixmap(":/QtImagesRes/CarouselImageBack.png");
        painter.drawPixmap(imageRect, backPixmap.scaled(imageRect.size()));
    }
    //如果只有一张图片
    else if (m_imageFileNameList.count() == 1){
        QPixmap backPixmap = QPixmap(m_imageFileNameList.first());
        painter.drawPixmap(imageRect, backPixmap.scaled(imageRect.size()));
    }
    //如果有多张图片
    else if (m_imageFileNameList.count() > 1){
        float imageOpacity = this->property("ImageOpacity").toFloat();
        painter.setOpacity(1);
        painter.drawPixmap(imageRect, m_nextPixmap.scaled(imageRect.size()));
```

```
    painter.setOpacity(imageOpacity);
    painter.drawPixmap(imageRect, m_curPixmap.scaled(imageRect.size()));
    }
}
```

图片素材和相关资源的准备工作是在 initChangeImageButton()函数中进行的,代码如下:

```
//chapter3/CarouselImageWindow/carouselimagewindow.cppvoid CarouselImageWindow::initChangeImageButton(){
    //注意,当图片过多时按钮可能放置不下
    QButtonGroup * changeButtonGroup = new QButtonGroup;
    QHBoxLayout * hLayout = new QHBoxLayout();
    hLayout->addStretch();
    //根据图片数量来创建按钮,形状为矩形按钮
    for (int i = 0; i < m_imageFileNameList.count(); i++){
        QPushButton * pButton = new QPushButton;
        pButton->setFixedSize(QSize(16, 16));
        pButton->setCheckable(true);
        changeButtonGroup->addButton(pButton, i);
        m_pButtonChangeImageList.append(pButton);
        hLayout->addWidget(pButton);
    }
    hLayout->addStretch();
    hLayout->setSpacing(10);
    hLayout->setMargin(0);
//单击按钮也可以实现图片切换
    connect(changeButtonGroup, SIGNAL(buttonClicked(int)), this, SLOT(onImageSwitchButtonClicked(int)));

    QVBoxLayout * mainLayout = new QVBoxLayout(this);
    mainLayout->addStretch();
    mainLayout->addLayout(hLayout);
    mainLayout->setContentsMargins(0, 0, 0, 20);
}
```

最后通过 startPlay()函数来开启动画,如果有多张图片,则需要调用 update()函数,代码如下:

```
//chapter3/CarouselImageWindow/carouselimagewindow.cppvoid CarouselImageWindow::startPlay(){
    //添加完图片之后,根据图片数量设置图片切换按钮
    initChangeImageButton();
    if (m_imageFileNameList.count() == 1){
        m_pButtonChangeImageList[m_curDrawImageIndx]->setChecked(true);
    }
    else if (m_imageFileNameList.count() > 1){
        m_pButtonChangeImageList[m_curDrawImageIndx]->setChecked(true);
        m_curPixmap = QPixmap(m_imageFileNameList.at(m_curDrawImageIndx));
        m_imageChangeTimer.start(2000);
        update();
    }
}
```

第 4 章 Qt 播放音视频及 Multimedia 多媒体模块

CHAPTER 4

Qt 通过 Qt Multimedia 模块提供多媒体功能。Qt Multimedia 模块基于不同的平台抽象出多媒体接口实现平台相关的特性和硬件加速。接口功能覆盖了播放音视频和录制音视频等,其中包括多种多媒体封装格式,同样支持摄像头、耳机和话筒等设备。

5min

4.1 Qt 的 Multimedia 多媒体框架简介

Qt 对音视频的播放和控制、相机拍摄、收音机等多媒体应用提供了强大的支持。Qt 5 使用了全新的 Qt Multimedia 模块实现多媒体应用,Qt 4 中用来实现多媒体功能的 Phonon 模块已经被移除。新的 Qt Multimedia 模块提供了丰富的接口,可以轻松地使用平台的多媒体功能,例如进行媒体播放、使用相机和收音机等。Qt 的多媒体接口建立在底层平台的多媒体框架之上,这就意味着对于各种编解码器的支持依赖于使用的平台。如果要访问一些与平台相关的设置,或者将 Qt 多媒体接口移植到新的平台,则可以参考 Qt 帮助中的 Multimedia Backend Development 文档。如果要使用多媒体模块的内容,则需要在. pro 项目文件中添加的代码如下:

```
Qt += multimedia
```

下面列举一些通过 Qt Multimedia API 可以实现的功能:
(1) 访问音频输入和输出设备。
(2) 播放低延时音效。
(3) 支持多媒体播放列表。
(4) 音视频编码。
(5) 收音机功能。
(6) 支持 camera 的预览、拍照和录像等功能。
(7) 播放 3D Positional Audio。
(8) 将音视频解码到内存或者文件。

（9）获取正在录制或者播放的音频和视频数据。

由于 Qt 本身不提供任何的编码和解码功能，所以 Qt 的多媒体模块需要依赖于不同平台的多媒体框架。在某个平台支持何种编码和解码，主要取决于当前系统支持的编码和解码格式。QMediaPlayer 是 Qt 提供的一个跨平台媒体播放器类。该类在 Windows 平台下，底层是基于微软的 DirectShow 框架实现的；在 Linux 平台下，底层是基于 GStreamer 框架实现的。也就是说，Qt 没有直接使用解码库，而是对与平台相关的播放器框架做了封装，提供了平台无关的 API。本章的案例代码运行在 Windows 平台下，由于 DirectShow 框架的使用，所以需要额外安装解码器，在使用 QMediaPlayer 类时，需要借助解码器才能实现播放视频功能。如果不安装相应的解码器，则可能会报错，信息如下：

```
DirectShowPlayerService::doRender: Unresolved error code 0x80040266
(IDispatch error #102)
```

出现这种情况一般因为缺少解码器，导致 QMediaPlayer 不能正常工作。可以通过安装 LAVFilters 解码库来解决该问题，下载网址为 https://github.com/Nevcairiel/LAVFilters/releases。LAV Filters 官方版是一组基于 FFmpeg 项目中的 libavformat/libavcodec 库的 DirectShow 分离器和音视频解码器，几乎允许在 DirectShow 播放器中播放任何格式的音视频。它会对 MKV/WebM、AVI、MP4/MOV、MPEG-TS、FLV 和 OGG 等格式进行测试并注册。其他格式可以使用 GraphStudio 进行测试，包括 H.264/AVC、H.265/HEVC、VC-1、MPEG4-ASP（Divx/Xvid）、VP8、VP9、DTS、AC3、TrueHD、MP3 和 Vorbis 等。笔者下载的是 LAVFilters-0.74.1-Installer.exe，安装该程序的步骤如下：

（1）双击该可执行文件，进入安装界面，单击 Browse 按钮可以修改默认在 C 盘的安装位置，建议安装在 D 盘，然后单击 Next 按钮，如图 4-1 所示。

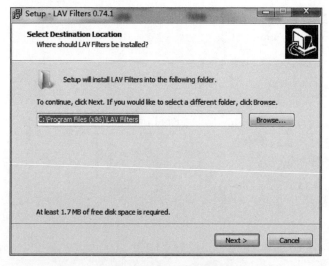

图 4-1　选择安装路径

（2）选择安装组件，默认即可，然后单击 Next 按钮，如图 4-2 所示。

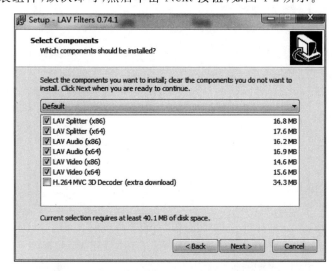

图 4-2　选择安装组件（分离器、音视频解码器）

（3）选择开始菜单文件夹，默认即可，单击 Next 按钮，如图 4-3 所示。

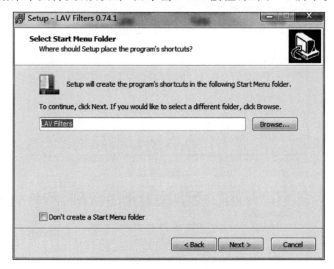

图 4-3　选择开始菜单文件夹

（4）选择附件任务，默认即可，单击 Next 按钮，如图 4-4 所示。
（5）选择容器格式，默认即可，单击 Next 按钮，如图 4-5 所示。
（6）软件安装准备完毕，单击 Install 按钮，如图 4-6 所示。
（7）LAV Filters 官方版正在安装，无须操作，等待即可，安装进度如图 4-7 所示。
（8）LAV Filters 软件安装成功，单击 Finish 按钮，如图 4-8 所示。
（9）安装成功后，观察安装路径下的文件，如图 4-9 所示。

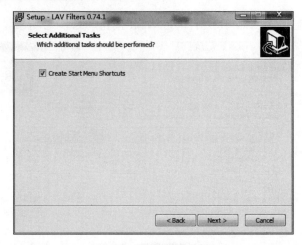

图 4-4 选择附件任务

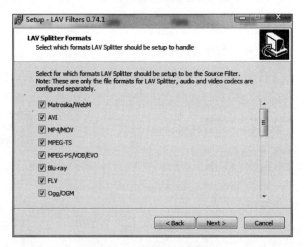

图 4-5 选择容器格式

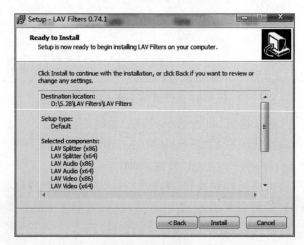

图 4-6 准备完毕

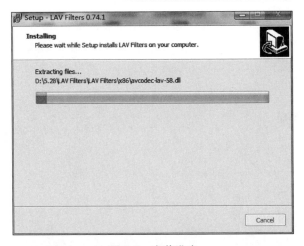

图 4-7　安装进度

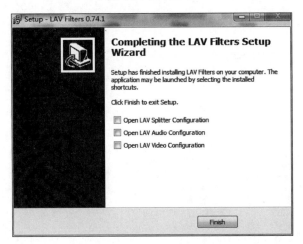

图 4-8　安装成功

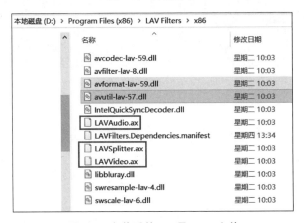

图 4-9　安装后的 AX 及 DLL 文件

可以看到，该目录下有 DLL 文件、manifest 和 3 个 AX 文件，只需注册这 3 个 AX 文件，QMediaPlayer 运行时，就可以根据注册信息找到解码器并加载这些 DLL 文件，然后就能解码视频并成功播放了。使用管理员权限打开 cmd 窗口，切换到该目录下，如图 4-10 所示，注册 AX 文件的命令如下：

```
//chapter4/qmm-help-apis.txt
regsvr32 /s LAVAudio.ax
regsvr32 /s LAVVideo.ax
regsvr32 /s LAVSplitter.ax
```

卸载 AX 文件的命令如下：

```
//chapter4/qmm-help-apis.txt
regsvr32 /s /u LAVAudio.ax
regsvr32 /s /u LAVVideo.ax
regsvr32 /s /u LAVSplitter.ax
```

注意：应将 AX 和 DLL 文件放在一起，否则即使注册后，也无法播放视频。另外，AX 文件名称不要写错了，因为如果输入任意的 AX 文件名，则即便文件不存在，也不会提示注册错误。

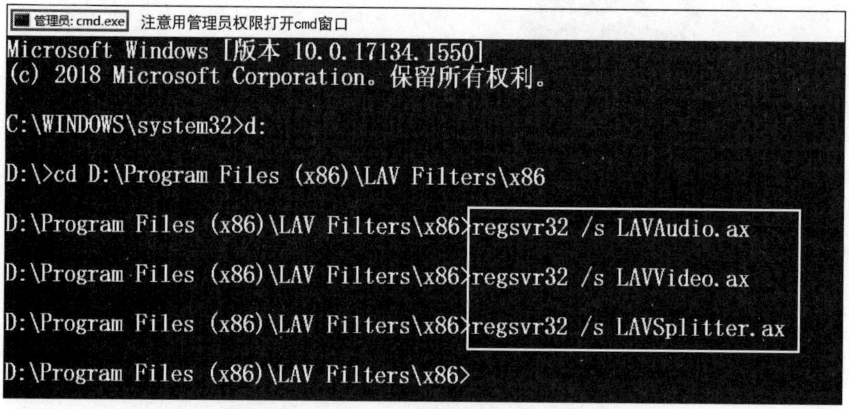

图 4-10 注册 AX 文件

4.2 Qt 的 QMediaPlayer 播放音视频

使用 Qt Multimedia 播放音视频需要两个核心类 QMediaPlayer 和 QVideoWidget，也可以结合 QMediaPlaylist 类实现播放列表功能。创建 Qt Widgets Application 项目（MultimediaTest1），然后逐步实现音乐播放、视频播放和视频列表功能，工程结构如图 4-11 所示（完整代码可参考 chapter4/MultimediaTest1 工程）。

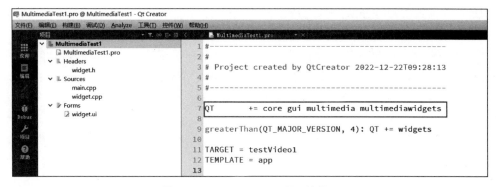

图 4-11 Qt Multimedia 项目结构图

1. QMediaPlayer 类

QMediaPlayer 类集成了包括音频输出和音频文件读取等操作，是一个高层次的、封装好的播放器内核，通过调用它就可以实现输入任意格式的视频、音频播放，并实现对其播放状态的调整。需要在项目配置文件(MultimediaTest1.pro)中修改代码如下：

```
QT += core gui multimedia multimediawidgets
```

使用 QMediaPlayer 类来播放一段音乐的代码如下：

```cpp
//chapter4/MultimediaTest1/widget.cpp
void Widget::on_btnAudio_clicked(){
    QMediaPlayer * player = new QMediaPlayer;        //创建媒体播放器对象
    //指定本地 MP3 文件
    player->setMedia(QMediaContent(QUrl::fromLocalFile("/.../t1.mp3")));
    player->play();                                  //开始播放
}
```

QMediaPlayer 中的几个重要属性如表 4-1 所示。

表 4-1 QMediaPlayer 的重要属性

属　　性	类　　型	说　　明
duration	qint64	当前播放媒体对象的持续时间(毫秒)
mediaStatus	MediaStatus	当前媒体的状态,枚举类型
state	State	当前的播放状态,枚举类型
muted	bool	是否静音
playlist	QMediaPlaylist	当前的播放列表
position	qint64	保存当前播放的进度(毫秒)
volume	int	当前的音量

2. QVideoWidget 类

QMediaPlayer 不仅可以播放音频，还可以播放视频。如果要让视频在界面上显示出来，则还需要其他类进行辅助，例如 QVideoWidget、QGraphicsVideoItem 或者自定义的类。QVideoWidget 类继承自 QWidget，所以它可以作为一个普通窗口部件进行显示，也可以嵌入其他窗口中。将 QVideoWidget 指定为 QMediaPlayer 的视频输出窗口后，就可以显示播放的视频画面，而像 GIF 格式的动画类型，可以使用 QMovie 播放。在项目文件的.pro 中修改代码如下：

```
QT += core gui multimedia multimediawidgets
```

用 QMediaPlayer 类结合 QVideoWidget 类来播放一个视频文件的代码如下：

```cpp
//chapter4/MultimediaTest1/MultimediaTest1.pro
//在 xxx.pro 项目的配置文件中添加下述代码
QT += core gui multimedia multimediawidgets

//chapter4/MultimediaTest1/widget.cpp
//需要引入的头文件
#include <QMediaPlayer>
#include <QVideoWidget>
#include <QVBoxLayout>
#include <QMediaPlaylist>

void Widget::on_pushButton_clicked(){
    QMediaPlayer * player = new QMediaPlayer(this);
    QVideoWidget * videoWidget = new QVideoWidget(this);
    videoWidget->resize(600,400);                            //指定宽和高
    player->setVideoOutput(videoWidget);                     //设置视频输出窗口
    videoWidget->show();                                     //必须调用此语句才能显示出视频
    player->setMedia(QUrl::fromLocalFile("/*****/test.mp4"));
    player->play();                                          //开始播放
}
```

编译并运行程序，单击"单个视频"按钮，效果如图 4-12 所示。

图 4-12　使用 QMediaPlayer 播放视频

3. QMediaPlayList 类

QMediaPlayList 是一个列表，可以保存媒体文件，包括媒体路径等信息。该类具有列表的性质，例如添加、删除和插入等，还可以设置播放顺序、对播放的控制、保存到本地及从本地读取等，这些功能都可以很方便地实现。结合 QMediaPlayer 可以实现播放功能，为了实现"下一首"的功能，需要在 widget.h 头文件中声明几个成员变量，这样方便多个函数共享，主要代码如下：

```cpp
//chapter4/MultimediaTest1/widget.h
//widget.h
private:
    QMediaPlayer* m_player = nullptr;                   //播放器实例
    QMediaPlaylist* m_playlist = nullptr;               //播放列表
    QVideoWidget* m_videoWidget = nullptr;              //播放窗口

//widget.cpp
//视频列表按钮的单击函数
void Widget::on_btnVideoList_clicked(){
    if(m_player == nullptr){
//创建播放器对象、视频显示窗口及播放列表
        m_player = new QMediaPlayer(this);
        m_videoWidget = new QVideoWidget(this);
        m_playlist = new QMediaPlaylist;

        m_videoWidget->setAspectRatioMode(Qt::IgnoreAspectRatio);
        m_videoWidget->resize(600,400);                 //指定播放窗口的宽和高

        m_playlist->clear();                            //先清空播放列表
        m_playlist->addMedia(QUrl::fromLocalFile("/.../test1.mp4"));
        m_playlist->addMedia(QUrl::fromLocalFile("/.../test2.avi"));
        m_playlist->setCurrentIndex(0);                 //设置播放索引
        m_playlist->setPlaybackMode(QMediaPlaylist::Loop); //设置播放模式

        m_player->setPlaylist(m_playlist);              //关联播放列表
        m_player->setVideoOutput(m_videoWidget);        //设置视频播放窗口

        m_videoWidget->show();                          //显示播放窗口
        m_player->play();                               //开始播放
    }
}

//下一首按钮的单击函数
void Widget::on_btnNext_clicked(){
    if(m_player){                                       //下一首,一直循环
        m_player->stop();                               //先停止当前的视频
        m_playlist->next();                             //调用next()函数播放下一首
        m_player->play();                               //开始播放
    }
}
```

单击"视频列表"按钮，默认从第 1 个视频开始播放，播放完毕后自动开始下一个视频。如果单击"下一首"按钮，则会立刻停止当前视频，然后开始播放下一个视频。该案例中总共往视频列表中添加了两个视频，当播放第 2 个视频时如果单击"下一首"按钮，则会重新从头开始，以此类推。编译并运行程序，效果如图 4-13 所示。

图 4-13　使用 QMediaPlayList 实现播放列表

4.3　Qt 实现音乐播放器

使用 QMediaPlayer 和 QMediaPlayList 这两个类可以实现音乐播放器，结合 Qt 的布局（Layout）技术可以很方便地开发出比较美观的界面效果，如图 4-14 所示（完整代码可参考 chapter4/QtMMAudioPlayerDemo 工程）。编译并运行该程序，单击 OPEN 按钮选择几个本地的音乐文件，然后开始单击 PLAY、LAST 和 NEXT 等按钮，如图 4-15 所示。

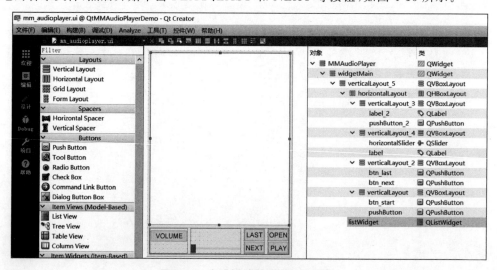

图 4-14　音乐播放器界面设计效果

1. 页面设计

首先创建 Qt Widgets Application 项目(QtMMAudioPlayerDemo)，双击 mm_audioplayer.ui 文件会打开界面设计器，通过 geometry 和 maximumSize 这两个属性将该窗口的宽度和高度分别设置为 360 和 600，如图 4-16 所示。

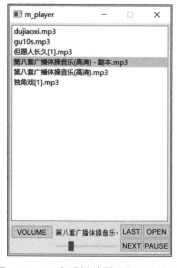

图 4-15 Qt 音乐播放器实际运行界面

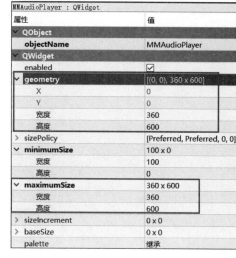

图 4-16 设置主页面的宽度和高度

然后将一个垂直布局(QVBoxLayout)拖曳到界面上，然后将一个 QListWidget 和一个 QHBoxLayout 拖曳到该垂直布局上。这个 QListWidget 和 QHBoxLayout 是上下关系，QHBoxLayout 在上，QHBoxLayout 在下，如图 4-17 所示。

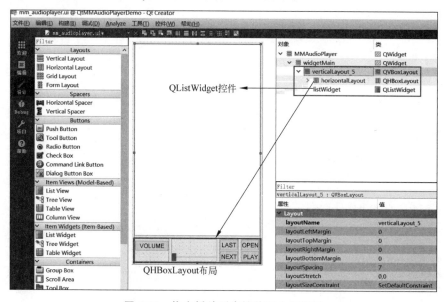

图 4-17 拖曳播放列表控件和水平布局

在QHBoxLayout这个水平布局中有4个子控件（都是QVBoxLayout类型），它们是左右关系，分别用于存放音量（VOLUME）按钮、播放进度条（Slider）、上一曲和下一曲按钮（LAST和NEXT）及打开文件和播放按钮（OPEN和PLAY），如图4-18所示。

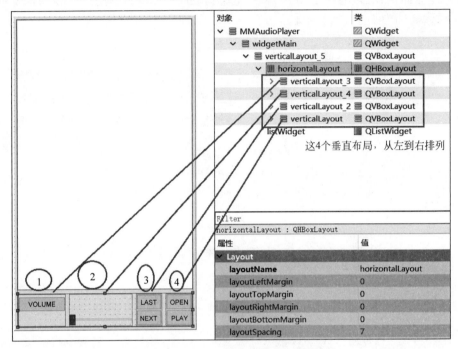

图4-18 拖曳四个垂直布局及按钮

至此已完成界面设计工作，可以发现使用Qt的布局技术可以很方便且自由灵活地实现控件排列。使用Qt的界面设计器可以以"所见即所得"的方式进行界面开发，但它们本质上是一个XML文件，使用UE打开该文件（mm_audioplayer.ui）可以看到里面的真实XML，代码如下：

```
//chapter4/QtMMAudioPlayerDemo/mm_audioplayer.ui
<?xml version = "1.0" encoding = "UTF-8"?>
<ui version = "4.0">
  <class>MMAudioPlayer</class>
  <widget class = "QWidget" name = "MMAudioPlayer">
    <property name = "geometry">
     <rect>
      <x>0</x>
      <y>0</y>
      <width>360</width>
      <height>600</height>
     </rect>
    </property>
    <property name = "minimumSize">
     <size>
```

```xml
      <width>100</width>
      <height>0</height>
     </size>
    </property>
    <property name="maximumSize">
     <size>
      <width>360</width>
      <height>600</height>
     </size>
    </property>
//省略部分代码
    <item>
     <widget class="QWidget" name="widgetMain" native="true">
      <layout class="QVBoxLayout" name="verticalLayout_6">
       <property name="spacing">
        <number>0</number>
       </property>

       <item>
        <layout class="QVBoxLayout" name="verticalLayout_5">
         <item>
          <widget class="QListWidget" name="listWidget"/>
         </item>
         <item>
          <layout class="QHBoxLayout" name="horizontalLayout">
           <item>
            <layout class="QVBoxLayout" name="verticalLayout_3">
             <property name="spacing">
              <number>0</number>
             </property>
             <item>
              <widget class="QPushButton" name="pushButton_2">
               <property name="text">
                <string>Volume</string>
               </property>
               <property name="checkable">
                <bool>true</bool>
               </property>
              </widget>
             </item>
             <item>
              <widget class="QLabel" name="label_2">
               <property name="minimumSize">
                <size>
                 <width>40</width>
                 <height>20</height>
                </size>
               </property>
               <property name="maximumSize">
                <size>
                 <width>16777215</width>
```

```xml
        <height>20</height>
       </size>
      </property>
      <property name="text">
       <string/>
      </property>
     </widget>
    </item>
   </layout>
  </item>
  <item>
   <layout class="QVBoxLayout" name="verticalLayout_4">
    <property name="spacing">
     <number>0</number>
    </property>
    <item>
     <widget class="QLabel" name="label">
      <property name="text">
       <string/>
      </property>
     </widget>
    </item>
    <item>
     <widget class="QSlider" name="horizontalSlider">
      <property name="orientation">
       <enum>Qt::Horizontal</enum>
      </property>
     </widget>
    </item>
   </layout>
  </item>
  <item>
   <layout class="QVBoxLayout" name="verticalLayout_2">
    <property name="spacing">
     <number>0</number>
    </property>
    <item>
     <widget class="QPushButton" name="btn_last">
      <property name="minimumSize">
       <size>
        <width>50</width>
        <height>30</height>
       </size>
      </property>
      <property name="maximumSize">
       <size>
        <width>30</width>
        <height>30</height>
       </size>
      </property>
      <property name="text">
```

```xml
          <string>LAST</string>
        </property>
      </widget>
    </item>
    <item>
      <widget class="QPushButton" name="btn_next">
        <property name="minimumSize">
          <size>
            <width>50</width>
            <height>30</height>
          </size>
        </property>
        <property name="maximumSize">
          <size>
            <width>30</width>
            <height>30</height>
          </size>
        </property>
        <property name="text">
          <string>NEXT</string>
        </property>
      </widget>
    </item>
  </layout>
</item>
<item>
  <layout class="QVBoxLayout" name="verticalLayout">
    <property name="spacing">
      <number>0</number>
    </property>
    <item>
      <widget class="QPushButton" name="pushButton">
        <property name="minimumSize">
          <size>
            <width>50</width>
            <height>30</height>
          </size>
        </property>
        <property name="maximumSize">
          <size>
            <width>30</width>
            <height>30</height>
          </size>
        </property>
        <property name="text">
          <string>OPEN</string>
        </property>
      </widget>
    </item>
    <item>
      <widget class="QPushButton" name="btn_start">
```

```xml
            <property name = "minimumSize">
             <size>
              <width>50</width>
              <height>30</height>
             </size>
            </property>
            <property name = "maximumSize">
             <size>
              <width>30</width>
              <height>30</height>
             </size>
            </property>
            <property name = "text">
             <string>play</string>
            </property>
           </widget>
          </item>
         </layout>
        </item>
       </layout>
      </item>
     </layout>
    </item>
   </layout>
  </widget>
 </item>
</layout>
</widget>
<layoutdefault spacing = "6" margin = "11"/>
<resources/>
<connections/>
</ui>
```

2. 播放器及播放列表

MMAudioPlayer类继承自QWidget,属于基本窗口,在它的头文件中需要声明两个成员变量,分别表示播放器实例和播放列表实例,也需要声明几个槽函数用于响应播放状态更改等,主要代码如下:

```
//chapter4/QtMMAudioPlayerDemo/mm_audioplayer.h
//mm_audioplayer.h
private:
    QMediaPlayer * m_player;            //播放器实例
    QMediaPlaylist * m_playList;        //播放列表实例

private slots:
    void slot_setPosition(int value);
    void slot_durationChanged(qint64 duration );
    void slot_positionChanged(qint64 position );
```

```cpp
    void slot_player_stateChanged(QMediaPlayer::State state);
    void slot_updateList(int value);
```

在该类的构造函数中需要初始化相关的实例,并绑定播放器的相关信号和槽,代码如下:

```cpp
//chapter4/QtMMAudioPlayerDemo/mm_audioplayer.cpp
MMAudioPlayer::MMAudioPlayer(QWidget * parent) :
    QWidget(parent),
    ui(new Ui::MMAudioPlayer){
    ui->setupUi(this);
    Init();
}

MMAudioPlayer::~MMAudioPlayer(){ delete ui;}
//初始化
void MMAudioPlayer::Init(){
    m_playList = new QMediaPlayList;                    //播放列表
    m_playList->setPlaybackMode(QMediaPlaylist::Loop);
    m_player = new QMediaPlayer;                        //播放器
    m_player->setPlaylist(m_playList);                  //关联二者
    m_pwidgetvolume = new WidgetVolume;                 //音量控制
    m_pwidgetvolume->setMainPlayer(m_player);

    slot_CreatContextMenu();
    connect(ui->horizontalSlider, SIGNAL(sliderMoved(int)), this, SLOT(slot_setPosition(int) ) );

    connect(m_player, SIGNAL(positionChanged(qint64)), this, SLOT(slot_positionChanged(qint64)));

    connect(m_player, SIGNAL(durationChanged(qint64)), this, SLOT(slot_durationChanged(qint64)));

    connect(m_player, SIGNAL(stateChanged(QMediaPlayer::State)), this, SLOT(slot_player_stateChanged(QMediaPlayer::State) ) );

    connect(m_playList,SIGNAL(currentIndexChanged(int)),this,SLOT(slot_updateList(int )));
}
```

分析代码可以发现,在构造函数中主要调用 Init()函数来创建播放器和播放列表的实例,将二者关联起来,然后绑定相关的信号和槽,具体的关联如下:

(1) 播放进度条的 sliderMoved 信号关联 slot_setPosition(int)槽函数。
(2) 播放器的 positionChanged 信号关联 slot_positionChanged(qint64)槽函数。
(3) 播放器的 durationChanged 信号关联 slot_durationChanged(qint64)槽函数。
(4) 播放器的 stateChanged 信号关联 slot_stateChanged(QMediaPlayer::State)槽函数。
(5) 播放列表的 currentIndexChanged 信号关联 slot_updateList(int)槽函数。

MMAudioPlayer 类声明的完整代码如下:

```cpp
//chapter4/QtMMAudioPlayerDemo/mm_audioplayer.h
#ifndef M_PLAYER_H
#define M_PLAYER_H

#include <QWidget>
#include <QListWidgetItem>
#include <QMediaPlayer>
namespace Ui {
class MMAudioPlayer;
}

class QMediaPlayer;
class QMediaPlayList;
class WidgetVolume;
class QMenu;
class QAction;

class MMAudioPlayer : public QWidget{
    Q_OBJECT

public:
    explicit MMAudioPlayer(QWidget * parent = 0);
    ~MMAudioPlayer();
protected slots:
    virtual void timerEvent(QTimerEvent * event);
private slots:

    void on_pushButton_clicked();
    void Init();
    void slot_playMusic(QString FilePath );
    void on_listWidget_doubleClicked(const QModelIndex &index);

    void on_btn_start_clicked();
    void on_pushButton_2_clicked();
    void slot_CreatContextMenu();

    void slot_setPosition(int value);
    void slot_durationChanged(qint64 duration );
    void slot_positionChanged(qint64 position );
    void slot_player_stateChanged(QMediaPlayer::State state);
    void slot_updateList(int value);

    void on_m_pActionLoop_triggered();
    void on_m_pActionCurrentItemInLoop_triggered();
    void on_m_pActionRandom_triggered();
    void on_m_pActionSequential_triggered();

    void on_btn_last_clicked();
    void on_btn_next_clicked();

private:
```

```
    Ui::MMAudioPlayer *ui;

    QMediaPlayer *m_player;                    //播放器实例
    QMediaPlaylist *m_playList;                //播放列表
    QAction *m_pContextMenu;
    WidgetVolume *m_pwidgetvolume;

    int timerID;
};

#endif //M_PLAYER_H
```

3. 打开文件

可以右击 OPEN 按钮,在弹出的菜单中选择"转到槽"子菜单选项,然后在弹出的对话框中选择 clicked()信号,如图 4-19 所示,然后单击 OK 按钮就会生成对应的槽函数,在该函数中调用 QFileDialog::getOpenFileNames()函数可以打开文件选择对话框,代码如下:

```
//chapter4/QtMMAudioPlayerDemo/mm_audioplayer.cpp
//选择打开文件
void MMAudioPlayer::on_pushButton_clicked(){
    QString initialName = QDir::homePath();
    QStringList pathList = QFileDialog::getOpenFileNames(this, tr("选择文件"), initialName,
tr(" *.mp3 "," * aac"));
    for(int i = 0; i < pathList.size(); ++i){
        QString path = QDir::toNativeSeparators(pathList.at(i));
        if(!path.isEmpty()){
            playList->addMedia(QUrl::fromLocalFile(path));
            QString fileName = path.split("\\").last();
            ui->listWidget->addItem(fileName);
        }
    }
}
```

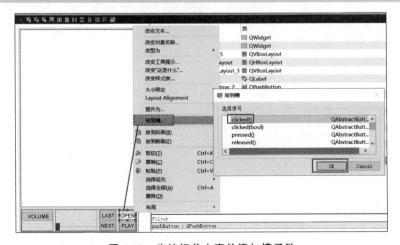

图 4-19 为按钮单击事件添加槽函数

在该函数中调用 QFileDialog::getOpenFileNames() 函数可以打开文件选择对话框,过滤的文件类型包括 MP3 和 AAC,将用户选择的文件添加到 QMediaPlayList 类型的播放列表中(playList),然后显示到播放列表框控件(QListWidget)中。

4. 播放与暂停

播放与暂停功能共用一个按钮,根据音视频的播放状态进行切换,调用 QMediaPlayer 的 play() 或 pause() 函数即可,代码如下:

```
//chapter4/QtMMAudioPlayerDemo/mm_audioplayer.cpp
//播放或者暂停
void MMAudioPlayer::on_btn_start_clicked(){
    switch (m_player->state()) {
    case QMediaPlayer::PlayingState:
        m_player->pause();
        break;
    default:
        m_player->play();
        break;
    }
}
```

QMediaPlayer 播放器的状态类型是 QMediaPlayer::State,包括 PlayingState、StoppedState 和 PausedState 这 3 种状态。

5. 上一个和下一个

视频列表的"上一个"和"下一个"功能分别对应 LAST 和 NEXT 按钮,主要通过修改 QMediaPlayList 实例的"当前索引"(currentIndex)实现,代码如下:

```
//chapter4/QtMMAudioPlayerDemo/mm_audioplayer.cpp
void MMAudioPlayer::on_btn_last_clicked(){
    int currentIndex = m_playList->currentIndex();
    if(--currentIndex<0) currentIndex = 0;
    m_playList->setCurrentIndex(currentIndex);
    m_player->play();
}

void MMAudioPlayer::on_btn_next_clicked(){
    int currentIndex = m_playList->currentIndex();
    //当索引值到达最大数之后,重新从 0 开始
    if(++currentIndex == m_playList->mediaCount()) currentIndex = 0;
    m_playList->setCurrentIndex(currentIndex);
    m_player->play();
}
```

6. 信号及槽

本案例涉及几个重要的信号,主要包括 QMediaPlayer 的 positionChanged、durationChanged 和 stateChanged,以及 QMediaPlaylist 的 currentIndexChanged 信号,在构造函数中已经为

它们关联好了槽函数，代码如下：

```cpp
//chapter4/QtMMAudioPlayerDemo/mm_audioplayer.cpp
//调节快进
void MMAudioPlayer::slot_positionChanged(qint64 position){
    ui->horizontalSlider->setValue(position);
}
//获取歌曲的长度并设置长度
void MMAudioPlayer::slot_durationChanged(qint64 duration){
    ui->horizontalSlider->setRange(0,duration);
}
//播放状态的改变
void MMAudioPlayer::slot_player_stateChanged(QMediaPlayer::State state){
    switch (state) {
    case QMediaPlayer::PlayingState:
        ui->btn_start->setText("pause");
        break;
    default:
        ui->btn_start->setText("play");
        break;
    }
}
void MMAudioPlayer::slot_updateList(int value){
    QListWidgetItem * item = ui->listWidget->item(value);
    item->setSelected(true);
    ui->label->setText(item->text());
}
```

7. 音量控制

本案例中的音频控制功能是通过 QMediaPlayer 的 setVolume() 函数实现的。在 widgetvolume.ui 页面上放置一个垂直的 QSlider 控件，通过绑定 valueChanged 信号的 slot_SetVolume() 槽函数实现音量的修改，代码如下：

```cpp
//chapter4/QtMMAudioPlayerDemo/widgetvolume.h
//widgetvolume.h////
#ifndef WIDGETVOLUME_H
#define WIDGETVOLUME_H

#include <QWidget>
#include <QMediaPlayer>

namespace Ui {
class WidgetVolume;
}

class WidgetVolume : public QWidget{
    Q_OBJECT

public:
```

```cpp
        explicit WidgetVolume(QWidget * parent = 0);
        ~WidgetVolume();
        //设置播放器指针,将主页面中的播放器指针传递过来即可
        void setMainPlayer(QMediaPlayer * player){m_playerMain = player;}

    private slots:
        void slot_SetVolume(int value);

    private:
        Ui::WidgetVolume * ui;
        QMediaPlayer * m_playerMain;
};

#endif //WIDGETVOLUME_H


//widgetvolume.cpp////
#include "widgetvolume.h"
#include "ui_widgetvolume.h"

WidgetVolume::WidgetVolume(QWidget * parent) :
    QWidget(parent),
    ui(new Ui::WidgetVolume){
    setWindowFlags(Qt::FramelessWindowHint);
    ui->setupUi(this);
    connect(ui->verticalSlider,SIGNAL(valueChanged(int)),
            this,SLOT(slot_SetVolume(int) ) );
}

WidgetVolume::~WidgetVolume(){ delete ui;}
void WidgetVolume::slot_SetVolume(int value){
    if(m_playerMain){//设置音量
        m_playerMain->setVolume(value);
    }
}
```

4.4 Qt 实现视频播放器

本节内容使用 QtMediaPlayer 开发一个比较专业的视频播放器,运行界面如图 4-20 所示,左侧是播放器显示控件,右侧包括播放列表控件、播放进度条、播放速率控件、几个图标按钮(用于控制视频播放)、静音图标及音量控制进度条等。

注意:在运行该程序时,需要将 QtMMVideoPlayerDemo.exe 和 Toolimages 文件夹放在同一个目录下,否则右下方的控制按钮的图标显示不出来。

图 4-20　Qt 开发的视频播放器

1. pro 与 pri 配置文件

该项目主要包括 mmediaplayer.h、mmediaplayer.cpp、mmediaplayer.ui、QtMMVideoPlayerDemo.pro 和 QtMMVideoPlayerDemo.pri 等文件，如图 4-21 所示。先来分析一下项配置文件（QtMMVideoPlayerDemo.pro），代码如下：

```
//chapter4/QtMMVideoPlayerDemo/QtMMVideoPlayerDemo.pro
TEMPLATE = app
TARGET = QtMMVideoPlayerDemo
DESTDIR = ../Win32/Debug
CONFIG += Debug
DEFINES += WIN64 QT_DLL
LIBS += -L"."
DEPENDPATH += .
MOC_DIR += .
OBJECTS_DIR += Debug
UI_DIR += .
RCC_DIR += .
include(QtMMVideoPlayerDemo.pri)
```

注意该项目在配置文件中包含了一个特殊的指令（include），表示包含某个子配置文件（.pri）。可以把 *.pro 文件内的一部分内容单独放到一个 *.pri 文件内，然后包含进来。类似于 C、C++ 中的头文件，使用时采用 include 指令引用即可。

下面通过一个单独的 Qt 项目来实践 *.pri 配置文件的应用（完整的工程代码读者可参考 chapter4/testPri 项目）。

(1) 创建一个普通的 Qt Widgets Application 项目（testPri），单击 Choose 按钮，如图 4-22 所示，然后一直单击"下一步"按钮，注意项目保存位置和项目的名称，直到最后一步单击"完

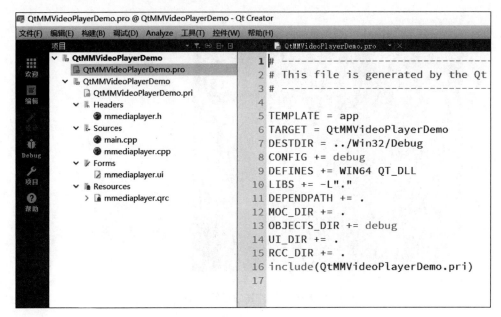

图 4-21 pro 在配置文件中包含 .pri 文件

成"按钮即可。

图 4-22 Qt 创建普通 Widget 工程（testPri）

(2) 右击项目名称，在弹出的菜单中选择 Add New 选项，如图 4-23 所示。

(3) 在弹出的"新建文件"对话框中选择 General→Empty File，然后单击 Choose 按钮，如图 4-24 所示。

第 4 章　Qt播放音视频及Multimedia多媒体模块　131

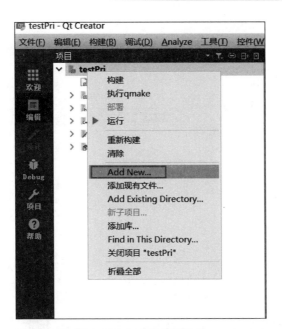

图 4-23　Qt 中添加新文件

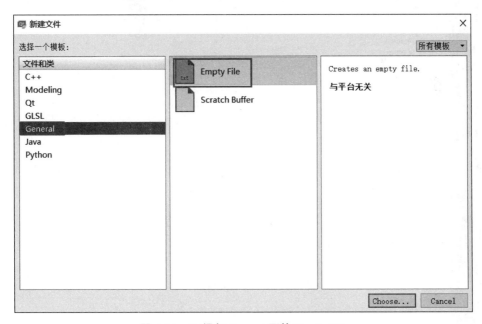

图 4-24　Qt 添加 General 下的 Empty File

（4）在弹出的 Empty File 对话框中，在"名称"编辑框中输入 test1.pri，然后单击"下一步"按钮，如图 4-25 所示。

（5）打开新建项目下面的 testPri.pro 文件，将 include(test1.pri)写进去，注意没有 ♯ 符号，如图 4-26 所示。

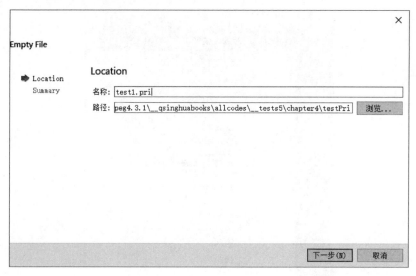

图 4-25　Qt 添加 pri 子配置文件

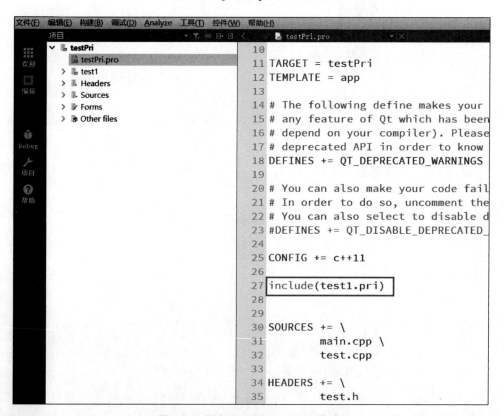

图 4-26　添加 include(test1.pri)指令

（6）单击"运行"按钮，这时 test1 文件夹及 test1.pri 也添加进来了，如图 4-27 所示。

图 4-27　Qt 项目中自动添加 test1 文件夹

(7) 可以根据自己的需要，右击 test1 文件夹添加 C++类或 Qt 类，例如笔者添加了一个普通的 C++类，名称为 Hello，父类为 QObject，如图 4-28 所示。

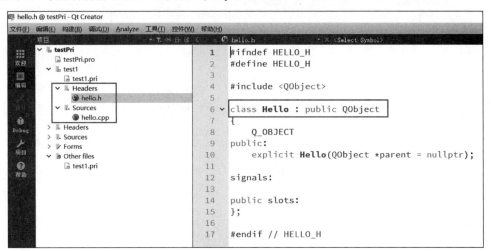

图 4-28　test1 文件夹下任意添加自定义类

2. 视频播放器界面设计

双击 mmediaplayer.ui 文件，进入界面设计器，如图 4-29 所示。该页面最顶层的 QWidget 的名称为 mMediaPlayerClass，它本身使用水平布局（HorizontalLayout），包括左右两个独立的 QWidget 控件，左侧的 QWidget 负责显示视频，右侧的 QWidget 负责显示播放控件（播放控制面板）等功能，其中右侧的 QWidget 作为一个垂直布局容器，从上到下分别显示浏览按钮、视频列表、播放进度条、播放速率、视频控制按钮及音量控制等控件。

"浏览"和"清除"按钮的类型为 QPushButton，播放列表的类型为 QListWidget，播放进度条的类型为 QSlider，播放、暂停和停止等按钮的类型为 QToolButton，如图 4-30 所示。

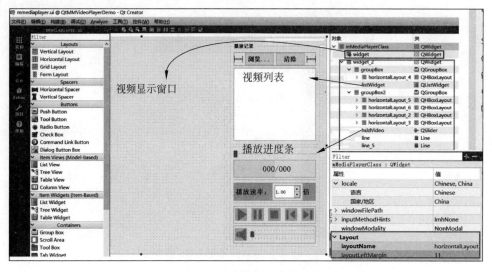

图 4-29　播放器界面整体设计

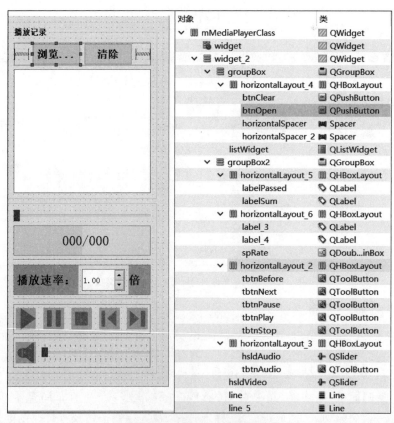

图 4-30　播放器各个控件的设计

3. 主窗口类

该项目的主窗口类为 mMediaPlayer，继承自 QWidget，该类中主要包含两个成员变量和一些重要的成员函数，代码如下：

```cpp
//chapter4/QtMMVideoPlayerDemo/mmediaplayer.h
#ifndef MMEDIAPLAYER_H
#define MMEDIAPLAYER_H

#include <QtWidgets/QWidget>
#include "ui_mmediaplayer.h"

#include <QMediaPlayer>
#include <QVideoWidget>
#include <QMediaPlaylist>
//#pragma execution_character_set("utf-8")

class mMediaPlayer : public QWidget{
    Q_OBJECT

public:
    mMediaPlayer(QWidget *parent = 0);
    ~mMediaPlayer();
protected:
    virtual bool eventFilter(QObject * obj,QEvent * evt) override;
private slots:
    void on_btnOpen_clicked();

    void on_tbtnPlay_clicked();
    void on_tbtnPause_clicked();
    void on_tbtnStop_clicked();
    void on_tbtnBefore_clicked();
    void on_tbtnNext_clicked();
    void onHsldVideoChangedSlot(int);                    //video.progress
    void setHsldVideoValueSlot(qint64);

    void on_btnClear_clicked();
    void on_tbtnAudio_clicked();
    void onHsldAudioChangedSlot(int);                    //volume.slider

    void onDurationChanged(qint64);                      //duration
    void playbackRateChangedSlot(double);                //rate
    void listWidgetDbClickedSlot(QListWidgetItem *);     //played.history
private:
    Ui::mMediaPlayerClass ui;
    QMediaPlayer * mMyPlayer;                            //media.player
    QVideoWidget * mVideoWgt;                            //video.show.window
    QString mVideoName;
    QStringList mVideoList;

    void Init();
```

```
        void play();
};

#endif //MMEDIAPLAYER_H
```

在该类中,成员变量 mMyPlayer 表示播放器实例,mVideoWgt 表示显示视频的控件,onDurationChanged、playbackRateChangedSlot 和 onHsldAudioChangedSlot 等是几个与播放事件相关的槽函数。

4. 构造函数

该类的构造函数 mMediaPlayer::mMediaPlayer()主要通过调用 Init()私有成员函数来完成初始化工作,主要用于构造出播放器实例和播放窗口,然后绑定与播放事件相关的几个槽函数,代码如下:

```
//chapter4/QtMMVideoPlayerDemo/mmediaplayer.cpp
mMediaPlayer::mMediaPlayer(QWidget *parent)
    : QWidget(parent){
    ui.setupUi(this);
    Init();
}

mMediaPlayer::~mMediaPlayer(){}

void mMediaPlayer::Init(){
    setWindowTitle(tr("QtMediaPlayer"));
    setWindowIcon(QPixmap("./Toolimages/windw.png"));

    mMyPlayer = new QMediaPlayer;                    //构造播放器实例
    mVideoWgt = new QVideoWidget(this);              //构造视频显示控件

    //set black background
    mVideoWgt->setAutoFillBackground(true);
    QPalette plt;
    plt.setColor(QPalette::Window, QColor(0, 0, 0));
    mVideoWgt->setPalette(plt);
    mVideoWgt->installEventFilter(this);             //安装事件过滤器

    QHBoxLayout* hlay = new QHBoxLayout(this);
    hlay->addWidget(mVideoWgt);
    ui.widget->setLayout(hlay);

    mMyPlayer->setVideoOutput(mVideoWgt);            //设置播放器的视频显示窗口
    mMyPlayer->setAudioRole(QAudio::VideoRole);

    //tooltip
    ui.btnOpen->setToolTip(tr("browse to open file"));
    ui.tbtnPlay->setToolTip(tr("Play"));
    ui.tbtnPause->setToolTip(tr("Pause"));
```

```
    ui.tbtnBefore->setToolTip(tr("LAST"));
    ui.tbtnNext->setToolTip(tr("NEXT"));
    ui.tbtnAudio->setToolTip(tr("MUTE"));

//以下是几个与播放事件相关的信号及槽
     connect(mMyPlayer, SIGNAL(durationChanged(qint64)), this, SLOT(onDurationChanged
(qint64)));
     connect(mMyPlayer, SIGNAL(positionChanged(qint64)), this, SLOT(setHsldVideoValueSlot
(qint64)));
     connect(ui.hsldAudio, &QSlider::valueChanged, this, &mMediaPlayer::onHsldAudioChangedSlot);
     connect(ui.hsldVideo, &QSlider::sliderMoved, this, &mMediaPlayer::onHsldVideoChangedSlot);
     connect(ui.spRate, SIGNAL(valueChanged(double)), this, SLOT(playbackRateChangedSlot
(double)));
     connect(ui.listWidget, SIGNAL(itemDoubleClicked(QListWidgetItem *)), this, SLOT
(listWidgetDbClickedSlot(QListWidgetItem *)));
     //connect(ui.hsldVideo, &QSlider::valueChanged, this, &mMediaPlayer::onHsldVideoChangedSlot);
     mVideoName = "";
}
```

5. 选择视频文件

单击"浏览"按钮打开文件选择对话框,如图 4-31 所示。调用 QFileDialog::getOpenFileName()函数,然后将用户选中的文件添加到右侧的播放列表框中,代码如下:

```
//chapter4/QtMMVideoPlayerDemo/mmediaplayer.cpp
//open file
void mMediaPlayer::on_btnOpen_clicked(){
    static QString fp = "d:/";
    QString suff = "Videos(*.avi *.mp4 *.wmv *.mkv *.rmvb *.mpeg);;Alls(*.*)";
    mVideoName = QFileDialog::getOpenFileName(nullptr, tr("Open Video"), fp, suff);
    if (mVideoName.isEmpty()) return;

    mVideoList.append(mVideoName);
    play();

    int pos = mVideoName.lastIndexOf("/");
    QString fileNm = mVideoName.mid(pos + 1, mVideoName.size() - pos);
    ui.listWidget->addItem(fileNm);

    mMyPlayer->setVolume(50);
    ui.hsldAudio->setValue(50);
    ui.hsldVideo->setValue(0);
    fp = mVideoName;
}
```

6. 播放视频

选中某个视频文件后就会调用 play()函数来播放视频,通过调用 QMediaPlayer 的 play()函数就可以播放视频了,代码如下:

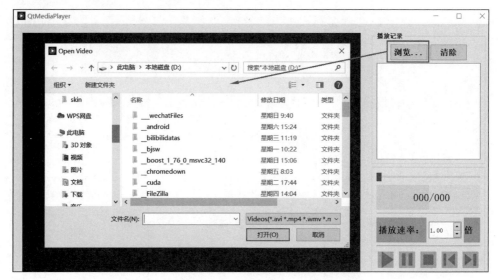

图 4-31 文件选择对话框

```
//chapter4/QtMMVideoPlayerDemo/mmediaplayer.cpp
//play
void mMediaPlayer::play(){
    if (mVideoName.isEmpty()) return;

    int pos = mVideoName.lastIndexOf("/");
    QString fileNm = mVideoName.mid(pos + 1, mVideoName.size() - pos);
    this->setWindowTitle(fileNm);

    mMyPlayer->setMedia(QUrl::fromLocalFile(mVideoName));
    mMyPlayer->play();
}
```

在该函数中首先将窗口的标题设置为视频名称，然后通过 QMediaPlayer 的 setMedia() 函数给播放器实例设置需要播放的视频路径，然后调用 play() 函数开始播放视频。

7. 播放、暂停与停止

视频开始播放后，也可以暂停或停止，根据 QMediaPlayer 的播放状态调用不同的成员函数即可，包括 pause()、play() 和 stop()，其中播放状态是 QMediaPlayer 类内的一个枚举类型，代码如下：

```
//chapter4/QtMMVideoPlayerDemo/mmediaplayer.cpp
enum State{
    StoppedState,
    PlayingState,
    PausedState
};
```

与播放、暂停和停止按钮相关的槽函数的代码如下：

```cpp
//chapter4/QtMMVideoPlayerDemo/mmediaplayer.cpp
void mMediaPlayer::on_tbtnPlay_clicked(){
    if (mVideoName.isEmpty()) return;
//根据状态,如果此时的状态是暂停或停止,则播放.如果本身是播放状态,则不用任何操作
    switch (mMyPlayer->state()){
    case QMediaPlayer::PlayingState:
        break;
    case QMediaPlayer::PausedState:
        mMyPlayer->play();
        break;
    case QMediaPlayer::StoppedState:
        play();
        break;
    default:
        break;
    }
}

//pause
void mMediaPlayer::on_tbtnPause_clicked(){
    if (mVideoName.isEmpty()) return;
    if (mMyPlayer->state() == QMediaPlayer::PlayingState){
        mMyPlayer->pause();
    }
}

//stop
void mMediaPlayer::on_tbtnStop_clicked(){
    if (mVideoName.isEmpty()) return;
    if (mMyPlayer->state() != QMediaPlayer::StoppedState){
        mMyPlayer->stop();
    }
}
```

8. 上一个和下一个

视频播放列表存储在 QStringList 类型的成员变量 mVideoList 中，然后根据当前索引 currentIndex 获取上一个或下一个视频，代码如下：

```cpp
//chapter4/QtMMVideoPlayerDemo/mmediaplayer.cpp
void mMediaPlayer::on_tbtnBefore_clicked(){
    int cnt = ui.listWidget->count();
    if (cnt <= 1) return;

    int currentIndex = 0;
    for (int i = 0; i < cnt; ++i){
        if (mVideoList[i].contains(mVideoName)){
            currentIndex = i;
```

```cpp
        }
    }
    if (currentIndex){//not 0
        mVideoName = mVideoList[currentIndex - 1]; //索引减 1
        play();
    }
    qDebug() << "currentIndex: " << currentIndex;
}
//next
void mMediaPlayer::on_tbtnNext_clicked(){
    int cnt = ui.listWidget->count();
    if (cnt <= 1) return;

    int currentIndex = cnt-1;
    for (int i = 0; i < cnt; ++i){
        if (mVideoList[i].contains(mVideoName)){
            currentIndex = i;
        }
    }
    if (currentIndex != (cnt - 1)){//not 0
        mVideoName = mVideoList[currentIndex + 1]; //索引加 1
        play();
    }
    qDebug() << "currentIndex: " << currentIndex;
}
```

9. 播放速率

播放速率是通过 QDoubleSpinBox 控件实现的，如图 4-32 所示。给该控件的 valueChanged() 信号绑定 playbackRateChangedSlot() 槽函数，通过调用 QMediaPlayer 类的 setPlaybackRate() 函数设置播放速率，代码如下：

```cpp
//chapter4/QtMMVideoPlayerDemo/mmediaplayer.cpp
//在构造函数中绑定信号及槽
connect(ui.spRate, SIGNAL(valueChanged(double)),
    this, SLOT(playbackRateChangedSlot(double)));


//rate:通过调用 QMediaPlayer 类的 setPlaybackRate()函数设置播放速率
//rate 参数就是界面上 QDoubleSpinBox 的值
void mMediaPlayer::playbackRateChangedSlot(double rate){
    if (mVideoName.isEmpty()) return;
    mMyPlayer->setPlaybackRate(rate);
}
```

10. 音量控制及静音

音量控制是通过调用 QMediaPlayer 类的 setVolume() 函数实现的，在界面上通过拖动音量进度条即可实现，代码如下：

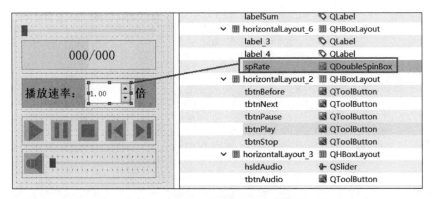

图 4-32　QDoubleSpinBox 速率控制

```
//chapter4/QtMMVideoPlayerDemo/mmediaplayer.cpp
//slider.volume
void mMediaPlayer::onHsldAudioChangedSlot(int vm){
    mMyPlayer->setVolume(vm);
}
```

单击界面上的"静音"图标可以实现静音功能,主要通过调用 QMediaPlayer 类的 setMuted()函数实现,代码如下:

```
//mute
void mMediaPlayer::on_tbtnAudio_clicked(){
    if (mMyPlayer->isMuted()){
        mMyPlayer->setMuted(false);
        ui.tbtnAudio->setIcon(QPixmap("./Toolimages/Audio.png"));
    }
    else{
        mMyPlayer->setMuted(true);
        ui.tbtnAudio->setIcon(QPixmap("./Toolimages/Mute.png"));
    }
}
```

11. 隐藏播放控制面板

视频开始播放后,双击播放器画面就会隐藏右侧的播放控制面板,如图 4-33 所示,然后再次双击就会显示播放控制面板,代码如下:

```
//chapter4/QtMMVideoPlayerDemo/mmediaplayer.cpp
//video.event.filter
bool mMediaPlayer::eventFilter(QObject* obj, QEvent* evt){
    if (obj == mVideoWgt){
        if (evt->type() == QEvent::MouseButtonDblClick){
            if (ui.widget_2->isHidden()){
                ui.widget_2->show();
            }
            else{
```

```
                    ui.widget_2->hide();
                }
            }
        }
        return QWidget::eventFilter(obj, evt);
}
```

该函数通过 Qt 的事件过滤器（eventFilter）功能判断事件类型是否为 QEvent::MouseButtonDblClick，以便隐藏或显示播放控制面板。

图 4-33　隐藏右侧的播放控制面板

12. 播放事件相关的信号及槽

在视频过程中涉及几个重要的信号，包括 durationChanged、positionChanged 和 sliderMoved 等，在构造函数中已经为它们绑定好了槽函数，代码如下：

```
//chapter4/QtMMVideoPlayerDemo/mmediaplayer.cpp
//播放总时长信号
connect(mMyPlayer, SIGNAL(durationChanged(qint64)), this, SLOT(onDurationChanged(qint64)));
//播放位置改变信号
connect( mMyPlayer, SIGNAL ( positionChanged ( qint64 )), this, SLOT ( setHsldVideoValueSlot
(qint64)));
//播放进度条拖动信号
connect(ui.hsldVideo, &QSlider::sliderMoved, this, &mMediaPlayer::onHsldVideoChangedSlot);

//duation
void mMediaPlayer::onDurationChanged(qint64 dut){
    ui.hsldVideo->setRange(0, dut);
```

```cpp
    QTime time = QTime(0, 0, 0).addMSecs(dut);        //ms
    QString sum = "/" + time.toString("HH:mm:ss");
    ui.labelSum->setText(sum);
}

//progress.move
void mMediaPlayer::setHsldVideoValueSlot(qint64 v){
    ui.hsldVideo->setValue(v);
    QTime time = QTime(0, 0, 0).addMSecs(v);          //ms
    QString pass = time.toString("HH:mm:ss");
    ui.labelPassed->setText(pass);
}

//progress.slider
void mMediaPlayer::onHsldVideoChangedSlot(int pos){
    if (mMyPlayer->state() != QMediaPlayer::StoppedState){
        mMyPlayer->setPosition(pos);

        QTime time = QTime(0, 0, 0).addMSecs(pos);    //ms
        QString pass = time.toString("HH:mm:ss");
        ui.labelPassed->setText(pass);
    }
}
```

第 5 章 MFC＋OpenCV 视频采集及播放

OpenCV 4 是目前最流行的计算机视觉处理库之一，是一个开源的计算机视觉库 (Open Source Computer Vision Library，OpenCV)。简单来讲，OpenCV 4 可以用来对图像进行处理，而图像处理一般指数字图像处理(Digital Image Processing)，通过数学函数和图像变化等手段对二维的数字图像进行分析，获得图像数据的潜在信息，通常包括图像压缩、增强和复原、匹配和识别 3 部分，涵盖噪声去除、分割和特征提取等处理方法和技术。OpenCV 是由一系列 C 语言函数和 C++ 类构成的，除了支持使用 C/C++ 语言进行开发以外，还支持 C♯和 Ruby 等编程语言，并提供了 Python、MATLAB 和 Java 等编程语言接口，可以在 Linux、Windows、macOS、Android 和 iOS 等系统上运行。OpenCV 4 的应用非常广泛，包括图像存储容器、图像的读取与显示、视频加载与摄像头调用、图像变换、图像金字塔、图像直方图的绘制、图像的模板匹配、图像卷积、图像的边缘检测、腐蚀与膨胀、形状检测、图像分割、特征点检测与匹配、单目和双目视觉和光流法目标跟踪，以及在机器学习方面的应用等。本章侧重于讲解 OpenCV 4 在视频方面的应用，包括视频采集和播放等。

5.1 使用 VS 2015 搭建 OpenCV 4 开发环境

本节内容使用 VS 2015 配置 OpenCV 4 的开发环境，读者也可以选择不同版本的 VS，需要注意的是，不同的 OpenCV 4 版本对应不同的 VS。

1. 下载并配置 OpenCV 4

首先下载 OpenCV 4.x，笔者这里选择的版本是 OpenCV-4.1.0(读者也可以选择较新的版本)，下载网址为 https：//opencv.org/releases/。下载之后将文件(opencv-4.1.0-vc14_vc15.exe)放到任意目录下即可，如图 5-1 所示。双击该文件，然后单击 Extract 按钮，如图 5-2 所示。此时会弹出 Extracting 窗口并显示进度，如图 5-3 所示。解压后得到下面的 opencv 文件夹，如图 5-4 所示。为了清楚地区分各个版本，可以把刚才解压后的文件夹添加上版本号，笔者这里将文件夹名修改为 opencv-4.1.2，如图 5-5 所示。

第5章 MFC+OpenCV视频采集及播放 145

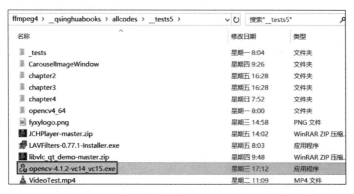

图 5-1 下载 OpenCV 4

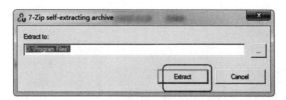

图 5-2 解压 OpenCV 4

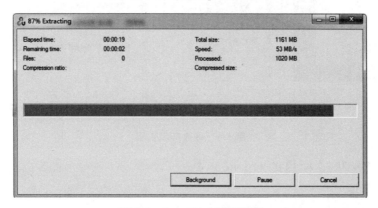

图 5-3 OpenCV 4 安装进度

图 5-4 安装完成后的 OpenCV 4

图 5-5 重命名 OpenCV 4

然后将 OpenCV 4 的运行时动态库文件 opencv_world410.dll 所在的 bin 路径（笔者本机路径为 D:\Program Files\opencv-4.1.2\build\x64\vc14\bin）添加进系统环境变量的 Path 条目中。在桌面上右击"计算机"图标，在弹出的菜单中选择"属性"，然后在弹出的界面中单击"高级系统设置"，然后单击"环境变量"按钮，如图 5-6 所示。此时在弹出的"环境变量"对话中选择 Path 变量，单击"编辑"按钮，在文本框中输入刚才的 bin 路径，最后单击"确定"按钮即可，如图 5-7 所示。

注意：官方发布的 OpenCV 根据版本不同而对应不同的 VS 版本，例如 vc14 代表 VS 2015、vc15 代表 VS 2017、vc16 代表 VS 2019，所以读者要根据自己本机的 VS 版本来选择对应的 OpenCV 版本。

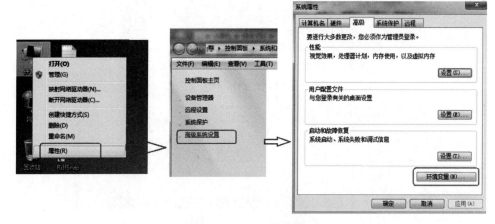

图 5-6　修改环境变量

2. 配置 VS 2015 项目的 OpenCV 4 开发环境

打开 VS 2015，在起始页单击"新建项目…"，如图 5-8 所示，然后在弹出的"新建项目"对话框中，左侧选择 Visual C++，右侧选择"Win32 控制台应用程序"，输入项目名称和路径，如图 5-9 所示。在弹出的"Win32 应用程序向导"对话框中单击"下一步"按钮，如图 5-10 所示，然后在应用程序类型下选择"控制台应用程序"，在附加选项中可以取消"预编译头"，如图 5-11 所示。

接下来配置 VS 2015 的项目属性，由于官方发布的 OpenCV 4 只编译好了 64 位的库，所

图 5-7　设置 OpenCV 4 的 Path 环境变量

第5章　MFC+OpenCV视频采集及播放

图 5-8　VS 2015 新建项目

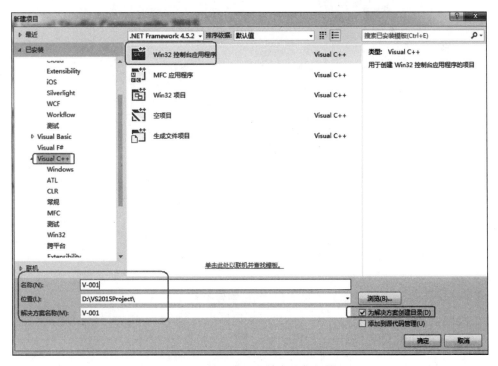

图 5-9　控制台项目的名称与位置

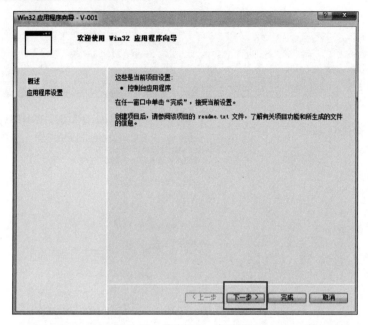

图 5-10 单击"下一步"按钮

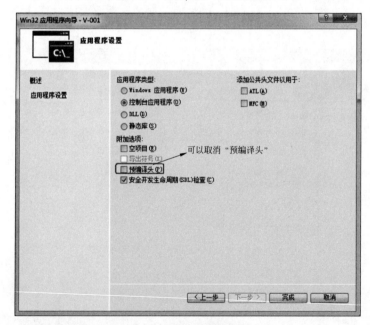

图 5-11 取消"预编译头"

以在 VS 2015 中需要把项目切换到 64 位的开发模式,如图 5-12 所示。右击项目名称,选择"VC++ 目录→包含目录",此时单击右侧的"下拉三角"图标,然后单击"<编辑...>",如图 5-13 所示,然后将 opencv-4.1.2 的头文件路径添加进来即可,如图 5-14 所示,笔者本地的头文件路径如下:

```
D:\Program Files\opencv-4.1.2\build\include\opencv2
D:\Program Files\opencv-4.1.2\build\include
```

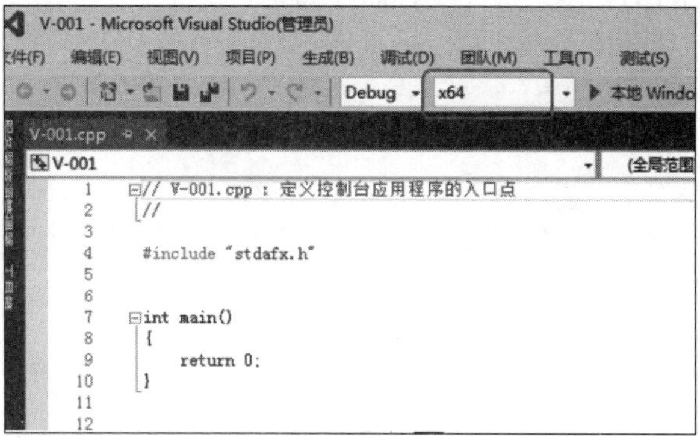

图 5-12 将项目配置为 x64 开发模式

图 5-13 配置项目的"包含目录"

图 5-14 将 OpenCV 的 include 目录添加到"包含目录"

然后添加库目录，右击项目名称，选择"VC++目录→库目录"，此时单击右侧的"下拉三角"图标，然后单击"<编辑...>"，如图 5-15 所示，然后将 opencv-4.1.2 的库文件路径添加进来即可，如图 5-16 所示，笔者本地的库文件路径如下：

```
D:\Program Files\opencv-4.1.2\build\x64\vc14\lib
```

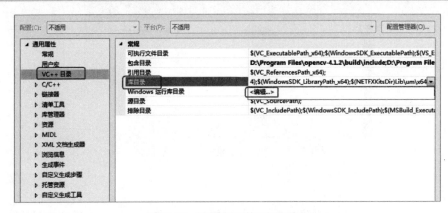

图 5-15 配置项目的"库目录"

图 5-16 将 OpenCV 的 lib 目录添加到"库目录"

最后设置附加依赖项，右击项目名称，然后依次选择"链接器→输入→附加依赖项"，在弹出的对话框中输入 opencv_world412d.lib 即可，如图 5-17 所示。这里的 opencv_world412d.lib 文件实际上就是路径 D:\Program Files\opencv-4.1.2\build\x64\vc14\lib 下面带 d 后缀的 lib 文件，如图 5-18 所示。

注意：应将 ax 和 dll 放在一起，否则即使注册后，也无法播放视频。另外，AX 文件名称不要写错了，因为如果输入任意的 AX 文件名，则即便文件不存在，也不会提示注册错误。

第5章　MFC+OpenCV视频采集及播放 | 151

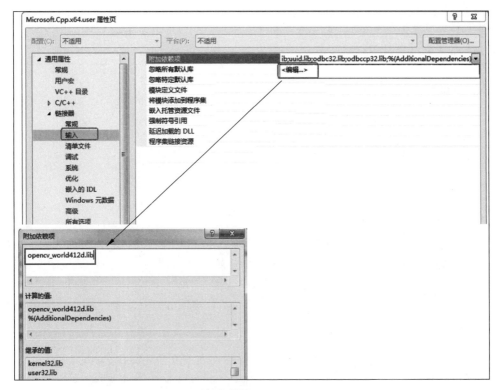

图 5-17　附加依赖项 opencv_world412d.lib

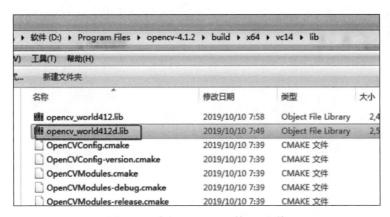

图 5-18　本机 OpenCV 4 的 lib 文件

5.2　OpenCV 显示摄像头及磨皮美颜

使用 OpenCV 4 可以很方便地显示图像和摄像头，本节重点讲解 OpenCV 4 显示摄像头及各种特效。

> **注意**：本节案例的完整工程代码可参考本书源码中的 chapter5/VSOpenCV4Demo1，建议读者先下载源码将工程运行起来，然后结合本书进行学习。

1. OpenCV 4 显示图像

首先加载 OpenCV 4 的头文件，代码如下：

```
#include <opencv2/opencv.hpp>
#include <iostream>
```

然后引入 OpenCV 4 和 C++ 的命名空间，代码如下：

```
using namespace cv;
using namespace std;
```

Mat 类是 OpenCV 4 最基础的类，用来存储矩阵数据。创建一个 Mat 类型的变量 img，用它来存储图像，调用 cv::imread() 函数读取一张图片，然后调用 cv::imshow() 函数显示图片即可，其中 cv::imread() 和 cv::imshow() 的函数声明如下：

```
//chapter5/opencv4-help-api.txt
/*
打开文件，可以指定图像的通道模式
@param filename Name of file to be loaded.
@param flags Flag that can take values of cv::ImreadModes
*/
CV_EXPORTS_W Mat imread(const String& filename, int flags = IMREAD_COLOR );

/*
显示图片，可以指定窗口名称，mat 表示需要显示的图片数据
@param winname Name of the window.
@param mat Image to be shown.
*/
CV_EXPORTS_W void imshow(const String& winname, InputArray mat);
```

该案例的完整代码如下：

```
//chapter5/VSOpenCV4Demo1/VSOpenCV4Demo1/VSOpenCV4Demo1.cpp
//VSOpenCV4Demo1.cpp : 定义控制台应用程序的入口点

#include "stdafx.h"
#include <opencv2/opencv.hpp>

int main(){
    //读取源图像并转换为灰度图像
    cv::Mat srcImage = cv::imread("fyxylogo.png");

    //判断文件是否读入正确
    if (!srcImage.data)
```

```
        return 1;

    //图像显示
    cv::imshow("srcImage", srcImage);
    //等待键盘键入
    cv::waitKey(0);
    return 0;
}
```

在该案例中,需要将 fyxylogo.png 图片放到源码路径下,如图 5-19 所示,然后单击"调试"菜单下的"开始执行(不调试)",运行效果如图 5-20 所示。

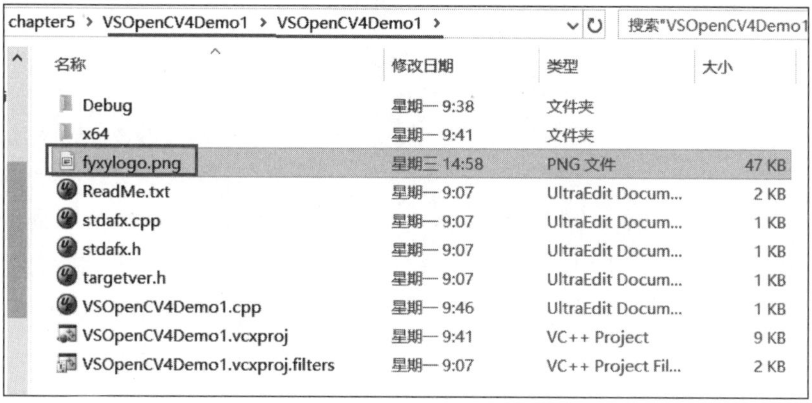

图 5-19 fyxylogo.png 图片的存放路径

图 5-20 OpenCV 4 显示 fyxylogo.png 图片

2. 图像的极坐标转换

有时需要把图像或矩阵从直角坐标系(笛卡儿坐标系)转换到极坐标系,这个过程通常称为图像的极坐标变换。常见的作用是将一个圆形图像变换成一个矩形图像,类似于把圆剪开铺平。这样可以方便地处理钟表、圆盘等图像。图形上的圆形排列文字经过极坐标变换后可以垂直地排列在新图像上,便于对文字进行识别和检测,如图 5-21 所示。

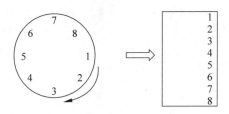

图 5-21　图像的极坐标转换示意图

OpenCV 4 中新增加了函数 warpPolar(),用于将图像或矩阵从直角坐标系(笛卡儿坐标系)转换到极坐标系,其 C++ 函数原型的代码如下:

```
//chapter5/opencv4-help-api.txt
//图像的极坐标转换
void cv::warpPolar(InputArray src,
    OutputArray dst,
    Size dsize,
    Point2f center,
    double maxRadius,
    int flags
);
```

该函数的各个参数的含义如下。

(1) src:源图像,对通道数无要求,可以是灰度图像,也可以是彩色图像。

(2) dst:输出图像,它和源图像具有相同的数据类型和通道数。

(3) dsize:目标图像大小。

(4) center:极坐标变换时的原点坐标。

(5) maxRadius:极坐标系的极半径最大值。

(6) flags:插值方法与极坐标映射方法标志。两种方法之间通过"+"或者"|"号进行连接,其中插值方法通过一个枚举类型定义,代码如下:

```
//chapter5/opencv4-help-api.txt
//! interpolation algorithm
enum InterpolationFlags{
    /** nearest neighbor interpolation */
    INTER_NEAREST = 0,
    /** bilinear interpolation */
    INTER_LINEAR = 1,
    /** bicubic interpolation */
    INTER_CUBIC = 2,
    //...省略代码
};
```

因为变换本质上是在离散序列中进行的,而不是连续的,这就导致两个坐标系的点与点之间并不能一一对应。为了尽可能地保证目标极坐标矩阵中的每个点的值的准确性,所以需要进行插值处理。下面通过一个案例来演示直角坐标系到极坐标系的转换,先显示一张图像,然后通过 warpPolar()函数转换到极坐标,然后通过 warpPolar()函数又转换回直角坐标,代码如下:

```
//chapter5/opencv4-help-api.txt
//polar 坐标转换
int main_polar_demo(){
    Mat img = imread("clock_dial.jpg");
    Mat img1, img2;
    Point2f center = Point2f(img.cols / 2, img.rows / 2);

    //将直角坐标系图像转换为极坐标系图像
    warpPolar(img, img1, Size(300, 600), center, center.x,
        INTER_LINEAR + WARP_POLAR_LINEAR);

    //将极坐标系图像转换为直角坐标系图像
    warpPolar(img1, img2, Size(img.rows, img.cols), center, center.x,
        INTER_LINEAR + WARP_POLAR_LINEAR + WARP_INVERSE_MAP);

    imshow("原图", img);
    imshow("直角坐标→极坐标", img1);
    imshow("极坐标→直角坐标", img2);
    waitKey(0);
    return 0;
}
```

编译并运行该程序,效果如图 5-22 所示,从左到右分别是原图、极坐标图及直角坐标图。

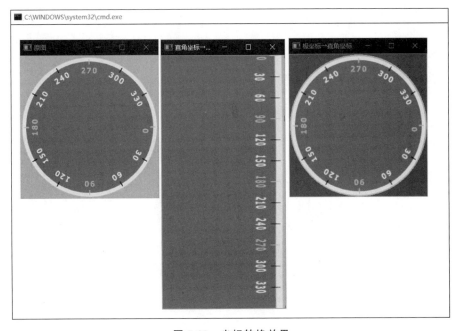

图 5-22 坐标转换效果

3. OpenCV 4 采集并显示摄像头

使用 OpenCV 4 的 VideoCapture 类可以访问本地摄像头，先打开摄像头，然后一张一张地读取视频帧，显示到窗口上即可，主要代码如下：

```cpp
//chapter5/VSOpenCV4Demo1/VSOpenCV4Demo1/VSOpenCV4Demo1.cpp
//采集并显示摄像头
int main_camera_show(){
    //用 Videocapture 结构创建一个 camera 视频对象
    VideoCapture camera;

    //打开视频摄像头
    camera.open(0);                          //该方式会报错
    //camera.open(0, cv::CAP_DSHOW);         //以 DShow 方式打开,成功
    if (!camera.isOpened()) {
        printf("could not load video data...\n");
        return -1;
    }

    //获取视频帧数目(一帧就是一张图片):摄像头会返回-1
    int frames = camera.get(CAP_PROP_FRAME_COUNT);
    //获取每帧视频的频率
    double fps = camera.get(CAP_PROP_FPS);
    //获取帧的视频宽度和视频高度
    Size size = Size(camera.get(CAP_PROP_FRAME_WIDTH),
        camera.get(CAP_PROP_FRAME_HEIGHT));
    cout << frames << endl;
    cout << fps << endl;
    cout << size << endl;

    //创建视频中每张图片对象
    Mat frame;

    //循环显示视频中的每张图片
    for (;;){
        //将视频转给每幅图进行处理
        camera >> frame;

        //视频播放完退出
        if (frame.empty())break;
        imshow("video-demo", frame);

        //在视频播放期间按键退出
        if (waitKey(33) >= 0) break;
    }
    //释放
    camera.release();
    return 0;
}
```

分析代码可知，先定义 VideoCapture 类型的变量 camera，通过 open()函数打开摄像

头,也可以通过 get()函数获取摄像头的参数(如帧率、宽和高等)。通过 VideoCapture 的重载操作符>>来读取一帧视频图像,然后调用 imshow()函数显示到窗口上。编译并运行该程序,会发现运行时报错,如图 5-23 所示。

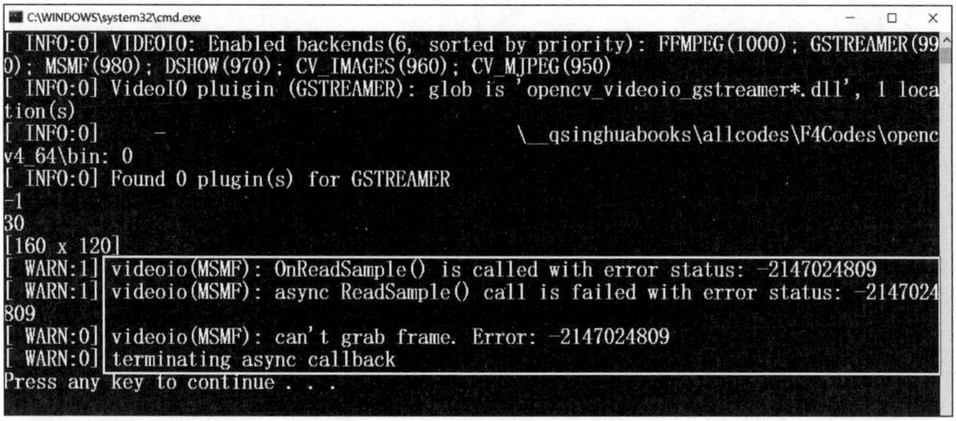

图 5-23 OpenCV 打开摄像头失败

videoio(MSMF): can't grab frame. Error: -2147024809,这个报错信息表示抓帧失败。其实这个问题与 USB 相机的 ID 号有关,代码中使用默认的 0 来打开摄像头,代码如下:

```
camera.open(0);
```

OpenCV 4 默认的 VideoCapture 在打开摄像头时会使用默认方式,即直接填写 ID,但是,如果项目与 dshow 相关,则 dshow 显示的摄像头顺序与 OpenCV 4 默认的打开顺序不同,所以需要使用第 2 个参数与之对应,代码如下:

```
camera.open(0, cv::CAP_DSHOW);
```

下面看一下 VideoCapture 类的 open()函数,其函数原型如下:

```
//chapter5/opencv4 - help - api.txt
/** 打开视频摄像头
    参数与构造函数 VideoCapture 相同
    如果相机已成功打开,则返回 true
    该方法首先调用 VideoCapture::release()函数来关闭已打开的文件或相机
    */
    CV_WRAP virtual bool open(int index, int apipreference = CAP_ANY);
```

其中第 2 个参数是枚举类型,代码如下:

```
//chapter5/opencv4 - help - api.txt
enum VideoCaptureAPIs {
```

```
        CAP_ANY          = 0,             //!< 自动检测
        CAP_VFW          = 200,           //!< Windows 系统中的 VFM 模式(obsolete, removed)
        CAP_V4L          = 200,           //!< Linux 系统中的 V4L/V4L2 音视频捕获
        CAP_V4L2         = CAP_V4L,       //!< Linux 系统中的 V4L/V4L2 音视频捕获
        CAP_QT           = 500,           //!< macOS 系统中的音视频捕获(obsolete, removed)
        CAP_DSHOW        = 700,           //!< Windows 系统中 DirectShow 音视频捕获(via videoInput)
        //……省略代码
};
```

所以归根结底在打开摄像头时需要进一步指定 DShow(DirectShow)来打开,其对应的 ID 值是 700,代码如下：

```
//camera.open(0);                        //该方式会报错
camera.open(0, cv::CAP_DSHOW);           //以 DShow 方式打开,成功
```

重新编译并运行程序,会在控制台输出相关信息,例如帧数为-1、帧率为 30、分辨率为 640×480,并弹出一个新窗口显示摄像头捕获的视频帧,如图 5-24 所示。

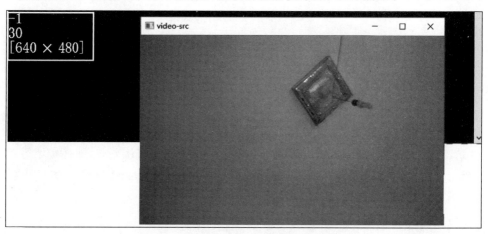

图 5-24 使用 OpenCV 4 读取并显示摄像头

通过 VideoCapture 的 get 函数可以获取摄像头的各类参数,传入的参数是枚举类型,代码如下：

```
//chapter5/opencv4-help-api.txt
enum VideoCaptureProperties {
    CAP_PROP_POS_MSEC = 0,           //!< 视频文件的当前位置(单位为毫秒)
    CAP_PROP_POS_FRAMES = 1,         //!< 接下来要解码/捕获的帧的基于 0 的索引
    CAP_PROP_POS_AVI_RATIO = 2,      //!< 视频文件的相对位置：0 = 影片开始,1 = 影片结束
    CAP_PROP_FRAME_WIDTH = 3,        //!< 宽度
    CAP_PROP_FRAME_HEIGHT = 4,       //!< 高度
    CAP_PROP_FPS = 5,                //!< 帧率
    CAP_PROP_FOURCC = 6,             //!< 编解码器的 4 个字符代码,请查阅
    CAP_PROP_FRAME_COUNT = 7,        //!< 视频文件中的帧数
```

```
        //...
};
```

4. OpenCV 4 实现轮廓效果

图像的边缘由图像中两个相邻的区域之间的像素集合组成,是指图像中一个区域的结束和另外一个区域的开始。也可以理解为,图像边缘就是图像中灰度值发生空间突变的像素的集合。梯度方向和幅度是图像边缘的两个性质,沿着跟边缘垂直的方向,像素值的变化幅度比较平缓,而沿着与边缘平行的方向,则像素值变化幅度比较大。于是,根据该变化特性,通常会采用计算一阶或者二阶导数的方法来描述和检测图像边缘。

基于边缘检测的图像分割方法的基本思路是首先检测出图像中的边缘像素,然后把这些边缘像素集合连接在一起便组成所要的目标区域边界。图像中的边缘可以通过对灰度值求导来检测确定,然而求导数可以通过计算微分算子实现。在数字图像处理领域,微分运算通常被差分计算所近似代替。使用 OpenCV 的 Canny()函数可以检测到图像的轮廓,并进行二值化处理,函数原型如下:

```
//chapter5/opencv4-help-api.txt
CV_EXPORTS_W void Canny( InputArray image, OutputArray edges,
                double threshold1, double threshold2,
                int apertureSize = 3, bool L2gradient = false );
```

该函数的各个参数的含义如下。

(1) image:8 位输入图像。
(2) edges:输出边缘,单通道 8 位图像,与图像大小相同。
(3) threshold1:迟滞过程的第 1 个阈值。
(4) threshold2:迟滞过程的第 2 个阈值。
(5) apertureSize:Sobel 算子的孔径大小。
(6) L2gradient:一个标志值,指示是否应用更精确的方式计算图像梯度幅值。

使用 OpenCV 4 读取摄像头的视频帧之后,调用 Canny()函数即可完成轮廓的提取,代码如下:

```
//chapter5/VSOpenCV4Demo1/VSOpenCV4Demo1/VSOpenCV4Demo1.cpp
//摄像头 + Canny
int main_camera_Canny(){
    //用 VideoCapture 结构创建一个 capture 视频对象
    VideoCapture capture;
    //连接视频摄像头
    //capture.open(0);                                    //error
    capture.open(0, CAP_DSHOW);
    if (!capture.isOpened()) {
        printf("could not load video data...\n");
        return -1;
```

```cpp
    }
    int frames = capture.get(CAP_PROP_FRAME_COUNT);        //获取视频帧数目
    double fps = capture.get(CAP_PROP_FPS);                //获取每帧视频的频率
    //获取帧的视频宽度和视频高度
    Size size = Size(capture.get(CAP_PROP_FRAME_WIDTH),
        capture.get(CAP_PROP_FRAME_HEIGHT));
    cout << frames << endl;
    cout << fps << endl;
    cout << size << endl;
    //创建视频中每张图片对象
    Mat frame;
    namedWindow("video-src", WINDOW_AUTOSIZE);
    //循环显示视频中的每张图片
    Mat edgeMat;

    for (;;){
        //将视频转给每张图进行处理
        capture >> frame;

        //视频播放完退出
        if (frame.empty())break;
        imshow("video-src", frame);

        //检测边缘图像,并二值化
        Canny(frame, edgeMat, 80, 180, 3, false);
        imshow("edge", edgeMat);

        //在视频播放期间按键退出
        if (waitKey(33) >= 0) break;
    }
    //释放
    capture.release();
    return 0;
}
```

编译并运行上述代码,可以提取图像中的轮廓并进行二值化(黑白图)处理,如图 5-25 所示。

图 5-25 OpenCV 4 提取摄像头数据的轮廓

5．OpenCV 4 实现腐蚀效果

形态学(Morphology)一词通常表示生物学的一个分支,该分支主要研究动植物的形态和结构,而图像处理中所指的形态学,往往表示的是数学形态学(Mathematical Morphology)。它是一门建立在格论和拓扑学基础之上的图像分析学科,是数学形态学图像处理的基本理论。其基本的运算包括二值腐蚀和膨胀、二值开闭运算、骨架抽取、极限腐蚀、击中击不中变换、形态学梯度、顶帽(Top-hat)变换、颗粒分析、流域变换、灰值腐蚀和膨胀、灰值开闭运算、灰值形态学梯度等。

1) 形态学中膨胀与腐蚀

简单来讲,形态学操作就是基于形状的一系列图像处理操作。OpenCV 为进行图像的形态学变换提供了快捷方便的函数,最基本的形态学操作有两种：膨胀(Dilation)和腐蚀(Erosion),使用 dilate()和 erode()函数即可完成这两种操作。膨胀就是求局部最大值的操作。按数学知识来讲,膨胀或者腐蚀操作就是将图像(或图像的一部分区域,称为 A)与核(称为 B)进行卷积。核可以是任何的形状和大小,它拥有一个单独定义出来的参考点,称其为锚点(Anchor Point)。多数情况下,核是一个小的中间带有参考点的实心正方形或者圆盘,其实,可以把核视为模板或者掩码,而膨胀就是求局部最大值操作,核 B 与图形卷积,即计算核 B 覆盖的区域的像素的最大值,并把这个最大值赋值给参考点指定的像素。这样就会使图像中的高亮区域逐渐增大。膨胀和腐蚀是相反的一对操作,所以腐蚀就是求局部最小值操作,一般会把腐蚀和膨胀对应起来理解和学习。

2) 图像卷积与卷积核

图像卷积操作可以看成一个窗口区域在另外一个大的图像上移动,对每个窗口覆盖的区域都进行点乘得到的值作为中心像素的输出值。窗口的移动是从左到右,从上到下的。窗口可以理解成一个指定大小的二维矩阵,里面有预先指定的值,该过程如图 5-26 所示。

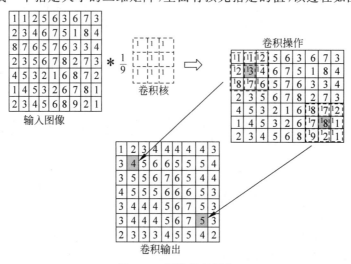

图 5-26 图像卷积操作

图像滤波是在尽量保留图像细节特征的条件下对目标图像的噪声进行抑制，是图像预处理中不可缺少的操作，其处理效果的好坏将直接影响后续图像处理和分析的有效性和可靠性。线性滤波是图像处理最基本的方法，它允许对图像进行处理，产生很多不同的效果。首先，需要一个二维的滤波器矩阵（卷积核）和一个要处理的二维图像，然后对于图像的每个像素，计算它的邻域像素和滤波器矩阵的对应元素的乘积，最后加起来，作为该像素位置的值。这样就完成了滤波过程。对图像和滤波矩阵进行逐个元素相乘再求和的操作就相当于将一个二维的函数移动到另一个二维函数的位置，这个操作就叫卷积，其中卷积核的定义规则如下：

（1）滤波器的大小应该是奇数，这样它才有一个中心，例如 3×3、5×5 或者 7×7。有中心了，也就有了半径的称呼，例如 5×5 大小的核对应的半径就是 2。

（2）滤波器矩阵所有的元素之和应该等于 1，这是为了保证滤波前后图像的亮度保持不变。注意这不是硬性要求。

（3）如果滤波器矩阵所有元素之和大于 1，则滤波后的图像就会比原图像更亮，反之，如果小于 1，则得到的图像就会变暗。如果和为 0，则图像不会变黑，但也会非常暗。

（4）对于滤波后的结构，可能会出现负数或者大于 255 的数值。对这种情况，将它们直接截断到 0~255 即可。对于负数，也可以取绝对值。

在 OpenCV 甚至平常的图像处理中，卷积核是一种最常用的图像处理工具。其主要通过确定的核块来检测图像的某个区域，之后根据所检测的像素与其周围存在的像素的亮度差值来改变像素明亮度，例如一个卷积核的伪代码如下：

```
Kernel33 = np.array([[-1,-1,-1],[-1,8,-1],[-1,-1,-1]])
```

这是一个[3,3]的卷积核，其作用是计算中央像素与周围邻近像素的亮度差值，如果亮度差值的差距过大，本身图像的中央亮度较低，则经过卷积核以后，中央像素的亮度会增加，即如果一像素比周围的像素更加突出，则提升其本身的亮度。

3) OpenCV 4 实现腐蚀操作

erode()函数使用像素邻域内的局部极小运算符来腐蚀图像，函数原型如下：

```
//chapter5/opencv4-help-api.txt
void erode(InputArray src, OutputArray dst, InputArray Kernel, Point anchor = Point(-1,-1),
int iterations = 1, int borderType = BORDER_CONSTANT, const Scalar& borderValue =
morphologyDefaultBorderValue());
```

该函数的各个参数的含义如下。

（1）InputArray 类型的 src：输入图像，Mat 类的对象即可。图像的通道数可以是任意的，但是图像的深度应该是 CV_8U、CV_16U、CV_16S、CV_32F 或 CV_64F 中的一个。

（2）OutputArray 类型的 dst：目标图像，需要和输入图像有相同的尺寸和类型。

（3）InputArray 类型的 Kernel：膨胀操作的核。当为 NULL 时，表示使用的是参考点位于中心 3×3 的核。

（4）Point 类型的 anchor：锚点的位置，默认值为（-1,-1），表示位于中心。

（5）int 类型的 iterations：迭代的次数，默认值为 1。

（6）int 类型的 borderType：用于推断图像外部像素的某种边界模式，默认值为 BORDER_DEFAULT。

（7）const Scalar& 类型的 borderValue：一般不管它。

一般只需传入前 3 个参数，后面的 4 个参数有默认值。使用 erode() 函数的案例代码如下：

```cpp
//chapter5/VSOpenCV4Demo1/VSOpenCV4Demo1/VSOpenCV4Demo1.cpp
#include <iostream>
#include <opencv2/opencv.hpp>
#include <opencv2/imgproc/imgproc.hpp>
#include <opencv2/highgui/highgui.hpp>

using namespace std;
using namespace cv;
//腐蚀效果
int main_erode_demo() {
    Mat srcImage;
    srcImage = imread("./fyxylogo.png");                //读取图片
    imshow("picture-src", srcImage);

    Mat element;
    element = getStructuringElement(MORPH_RECT, Size(5, 5));//卷积核

    Mat dstImage;
    erode(srcImage, dstImage, element);                 //腐蚀操作
    imwrite("erode.jpg", dstImage);                     //将腐蚀后的 Mat 写入本地文件
    imshow("picture-rode", dstImage);

    waitKey(0);
    return 0;
}
```

在该案例中，使用了 getStructuringElement() 函数，它会返回指定形状和尺寸的结构元素，函数原型如下：

```cpp
Mat getStructuringElement(int shape, Size esize, Point anchor = Point(-1, -1));
```

该函数的第 1 个参数表示内核的形状，有 3 种形状可以选择，如下所示。

（1）矩形：MORPH_RECT。

（2）交叉形：MORPH_CROSS。

（3）椭圆形：MORPH_ELLIPSE。

第 2 个和第 3 个参数分别是内核的尺寸及锚点的位置。一般在调用 erode() 及 dilate() 函数之前，先定义一个 Mat 类型的变量来获得 getStructuringElement() 函数的返回值。对

于锚点的位置,有默认值 Point(-1,-1),表示锚点位于中心点。element 形状唯一依赖锚点位置,其他情况下,锚点只是影响了形态学运算结果的偏移。编译并运行该程序,效果如图 5-27 所示,同时会通过 imwrite()函数生成一张图片(erode.jpg)。

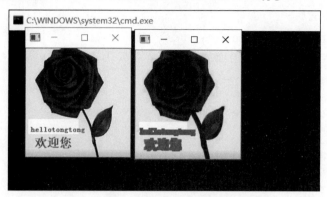

图 5-27　OpenCV 4 实现图片的腐蚀操作

4) OpenCV 4 对摄像头捕获的视频进行腐蚀操作

使用 OpenCV 4 读取摄像头的视频帧之后,可以调用 erode()函数进行腐蚀操作,代码如下:

```
//chapter5/VSOpenCV4Demo1/VSOpenCV4Demo1/VSOpenCV4Demo1.cpp
//摄像头 + 膨胀、腐蚀
int main_camera_erode(){
    //用 VideoCapture 结构创建一个 capture 视频对象
    VideoCapture capture;
    //打开摄像头
    capture.open(0);
    if (!capture.isOpened()) {
        printf("could not load video data...\n");
        return -1;
    }
    //获取帧的视频宽度、视频高度、分辨率、帧率等
    int frames = capture.get(CAP_PROP_FRAME_COUNT);          //帧数:摄像头会返回-1
    double fps = capture.get(CAP_PROP_FPS);
    Size size = Size(capture.get(CAP_PROP_FRAME_WIDTH),
                    capture.get(CAP_PROP_FRAME_HEIGHT));
    cout << frames << endl;
    cout << fps << endl;
    cout << size << endl;
    //创建视频中每张图片对象
    Mat frame;
    //namedWindow("video-demo", WINDOW_AUTOSIZE);
    //循环显示视频中的每张图片
    Mat edge;

    //获取结构元素,定义卷积核
    Mat element = getStructuringElement(MORPH_RECT, Size(7, 7), Point(-1, -1));
```

```
        Mat image_out; //膨胀或腐蚀后的 Mat

        for (;;){
            //将视频转给每张图进行处理
            capture >> frame;
            //省略对图片的处理
            //视频播放完退出
            if (frame.empty())break;
            imshow("video-src",frame);

            //dilate(frame, image_out, element, Point(-1, -1), 1);      //膨胀
            erode(frame, image_out, element, Point(-1, -1), 1);         //腐蚀
            imshow("image_out", image_out);

            //在视频播放期间按键退出
            if (waitKey(1000/fps) >= 0) break;
        }
        //释放
        capture.release();
        return 0;
}
```

编译并运行上述代码,会对摄像头捕获的视频帧进行腐蚀操作,如图 5-28 所示。

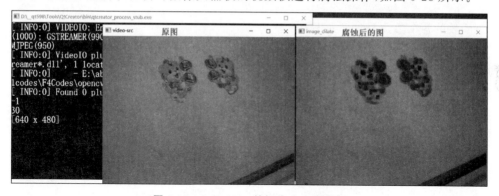

图 5-28　OpenCV 4 的摄像头腐蚀操作

6. OpenCV 4 实现磨皮美颜效果

　　皮肤美化处理主要包括磨皮和美白,磨皮需要把脸部皮肤区域处理得细腻、光滑,美白则需要将皮肤区域处理得白皙、红润。磨皮主要通过保边滤波器对脸部非器官区域进行平滑,达到脸部皮肤区域光滑的效果。一般来讲常用的保边滤波器主要有双边滤波、导向滤波、表面模糊滤波、局部均值滤波等方法,考虑到性能和效果的平衡,一般采用双边滤波(Bilateral Filter)或者导向滤波。双边滤波考虑了窗口区域内像素的欧氏距离和像素强度差异这两个维度,使其在进行平滑时具有保护边缘的特性。其优点是在 GPU 侧计算量小、资源消耗低,其缺点是无法去除色差较大的孤立点,如痘痘、黑痣等,并且磨皮后的效果较为生硬。而导向滤波则会根据窗口区域内纹理的复杂程度进行平滑程度的调节,在平坦区域

趋近于均值滤波,在纹理复杂的区域则趋近于原图,窗口区域内纹理的复杂程度跟均值和方差强相关,既能够很好地处理平坦区域的各种噪点,又能较完整地保存好轮廓区域的信息,并且在 GPU 侧的计算并不复杂。

双边滤波是一种非线性的滤波方法,是结合图像的空间邻近度和像素值相似度的一种折中处理,同时考虑空域信息和灰度相似性,达到保边去噪的目的。具有简单、非迭代、局部的特点。双边滤波的好处是可以做边缘保存(Edge Preserving),一般用高斯滤波去降噪,会较明显地模糊边缘,对于高频细节的保护效果并不明显。双边滤波顾名思义比高斯滤波多了一个高斯方差,它是基于空间分布的高斯滤波函数,所以在边缘附近,离得较远的像素不会过多地影响到边缘上的像素值,这样就保证了边缘附近像素值的保存,但是由于保存了过多的高频信息,对于彩色图像里的高频噪声,双边滤波不能干净地滤掉,只能对低频信息进行较好滤波。OpenCV 4 提供了双边滤波的函数,原型如下:

```
//chapter5/opencv4-help-api.txt
void bilateralFilter(InputArray src,
            OutputArray dst,
            int d,
            double sigmaColor,
            double sigmaSpace,
            int borderType = BORDER_DEFAULT );
```

该函数的各个参数的含义如下。

(1) InputArray 类型的 src:输入图像,即源图像,需要为 8 位或者浮点型单通道、三通道的图像。

(2) OutputArray 类型的 dst:即目标图像,需要和源图片有相同的尺寸和类型。

(3) int 类型的 d:表示在过滤过程中每个像素邻域的直径。如果将这个值设为非正数,则 OpenCV 会从第 5 个参数 sigmaSpace 来把它计算出来。

(4) double 类型的 sigmaColor:颜色空间滤波器的 sigma 值。这个参数的值越大,就表明该像素邻域内有更宽广的颜色会被混合到一起,产生较大的半相等颜色区域。

(5) double 类型的 sigmaSpace:坐标空间中滤波器的 sigma 值,坐标空间的标准方差。它的数值越大,意味着越远的像素会相互影响,从而使更大的区域足够相似的颜色可获取相同的颜色。当 d>0,d 指定了邻域大小且与 sigmaSpace 无关。否则 d 正比于 sigmaSpace。

(6) int 类型的 borderType:用于推断图像外部像素的某种边界模式。注意它有默认值 BORDER_DEFAULT。

使用 OpenCV 读取摄像头的视频帧之后,调用 bilateralFilter()函数即可完成双边滤波的效果,代码如下:

```
//chapter5/VSOpenCV4Demo1/VSOpenCV4Demo1/VSOpenCV4Demo1.cpp
//摄像头+磨皮美颜
int main_camera_beauty(){
    //用 Videocapture 结构创建一个 capture 视频对象
```

```cpp
    VideoCapture capture;
    //连接视频
    capture.open(0, cv::CAP_DSHOW);
    if (!capture.isOpened()) {
        printf("could not load video data...\n");
        return -1;
    }
    int frames = capture.get(CAP_PROP_FRAME_COUNT);      //获取视频帧数目
    double fps = capture.get(CAP_PROP_FPS);              //获取每帧视频的频率
    //获取帧的视频宽度和视频高度
    Size size = Size(capture.get(CAP_PROP_FRAME_WIDTH),
        capture.get(CAP_PROP_FRAME_HEIGHT));
    cout << frames << endl;
    cout << fps << endl;
    cout << size << endl;
    //创建视频中每张图片对象
    Mat frame;
    namedWindow("video-demo", WINDOW_AUTOSIZE);
    //循环显示视频中的每张图片
    for (;;){
        //将视频转给每张图进行处理
        capture >> frame;
        //...
        //视频播放完退出
        if (frame.empty())break;
        imshow("video-src", frame);

        Mat bila_image;
        bilateralFilter(frame, bila_image, 0, 100, 10, 4);
        //pyrMeanShiftFiltering(frame, bila_image, 15, 30);
        imshow("bila_image", bila_image);
        //在视频播放期间按键退出
        if (waitKey(33) >= 0) break;
    }
    //释放
    capture.release();
    return 0;
}
```

编译并运行上述代码,可以实现磨皮美颜的效果,如图 5-29 所示。

注意:使用 OpenCV 4 的 bilateralFilter()函数可以进行磨皮美颜,但效果一般,更好的磨皮美颜算法需要研究专业的论文。同时,在直播场景下还要考虑性能问题。

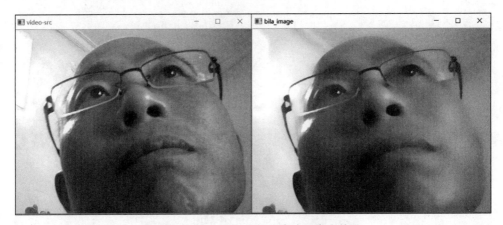

图 5-29　OpenCV 4 的双边滤波及磨皮效果

5.3　MFC 结合 OpenCV 显示图片

5.2 节通过 Win32 控制台应用程序来调用 OpenCV 4 的 API,但是窗口都是独立弹出来的。这种方式做测试还可以,真实项目中一般采用 GUI 程序,例如使用 MFC 框架开发的窗口程序,所以将 OpenCV 4 创建的窗口嵌入 MFC 的控件上。

注意:本节案例的完整工程代码可参考本书源码中的 chapter5/MFCOpenCV 4Demo2,建议读者先下载源码将工程运行起来,然后结合本书进行学习。

1. MFC+OpenCV 4 显示图像

由于 OpenCV 4 常用的界面只是单纯地打开图像窗口,相关界面控件和工具较少且不美观,故使用 MFC 制作界面,而用 OpenCV 4 做图像处理。此时便需要在 MFC 中显示 OpenCV 4 所用的图片。使用 VS 2015 新建 MFC 类型的应用程序,在项目名称后输入 MFCOpenCV 4Demo2,单击"确定"按钮,如图 5-30 所示。在弹出的"欢迎使用 MFC 应用程序向导"页面,单击"下一步"按钮,如图 5-31 所示,然后在"应用程序类型"页面选择"基于对话框"的选项类型,单击"完成"按钮,如图 5-32 所示。项目创建之后,切换到 x64 开发模式,然后配置 OpenCV 4 的包含目录、库目录和附加依赖项,这里不再赘述,如图 5-33 所示。

双击 MFCOpenCV 4Demo2.rc 文件进入"资源视图"选项卡,然后双击 IDD_MFCOPENCV4DEMO2_DIALOG 打开对话框的界面设计器,从左侧"工具箱"中将一个 Picture Control 控件拖拽到对话框界面上,然后右击该控件,在弹出的菜单中单击"属性",在右侧的"属性"列表中将 ID 修改为 IDC_STATIC_pic1,如图 5-34 所示。将 OpenCV 4 的窗口嵌入 MFC 的 Picture Control 控件上,只需将 OpenCV 窗口的父窗口句柄设置为 Picture Control 控件的句柄,核心代码如下:

第5章　MFC+OpenCV视频采集及播放

图 5-30　创建 MFC 应用程序

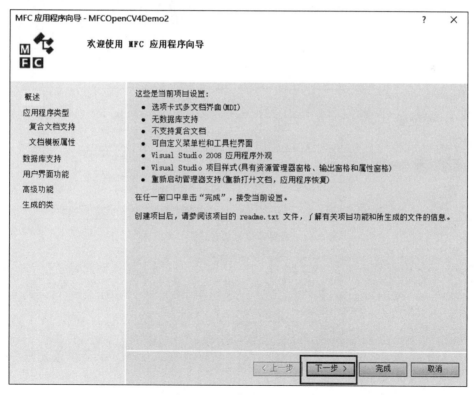

图 5-31　单击"下一步"按钮

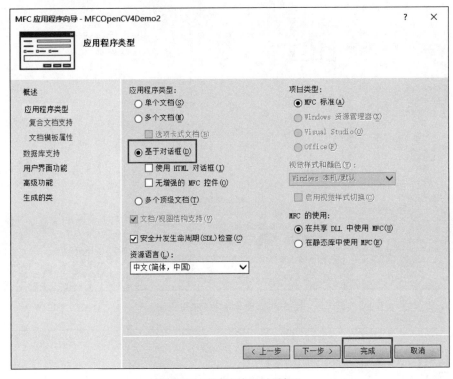

图 5-32 选择"基于对话框"

图 5-33 配置项目的包含目录和库目录

```
//chapter5/opencv4-help-api.txt
#define OPENCV_WINDOW_NAME_PIC1 "OCImageShow1"
namedWindow(OPENCV_WINDOW_NAME_PIC1);              //创建 OpenCV 窗口

//hWndOpenCV 表示窗口句柄,获取窗口句柄(若显示 cvGetWindowHandle 未定义
//则需要添加 #include opencv2/highgui/highgui_c.h 头文件)
//获取 OpenCV 窗口的句柄
HWND hWndOpenCV = (HWND)cvGetWindowHandle(OPENCV_WINDOW_NAME_PIC1);

//GetParent 函数用于获取一个指定子窗口的父窗口句柄
HWND hParent = ::GetParent(hWndOpenCV);
```

```
::ShowWindow(hParent, SW_HIDE);            //隐藏这个默认的父窗口

//CWnd 是 MFC 窗口类的基类,提供了微软基础类库中所有窗口类的基本功能
//将 OpenCV 窗口的父窗口句柄设置为 Picture Control 控件
::SetParent(hWndOpenCV, GetDlgItem(IDC_STATIC_pic1)->m_hWnd);
```

分析上述代码发现,首先调用 namedWindow()函数创建一个 OpenCV 的窗口,然后调用 cvGetWindowHandle()函数获取该窗口的句柄。获得该窗口句柄后,再调用 GetParent()函数获取它的父窗口句柄,然后调用 ShowWindow()函数将这个父窗口隐藏。最后调用 SetParent()函数给刚才创建的 OpenCV 窗口设置新的父窗口,即设置为 MFC 的 Picture Control 控件。

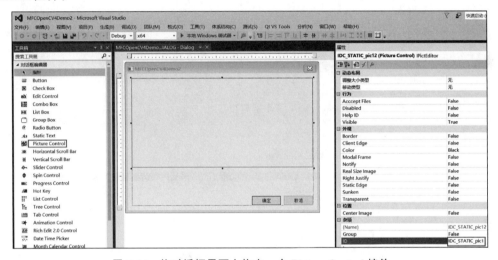

图 5-34 往对话框界面上拖曳一个 Picture Control 控件

在 MFCOpenCV 4Demo2Dlg.cpp 文件的开头处需要加入 OpenCV 的头文件,这里需要特别注意 highgui_c.h 这个头文件,因为 cvGetWindowHandle()函数会用到 highgui_c.h 头文件,代码如下:

```
//chapter5\MFCOpenCV4Demo2\MFCOpenCV4Demo2\MFCOpenCV4Demo2Dlg.h
#include <opencv2/opencv.hpp>
#include <opencv2/highgui/highgui_c.h>
using namespace cv;  //包含 cv 命名空间
using namespace std;
```

然后在 CMFCOpenCV 4Demo2Dlg::OnInitDialog()函数中添加的代码如下:

```
//chapter5\MFCOpenCV4Demo2\MFCOpenCV4Demo2\MFCOpenCV4Demo2Dlg.cpp
//TODO: 在此添加额外的初始化代码
//定义宏,OpenCV 的窗口名称
#define OPENCV_WINDOW_NAME_PIC1 "OCImageShow1"
```

```
            namedWindow(OPENCV_WINDOW_NAME_PIC1);                    //创建 OpenCV 窗口

            //hWndOpenCV 表示窗口句柄,获取窗口句柄(若显示 cvGetWindowHandle 未定义
            //则需要添加 #include opencv2/highgui/highgui_c.h 头文件)
            //先获取 OpenCV 窗口的句柄
            HWND hWndOpenCV = (HWND)cvGetWindowHandle(OPENCV_WINDOW_NAME_PIC1);
            //GetParent 函数用于获取一个指定子窗口的父窗口句柄
            HWND hParent = ::GetParent(hWndOpenCV);

            //CWnd 是 MFC 窗口类的基类,提供了微软基础类库中所有窗口类的基本功能
            //将 OpenCV 窗口的父窗口设置为 Picture Control 控件
             //这句,将 OpenCV 窗口嵌入了 Picture Control 控件中
            ::SetParent(hWndOpenCV, GetDlgItem(IDC_STATIC_pic1)->m_hWnd);

            //ShowWindow 指定窗口中显示或隐藏,这里隐藏 OpenCV 窗口的默认父窗口
            ::ShowWindow(hParent, SW_HIDE);

            //通过 imread 函数读取本地图片
            Mat srcImg = imread("fyxylogo.jpg");                     //OpenCV 读取图片

            //调用 imshow 将 Mat 图片数据显示到指定窗口
            imshow(OPENCV_WINDOW_NAME_PIC1, srcImg);                 //OpenCV 显示图片
```

编译并运行该程序,效果如图 5-35 所示。

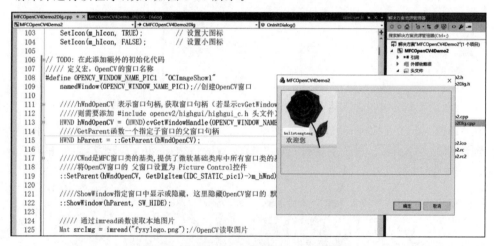

图 5-35 将 OpenCV 窗口嵌入 MFC 控件上

2. MFC+OpenCV 4 二值化处理图像

图像二值化(Image Binarization)就是将图像上的像素的灰度值设置为 0 或 255,也就是将整个图像呈现出明显的黑白效果的过程。在数字图像处理中,二值图像占有非常重要的地位,图像的二值化使图像的数据量减小,从而凸显出目标的轮廓。它的原理是将 256 个亮度等级的灰度图像通过适当的阈值选取而获得仍然可以反映图像整体和局部特征的二值化图像。首先,图像的二值化有利于图像的进一步处理,使图像变得简单,而且数据量减小,

能凸显出感兴趣的目标的轮廓。其次,要进行二值图像的处理与分析,一般需要把灰度图像二值化,得到二值化图像。为了得到理想的二值图像,一般采用封闭、连通的边界定义不交叠的区域。所有灰度大于或等于阈值的像素被判定为属于特定物体,其灰度值用 255 表示,否则这些像素会被排除在物体区域以外,灰度值为 0,表示背景或者例外的物体区域。OpenCV 4 提供了 threshold()函数,用于二值化处理,函数原型如下:

```
//chapter5/opencv4-help-api.txt
/* 二值化处理函数
@param src: 输入阵列(多通道、8 位或 32 位浮点)
@param dst: 与 src 具有相同大小和类型及相同通道数的输出数组
@param thresh: 阈值
@param maxval: 与 #THRESH_BINARY 和 #THRESH_BINARY_INV 阈值类型一起使用的最大值
@param type: 阈值类型 (请参见 #ThresholdTypes).
@如果使用 Otsu 或 Triangle 方法,则返回计算的值

@sa adaptiveThreshold, findContours, compare, min, max
*/
CV_EXPORTS_W double threshold( InputArray src, OutputArray dst,
                               double thresh, double maxval, int type );
```

该函数的第 5 个参数 type(阈值类型)是一个枚举类型,代码如下:

```
//chapter5/opencv4-help-api.txt
enum ThresholdTypes {
    THRESH_BINARY = 0,
    THRESH_BINARY_INV = 1,
    THRESH_TRUNC = 2,
    THRESH_TOZERO = 3,
    THRESH_TOZERO_INV = 4,
    THRESH_MASK = 7,
    THRESH_OTSU = 8,
    THRESH_TRIANGLE = 16
};
```

打开上文创建的 MFC 工程(MFCOpenCV4Demo2),在对话框设计界面中复制一份 Picture Control 控件,然后拖曳一个按钮,将 Caption 属性修改为"二值化",如图 5-36 所示。双击该按钮会自动生成消息函数,代码如下:

```
//chapter5\MFCOpenCV4Demo2\MFCOpenCV4Demo2\MFCOpenCV4Demo2Dlg.cpp
void CMFCOpenCV4Demo2Dlg::OnBnClickedButton1(){
    //TODO: 在此添加控件通知处理程序代码
    //TODO: 在此添加控件通知处理程序代码
    Mat dst_mat;              //左边载入的图片对象

    //通过 imread()函数读取本地图片
    Mat src_mat = imread("fyxylogo.png");
```

```
//S1 表示灰度处理
cv::cvtColor(src_mat, dst_mat, cv::COLOR_BGR2GRAY);

//S2 表示开始二值化
//第 2 个和第 3 个参数是阈值,决定了二值化显示的效果
//如果设定不正确,则可能使图像显不出来
cv::threshold(dst_mat, dst_mat, 127, 255,cv::THRESH_BINARY);

//S3 表示展示图片处理后的效果
DrawMat(dst_mat, IDC_STATIC_pic2);
}
```

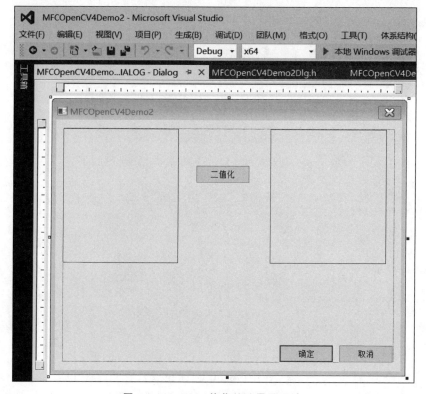

图 5-36　MFC 二值化处理界面设计

在该函数中,首先通过 imread()函数加载一张本地图片,接着调用 cv::cvtColor()函数进行灰度处理,然后调用 cv::threshold()函数进行二值化处理,最后将二值化处理后的 Mat 数据显示到右侧的 Picture Control 控件上,其中 DrawMat()函数是一个成员函数,用于将 Mat 数据显示到 MFC 的 Picture Control 控件上,代码如下:

```
//chapter5\MFCOpenCV4Demo2\MFCOpenCV4Demo2/MFCOpenCV4Demo2Dlg.cpp
//参数 1:要显示的图对象
//参数 2:Picture Control 控件的 ID
void CMFCOpenCV4Demo2Dlg::DrawMat(cv::Mat& img, UINT nID){
```

```cpp
CRect rect;
cv::Mat imgTmp;

GetDlgItem(nID)->GetClientRect(&rect);              //获取控件大小
//缩放 Mat 并备份
cv::resize(img, imgTmp, cv::Size(rect.Width(), rect.Height()));
//再重新进行灰度处理,备用
switch (imgTmp.channels()){
case 1:
    cv::cvtColor(imgTmp, imgTmp, CV_GRAY2BGRA);     //GRAY 单通道
    break;
case 3:
    cv::cvtColor(imgTmp, imgTmp, CV_BGR2BGRA);      //BGR 三通道
    break;
default:
    break;
}
//计算一像素占用多少字节
int pixelBytes = imgTmp.channels() * (imgTmp.depth() + 1);

//制作 bitmapinfo(数据头)
BITMAPINFO bitInfo;
bitInfo.bmiHeader.biBitCount = 8 * pixelBytes;
bitInfo.bmiHeader.biWidth = imgTmp.cols;
bitInfo.bmiHeader.biHeight = - imgTmp.rows;
bitInfo.bmiHeader.biPlanes = 1;
bitInfo.bmiHeader.biSize = sizeof(BITMAPINFOHEADER);
bitInfo.bmiHeader.biCompression = BI_RGB;
bitInfo.bmiHeader.biClrImportant = 0;
bitInfo.bmiHeader.biClrUsed = 0;
bitInfo.bmiHeader.biSizeImage = 0;
bitInfo.bmiHeader.biXPelsPerMeter = 0;
bitInfo.bmiHeader.biYPelsPerMeter = 0;
//Mat.data + bitmap 数据头 -> MFC
CDC * pDC = GetDlgItem(nID)->GetDC();
::StretchDIBits(
    pDC->GetSafeHdc(),
    0, 0, rect.Width(), rect.Height(),
    0, 0, rect.Width(), rect.Height(),
    imgTmp.data,
    &bitInfo,
    DIB_RGB_COLORS,
    SRCCOPY
);
ReleaseDC(pDC);
}
```

该函数的主要工作是制作 BITMAPINFO 类型的图像头数据,然后结合 Mat 类型的原始图像数据,通过 StretchDIBits()函数显示到 Picture Control 控件上,其中 StretchDIBits()函数将 DIB 中矩形区域内像素使用的颜色数据复制到指定的目标矩形中;如果目标矩形比

源矩形大，则函数对颜色数据的行和列进行拉伸，以与目标矩形匹配；如果目标矩形比源矩形小，则该函数通过指定的光栅操作对行列进行压缩。该函数的声明代码如下：

```
//chapter5/opencv4-help-api.txt
int StretchDIBits(HDC hdc, int XDest, int YDest, int nDestWidth, int nDestHeight, int XSrc,
int YSrc, int nSrcWidth, int nSrcHeight, CONST VOID * lpBits, CONST BITMAPINFO * lpBitsInfo,
UINT iUsage, DWORD dwRop);
```

如果函数执行成功，则返回值是复制的扫描线数目；如果函数执行失败，则返回值是GDI_ERROR。各个参数的含义如下。

(1) hdc：指向目标设备环境的句柄。

(2) XDest：指定目标矩形左上角位置的 x 轴坐标，按逻辑单位表示坐标。

(3) YDest：指定目标矩形左上角的 y 轴坐标，按逻辑单位表示坐标。

(4) nDestWidth：指定目标矩形的宽度。

(5) nDestHeight：指定目标矩形的高度。

(6) XSrc：指定 DIB 中源矩形(左上角)的 x 轴坐标，坐标以像素表示。

(7) YSrc：指定 DIB 中源矩形(左上角)的 y 轴坐标，坐标以像素表示。

(8) nSrcWidth：按像素指定 DIB 中源矩形的宽度。

(9) nSrcHeight：按像素指定 DIB 中源矩形的高度。

(10) lpBits：指向 DIB 位的指针，这些位的值按字节类型数组存储。

(11) lpBitsInfo：指向 BITMAPINFO 结构的指针，该结构包含关 DIB 方面的信息。

(12) iUsage：表示是否提供了 BITMAPINFO 结构中的成员 bmiColors，如果提供了，则该 bmiColors 是否包含了明确的 RGB 值或索引。参数 iUsage 必须取下列值，这些值的含义如下：

- DIB_PAL_COLORS：表示该数组包含对源设备环境的逻辑调色板进行索引的 16 位索引值。
- DIB_RGB_COLORS：表示该颜色表包含原义的 RGB 值。

(13) dwRop：指定源像素、目标设备环境的当前刷子和目标像素是如何组合形成新的图像的。

OpenCV 的二值化处理是一个常用的技术点，重新编译并运行该程序，效果如图 5-37 所示。

3. MFC+OpenCV 4 采集并显示摄像头

将 OpenCV 4 采集的摄像头数据显示到 MFC 的 Picture Control 控件上，与显示普通的图片几乎是一样的。这里将摄像头数据直接显示到左侧的 Picture Control 控件上，CMFCOpenCV4Demo2Dlg::OnInitDialog()函数中的代码不用变。在对话框设计界面上新拖曳一个按钮，将其 Caption 属性修改为"摄像头"，双击该按钮生成消息函数，修改后的代码如下：

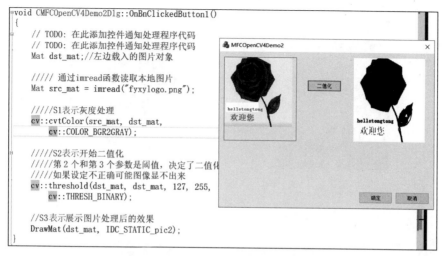

图 5-37 OpenCV 4 二值化处理的运行效果

```
//chapter5\MFCOpenCV4Demo2\MFCOpenCV4Demo2/MFCOpenCV4Demo2Dlg.cpp
void CMFCOpenCV4Demo2Dlg::OnBnClickedButtonCamera(){
    //TODO: 在此添加控件通知处理程序代码
    VideoCapture capture(0, cv::CAP_DSHOW);            //打开摄像头
    cv::Mat frame;
    cv::Mat imgTmp;
    CRect rect;
    //获取 Picture 控件大小
    GetDlgItem(IDC_STATIC_pic1)->GetClientRect(&rect);

    while (true){
        capture.read(frame);                           //读取摄像头一帧数据
        //缩放 Mat 并备份
        cv::resize(frame, imgTmp, cv::Size(rect.Width(), rect.Height()));
        imshow(OPENCV_WINDOW_NAME_PIC1, imgTmp);       //OpenCV 显示图片
        waitKey(33);
    }
}
```

重新编译并运行该程序,效果如图 5-38 所示。

4. VideoCapture 类详解

OpenCV 4 中从视频文件或摄像机中捕获视频的类是 VideoCapture。该类提供了 C++ API,用于从摄像机捕获视频或读取视频文件。关于视频的读操作是通过 VideoCapture 类来完成的;视频的写操作是通过 VideoWriter 类实现的。VideoCapture 既支持从视频文件读取,也支持直接从摄像机(如计算机自带摄像头)中读取。如果想获取视频,则需要先创建一个 VideoCapture 对象,VideoCapture 对象的创建方式有以下 3 种。

1) 创建一个 VideoCapture 捕获对象,通过 open() 成员函数来设定打开的内容

先创建 VideoCapture 对象,然后调用 open() 成员函数来设定需要打开的内容,包括视

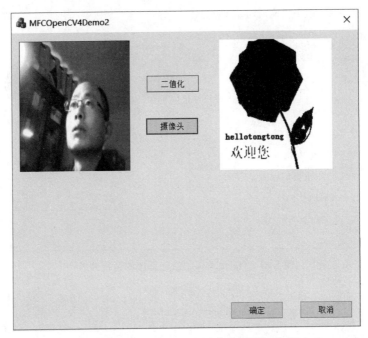

图 5-38　MFC＋OpenCV 采集并显示摄像头

频文件或图片等,案例代码如下:

```
//chapter5/VideoCaptureDemo.cpp
#include <iostream>
#include <opencv2/opencv.hpp>

using namespace cv;

int main(){
    VideoCapture capture;
    Mat frame;
    frame = capture.open("video2.mp4");
//frame = capture.open("water2.jpg");
    if (!capture.isOpened()){
        printf("can not open ...\n");
        return -1;
    }
    namedWindow("output", CV_WINDOW_AUTOSIZE);

    while (capture.read(frame)){
        imshow("output", frame);
        waitKey(60);
    }
    capture.release();
    return 0;
}
```

2) 创建一个 VideoCapture 捕获对象,从摄像机中读取视频

先创建 VideoCapture 对象,然后调用 open()成员函数打开指定的摄像头。给 open()成员函数传递的参数是摄像头索引,从 0 开始,也可以通过第 2 个参数指定 CAP_DSHOW 方式,案例代码如下:

```cpp
//chapter5/VideoCaptureDemo.cpp
#include<iostream>
#include<opencv2/opencv.hpp>
using namespace cv;

int main(){
    VideoCapture capture;
    capture.open(0);
    //capture.open(0, CAP_DSHOW);
    if (!capture.isOpened()){
        printf("can not open ...\n");
        return -1;
    }

    Size size = Size(capture.get(CV_CAP_PROP_FRAME_WIDTH), capture.get(CV_CAP_PROP_FRAME_HEIGHT));
    VideoWriter writer; //存储到本地
    writer.open("D:/video3.avi", CV_FOURCC('M', 'J', 'P', 'G'), 10, size, true);

    Mat frame, gray;
    namedWindow("output", CV_WINDOW_AUTOSIZE);

    while (capture.read(frame)){
        //转换为黑白图像
        cvtColor(frame, gray, COLOR_BGR2GRAY);
        //二值化处理
    //    threshold(gray, gray, 0, 255, THRESH_BINARY | THRESH_OTSU);
        cvtColor(gray, gray, COLOR_GRAY2BGR);
    //    imshow("output", gray);
        imshow("output", frame);
        writer.write(gray);
        waitKey(10);
    }

    waitKey(0);
    capture.release();
    return 0;
}
```

3) 创建一个 VideoCapture 捕获对象,从文件中读取视频

先创建 VideoCapture 对象,然后调用 open()成员函数打开指定的视频文件。给 open()成员函数传递的参数是文件的完整路径,案例代码如下:

```
//chapter5/VideoCaptureDemo.cpp
#include<iostream>
#include<opencv2/opencv.hpp>
using namespace cv;

int main(){
    VideoCapture capture;
    Mat frame;
    frame = capture("D:\\video3.avi");
    if (!capture.isOpened()){
        printf("can not open ...\n");
        return -1;
    }
    namedWindow("output", CV_WINDOW_AUTOSIZE);

    while (capture.read(frame)){
        imshow("output", frame);
        waitKey(60);
    }
    capture.release();
    return 0;
}
```

5. VideoWriter 类详解

OpenCV 4 提供了 VideoWriter 类，用于保存视频，只支持保存.avi 格式的视频，保存的视频目前无法避免被压缩，而且不能添加音频。VideoWriter 类的构造函数的原型如下：

```
VideoWriter(const String& filename, int fourcc, double fps,
            Size frameSize, bool isColor = true);
```

该函数的各个参数的含义如下。

（1）filename：输出视频的文件名。

（2）fourcc：使用 4 个字符表示压缩帧的编解码格式（Codec），常见格式如下：

```
//chapter5/VideoCaptureDemo.cpp
CV_FOURCC('M','J','P','G') motion-jpeg codec
CV_FOURCC('P','I','M','1') MPEG-1 codec
CV_FOURCC('M','J','P','G') motion-jpeg codec
CV_FOURCC('M','P','4','2') MPEG-4.2 codec
CV_FOURCC('D','I','V','3') MPEG-4.3 codec
CV_FOURCC('D','I','V','X') MPEG-4 codec
CV_FOURCC('U','2','6','3') H263 codec
CV_FOURCC('I','2','6','3') H263I codec
CV_FOURCC('F','L','V','1') FLV1 codec
```

（3）fps：输出视频的帧率。

（4）frameSize：输出视频的宽和高。

(5) isColor：将输出的视频设置为彩色或者灰度。

注意：OpenCV 是一个视觉库，主要用于处理计算机视觉，但它并不擅长处理视频编解码。FFmpeg 是专门用来处理视频编解码的库，支持硬件加速，功能强大。建议专业的视频编解码功能使用 FFmpeg 开源库。

---

1) 修改视频的分辨率

先创建 VideoCapture 对象，然后调用它的 set( ) 函数修改视频的相关属性，这些属性包括视频宽度（CAP_PROP_FRAME_WIDTH）、视频高度（CAP_PROP_FRAME_HEIGHT）和视频帧率（CAP_PROP_FPS）等，然后创建 VideoWriter 对象，存储目标视频，代码如下：

```cpp
//chapter5/VideoCaptureDemo.cpp
#include <opencv2/opencv.hpp>
#include <iostream>
using namespace std;
using namespace cv;

int main(){
    //获取视频,需要根据自己的视频路径进行修改
    VideoCapture capture("./left_02.mp4");
    if (!capture.isOpened())
        return -1;
    Mat frame;
    //修改视频的宽度和高度
    capture.set(CAP_PROP_FRAME_WIDTH, 640);
    capture.set(CAP_PROP_FRAME_HEIGHT, 480);
    Mat image;
    //VideoWriter(const String & filename, int fourcc, double fps,Size frameSize, bool isColor
    = true);
    //将图像的帧速修改为30,图像帧的大小是(640,480)
    VideoWriter videowriter("./output/result11.avi",
        VideoWriter::fourcc('M', 'J', 'P', 'G'), 30, Size(640, 480), true);

    while (capture.read(image)){
        imshow("image", image);
        resize(image, image, Size(640, 480), INTER_LINEAR);
        videowriter.write(image); //逐帧写入
        waitKey(1);
    }
    waitKey();
    return 0;
}
```

2) 在视频的指定区域画圆

直接创建 VideoWriter 对象，通过 imread( ) 函数读取图片，然后调用 cv::putText( ) 函数和 cv::circle( ) 函数分别绘制文字和圆形，最后写入视频文件中。编译并运行该程序，效果如图 5-39 所示，案例代码如下：

```cpp
//chapter5/VideoCaptureDemo.cpp
#include <opencv2/opencv.hpp>
#include <iostream>

int octest_imgCircle(){
    cv::Size image_size(640, 480);
    std::string outputVideoPath = "./image_save.avi";

    cv::VideoWriter outputVideo;
    outputVideo.open(outputVideoPath,
        VideoWriter::fourcc('M', 'P', '4', '2'),
        20.0, image_size);
    Mat img;
    std::vector<string> imagelist;
    imagelist.push_back("opencv.bmp");
    //imagelist.push_back("opencv.png");

    std::cout << std::endl << "----Begin----" << std::endl;
    for(int i = 0; i < imagelist.size(); i++){
        //Read images
        img = cv::imread(imagelist[i]);
        //for show
        cv::putText(img, "(100,100)", cv::Point2f(100, 100), 1, 1, cv::Scalar(255, 0, 0), 1);
        cv::circle(img, cv::Point2f(100, 100), 50, cv::Scalar(255, 0, 0), 1);

        outputVideo << img;
        cv::imshow("img", img);
        cv::waitKey(1);
    }
    img.release();
    return 0;
}
int main(){
    return octest_imgCircle();
}
```

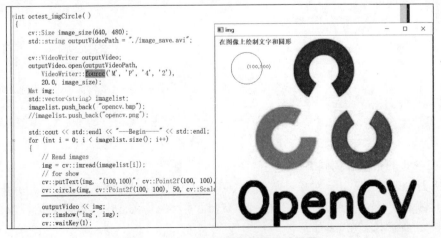

图 5-39　OpenCV 在图像指定区域画圆

3) 对彩色图像的每个通道单独进行处理

调用 split()函数可以将彩色视频分离出 3 个通道进行单独处理,然后可以调用 merge()函数进行通道合并,案例代码如下:

注意:OpenCV 中的颜色通道顺序不是 RGB,而是 BGR。

```cpp
//chapter5/VideoCaptureDemo.cpp
#include "opencv2/core/core.hpp"
#include "opencv2/highgui/highgui.hpp"
#include "opencv2/imgproc/imgproc.hpp"
#include <opencv2/opencv.hpp>
#include <iostream>
using namespace cv;
using namespace std;

int main(){
    //cap1 是左边镜头,cap2 是右边镜头
    VideoCapture cap1("./left_02.mp4");
    VideoCapture cap2("./right_02.mp4");

    double rate = 60;
    int delay = 1000 / rate;
    bool stop(false);
    Mat frame1; Mat frame2; Mat frame;
    Point2i a; //存储偏移量

    //将图像的帧速修改为 30,图像帧的大小是(1920,1080)
    VideoWriter videowriter("./result356.avi",
        VideoWriter::fourcc('M', 'J', 'P', 'G'), 30, Size(1920, 1080), true);

    if (cap1.isOpened() && cap2.isOpened()){
        cout << "*** ***" << endl;
        cout << "打开成功!" << endl;
    }
    else{
        cout << "*** ***" << endl;
        cout << "警告:打开不成功或者未检测到有两个视频!" << endl;
        cout << "程序结束!" << endl << "*** ***" << endl;
        return -1;
    }
    Mat image, image2;
    while (!stop){
        if (cap1.read(frame1) && cap2.read(frame2)){
            imshow("cam1", frame1);
            imshow("cam2", frame2);

            //彩色帧转灰度
            //cvtColor(frame1, frame1, COLOR_RGB2GRAY);
```

```cpp
            //cvtColor(frame2, frame2, COLOR_RGB2GRAY);
            //imshow("cvtColor1", frame1);
            //imshow("cvtColor2", frame2);
            image = frame1;

            Mat src = image;
            Mat res(src.rows, src.cols, CV_8UC3);  //用来存储目的图片的矩阵
            imshow("src", src);

            //Mat 数组用来存储分离后的 3 个通道,每个通道都被初始化为 0
            //MATLAB 的排列顺序是 R、G、B,而在 OpenCV 中,排列顺序是 B、G、R
            Mat planes[] = {
                Mat::zeros(src.size(), CV_8UC1),
                Mat::zeros(src.size(), CV_8UC1),
                Mat::zeros(src.size(), CV_8UC1) };
            //多通道分成 3 个单通道
            //在 OpenCV 中,一张三通道图像的一像素是按 BGR 的顺序存储的
            //可以通过 planes[0]、planes[1]和 planes[2]分别对每个通道进行处理
            split(src, planes);
            merge(planes, 1, res);  //通道合并,三通道合并为一张完整的彩色图片
            imshow("name", res);
            waitKey(1);
        }
    }

    return 0;
}
```

5.4 MFC 结合 OpenCV 实现采集和录制功能

本节使用 OpenCV 结合 MFC 实现采集和录制功能,同时也实现了拍照功能,程序运行起来之后单击"打开摄像头"就可以预览到摄像头采集的画面,如图 5-40 所示,然后单击"单击拍照"按钮,此时会弹出拍照界面及相关的操作按钮(如灰度、变亮、变暗等),如图 5-41 所示。

注意:本节案例的完整工程代码可参考本书源码中的 chapter5/OpenCVCameraDemo3,建议读者先下载源码将工程运行起来,然后结合本书进行学习。

1. 项目结构及界面设计

双击 OpenCVCameraDemo3.sln 会打开整个工程(笔者本地安装的是 VS 2015,读者也可以使用更高的 VS 版本),如图 5-42 所示。由于官方发布的 OpenCV 4 开发库只支持 64位,所以这里选择 x64 开发模式。程序界面主要包括两个对话框,即主对话框界面和拍照对话框界面,其中主对话框包括上方的 Picture Control 控件和 4 个按钮(打开摄像头、关闭摄

图 5-40　MFC＋OpenCV 采集并录制摄像头

图 5-41　MFC＋OpenCV 拍照功能

像头、单击拍照和开启摄像),拍照对话框包括左侧的 Picture Control 控件和 7 个按钮(灰度、恢复、变亮、变暗、对比度＋、对比度－和保存图片)。

由于该项目用到了 OpenCV 4,所以需要配置包含目录、库目录和附加依赖项(详细步骤可参考"5.1 VS 2015 搭建 OpenCV 4 开发环境"节),如图 5-43 所示。

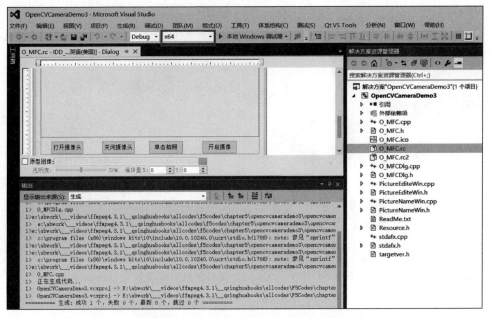

图 5-42　OpenCVCameraDemo3 项目工程

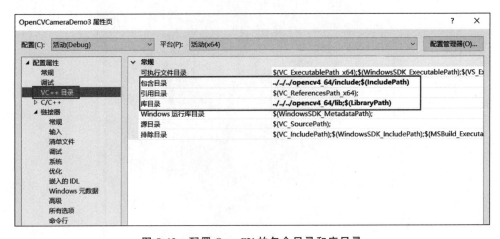

图 5-43　配置 OpenCV 的包含目录和库目录

注意：读者可以打开本地的 VS 2015/2017/2019，新建一个基于对话框的 MFC 应用程序，在主对话框中拖曳 1 个 Picture Control 控件和 4 个按钮，然后新增一个对话框，用于实现拍照功能，拖曳 1 个 Picture Control 控件和 7 个按钮。修改这些按钮的 Caption 属性，然后分别双击这些按钮，生成对应的消息函数。

2. 主对话框类

该项目的主对话框类是 CO_MFCDlg，继承自 CDialogEx，主要使用 VideoCapture 和

VideoWriter 这两个类来分别实现摄像头的采集和录制功能,该类的头文件代码如下(详情可参考注释信息):

```cpp
//chapter5/OpenCVCameraDemo3/OpenCVCameraDemo3/O_MFCDlg.h
//O_MFCDlg.h : header file
#include "PictureNameWin.h"
#include "PictureEditWin.h"
#include <cstring>
#include <string.h>
#include <opencv2/opencv.hpp>
#include <opencv2/core/core.hpp>
#include <opencv2/highgui/highgui.hpp>
#pragma once
using namespace std;

//CO_MFCDlg dialog
class CO_MFCDlg : public CDialogEx{
//Construction
public:
    CO_MFCDlg(CWnd* pParent = NULL);            //standard constructor
    //将OpenCV的显示窗口与MFC的控件连接起来
    bool attachWindow(string &pic, const char* name, int ID);
    //效果是OpenCV的窗口恰好覆盖在控件上
    bool showImage(string pic, int id, cv::Mat mat);
    CString GetModuleDir();
    char* CStringToChar(CString pstr);
//Dialog Data
    enum { IDD = IDD_O_MFC_DIALOG };

    protected:
    virtual void DoDataExchange(CDataExchange* pDX);//DDX/DDV support

//Implementation
protected:
    HICON m_hIcon;

    //Generated message map functions
    virtual BOOL OnInitDialog();
    afx_msg void OnClose();
    afx_msg void OnPaint();
    afx_msg HCURSOR OnQueryDragIcon();
    afx_msg void OnTimer(UINT_PTR nIDEvent);
    afx_msg void OnBnClickedButton_close();      //关闭摄像头
    afx_msg void OnBnClickedButton_open();       //打开摄像头
    afx_msg void OnBnClickedButton_snap();       //拍照
    afx_msg void OnBnClickedButton_store();      //录制并存储
    virtual BOOL PreTranslateMessage(MSG* pMsg);
    afx_msg void OnSysCommand(UINT nID, LPARAM lParam);
    DECLARE_MESSAGE_MAP()
public:
```

```
    cv::VideoCapture * video;              //摄像头捕获
    string videowin_pic;
    bool vedio_flag;                        //摄像开始标记
    bool open_flag;
    char curdir[128];                       //保存应用程序当前所在的路径
    char picpath[128];                      //保存默认图片的路径
    char vediopath[128];                    //保存视频的路径
    cv::Mat mat;                            //保存抓拍的每帧图片
    cv::Mat t_mat;                          //保存拍照的图片

    CButton m_vedioctl;
    VideoWriter * videowrite;               //视频存储
};
```

3. 对话框初始化函数

对话框的 CO_MFCDlg::OnInitDialog()初始化函数主要用于完成各个成员变量的初始化工作，需要将 opencv.png 图片复制到.exe 文件所在路径，否则运行时会报错，其中 attachWindow()函数用于绑定 OpenCV 与 MFC 的 IDC_STATIC 控件，这样就可以将 OpenCV 单独弹出来的窗口嵌入 MFC 的控件上。这两个函数的主要代码如下：

```
//chapter5/OpenCVCameraDemo3/OpenCVCameraDemo3/O_MFCDlg.cpp
bool CO_MFCDlg::attachWindow(string &pic,const char * name,int ID){
    pic = string(name);
    cv::namedWindow(pic, 1);                            //创建 OpenCV 窗口
    HWND hWnd = (HWND) cvGetWindowHandle(name);         //获取 OpenCV 的窗口句柄
    HWND hParent = ::GetParent(hWnd);                   //获取 OpenCV 窗口的父窗口句柄
    ::ShowWindow(hParent, SW_HIDE);                     //隐藏原父窗口
    ::SetParent(hWnd, GetDlgItem(ID)->m_hWnd);          //将新父窗口设置为 MFC 的控件
    return true;
}

BOOL CO_MFCDlg::OnInitDialog(){
    CDialogEx::OnInitDialog();
    //...省略代码

    //TODO: Add extra initialization here IDD_O_MFC_DIALOG
    this->open_flag = false;
    this->vedio_flag = false;
    this->video = NULL;
    this->videowrite = NULL;
    memset(this->curdir,0,sizeof(this->curdir));
    memset(this->vediopath,0,sizeof(vediopath));
    CString msg = this->GetModuleDir();
    char * tt_curdir = this->CStringToChar(msg);
    memcpy(this->curdir,tt_curdir,strlen(tt_curdir));
    delete tt_curdir;
    tt_curdir = NULL;
    memset(picpath,0,sizeof(picpath));
```

```
        sprintf(picpath,"opencv.png",this->curdir);

        this->attachWindow(videowin_pic,"camera",IDC_STATIC);
        cv::Mat mat = cv::imread(picpath);
        showImage(this->videowin_pic,IDC_STATIC,mat);

        return TRUE;  //return TRUE unless you set the focus to a control
}
```

其中,showImage()函数是封装的一个私有函数,用于将指定的 Mat 图片,根据 IDC_STATIC 控件来调整宽和高,然后显示出来,代码如下:

```
//chapter5/OpenCVCameraDemo3/OpenCVCameraDemo3/O_MFCDlg.cpp
bool CO_MFCDlg::showImage(string pic,int id,cv::Mat mat){
    CRect rect;
    GetDlgItem(id)->GetClientRect(&rect);
    cv::resize(mat,mat,cv::Size(rect.Width(),rect.Height()),CV_INTER_CUBIC);

    imshow(pic,mat);
    return true;
}
```

4. 打开摄像头

首先构造出 VideoCapture 对象,并指定 cv::CAP_DSHOW 方式,然后调用 AfxBeginThread()函数开启一条独立的线程用来循环显示摄像头捕获的图像,代码如下:

```
//chapter5/OpenCVCameraDemo3/OpenCVCameraDemo3/O_MFCDlg.cpp
UINT CaptureThread(LPVOID * aPram) {                //摄像头抓拍线程
    CO_MFCDlg * dlg = (CO_MFCDlg * )aPram;

    while(dlg->open_flag){
        (*dlg->video) >> dlg->mat;                  //该功能用于视频录制,可以省略
        if(dlg->vedio_flag){
            DrawEllipse(dlg->mat,0);                //摄像时绘制小红圈
            if (dlg->videowrite) {                  //写入视频帧
                dlg->videowrite->write(dlg->mat);
            }
        }
        dlg->showImage(dlg->videowin_pic,IDC_STATIC,dlg->mat);
        cv::waitKey(30);
    }
    return 0;
}
void CO_MFCDlg::OnBnClickedButton_open() {          //打开摄像头
    //TODO: Add your control notification handler code here
    this->open_flag = true;
    video = new cv::VideoCapture(0, cv::CAP_DSHOW);
    if(!video)
```

```
        return ;
    AfxBeginThread((AFX_THREADPROC)CaptureThread,this);
}
```

5. 关闭摄像头

首先将 open_flag 成员变量设置为 false,然后显示初始化图片(opencv.png),代码如下:

```
//chapter5/OpenCVCameraDemo3/OpenCVCameraDemo3/O_MFCDlg.cpp
void CO_MFCDlg::OnBnClickedButton_close(){            //关闭摄像头
    //TODO: Add your control notification handler code here
    this->open_flag = false;
    cv::Mat mat = cv::imread(picpath);
    showImage(this->videowin_pic,IDC_STATIC,mat);
}
```

6. 拍照

拍照功能是通过 PictureEditWin 这个对话框类来完成的,代码如下:

```
//chapter5/OpenCVCameraDemo3/OpenCVCameraDemo3/O_MFCDlg.cpp
void CO_MFCDlg::OnBnClickedButton_snap() {            //单击拍照
    //TODO: Add your control notification handler code here
    if(this->open_flag){
        this->t_mat = this->mat;
        PictureEditWin pewin;
        cv::Mat tt_mat = this->t_mat.clone();
        pewin.setMat(tt_mat);
        pewin.DoModal();
    }
    else{
        this->MessageBox(_T("摄像头未开启!"));
    }
}
```

PictureEditWin 类对传递进来的 Mat 图片数据进行各种处理,包括变亮、变暗等,这些按钮的功能比较单一,例如变亮功能的代码如下(其他按钮的代码不再赘述):

```
//chapter5/OpenCVCameraDemo3/OpenCVCameraDemo3/PictureEditWin.cpp
void PictureEditWin::OnBnClickedButton2(){            //变亮按钮处理事件
    //TODO: Add your control notification handler code here
    for(int y = 0;y < tempImage.rows;++y){            //总行数
        for(int x = 0;x < tempImage.cols;++x){        //总列数
            for(int c = 0;c < 3;++c){                 //分别对每个像素的3个通道进行处理
                //beta 是成员变量,初始化为 5,用来修改亮度.变亮时每次加 5,变暗时每次减 5
                tempImage.at<cv::Vec3b>(y,x)[c] =
                    cv::saturate_cast<uchar>(tempImage.at<cv::Vec3b>(y,x)[c] + beta);
            }
```

```
            }
        }
        showImage(pic,IDC_STATIC,tempImage);
        this->UpdateData(false);
}
```

分析该函数代码会发现,对每个像素的 3 个通道进行单独处理,其中 saturate_cast()函数是防溢出保护,参数为 uchar 时大致原理的伪代码如下:

```
if(data<0) data=0;
else if(data>255) data=255;
```

cv::staturate_cast()函数主要用来对计算结果进行截断,截断的结果范围为 0~255,同理可以用作其他类型限定值的范围。

7. 录制

单击界面上的"开启摄像"按钮,就会构造出 VideoWriter 对象,并将 vedio_flag 标志值设置为 true,真正的逐帧录制工作在这个 CaptureThread()线程函数中,代码如下:

```
//chapter5/OpenCVCameraDemo3/OpenCVCameraDemo3/O_MFCDlg.cpp
UINT CaptureThread(LPVOID * aPram){                    //摄像头抓拍线程
    CO_MFCDlg * dlg = (CO_MFCDlg * )aPram;

    while(dlg->open_flag){
        ( * dlg->video) >> dlg->mat;
        if(dlg->vedio_flag){
            DrawEllipse(dlg->mat,0);                    //摄像时绘制小红圈,可以省略
            if (dlg->videowrite) {
                dlg->videowrite->write(dlg->mat);
            }
        }
        dlg->showImage(dlg->videowin_pic,IDC_STATIC,dlg->mat);
        cv::waitKey(30);
    }
    return 0;
}

void CO_MFCDlg::OnBnClickedButton_store() {             //开始摄像
    //TODO: Add your control notification handler code here
    if(this->open_flag && !this->vedio_flag){
        //弹出输入名称对话框
        PictureNameWin picwin;                          //先弹出对话框,输入存储文件名
        picwin.setWtype(2);
        picwin.DoModal();
        if(!picwin.filename){return ;}
        char t_filepath[128];
        memset(t_filepath,0,sizeof(t_filepath));
        sprintf(t_filepath,".\\%s",picwin.filename);
        memcpy(vediopath,t_filepath,sizeof(t_filepath));
```

```
            m_vedioctl.SetWindowText(_T("结束摄像"));
            ///下面构造 VideoWriter 对象,并设置标志值
            this->videowrite = new VideoWriter(vediopath,
                VideoWriter::fourcc('X', 'V', 'I', 'D'),
                25, cvSize(this->mat.cols, this->mat.rows),CAP_DSHOW);
            //保存的文件名,编码为 XVID,
            //大小就是摄像头视频的大小,帧频率是 25
            if(video) //如果能创建 CvVideoWriter 对象,则表明成功
            { cout <<"VideoWriter has created."<< endl; }
            this->vedio_flag = true;
    }
    else if(this->open_flag && this->vedio_flag){
        m_vedioctl.SetWindowText(_T("开启摄像"));
        this->vedio_flag = false;
        this->videowrite->release();
        videowrite = NULL;
    }
    else{
        this->MessageBox(_T("摄像头未开启!"));
    }
    this->UpdateData(false);
}
```

第 6 章 SDL 2 开发库及高级应用

CHAPTER 6

7min

SDL(Simple DirectMedia Layer)是一套开放源代码的跨平台多媒体开发库,使用 C 语言写成。它提供了多种控制图像、声音、输出/输入的函数,让开发者只要用相同或相似的代码就可以开发出跨多个平台(如 Linux、Windows、macOS X 等)的应用软件。目前 SDL 多用于开发游戏、模拟器、媒体播放器等多媒体应用领域。SDL 库常见的开发版本包括 SDL 1.x 和 SDL 2,二者关于视频方面的 API 差别很大,但是关于音频方面的 API 是一样的。本章内容侧重于 SDL 2,主要包括开发环境的搭建、窗口和表面等核心对象、扩展库的应用、事件机制及音视频的播放等。

6.1 SDL 2 简介及开发环境的搭建

1. SDL 2 简介

SDL 2 使用 GNU 通用公共许可证作为授权方式,即动态链接(Dynamic Link)库并不需要开放本身的源代码。虽然 SDL 时常被比喻为"跨平台的 DirectX",但事实上 SDL 被定位成以精简的方式来完成基础的功能,大幅度简化了控制图像、声音、输入/输出等工作所需的代码,但更高级的绘图功能或音效功能则需搭配 OpenGL 和 OpenAL 等 API 来完成。另外它本身也没有方便创建图形用户界面的函数。SDL 2 在结构上将不同操作系统的库包装成相同的函数,例如 SDL 在 Windows 平台上是 DirectX 的再包装,而在使用 X11 的平台上(包括 Linux)则是调用 Xlib 库来输出图像。虽然 SDL 2 本身是使用 C 语言写成的,但是它几乎可以被所有的编程语言所使用,例如 C++、Perl、Python 和 Pascal 等,甚至是 Euphoria、Pliant 这类较不流行的编程语言也都可行。SDL 2 库分为 Video、Audio、CD-ROM、Joystick 和 Timer 等若干子系统,除此之外,还有一些单独的官方扩充函数

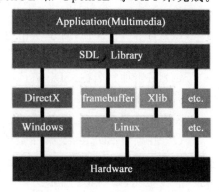

图 6-1 SDL 库的层次结构

库。这些库由官方网站提供,并包含在官方文档中,它们共同组成了 SDL 的"标准库"。SDL 的整体结构如图 6-1 所示。

2. VS 2015 搭建 SDL 2 开发环境

本节将介绍在 VS 2015 下配置 SDL 2.0.8 开发库的详细步骤。

1)下载 SDL 2

进入 SDL 2 官网,网址为 https://github.com/libsdl-org/SDL/releases/,如图 6-2 所示。选择 SDL 2 的 Development Libraries 中的 SDL2-devel-2.0.12-VC.zip(网址为 https://github.com/libsdl-org/SDL/releases/tag/release-2.0.12),如图 6-2 所示。下载并解压以供其他程序调用,在项目配置中可以使用 SDL 库的相对路径。

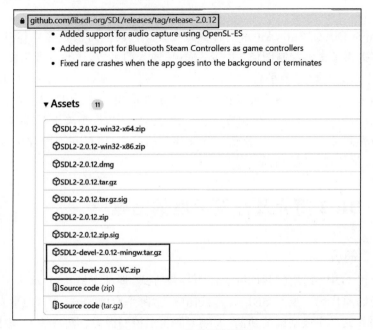

图 6-2　SDL 库的下载网址

2)VS 2015 项目配置

(1)打开 VS 2015,新建 Win32 控制台项目,将项目命名为 SDLtest1,然后单击"确定"按钮,如图 6-3 所示。

(2)右击项目名称(SDLtest1),在弹出的菜单中单击"属性",然后在弹出的属性页中配置包含目录和库目录,注意笔者这里使用 SDL 2 库的相对路径,选择的平台为 Win32,如图 6-4 所示。

(3)在项目 SDLtest1 属性页中选择"链接器"下的"输入"项,编辑右侧的"附加依赖项",在附加依赖项中添加 SDL 2.lib 和 SDL 2main.lib(注意中间以英文分号分隔),然后单击"确定"按钮,如图 6-5 所示。

第6章 SDL 2开发库及高级应用 | 195

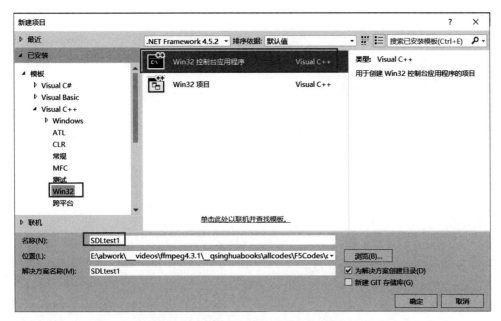

图 6-3 新建 VS 2015 的控制台项目

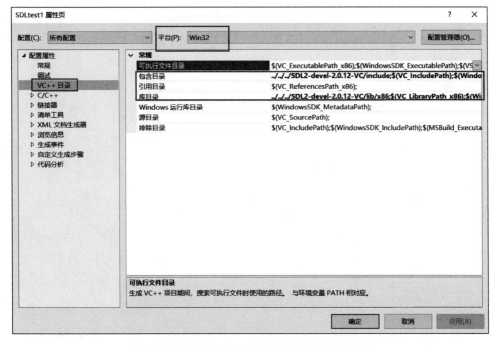

图 6-4 配置 VS 2015 项目的包含目录和库目录

3) 测试案例

项目配置成功后,可以调用 SDL_Init()函数测试是否配置成功,代码如下:

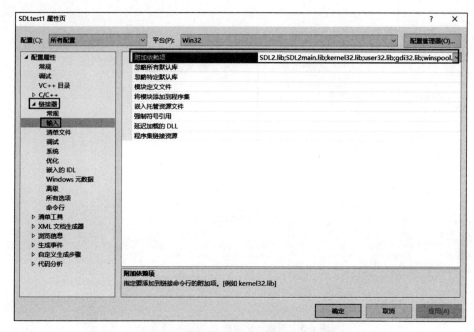

图 6-5　配置 VS 2015 项目的附加依赖项

```cpp
//chapter6/SDLtest1/SDLtest1/SDLtest1.cpp
//SDLtest.cpp：定义控制台应用程序的入口点
//
#include "stdafx.h"
#include <iostream>

#define SDL_MAIN_HANDLED //如果没有此宏,则会报错
#include <SDL.h>

int main(){
    if (SDL_Init(SDL_INIT_VIDEO) != 0){
        std::cout << "SDL_Init Error: " << SDL_GetError() << std::endl;
        return 1;
    }
    else{
        std::cout << "SDL_Init OK " << std::endl;
    }
    SDL_Quit();
    return 0;
}
```

需要注意这个宏语句(#define SDL_MAIN_HANDLED),如果没有定义这个宏,就会报错(并且要放到 SDL.h 之前),错误信息如下：

无法解析的外部符号 main,该符号在函数"int cdecl invoke_main(void)" (?invoke_main@@YAHXZ) 中被引用

这是因为 SDL 库的内部重新定义了 main，因此 main()函数需要写成如下形式：

int main(int argc,char * argv[])

而添加 #define SDL_MAIN_HANDLED 这个宏之后，即使 main()函数的参数列表为空，也不会报错。

编译并运行该程序，会提示找不到 SDL2.dll，如图 6-6 所示。将 SDL2-devel-2.0.12-VC\lib\x86 目录下的 SDL2.dll 复制到 SDLtest1.exe 同目录下，如图 6-7 所示。重新编译并运行该程序，若不报错，则表示配置成功，如图 6-8 所示。

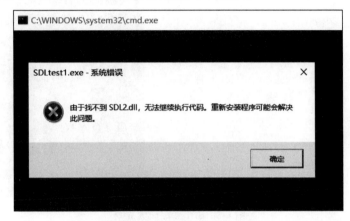

图 6-6　运行时找不到 SDL2.dll

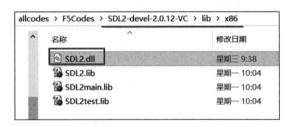

图 6-7　复制 SDL2.dll 文件

3. Qt 5.9.8 平台搭建 SDL 2 开发环境

笔者本地的 Qt 版本为 5.9.8，配置 SDL 2 开发环境的具体步骤如下：

(1) 下载 SDL 2 的 mingw 版本，文件名为 SDL2-devel-2.0.12-mingw.tar.gz，网址为 https://github.com/libsdl-org/SDL/releases/tag/release-2.0.12。

(2) 打开 Qt Creator，新建 Qt Console Application 类型的项目，单击 Choose 按钮，如图 6-9 所示。

(3) 在 Project Location 页面输入项目名称(SDLQtDemo1)和路径，如图 6-10 所示。

(4) 在 Kit Selection 页面选中 Desktop Qt 5.9.8 MinGW 32 位，然后单击"下一步"按钮，如图 6-11 所示。

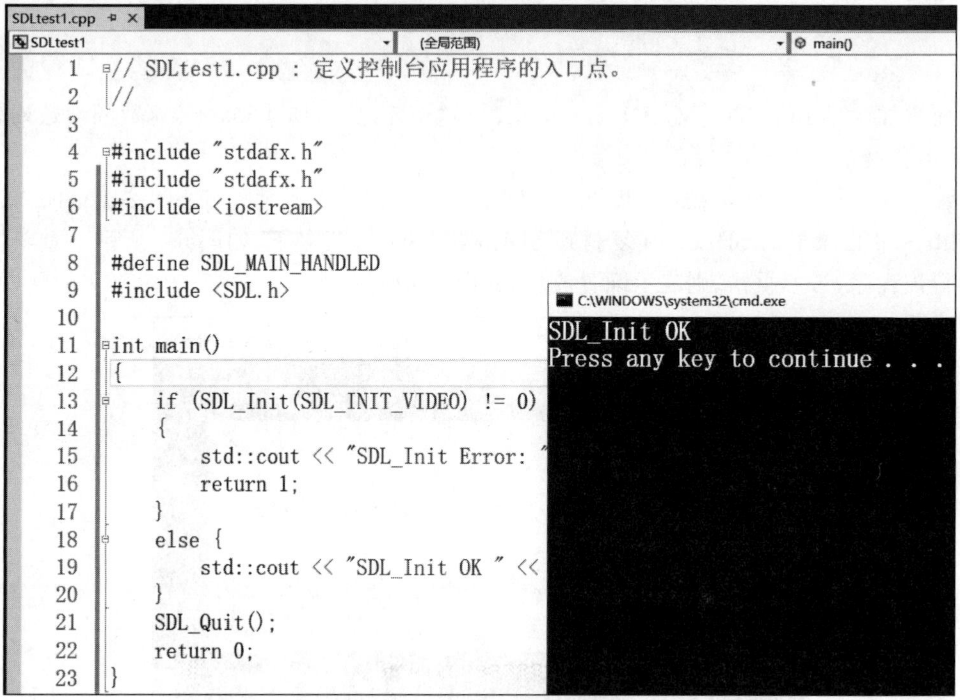

```
// SDLtest1.cpp : 定义控制台应用程序的入口点。
//

#include "stdafx.h"
#include "stdafx.h"
#include <iostream>

#define SDL_MAIN_HANDLED
#include <SDL.h>

int main()
{
    if (SDL_Init(SDL_INIT_VIDEO) != 0)
    {
        std::cout << "SDL_Init Error: "
        return 1;
    }
    else {
        std::cout << "SDL_Init OK " <<
    }
    SDL_Quit();
    return 0;
}
```

图 6-8 SDL 2 库配置成功

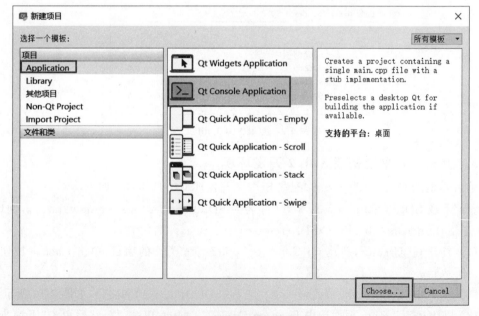

图 6-9 新建 Qt 控制台项目

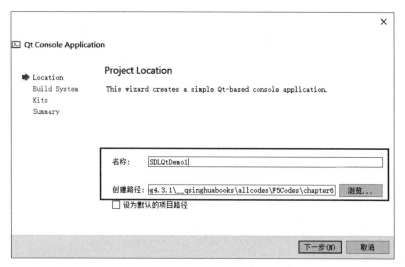

图 6-10　输入 Qt 项目名称和路径

注意：读者也可以选择其他的编译套件，但不同的编译套件对应不同的 SDL 2 开发包，例如 MinGW 32 位编译套件对应 SDL2-devel-2.0.12-mingw.tar.gz，并且运行时需要对应 32 位的动态库。

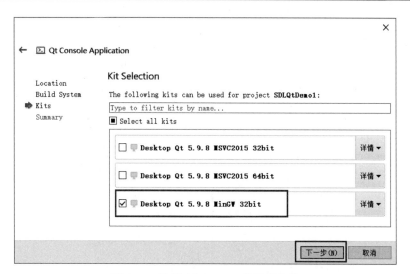

图 6-11　选择 MinGW 32 位编译套件

（5）解压 SDL2-devel-2.0.12-mingw.tar.gz 后有两个重要的子目录，如图 6-12 所示。i686-w64-mingw32 对应的是 32 位的开发库，x86_64-w64-mingw32 对应的是 64 位的开发库。

（6）配置 Qt 项目（SDLQtDemo1），打开 SDLQtDemo1.pro 配置文件，如图 6-13 所示，

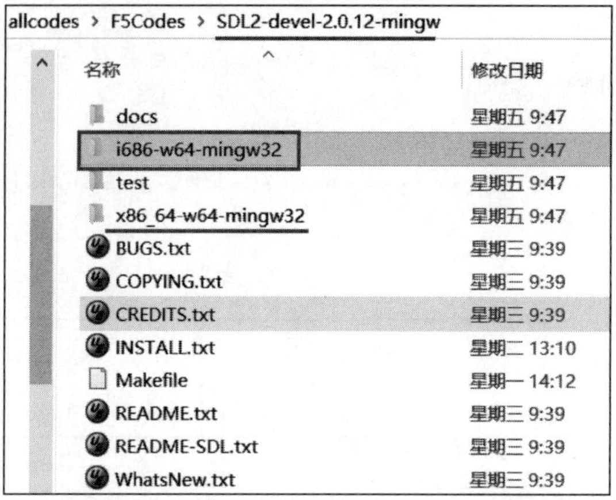

图 6-12 解压 SDL2-devel-2.0.12-mingw.tar.gz

代码如下：

```
//chapter6/SDLQtDemo1/SDLQtDemo1.pro
INCLUDEPATH += ../../SDL2-devel-2.0.12-mingw/i686-w64-mingw32/include/SDL2/
LIBS += -L../../SDL2-devel-2.0.12-mingw/i686-w64-mingw32/lib/ -lSDL2 -lSDL2main
```

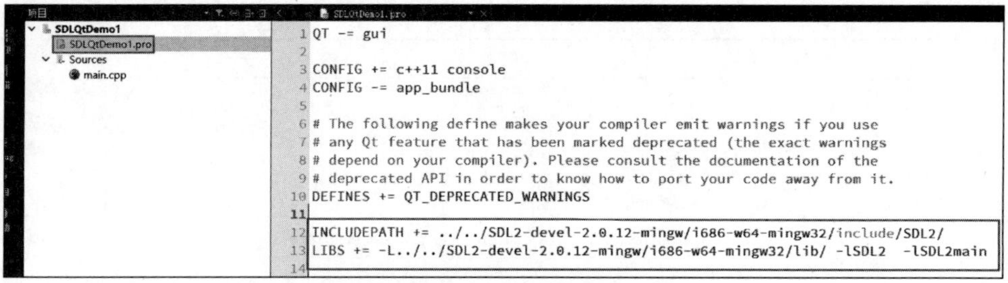

图 6-13 修改 Qt 的项目配置文件

需要注意的是这里使用的是相对路径，如图 6-14 所示。

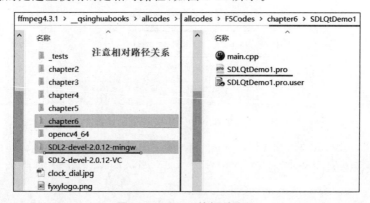

图 6-14 SDL 2 的相对路径

（7）修改 main.cpp 文件，注释掉原来的源码，新增代码如下：

```cpp
//chapter6/SDLQtDemo1/main.pro
#include <iostream>
#define SDL_MAIN_HANDLED //如果没有此宏,则会报错
#include <SDL.h>

int main(){
    if (SDL_Init(SDL_INIT_VIDEO) != 0){
        std::cout << "SDL_Init Error: " << SDL_GetError() << std::endl;
        return 1;
    }
    else{
        std::cout << "SDL_Init OK " << std::endl;
    }
    SDL_Quit();
    return 0;
}
```

（8）编译并运行该项目，输出的错误信息如下：

```
/.../F5Codes/chapter6/build-SDLQtDemo1-Desktop_Qt_5_9_8_MinGW_32位
-Debug/Debug/SDLQtDemo1.exe exited with code -1073741515
```

这是因为 SDLQtDemo1.exe 程序运行时找不到 SDL2.dll 动态链接库。将 SDL2-devel-2.0.12-mingw\i686-w64-mingw32\bin 目录下的 SDL2.dll 文件复制到 chapter6\build-SDLQtDemo1-Desktop_Qt_5_9_8_MinGW_32bit-Debug\debug 目录下。重新编译并运行该项目，会输出 SDL_Init OK，如图 6-15 所示。

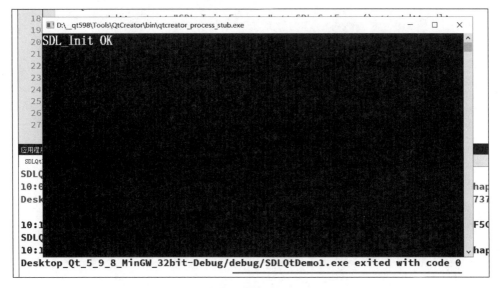

图 6-15　成功配置并运行 SDL 2 项目

4. Linux 平台搭建 SDL 2 开发环境

笔者的本地环境为 Ubuntu 18.04，安装并配置 SDL 2 的具体步骤如下。

(1) 安装依赖项，命令如下：

```
//chapter6/other-help.txt
sudo apt-get update && sudo apt-get -y install \
    autoconf automake build-essential cmake \
    git-core pkg-config texinfo wget yasm zlib1g-dev
```

(2) 安装 SDL 2 库(只包含.so 动态库)，命令如下：

```
sudo apt-get install libsdl2-2.0 libsdl2-dev libsdl2-mixer-dev libsdl2-image-dev libsdl2-ttf-dev libsdl2-gfx-dev
```

(3) 检验是否安装成功，命令如下：

```
sdl2-config --exec-prefix --version -cflag
```

需要注意的是此处安装的 SDL 2 库没有头文件，只包含系统运行时需要依赖的动态链接库(.so)，而在实际开发过程中没有头文件是不行的，所以需要自己编译 SDL 2 并且安装。

(4) 下载并解压 SDL 2 库的源码 SDL2-devel-2.0.12.tar.gz，具体的下载网址为 https://github.com/libsdl-org/SDL/releases/tag/release-2.0.12。

(5) 编译并安装 SDL 2，命令如下：

```
//chapter6/other-help.txt
#解压下载的文件，然后进入 SDL 2 解压目录
#配置 configure 的可执行命令
sudo chmod +x configure
#配置 configure 的参数命令
//chapter6/other-help.txt
./configure --enable-static --enable-shared
#编译
    make
#安装
    make install
```

(6) 查看 SDL 2 是否安装成功，命令如下：

```
//chapter6/other-help.txt
#在/usr/local/lib 下面查看是否存在 libSDL2.a
ls /usr/local/lib
#在/usr/local/include 下面查看是否存在 SDL2 文件夹
ls /usr/local/include
```

(7) 配置 LD_LIBRARY_PATH 环境变量，命令如下：

```
export LD_LIBRARY_PATH = $ LD_LIBRARY_PATH:/usr/local/lib
```

6.2　SDL 2 的核心对象

SDL 2 的核心对象主要包括窗口(SDL_Window)、表面(SDL_Surface)、渲染器(SDL_Renderer)、纹理(SDL_Texture)和事件(SDL_Event)等。

1. SDL_Window：窗口

SDL_Window 结构体定义了一个 SDL 2 窗口。如果直接使用 SDL 2 编译好的 SDK，则看不到它的内部结构。有关它的定义在头文件中只有一行代码，但是这一行定义前面的注释非常多，代码如下：

```
//chapter6/other - help.txt
/**
 * \用于标识窗口类型
 *
 * \sa SDL_CreateWindow()
 * \sa SDL_CreateWindowFrom()
 * \sa SDL_DestroyWindow()
 * \sa SDL_GetWindowData()
 * \sa SDL_GetWindowFlags()
 * \sa SDL_GetWindowGrab()
 * \sa SDL_GetWindowPosition()
 * \sa SDL_GetWindowsize()
 * \sa SDL_GetWindowTitle()
 * \sa SDL_HideWindow()
 * \sa SDL_MaximizeWindow()
 * \sa SDL_MinimizeWindow()
 * \sa SDL_RaiseWindow()
 * \sa SDL_RestoreWindow()
 * \sa SDL_SetWindowData()
 * \sa SDL_SetWindowFullscreen()
 * \sa SDL_SetWindowGrab()
 * \sa SDL_SetWindowIcon()
 * \sa SDL_SetWindowPosition()
 * \sa SDL_SetWindowsize()
 * \sa SDL_SetWindowBordered()
 * \sa SDL_SetWindowTitle()
 * \sa SDL_ShowWindow()
 */
typedef struct SDL_Window SDL_Window;
```

该结构体的源码位于 video\SDL_sysvideo.h 文件中，包含了一个"窗口"的各种属性，代码如下：

```
//chapter6/other-help.txt
/* 定义 SDL 窗口结构,对应顶层窗口 */
struct SDL_Window{
    const void * magic;
    Uint32 id;
    char * title;
    SDL_Surface * icon;
    int x, y;
    int w, h;
    int min_w, min_h;
    int max_w, max_h;
    Uint32 flags;
    Uint32 last_fullscreen_flags;

    /* 窗口模式的存储位置和大小 */
    SDL_Rect windowed;

    SDL_DisplayMode fullscreen_mode;
    float brightness;
    Uint16 * gamma;
    Uint16 * saved_gamma;
    SDL_Surface * surface;
    SDL_bool surface_valid;
    SDL_bool is_destroying;
    SDL_Windowshaper * shaper;
    SDL_WindowUserData * data;
    void * driverdata;
    SDL_Window * prev;
    SDL_Window * next;
};
```

SDL_CreateWindow()函数用于创建窗口,可以指定窗口的位置、大小,以及相应的标志等,函数原型如下:

```
//chapter6/other-help.txt
SDL_Window * SDLCALL SDL_CreateWindow(const char * title,        //窗口名称
        int x, int y,                                              //x 和 y 用于指定位置
        int w, int h, Uint32 flags);                               //w 和 h 用于指定宽和高; flags 为标志值
```

如果成功,则返回指向 SDL 2 窗口的指针,否则返回 NULL。参数含义如下。

(1) title:窗口标题。

(2) x:窗口位置 x 坐标。

(3) y:窗口位置 y 坐标。x 和 y 也可以设置为 SDL_WINDOWPOS_CENTERED 或 SDL_WINDOWPOS_UNDEFINED。

(4) w:窗口的宽度,单位是像素。

(5) h:窗口的高度,单位是像素。

(6) flags:窗口的标识,包括窗口的最大化、最小化和能否调整边界等属性,取值如下:

```
//chapter6/other-help.txt
::SDL_WINDOW_FULLSCREEN,          ::SDL_WINDOW_OPENGL,
::SDL_WINDOW_HIDDEN,              ::SDL_WINDOW_BORDERLESS,
::SDL_WINDOW_RESIZABLE,           ::SDL_WINDOW_MAXIMIZED,
::SDL_WINDOW_MINIMIZED,           ::SDL_WINDOW_INPUT_GRABBED,
::SDL_WINDOW_ALLOW_HIGHDPI
```

SDL_DestroyWindow()函数用于销毁窗口,参数为 SDL 2 窗口指针,函数原型如下:

```
void SDLCALL SDL_DestroyWindow(SDL_Window * window);
```

1) SDL 2 库的初始化及清理工作

在使用 SDL 2 的 API 之前,需要先调用 SDL_Init()函数进行初始化工作,并在程序退出前调用 SDL_Quit()函数进行 SDL 2 库的退出和清理工作,其中 SDL_Init()函数的原型如下:

```
int SDLCALL SDL_Init(Uint32 flags);
```

其中,flags 用于指定需要初始化的子系统,取值信息如下:

```
//chapter6/other-help.txt
SDL_INIT_TIMER:定时器
SDL_INIT_AUDIO:音频
SDL_INIT_VIDEO:视频
SDL_INIT_JOYSTICK:摇杆
SDL_INIT_HAPTIC:触摸屏
SDL_INIT_GAMECONTROLLER:游戏控制器
SDL_INIT_EVENTS:事件
SDL_INIT_NOPARACHUTE:不捕获关键信号
SDL_INIT_EVERYTHING:包含上述所有选项
```

2) 创建和销毁 SDL 2 窗口的案例应用

先定义 SDL_Window 结构体指针变量,调用 SDL_CreateWindow()函数就可以创建窗口。

注意:本案例的完整代码可参考 chapter6/SDLQtDemo1 工程,代码位于 main.cpp。

代码如下:

```
//chapter6/SDLQtDemo1/main.cpp
#define SDL_MAIN_HANDLED //如果没有此宏,则会报错,并且要放到 SDL.h 之前
#include <SDL.h>
int TestWindow(){
```

```
SDL_Window * window;                //Declare a pointer

SDL_Init(SDL_INIT_VIDEO);           //Initialize SDL2

//Create an application window with the following settings:
window = SDL_CreateWindow(
    "SDL2 window",                  //window title
    SDL_WINDOWPOS_UNDEFINED,        //initial x position
    SDL_WINDOWPOS_UNDEFINED,        //initial y position
    640,                            //width, in pixels
    480,                            //height, in pixels
    SDL_WINDOW_OPENGL               //flags - see below
);

//Check that the window was successfully created
if (window == NULL) {
    //In the case that the window could not be made...
    printf("Could not create window: %s\n", SDL_GetError());
    return 1;
}

//The window is open: could enter program loop here (see SDL_PollEvent())
SDL_Delay(3000); //Pause execution for 3000 milliseconds, for example

//Close and destroy the window
SDL_DestroyWindow(window);

//Clean up
SDL_Quit();
return 0;

}
```

在该案例中，只初始化了视频子系统（SDL_INIT_VIDEO），SDL_Delay()函数用于休眠指定的毫秒数。将该函数代码复制到 Qt 项目（SDLQtDemo1）的 main.cpp 文件中，编译并运行该程序，创建了一个 640×480 像素的窗口，如图 6-16 所示。

2. SDL_Surface：表面

在 SDL 2 中，视频可以通过 SDL_Surface(软渲染方式)对象来输出，例如一张图像、一段文字或一个视频都需要转换成 SDL_Surface 对象来操作。它们可以平铺或堆叠，所有数据最终要叠加在表示屏幕（Screen）的 SDL_Surface 对象中输出显示。SDL_Surface 本质上是一个矩形的像素内存，它需要通过专门的绘点函数来输出到不同设备上，其中 SDL_Surface 的坐标系的左上角是原点。SDL_Surface 的官方定义为 A collection of pixels used in software blitting，即一个用于 Surface 间相互复制 buffer 数据的像素集合。该结构体的原型如下：

图 6-16　SDL 2 创建窗口

```
//chapter6/other-help.txt
/**
 * 像素集合
 * 注意：此结构应被视为只读,但\c 像素除外,如果不是 NULL,则包含曲面的原始像素数据
 */
typedef struct SDL_Surface
{
    Uint32 flags;                       /** 只读 */
    SDL_PixelFormat * format;           /** 只读 */
    int w, h;                           /** 只读 */
    int pitch;                          /** 只读 */
    void * pixels;                      /** 读写 */

    /** 与曲面关联的应用程序数据 */
    void * userdata;                    /** 读写 */

    /** 需要锁定的曲面所需的信息 */
    int locked;                         /** 只读 */
    void * lock_data;                   /** 只读 */

    /** 剪裁信息 */
    SDL_Rect clip_rect;                 /** 只读 */

    /** 快速 blit 映射到其他曲面的信息 */
    struct SDL_BlitMap * map;

    /** 引用计数——释放曲面时使用 */
    int refcount;                       /** 多数情况为只读 */
} SDL_Surface;
```

SDL_Surface 结构体的字段如表 6-1 所示。

表 6-1 SDL_Surface 结构体的各个字段说明

字段类型	字段名称	说 明
SDL_PixelFormat *	format	存储在 surface 中的像素的格式。有关详细信息,可参阅 SDL_PixelFormat(只读)
int	w,h	宽度和高度(以像素为单位,只读)
int	pitch	一行像素的长度(以字节为单位,只读)
void *	pixels	指向实际像素数据的指针(读写)
void *	userdata	用户私有数据,可以设置的任意指针(读写)
int	locked	用于需要锁定的表面(内部使用)
void *	lock_data	用于需要锁定的表面(内部使用)
SDL_Rect	clip_rect	一个 SDL_Rect 结构,用于将 blits 剪切到表面,可以通过 SDL_SetClipRect()函数设置(只读)
SDL_BlitMap *	map	快速 blit 映射到其他表面的信息(内部使用)
int	refcount	引用计数可以由应用程序递增

1) SDL_GetWindowsurface()函数

SDL_GetWindowsurface()函数使用最佳格式创建与窗口关联的新表面(Surface),当窗口被销毁时,该 Surface 将被释放,函数的原型如下:

```
SDL_Surface * SDLCALL SDL_GetWindowsurface(SDL_Window * window);
```

参数 window 代表前面已经创建成功的 Window 窗体对象指针。如果函数执行成功,则返回指向新 SDL_Surface 结构的指针,否则返回 NULL。

2) SDL_LoadBMP()函数

SDL_LoadBMP()函数用来加载图片,但是在 SDL 2 原生库中,目前只默认支持 BMP 格式的图像,其他格式(如 jpg、gif 等)需要引用特定的库,函数的原型如下:

```
SDL_Surface * SDL_LoadBMP(const char * file);
```

该函数的作用是加载指定的 *.bmp 图片文件,以获取该文件的 SDL_Surface。参数 file 包含 BMP 图像的文件,注意这个文件必须是 bmp 格式的图片,否则会加载失败。如果函数执行成功,则返回指向新 SDL_Surface 结构的指针,否则返回 NULL,可以调用 SDL_GetError()函数获取更多异常信息。

3) SDL_BlitSurface()函数

SDL_BlitSurface()函数用来快速地将表面内容复制到目标表面,函数的原型如下:

```
//chapter6/other-help.txt
int SDL_BlitSurface(
        SDL_Surface * src,
        const SDL_Rect * srcrect,
```

```
            SDL_Surface * dst,
            SDL_Rect * dstrect);
```

该函数的 4 个参数都是指针,包含两个 SDL_Surface 指针和两个 SDL_Rect 指针。参数 src 是源表面,也就是被 blit 的面。参数 dst 是目标表面,也就是源面被 blit 到的表面。参数 srcrect 是源表面上的一个矩形区域,实际上,正是这个矩形区域被 blit,如果是空指针,则整个源表面被 blit。参数 dstrect 虽然是个矩形区域指针,但是实际上只用到了这个矩形左上角坐标的数据,所以它实际上是源表面被 blit 到目标表面上的坐标;如果是空指针,则被 blit 到目的面的左上角(0,0)。如果函数执行成功,则返回 0,否则返回负数(错误代码),调用 SDL_GetError()函数可以获取更多异常信息。

4) SDL_UpdateWindowsurface()函数

SDL_UpdateWindowsurface(SDL_Window * window)函数用于将窗口内容复制到屏幕。这里有一个很重要的概念,对窗口 window 所绑定的那个 surface 做了更改之后,并不会立即反映在屏幕上,必须调用该函数来更新这个 window 才能显示到屏幕上。该函数的原型如下:

```
int SDL_UpdateWindowsurface(SDL_Window * window);
```

参数 window 代表被更新的窗口,如果函数执行成功,则返回 0,否则返回负数(错误码),调用 SDL_GetError()函数可以获取更多异常信息。

SDL_BlitSurface()和 SDL_UpdateWindowsurface()函数一般是结对出现的,当已经准备好的 surface 被复制后,这部分数据就需要被显示了。关于这一点,是因为目前的大多数渲染系统是双缓冲的,显示在屏幕上的是前缓冲,用 SDL_BlitSurfac()函数传输的数据其实传输到了后缓冲上,而 SDL_UpdateWindowsurface()函数起到了交换缓冲的作用。双缓冲的好处就在于从屏幕上看不到图像的绘制过程,使图像看起来是在瞬间完成的(实际上是在后缓冲完成后被直接交换到屏幕上),这样就可以避免屏幕闪烁的现象。

5) SDL_FreeSurface()函数

SDL_FreeSurface()函数用来删除指定的表面,函数的原型如下:

```
void SDL_FreeSurface(SDL_Surface * surface);
```

6) SDL_SetVideoMode()函数

SDL_SetVideoMode()函数用来初始化屏幕,这个屏幕特指 SDL 绘制的窗口,并不是指整个屏幕,函数的原型如下:

```
SDL_Surface * SDL_SetVideoMode(int width, int height, int bitsperpixel, Uint32 flags);
```

参数 width 和 height 分别代表输出的宽度和高度。参数 bitsperpixel 是指 bpp,即每点的像素数,取值 8、16 或 32,该值越大,说明屏幕表现力越丰富,它取决于显示器或 LCD 的硬件性能。一般桌面显示器的取值是32，嵌入式设备的bpp可以用fbset命令来查看。参数flags的常见取值(可以同时取多个值)如下：

```
//chapter6/other-help.txt
SDL_SWSURFACE:数据区建立在系统内存之上
SDL_HWSURFACE:数据区建立在显存之上
SDL_FULLSCREEN:全屏模式
SDL_NOFRAME:取消边框和标题栏
SDL_DOUBLEBUF:硬件双缓冲,必须与SDL_HWSURFACE同时使用
```

例如初始化屏幕的案例代码如下：

```
SDL_Surface * screen = SDL_SetVideoMode( 640,320,32, SDL_SWSURFACE );
```

7) SDL 2 加载 BMP 图片案例应用

使用 SDL 2 来显示一张 fyxylogo.bmp 图片，代码如下：

```
//chapter6/
#include <SDL.h>
int TestSurface(){
    SDL_Surface * screen;
    SDL_Window * window;
    SDL_Surface * image;

    SDL_Init(SDL_INIT_VIDEO);          //初始化视频子系统
    //创建一个窗体
    window = SDL_CreateWindow("SDL2 Surface",
        SDL_WINDOWPOS_UNDEFINED, SDL_WINDOWPOS_UNDEFINED,
        640, 480, 0);
    //获得一个与窗体关联的surface,赋值给screen
    screen = SDL_GetWindowsurface(window);

    //加载一个bmp图片文件,并把surface赋值给image
    image = SDL_LoadBMP("fyxylogo.bmp");

    //将image中的数据复制到screen中,相当于直接显示
    SDL_BlitSurface(image, NULL, screen, NULL);

    SDL_FreeSurface(image);            //image数据已经被复制出去,因此失去价值

    //刷新窗体,让与窗体关联的screen中的数据能够显示出来
    SDL_UpdateWindowsurface(window);

    //show image for 5 seconds
    SDL_Delay(5000);

    SDL_DestroyWindow(window);
    SDL_Quit();
    return 0;
}
```

将该函数复制到 Qt 项目（SDLQtDemo1）的 main.cpp 文件中，编译并运行，则会创建一个 640×480 像素的窗口，然后加载并显示 fyxylogo.bmp 图片，如图 6-17 所示。注意代码中加载图片使用的是相对路径，需要把 fyxylogo.bmp 文件放到 Qt 项目的"构建目录"下，如图 6-18 所示。

图 6-17　SDL 2 加载并显示 BMP 图片

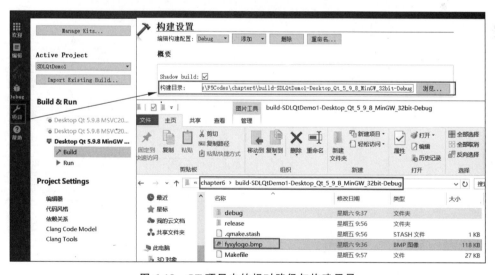

图 6-18　QT 项目中的相对路径与构建目录

3. SDL_Renderer：渲染器

SDL_Renderer 是处理所有渲染的结构体，在该范围内渲染 SDL_Window，它还会跟踪与渲染相关的设置。该结构体定义了一个 SDL 2 中的渲染器。如果直接使用 SDL 2 编译好的 SDK，则看不到它的内部结构。有关它的定义在头文件中只有两行代码，代码如下：

```
/** 表面渲染状态的结构 */
typedef struct SDL_Renderer SDL_Renderer;
```

在源代码工程中可以看到 SDL_Renderer 结构体的定义，位于 render\SDL_sysrender.h 文件中。使用 SDL 2 创建了窗口之后，并不能立即显示出来。其原因是，创建的窗口只是逻辑上的窗口，要想让窗口显示出来，需要对窗口进行渲染，也就是要通过绘制像素的方法，将窗口中的像素全部点亮。SDL 2 提供了方便的 API 进行渲染，先来了解一下渲染的基本原理。首先创建一个 window 窗口，它是要渲染的目标，然后需要有一个渲染上下文，在该上下文中一方面存放着要渲染的目标，也就是 window 窗口；另一方面存放着一个缓冲区，该缓冲区用于存放渲染的内容。渲染的内容可以是点、线、各种图形、图片和视频等，以及它们的各种组合。这些组合后的内容首先被存放到缓冲区中，最终 SDL 2 将缓冲区中的内容渲染到窗口中。渲染的基本流程如图 6-19 所示，具体步骤如下：

（1）创建窗口。
（2）创建渲染器。
（3）清空缓冲区。
（4）绘制要显示的内容。
（5）最终将缓冲区内容渲染到 window 窗口上。

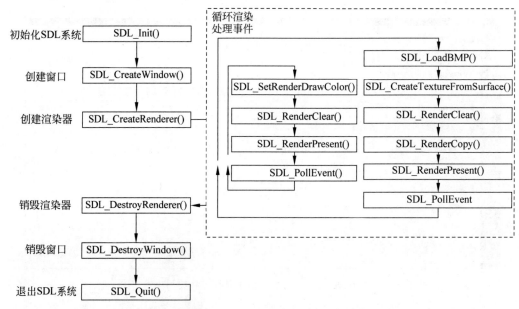

图 6-19　SDL 2 的渲染流程及 API

1）SDL_CreateRenderer() 函数

在 SDL 2 中使用 SDL_CreateRenderer() 函数基于窗口来创建渲染器，函数的原型如下：

```
SDL_Renderer * SDLCALL SDL_CreateRenderer(SDL_Window * window,
                                  int index, Uint32 flags);
```

如果该函数执行成功，则返回创建完成的渲染器，否则返回 NULL。各个参数的含义如下。

(1) window：渲染的目标窗口。

(2) index：打算初始化的渲染设备的索引。如果设置为 −1 则初始化默认的渲染设备。

(3) flags：支持以下值。代码如下：

```
//chapter6/other-help.txt
    SDL_RENDERER_SOFTWARE:使用软件渲染
    SDL_RENDERER_ACCELERATED:使用硬件加速
    SDL_RENDERER_PRESENTVSYNC:和显示器的刷新率同步
    SDL_RENDERER_TARGETTEXTURE:目标纹理
```

2) SDL_DestroyRenderer()函数

SDL_DestroyRenderer()函数用来销毁渲染上下文，并释放与渲染上下文相关的资源，函数的原型如下：

```
void SDL_DestroyRenderer(SDL_Renderer * renderer);
```

3) SDL_SetRenderDrawColor()函数

SDL_SetRenderDrawColor()函数用来渲染颜色，函数的原型如下：

```
//chapter6/other-help.txt
int SDLCALL SDL_SetRenderDrawColor(SDL_Renderer * renderer,
                        Uint8 r, Uint8 g, Uint8 b,Uint8 a);
```

参数 renderer 是前面通过 SDL_CreateRenderer()函数创建的渲染器上下文。参数 r、g 和 b 分别代表红色、绿色、蓝色的分量值。参数 a 代表透明度，取值范围为[0,255]，0 代表完全透明，255 代表完全不透明。例如渲染红色的案例代码如下：

```
/* 选择绘图的颜色,这里设置为红色 */
SDL_SetRenderDrawColor(renderer, 255, 0, 0, 255);
```

4) SDL_RenderClear()函数

SDL_RenderClear()函数的作用是用指定的颜色清空缓冲区，函数的原型如下：

```
int SDL_RenderClear(SDL_Renderer * renderer);
```

参数 renderer 是前面通过 SDL_CreateRenderer()函数创建的渲染器上下文。

5) SDL_RenderPresent()函数

SDL_RenderPresent()函数用来展示要渲染的内容,将缓冲区中的内容输出到目标上,也就是 window 窗口上,函数的原型如下:

```
void SDL_RenderPresent(SDL_Renderer * renderer);
```

参数 renderer 是前面通过 SDL_CreateRenderer()函数创建的渲染器上下文。

6) SDL 2 绘制并渲染红色窗口的案例应用

使用 SDL 2 绘制并渲染红色窗口的案例,代码如下:

```cpp
//chapter6/SDLQtDemo1/main.cpp
int TestRenderer() {
    int flag = 1;

    SDL_Window * window;                    //定义窗口指针
    SDL_Renderer * renderer;

    SDL_Init(SDL_INIT_VIDEO);               //初始化 SDL 2

    //使用以下设置创建应用程序窗口
    window = SDL_CreateWindow(
        "SDL2_render",                      //窗口标题
        SDL_WINDOWPOS_UNDEFINED,            //初始的 x 坐标
        SDL_WINDOWPOS_UNDEFINED,            //初始的 y 坐标
        640,                                //宽度,单位是像素
        480,                                //高度,单位是像素
        SDL_WINDOW_SHOWN //flags - see below| SDL_WINDOW_BORDERLESS
    );

    //检查窗口是否已创建
    if (window == NULL) {
        //在窗口无法制作的情况下
        printf("Could not create window: %s\n", SDL_GetError());
        return 1;
    }

    /* 调用 SDL_CreateRenderer()函数绘制调用以便影响此窗口 */
    renderer = SDL_CreateRenderer(window, -1, 0);

    /* 选择绘制的颜色,这里设置为红色 */
    SDL_SetRenderDrawColor(renderer, 255, 0, 0, 255);

    /* 将整个屏幕清除为我们选择的颜色 */
    SDL_RenderClear(renderer);

    /* 到目前为止,一切都是在幕后进行的。这将显示窗口的新的红色内容 */
    SDL_RenderPresent(renderer);
```

```
//窗口打开：可以在此进入程序循环(参阅 SDL_PollEvent())

SDL_Delay(3000); //例如暂停执行 3000ms

//销毁渲染器
if (renderer) {
    SDL_DestroyRenderer(renderer);
}

//关闭并销毁窗口
SDL_DestroyWindow(window);

//清理资源
SDL_Quit();
return 0;
}
```

将该函数复制到 Qt 项目(SDLQtDemo1)的 main.cpp 文件中，编译并运行，则会创建一个 640×480 像素的红色窗口，如图 6-20 所示。

图 6-20　SDL 2 渲染红色窗口

4. SDL_Texture：纹理

在 SDL_Render 对象中有一个视频缓冲区，该缓冲区被称为 SDL_Surface，它是按照像素存放图像的。一般把真彩色的像素称为 RGB 24 数据。也就是说，每像素由 24 位组成，每 8 位代表一种颜色，像素的最终颜色是由 RGB 3 种颜色混合而成的。

SDL_Texture(纹理，硬渲染方式)与 SDL_Surface(表面，软渲染方式)相似，也是一种缓冲区。只不过它存放的不是真正的像素数据，而是图像的描述信息。这些描述信息通过 OpenGL、D3D 或 Metal 等技术操作 GPU，从而绘制出与 SDL_Surface 一样的图形，并且效率更高(因为它是由 GPU 硬件计算的)。

SDL_Window 代表的是窗口的逻辑概念,它是存放在主内存中的一个对象,所以当调用 SDL API 创建窗口后,它并不会被显示出来。SDL_Render 是渲染器,它也是主存中的一个对象。对 SDL_Render 操作时实际上分为两个阶段。

(1) 渲染阶段:在该阶段,用户可以将各种图形渲染到 SDL_Surface 或 SDL_Texture 中。

(2) 显示阶段:以 SDL_Texture 为数据,通过 OpenGL 或 D3D 操作 GPU,最终将 SDL_Surfce 或 SDL_Texture 中的数据输出到显示器上。

通过上面的介绍,就将 SDL_Window、SDL_Render、SDL_Surface 与 SDL_Texture 之间的关系梳理清楚了。SDL 2 提供了操作 SDL_Texture 的方法,使用 SDL_Texute 的基本步骤如下:

(1) 创建 SDL_Texture。

(2) 渲染 SDL_Texture。

(3) 销毁 SDL_Texture。

1) SDL_CreateTexture()函数

SDL_CreateTexture()函数用于创建纹理(SDL_Texture),函数的原型如下:

```
//chapter6/other-help.txt
SDL_Texture * SDL_CreateTexture(SDL_Renderer * renderer,
                                Uint32    format,
                                int       access,
                                int       w,
                                int       h);
```

如果函数执行成功,则返回指向纹理的指针,否则返回 NULL。各个参数的含义如下。

(1) renderer: 渲染器指针。

(2) format: 指明像素格式,可以是 YUV 或 RGB 等。

(3) access: 指明 Texture 的类型,可以是 Stream 或 Target 等。

(4) w、h: 指明宽度和高度。

2) SDL_SetRenderTarget()函数

SDL_SetRenderTarget()函数把一个纹理设置为渲染目标,函数的原型如下:

```
//chapter6/other-help.txt
/** 把指定的纹理设置为渲染目标
 * 将纹理设置为当前渲染目标
 * \param renderer: 渲染器
 * \param texture: 目标纹理,必须使用 SDL_TEXTUREACCESS_TARGET 标志创建,或使用 NULL 作为默认
 * 渲染目标
 * \成功返回 0,否则返回 -1
 * \sa SDL_GetRenderTarget()
 */
int SDLCALL SDL_SetRenderTarget(SDL_Renderer * renderer,
                                SDL_Texture * texture);
```

参数 renderer 为渲染器。参数 texture 代表需要渲染的纹理,NULL 代表默认的渲染目标。如果函数执行成功,则返回 0,否则返回负数。

3) SDL_RenderCopy()函数

SDL_RenderCopy()函数将纹理数据复制给渲染目标,函数的原型如下:

```
//chapter6/other-help.txt
int SDLCALL SDL_RenderCopy(SDL_Renderer * renderer,
                           SDL_Texture * texture,
                           const SDL_Rect * srcrect,
                           const SDL_Rect * dstrect);
```

如果该函数执行成功,则返回 0,否则返回 −1。各个参数的含义如下。

(1) renderer:渲染目标。

(2) texture:输入纹理。

(3) srcrect:选择输入纹理的一块矩形区域作为输入。当设置为 NULL 时代表整个纹理作为输入。

(4) dstrect:选择渲染目标的一块矩形区域作为输出。当设置为 NULL 时代表整个渲染目标作为输出。

4) SDL_UpdateTexture()函数

SDL_UpdateTexture()函数用于设置纹理的像素数据,函数的原型如下:

```
//chapter6/other-help.txt
int SDLCALL SDL_UpdateTexture(SDL_Texture * texture,
                              const SDL_Rect * rect,
                              const void * pixels, int pitch);
```

如果函数执行成功,则返回 0,否则返回 −1。各个参数的含义如下。

(1) texture:目标纹理。

(2) rect:更新像素的矩形区域。当设置为 NULL 时更新整个区域。

(3) pixels:像素数据。

(4) pitch:一行像素数据的字节数。

5) SDL_DestroyTexture()函数

SDL_DestroyTexture()函数用于销毁纹理,函数的原型如下:

```
void SDL_DestroyTexture(SDL_Texture * texture);
```

6) SDL_Texture 纹理绘制矩形案例应用

通过 SDL 2 的纹理方式绘制黑色背景窗口,然后绘制红色的矩形,案例代码如下:

```
//chapter6/SDLQtDemo1/main.cpp
#include <SDL.h>
```

```
int TestTexture( ){
        SDL_Window * window;
        SDL_Renderer * renderer;
        SDL_Texture * texture;
        SDL_Rect rect;

        if (SDL_Init(SDL_INIT_VIDEO) < 0) {
                SDL_LogError(SDL_LOG_CATEGORY_APPLICATION,
                                "Couldn't initialize SDL: % s", SDL_GetError());
                return 3;
        }
        //A. Create.Window
        window = SDL_CreateWindow("SDL_CreateTexture",
                        SDL_WINDOWPOS_UNDEFINED,
                        SDL_WINDOWPOS_UNDEFINED,
                        640, 480,
                        SDL_WINDOW_RESIZABLE);
        rect.w = 100; rect.h = 50;

        //B. Create.Renderer
        renderer = SDL_CreateRenderer(window, -1, 0);

        //C. Create.Texture
        texture = SDL_CreateTexture(renderer, SDL_PIXELFORMAT_RGBA8888,
                                SDL_TEXTUREACCESS_TARGET, 640, 480);

        rect.x = rand() % 400;
        rect.y = rand() % 400;

        //D1. Draw background : black
        SDL_SetRenderTarget(renderer, texture);            //将渲染目标设置为纹理
        //将纹理背景设置为黑色
        SDL_SetRenderDrawColor(renderer, 0x00, 0x00, 0x00, 0x00);
        SDL_RenderClear(renderer);                         //用黑色清屏

        //D2. Draw foreground : white.rect
        SDL_SetRenderDrawColor(renderer, 0xFF, 0xFF, 0x00, 0x00);      //red
        SDL_RenderFillRect(renderer, &rect);               //白色矩形

        //D3. Render.present : background + foreground
        SDL_SetRenderTarget(renderer, NULL);               //恢复默认的渲染目标,即窗口
        SDL_RenderCopy(renderer, texture, NULL, NULL);     //将纹理复制到CPU
        SDL_RenderPresent(renderer);                       //输出到目标窗口

        //E. Destroy.texture||Renderer||Window
        SDL_Delay(3000);
        SDL_DestroyTexture(texture);
        SDL_DestroyRenderer(renderer);
        SDL_DestroyWindow(window);
```

```
        SDL_Quit();
        return 0;
}
```

将该函数复制到 Qt 项目(SDLQtDemo1)的 main.cpp 文件中,编译并运行,则会创建一个 640×480 像素的黑色背景的窗口,以及一个白色的矩形,如图 6-21 所示。

图 6-21　SDL 2 的 Texture 渲染白色矩形

7) SDL_Texture 纹理绘制图片案例应用

通过 SDL 2 的纹理方式绘制 BMP 图片,案例代码如下:

```
//chapter6/SDLQtDemo1/main.cpp
int TestTexture002( ){
    SDL_Window  * myWindow = NULL;
    SDL_Renderer * myRenderer = NULL;
    SDL_Texture * myTexture = NULL, * hisTexture = NULL;
    SDL_Surface * picture;
    int nRenderDrivers;

    if (SDL_Init(SDL_INIT_VIDEO) < 0) {
        exit(1);
    }
    atexit(SDL_Quit);

    //Load image:加载 BMP 图片
    picture = SDL_LoadBMP("fyxylogo.bmp");
    //创建窗口
    myWindow = SDL_CreateWindow("testSdl2", 240, 240,
                                picture->w, picture->h,
                                SDL_WINDOW_RESIZABLE|SDL_WINDOW_SHOWN);
```

```
//获取当前可用画图驱动,Windows 中有 3 个
//第 1 个为 d3d,第 2 个为 opengl,第 3 个为 software
nRenderDrivers = SDL_GetNumRenderDrivers();
//创建渲染器,第 2 个参数为选用的画图驱动,0 代表 d3d
myRenderer = SDL_CreateRenderer(myWindow, 0, SDL_RENDERER_ACCELERATED);

SDL_RendererInfo info;
SDL_GetRendererInfo(myRenderer, &info);

SDL_GetRenderDriverInfo(0, &info);            //d3d
SDL_GetRenderDriverInfo(1, &info);            //opgl
SDL_GetRenderDriverInfo(2, &info);            //software

//创建纹理,使用 BMP 图片像素格式
myTexture = SDL_CreateTexture(myRenderer,
        /* SDL_PIXELFORMAT_RGB24 */picture->format->format,
        SDL_TEXTUREACCESS_STREAMING, picture->w, picture->h);

{//更新纹理,清屏,复制纹理,显示
    SDL_UpdateTexture(myTexture, NULL, picture->pixels, picture->pitch);
    SDL_RenderClear(myRenderer);
    SDL_RenderCopy(myRenderer, myTexture, NULL, NULL);
    SDL_RenderPresent(myRenderer);

    SDL_Delay(3000);
}

SDL_DestroyTexture(myTexture);
SDL_DestroyRenderer(myRenderer);
SDL_DestroyWindow(myWindow);

return 0;
}
```

将该函数复制到 Qt 项目(SDLQtDemo1)的 main.cpp 文件中,编译并运行,则会创建一个与指定的 BMP 图片的宽和高相等的窗口,然后将图片的像素更新到纹理中进行显示,如图 6-22 所示。

图 6-22 SDL 2 的 Texture 渲染 BMP 图片

5. SDL_Event：事件

前面所学习的 SDL 2 的例子在运行时，发现窗口只显示了几秒，这种方式的用户体验非常不好。其实 SDL 2 的事件机制可以让窗口一直显示，直到检测到用户用鼠标单击关闭按钮后才消失。SDL_Event 是 SDL 2 中所有事件处理的核心。SDL 2 事件主要包括键盘事件、鼠标事件和窗口事件等。SDL 2 主要包括以下几种事件类型。

(1) SDL_WindowEvent：窗口相关的事件。

(2) SDL_KeyboardEvent：键盘相关的事件。

(3) SDL_MouseMotionEvent：鼠标移动相关的事件。

(4) SDL_QuitEvent：退出事件。

(5) SDL_UserEvent：用户自定义事件。

1) SDL_Event 联合体

SDL_Event 是个联合体，是 SDL 2 中所有事件处理的核心。它是 SDL 2 中使用的所有事件结构的并集。只要知道了某个事件类型对应 SDL_Event 结构的成员，使用它是一个简单的事情。SDL_Event 联合体的声明代码如下：

```
//chapter6/other-help.txt
/**
* 常见的事件结构
*/
typedef union SDL_Event{
    Uint32 type;                          /** 事件类型,与所有事件共享 */
    SDL_CommonEvent common;               /** 常见事件数据 */
    SDL_DisplayEvent display;             /** 显示 */
    SDL_WindowEvent window;               /** 窗口 */
    SDL_KeyboardEvent key;                /** 键盘 */
    SDL_TextEditingEvent edit;            /** 文本编辑 */
    SDL_TextInputEvent text;              /** 文本输入 */
    SDL_MouseMotionEvent motion;          /** 鼠标移动 */
    SDL_MouseButtonEvent button;          /** 鼠标按钮 */
    SDL_MouseWheelEvent wheel;            /** 鼠标滚轮 */
    SDL_JoyAxisEvent jaxis;               /** 摇杆轴 */
    SDL_JoyBallEvent jball;               /** 摇杆球 */
    SDL_JoyHatEvent jhat;                 /** 操纵手柄帽 */
    SDL_JoyButtonEvent jbutton;           /** 操纵手柄按钮 */
    SDL_JoyDeviceEvent jdevice;           /** 操纵手柄设备更换 */
    SDL_ControllerAxisEvent caxis;        /** 游戏控制器轴 */
    SDL_ControllerButtonEvent cbutton;    /** 游戏控制器按钮 */
    SDL_ControllerDeviceEvent cdevice;    /** 游戏控制器设备 */
    SDL_AudioDeviceEvent adevice;         /** 音频设备 */
    SDL_SensorEvent sensor;               /** 传感器 */
    SDL_QuitEvent quit;                   /** 退出请求 */
    SDL_UserEvent user;                   /** 自定义数据 */
    SDL_SysWMEvent syswm;                 /** 系统相关窗口 */
    SDL_TouchFingerEvent tfinger;         /** 触摸手指 */
```

```
        SDL_MultiGestureEvent mgesture;         /** 手势 */
        SDL_DollarGestureEvent dgesture;        /** 娃娃手势 */
        SDL_DropEvent drop;                     /** 拖曳 */

    /* 这对于 Visual C++ 和 GCC 之间的 ABI 兼容性是必要的。Visual C++ 将尊重推送包杂注,并使
       用 52 字节用于该结构,GCC 将使用最大数据类型的对齐方式。在并集内,即 8 个字节。所以
       将添加填充以强制两者的大小都为 56 字节
    */
        Uint8 padding[56];
    } SDL_Event;
```

SDL_Event 的所有成员和对应类型如表 6-2 所示。

表 6-2　SDL_Event 结构体的各个字段说明

字段类型	字段名称	说明
SDL_CommonEvent	common	常见事件数据
SDL_WindowEvent	window	窗口事件数据
SDL_KeyboardEvent	key	键盘事件数据
SDL_TextEditingEvent	edit	文本编辑事件数据
SDL_TextInputEvent	text	文本输入事件数据
SDL_MouseMotionEvent	motion	鼠标运动事件数据
SDL_MouseButtonEvent	button	鼠标按钮事件数据
SDL_MouseWheelEvent	wheel	鼠标滚轮事件数据
SDL_JoyAxisEvent	jaxis	操纵杆轴事件数据
SDL_JoyBallEvent	jball	操纵杆球事件数据
SDL_JoyHatEvent	jhat	操纵杆帽事件数据
SDL_JoyButtonEvent	jbutton	操纵杆按钮事件数据
SDL_JoyDeviceEvent	jdevice	操纵杆设备事件数据
SDL_ControllerAxisEvent	caxis	游戏控制器轴事件数据
SDL_ControllerButtonEvent	cbutton	游戏控制器按钮事件数据
SDL_ControllerDeviceEvent	cdevice	游戏控制器设备事件数据
SDL_AudioDeviceEvent	adevice	音频设备事件数据(SDL 2.0.4 及以上版本)
SDL_QuitEvent	quit	退出请求事件数据
SDL_UserEvent	user	自定义事件数据
SDL_SysWMEvent	syswm	系统相关的窗口事件数据
SDL_TouchFingerEvent	tfinger	触摸手指事件数据
SDL_MultiGestureEvent	mgesture	多指手势数据
SDL_DollarGestureEvent	dgesture	多指手势数据
SDL_DropEvent	drop	拖曳事件数据

SDL_Event 联合体包含了外界操作 SDL 2 的绝大多数操作事件,所以成员稍微有点多,下面选取几个简单的联合体成员分析一下,代码如下:

```
//chapter6/other-help.txt
/**
 * \brief Fields shared by every event
 */
typedef struct SDL_CommonEvent{
    Uint32 type;                //事件类型
    Uint32 timestamp;           //以毫秒为单位,使用 SDL_GetTicks()填充
} SDL_CommonEvent;

/**
 * 键盘按钮事件结构(event.key)
 */
typedef struct SDL_KeyboardEvent{
    Uint32 type;                //事件类型:按下按键,按键弹起(SDL_KEYDOWN or SDL_KEYUP)
    Uint32 timestamp;           //以毫秒为单位,使用 SDL_GetTicks()填充
    Uint32 windowID;            //具有键盘焦点的窗口 id
    Uint8 state;                //SDL_PRESSED or SDL_RELEASED
    Uint8 repeat;               //如果这是重复键,则非零
    Uint8 padding2;
    Uint8 padding3;
    SDL_Keysym keysym;          //按下或释放的键
} SDL_KeyboardEvent;
```

2) SDL_WaitEvent()函数

SDL 2 的所有事件都存储在一个队列中,而 SDL_Event 的常规操作就是从这个队列中读取事件或者写入事件,而 SDL 2 对这些事件都做了封装,提供了统一的 API,操作事件队列的 API 代码如下:

```
//chapter6/other-help.txt
SDL_PollEvent: 将队列头中的事件抛出来,不阻塞,将满 CPU 运行
SDL_WaitEvent: 当队列中有事件时,抛出事件.否则处于阻塞状态,释放 CPU
SDL_WaitEventTimeout: 与 SDL_WaitEvent 的区别是,当到达超时时间后,退出阻塞状态
SDL_PeekEvent: 从队列中取出事件,但该事件不从队列中删除
SDL_PushEvent: 向队列中插入事件
```

SDL_WaitEvent()和 SDL_PollEvent()函数从事件队列中读取事件,函数的原型如下:

```
int SDLCALL SDL_PollEvent(SDL_Event * event);
int SDLCALL SDL_WaitEvent(SDL_Event * event);
```

SDL_WaitEvent()函数,当有事件发生时才触发,没有事件时阻塞在这里。SDL_PollEvent()函数的作用是,直接查看事件队列,如果事件队列中有事件,则直接返回事件,并删除此事件。如果没有事件,则直接返回。SDL 2 会存在内存泄漏问题,当事件产生的速度超过事件处理的速度(或者直接没处理 SDL 事件)时会导致内存泄漏。事件发生后会被放在事件队列里,如果不进行处理就一直在队列里。如果程序中某个事件在处理时耗时太长,一直没有处理完,后边产生的事件就会累加,导致内存泄漏。这种内存泄漏一般是良性的,因为 SDL 2 对在队列中可以存储的事件数(65 536)具有上限。

3) SDL 2 处理鼠标移动事件

使用 SDL 2 处理鼠标移动事件(类型为 SDL_MOUSEMOTION)的代码片段如下：

```
//chapter6/other-help.txt
SDL_Event test_event;
while (SDL_PollEvent(&test_event)) {
    switch (test_event.type) {
        case SDL_MOUSEMOTION:
            printf("We got a motion event.\n");
            printf("Current mouse position is: ( %d, %d)\n",
                test_event.motion.x, test_event.motion.y);
            break;
        default:
            printf("Unhandled Event!\n");
            break;
    }
}
printf("Event queue empty.\n");
```

(1) 首先需要定义一个 SDL_Event 变量，方便轮询事件队列时使用。

(2) 通过 SDL_PollEvent()函数获取指向要填充事件信息的 SDL_Event 结构的指针。如果 SDL_PollEvent()函数从队列中删除了一个事件，则事件信息将放在 test_event 结构中。

(3) 为了单独处理每个事件类型，最好使用 switch 语句。

(4) 通常需要知道正在寻找什么样的事件及这些事件的类型。例如，在示例代码中，想要检测用户在应用程序中移动鼠标指针的位置。查看事件类型，并注意到 SDL_MOUSEMOTION 很可能是正在寻找的事件，而 SDL_MOUSEMOTION 事件是在 SDL_MouseMotionEvent 结构中处理的，然后就可以通过 SDL_MouseMotionEvent 的结构获得想要的数据。

4) SDL 2 处理窗口关闭按钮事件

使用 SDL_WaitEvent()函数获取事件，然后判断事件类型，如果是 SDL_QUIT，则为窗口退出事件，此时退出 while 循环即可。为了方便跳出 while 循环，可以增加一个变量作为退出标志，代码如下：

```
//chapter6/other-help.txt
//The window is open now:
//could enter program loop here (see SDL_PollEvent())
SDL_Event test_event;
int quit = 0; //窗口退出标志
while (!quit) {//注意这里使用 quit 作为判断标志
    SDL_WaitEvent(&test_event);
    switch (test_event.type) {
    case SDL_QUIT://窗口退出事件,用户单击窗口关闭按钮×离开窗口时触发
        quit = 1;
```

```
            break;

        case SDL_MOUSEMOTION:
            printf("We got a motion event.\n");
            printf("Current mouse position is: ( %d, %d)\n",
                    test_event.motion.x, test_event.motion.y);
            break;

         default:
            printf("Unhandled Event!\n");
            break;

    }
    if(quit){//判断是否需要退出 while 循环
        break;
    }
    //SDL_Delay(100); //这里最好不要有延迟,否则事件积压会特别严重
}
printf("bye...Event queue empty.\n");
```

在上述代码片段中,当 SDL 2 检测到用户单击窗口关闭按钮时,将标志变量(quit)设置为 1,然后增加 if 判断,如果 quit 为 1,则跳出整个 while 循环。

5) SDL_PollEvent 与 SDL_WaitEvent

SDL_PollEvent()和 SDL_WaitEvent()函数都能处理 SDL 2 的事件队列,将程序中的 SDL_WaitEvent()替换为 SDL_PollEvent()函数即可,运行时发现也没什么问题,但是当打开任务管理器时,会发现程序特别耗费 CPU 资源。无论事件队列中是否存在事件,SDL_PollEvent()函数都不会阻塞,而是一直循环,从不休息,所以导致消耗 CPU 资源比较多,而使用 SDL_WaitEvent()函数,就不会出现这个问题,因为当它发现队列为空时,会阻塞在那里,并将占用的 CPU 资源释放。这两个函数使用的场景不同:对于游戏来讲,它要求对事件进行实时处理,最好使用 SDL_PollEvent()函数,而对于一些其他对实时性要求不高的场景,则可以使用 SDL_WaitEvent()函数。

6) SDL 2 处理键盘事件

使用 SDL_WaitEvent()函数获取事件,判断事件类型,如果是 SDL_KEYDOWN,则为键盘按下事件,然后进一步判断用 event.key.keysym.sym 获取键盘按下的字符,其中 key 指的是事件的类型;keysym 指的是键盘按下或释放的键,即键盘按下或者释放都会返回字符;sym 用于获取字符。代码片段如下:

```
//chapter6/other-help.txt
//窗口打开:可以在此处进入程序循环
SDL_Event test_event;
int quit = 0;
while (!quit) {                              //等待事件
    //SDL_PollEvent(&test_event);            //非阻塞
    SDL_WaitEvent(&test_event);              //阻塞
```

```
            switch(test_event.type){
            case SDL_QUIT:
                quit = 1;
                break;

            case SDL_KEYDOWN:
                switch(test_event.key.keysym.sym){
                    case SDLK_UP:
                        std::cout <<"Pressed up." << std::endl;
                        break;
                    case SDLK_DOWN:
                        std::cout <<"key down." << std::endl;
                        break;
                    case SDLK_LEFT:
                        std::cout <<"key left." << std::endl;
                        break;
                    case SDLK_RIGHT:
                        std::cout <<"key RIGHT." << std::endl;
                        break;
                    case SDLK_a:
                        std::cout <<"key: a." << std::endl;
                        break;
                    case SDLK_b:
                        std::cout <<"key: b." << std::endl;
                        break;
                }
                break;

            default:
                printf("Unhandled Event!\n");
                break;
            }
            if(quit){
                break;
            }
        }
        printf("bye...Event queue empty.\n");
```

7) SDL 2 处理鼠标单击事件

使用 SDL 2 处理鼠标单击事件(类型为 SDL_MOUSEBUTTONDOWN),包括鼠标左键、右键和中键,由于 case 分支中又包括了 3 个 if 子判断,所以最外层需要用一对花括号({})括住,代码片段如下:

```
//chapter6/other-help.txt
SDL_Event test_event;
int quit = 0;
while (!quit) {                              //SDL_WaitEvent
    //SDL_PollEvent(&test_event);            //non-blocking
```

```cpp
        SDL_WaitEvent(&test_event);              //blocking
        switch(test_event.type) {
        case SDL_QUIT:
            quit = 1;
            break;

        case SDL_MOUSEMOTION:
            printf("We got a motion event.\n");
            break;

        case SDL_MOUSEBUTTONDOWN:
        {
            int px = test_event.button.x;
            int py = test_event.button.y;
            if(SDL_BUTTON_LEFT == test_event.button.button){
                std::cout << " Left X position: " << px << std::endl;
                std::cout << " Left Y position: " << py << std::endl << std::endl;
            }
            else if(SDL_BUTTON_RIGHT == test_event.button.button){
                std::cout << " Right X position: " << px << std::endl;
                std::cout << " Right Y position: " << py << std::endl << std::endl;
            }
            else if(SDL_BUTTON_MIDDLE == test_event.button.button){
                std::cout << " Mid X position: " << px << std::endl;
                std::cout << " Mid Y position: " << py << std::endl << std::endl;
            }
            break;
        }

        default:
            printf("Unhandled Event!\n");
            break;
        }
        if(quit){
            break;
        }
        //SDL_Delay(100);
    }
    printf("bye...Event queue empty.\n");
```

8) SDL 2 事件处理综合案例

首先调用 SDL_CreateWindow() 函数创建窗口,然后增加鼠标、键盘和退出等事件处理功能,代码如下:

```cpp
//chapter6/SDLQtDemo1/main.cpp
int TestWindowEvent(){
    SDL_Window * window;                       //定义窗口指针
```

```cpp
    SDL_Init(SDL_INIT_VIDEO);                    //初始化 SDL 2 库

    //使用以下设置创建应用程序窗口
    window = SDL_CreateWindow(
        "SDL2 window",                           //窗口标题
        SDL_WINDOWPOS_UNDEFINED,                 //初始的 x 坐标
        SDL_WINDOWPOS_UNDEFINED,                 //初始的 y 坐标
        640,                                     //宽度,单位是像素
        480,                                     //高度,单位是像素
        SDL_WINDOW_OPENGL                        //标志值
    );

    //检查窗口是否已成功创建
    if (window == NULL) {
        //在无法制作窗口的情况下
        printf("Could not create window: %s\n", SDL_GetError());
        return 1;
    }

    //窗口打开:可以在此处进入程序循环
    SDL_Event test_event;
    int quit = 0;
    while (!quit) {                              //等待事件
        //SDL_PollEvent(&test_event);            //非阻塞
        SDL_WaitEvent(&test_event);              //阻塞
        switch (test_event.type) {
        case SDL_QUIT:
            quit = 1;
            break;

        case SDL_MOUSEMOTION:
            printf("We got a motion event.\n");
            printf("Current mouse position is: (%d, %d)\n",
                test_event.motion.x, test_event.motion.y);
            break;
        case SDL_MOUSEBUTTONDOWN:
        {
            int px = test_event.button.x;
            int py = test_event.button.y;
            if(SDL_BUTTON_LEFT == test_event.button.button){
                std::cout << " Left X position: " << px << std::endl;
                std::cout << " Left Y position: " << py << std::endl << std::endl;
            }
            else if(SDL_BUTTON_RIGHT == test_event.button.button){
                std::cout << " Right X position: " << px << std::endl;
                std::cout << " Right Y position: " << py << std::endl << std::endl;
            }
            else if(SDL_BUTTON_MIDDLE == test_event.button.button){
                std::cout << " Mid X position: " << px << std::endl;
```

```cpp
                std::cout << " Mid Y position: " << py << std::endl << std::endl;
            }
            break;
            }

        case SDL_KEYDOWN:
            switch(test_event.key.keysym.sym){
                case SDLK_UP:
                    std::cout <<"Pressed up." << std::endl;
                    break;
                case SDLK_DOWN:
                    std::cout <<"key down." << std::endl;
                    break;
                case SDLK_LEFT:
                    std::cout <<"key left." << std::endl;
                    break;
                case SDLK_RIGHT:
                    std::cout <<"key RIGHT." << std::endl;
                    break;
                case SDLK_a:
                    std::cout <<"key: a." << std::endl;
                    break;
                case SDLK_b:
                    std::cout <<"key: b." << std::endl;
                    break;
            }
            break;

        default:
            printf("Unhandled Event!\n");
            break;
        }
        if(quit){break;}
        //SDL_Delay(100);
    }
    printf("bye...Event queue empty.\n");
    //SDL_Delay(3000);

    //关闭并销毁窗口
    SDL_DestroyWindow(window);

    //清理资源
    SDL_Quit();
    return 0;
}
```

将该函数复制到 Qt 项目(SDLQtDemo1)的 main.cpp 文件中,编译并运行,然后在窗口中移动鼠标、按下鼠标左键并从键盘上按下字符 a 和 b 等,如图 6-23 所示。

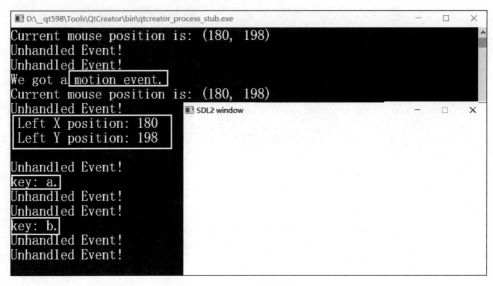

图 6-23　SDL 2 的事件机制

6.3　SDL 2 的扩展库及应用

虽然 SDL 2 为多个系统提供了广泛的 API，但它忽略了某些领域，而在其他领域缺乏功能，而 SDL 2 的扩展库解决了这些问题，以模块化的方式添加了更多功能。SDL_Image 扩展库用于加载各种类型的图像；SDL_Mixer 扩展库提供了播放音频的功能，而 SDL_TTF 扩展库提供了字体加载和呈现功能。

1. SDL_Image 扩展库

使用 SDL 2 自带的 SDL_LoadBMP() 函数可以加载 BMP 格式的图片，但这个函数无法加载其他格式的图片，由于 BMP 位图是裸图，不带压缩，所以很难让它保存透明度（alpha）数据，而且从网上下载的大多数 BMP 图像格式不兼容，而 SDL_Image 库添加了一组函数来加载其他图像类型，包括 PNG、JPG、GIF 和 TIFF，需要单独下载并配置，具体的下载网址为 https://github.com/libsdl-org/SDL_image/tree/release-2.0.5。

使用 SDL_Image 库加载图片，需要先引入头文件，代码如下：

```
#include <SDL_image.h>
```

然后需要调用 IMG_Init() 函数来初始化 SDL_Image 库，代码如下：

```
IMG_Init(IMG_INIT_JPG);
```

目前 SDL_Image 库支持 4 种格式，包括 IMG_INIT_JPG、IMG_INIT_PNG、IMG_INIT_TIF 和 IMG_INIT_WEBP。也可以同时初始化多种格式，代码如下：

```
IMG_Init(IMG_INIT_JPG | IMG_INIT_PNG);
```

然后使用 IMG_Load() 函数替换 SDL_LoadBMP() 函数导入其他格式图片，代码如下：

```
SDL_Surface * image = IMG_Load("abc1.JPG");
```

最后，在退出前调用 IMG_Quit() 函数来释放资源，代码如下：

```
IMG_Quit();
```

笔者已经将相关的几个 SDL 扩展库(SDL_Image、SDL_Mixer 和 SDL_TTF)都下载好了并分享到本书的课件资料中，读者可以下载下来并解压到自己的计算机中，如图 6-24 所示。

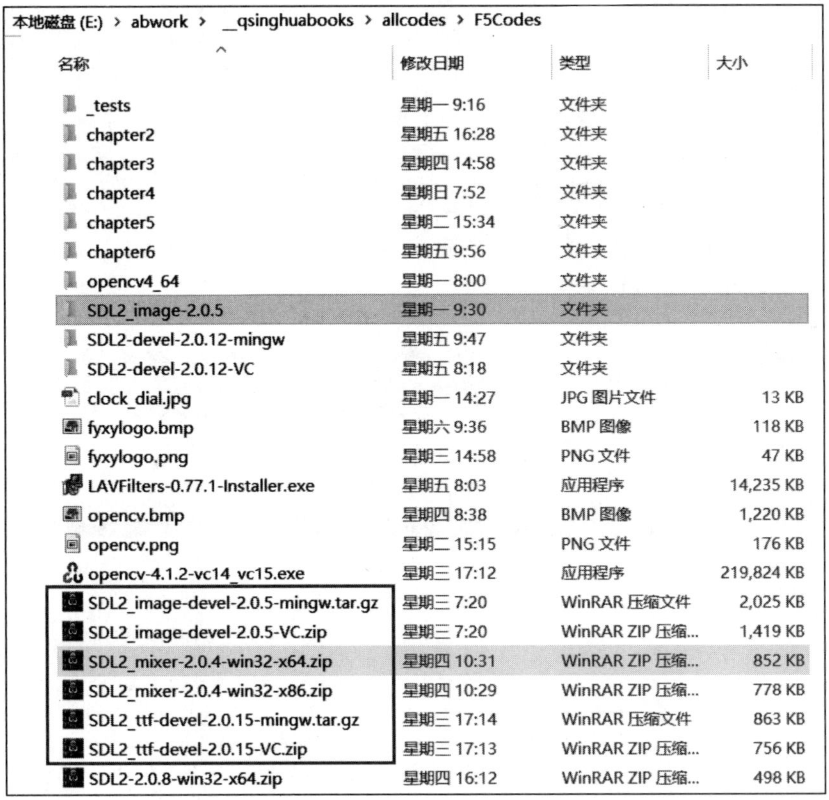

图 6-24 下载 SDL 2 的扩展库

1) 配置 SDL_Image 库

这里讲解如何配置 Qt 的 SDL_Image 开发环境，首先解压 MinGW 版本的压缩包文件 (SDL2_image-devel-2.0.5-mingw.tar.gz)，解压后的文件夹的名字为 SDL2_image-2.0.5，将它重命名为 SDL2_image-2.0.5-mingw。该文件夹包含 i686-w64-mingw32 和 x86_64-w64-

mingw32 两个子文件夹，每个子文件夹分别包含 include、lib 和 bin 3 个子目录。笔者的 Qt 项目选择的是 MinGW 32 位编译套件，所以这里选择 i686-w64-mingw32，其中 bin 目录中包含几个 DLL 文件（libjpeg-9.dll、libpng16-16.dll、libtiff-5.dll、libwebp-7.dll、SDL2_image.dll 和 zlib1.dll），如图 6-25 所示，运行时需要将这几个 DLL 文件复制到可执行文件所在的目录下。

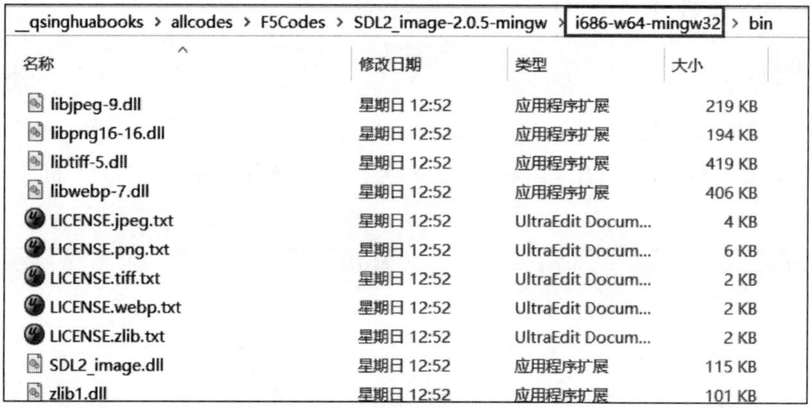

图 6-25　SDL_Image 库的目录结构

使用 Qt Creator 打开 SDLQtDemo1 项目，然后双击 SDLQtDemo1.pro 配置文件，修改其中的 INCLUDEPATH 和 LIBS，代码如下：

```
INCLUDEPATH += ../../SDL2_image-2.0.5-mingw/i686-w64-mingw32/include/SDL2/
LIBS += -L../../SDL2_image-2.0.5-mingw/i686-w64-mingw32/lib/ -lSDL2_image
```

配置好 SDLQtDemo1.pro 后，如图 6-26 所示。

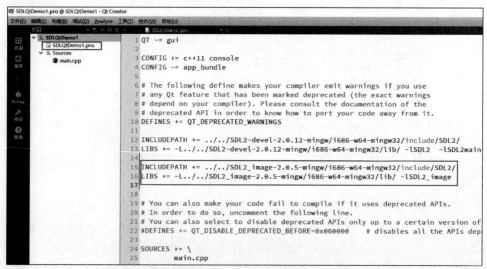

图 6-26　修改 .pro 项目配置文件

2) 使用 SDL_Image 加载 PNG 图片案例

使用 SDL 2 软渲染方式加载 PNG 的具体步骤如下：

(1) 调用 SDL_Init()和 IMG_Init()函数初始化 SDL 2 库和 SDL_Image 库。
(2) 调用 SDL_CreateWindow()函数创建窗口。
(3) 调用 SDL_GetWindowsurface()函数获取窗口的画布。
(4) 调用 IMG_Load()函数加载 PNG 图片。
(5) 调用 SDL_BlitSurface()函数将 PNG 数据复制到第(3)步的窗口画布上。
(6) 调用 SDL_UpdateWindowsurface()函数更新窗口画布并显示出来。
(7) 调用 SDL_FreeSurface()函数释放窗口画布和 PNG 图片数据。
(8) 调用 SDL_DestroyWindow()函数释放窗口。
(9) 调用 IMG_Quit()和 SDL_Quit()函数释放 SDL 2 库和 SDL_Image 库。

该案例的完整代码如下：

```cpp
//chapter6/SDLQtDemo1/main.cpp
#define SDL_MAIN_HANDLED //如果没有此宏,则会报错,并且要放到 SDL.h 之前
#include <iostream>
#include <SDL.h>
#include <SDL_image.h>
using namespace std;

int TestSDLImage_png(){
    SDL_Init(SDL_INIT_VIDEO);
    IMG_Init(IMG_INIT_PNG);
    SDL_Window * window = SDL_CreateWindow(
        "SDL_image_png",                                        //窗口标题
        SDL_WINDOWPOS_UNDEFINED,SDL_WINDOWPOS_UNDEFINED,        //窗口位置
        400,300,                                                //窗口大小
        SDL_WINDOW_SHOWN//以窗口模式显示
        );

    SDL_Surface * surface = SDL_GetWindowsurface(window);       //获得画布
    SDL_Surface * image = IMG_Load("fyxylogo.png");             //加载 PNG 格式图片
    SDL_BlitSurface(image,NULL, surface, NULL);                 //实现将贴图贴至画布上

    SDL_UpdateWindowsurface(window);                            //更新画布

    SDL_FreeSurface(image);                                     //释放 PNG 贴图
    SDL_FreeSurface(surface);                                   //释放画布
    SDL_Delay(3000);                                            //延迟 3s
    SDL_DestroyWindow(window);                                  //销毁画布对象
    IMG_Quit();
    SDL_Quit();                                                 //退出 SDL

    return 0;
}
```

编译并运行该程序，将 fyxylogo.png 图片复制到项目的"构建目录"（build-

SDLQtDemo1-Desktop_Qt_5_9_8_MinGW_32bit-Debug)下，然后将 SDL_2_image.dll 和 libpng16-16.dll 等几个 DLL 文件复制到"构建目录"目录下的 debug 目录中，如图 6-27 所示。

3）使用 SDL_Image 加载 JPG 图片案例

使用 SDL 2 硬渲染方式加载 JPG 的具体步骤如下：

（1）调用 SDL_Init() 和 IMG_Init() 函数初始化 SDL 2 库和 SDL_Image 库。

（2）调用 SDL_CreateWindow() 函数创建窗口。

图 6-27　SDL 2 显示 PNG 图片

（3）调用 SDL_CreateRenderer() 函数创建渲染器。

（4）调用 IMG_Load() 函数加载 JPG 图片。

（5）调用 SDL_CreateTextureFromSurface() 函数创建纹理。

（6）调用 SDL_RenderCopy() 函数将纹理数据复制给渲染器。

（7）调用 SDL_RenderPresent() 函数显示渲染器数据。

（8）调用 SDL_DestroyTexture()、SDL_FreeSurface()、SDL_DestroyRenderer(renderer) 和 SDL_DestroyWindow() 等函数释放相关的资源。

（9）调用 IMG_Quit() 和 SDL_Quit() 函数释放 SDL 2 库和 SDL_Image 库。

该案例的完整代码如下：

```cpp
//chapter6/SDLQtDemo1/main.cpp
#define SDL_MAIN_HANDLED //如果没有此宏,则会报错,并且要放到SDL.h之前
#include <iostream>
#include <SDL.h>
#include <SDL_image.h>
using namespace std;

int TestSDLImage_jpg() {
    bool quit = false;
    SDL_Event event;
    SDL_Init(SDL_INIT_VIDEO);
    IMG_Init(IMG_INIT_JPG);
    SDL_Window *window = SDL_CreateWindow("SDL_image_test",
                             SDL_WINDOWPOS_UNDEFINED,
                             SDL_WINDOWPOS_UNDEFINED,
                             640, 480, 0);
    SDL_Renderer *renderer = SDL_CreateRenderer(window, -1, 0);
    SDL_Surface *image = IMG_Load("fyxylogo.jpg");
    if (image == nullptr) {
        cerr << "SDL_LoadBMP failed\n";
        return -1;
    }
```

```
    SDL_Texture * texture = SDL_CreateTextureFromSurface(renderer, image);

    for (; !quit;) {
        SDL_WaitEvent(&event);

        switch (event.type) {
        case SDL_QUIT: {
            quit = true;
            break;
        }
        }
        SDL_RenderCopy(renderer, texture, nullptr, nullptr);
        SDL_RenderPresent(renderer);
    }

    SDL_DestroyTexture(texture);
    SDL_FreeSurface(image);
    SDL_DestroyRenderer(renderer);
    SDL_DestroyWindow(window);
    IMG_Quit();
    SDL_Quit();
    return 0;
}
```

编译并运行该程序，将 fxylogo.jpg 图片复制到项目的"构建目录"目录（build-SDLQtDemo1-Desktop_Qt_5_9_8_MinGW_32bit-Debug）下，然后将 SDL 2_image.dll 和 libjpeg-9.dll 等几个 DLL 文件复制到"构建目录"目录下的 debug 目录中，如图 6-28 所示。

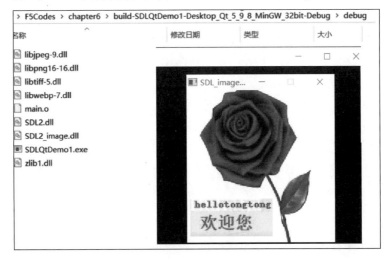

图 6-28　SDL_Image 库加载 JPG 图片效果

4）SDL_CreateTextureFromSurface()函数简介

SDL_CreateTextureFromSurface()函数可将一张图片贴到纹理上，创建一个纹理对象，函数的原型如下：

```
//chapter6/other-help.txt
/** 从一个现有的表面(例如一张图片数据)创建新的纹理
 * \brief Create a texture from an existing surface.
 * \param renderer The renderer,参数 renderer 代表渲染器
 * \param surface:The surface containing pixel data used to fill the texture.
 * 参数 surface:包含原始像素数据的表面,例如一张图片数据
 * \return The created texture is returned, or NULL on error.
 * :函数执行成功,返回纹理,否则返回 NULL.
 * \note The surface is not modified or freed by this function.
 *
 * \sa SDL_QueryTexture(),这个纹理需要使用该函数进行释放
 */
SDL_Texture * SDLCALL SDL_CreateTextureFromSurface(
        SDL_Renderer * renderer, SDL_Surface * surface);
```

该函数从一个现有的表面(例如一张图片数据)创建新的纹理,函数执行成功后返回新的纹理,否则返回 NULL。程序结束前需要调用 SDL_QueryTexture() 函数释放纹理。通常的做法是先加载一张图片(获得 SDL_Surface),然后调用 SDL_CreateTextureFromSurface() 函数根据图片的像素数据(刚才的 SDL_Surface)来创建新的纹理,代码片段如下:

```
//chapter6/other-help.txt
SDL_Texture* newTexture = NULL;                                          //纹理
SDL_Surface* imgSurface = IMG_Load( ... );                               //加载 PNG、JPG 等图片
newTexture = SDL_CreateTextureFromSurface(gRenderer,imgSurface);         //创建纹理
```

2. SDL_Mixer 扩展库

大多数游戏需要实现某种音效,可以使用 SDL 2 来播放音频,例如 PCM 或 WAV 等,但是如果要播放 MP3、Ogg 或 FLAC 等格式的音频文件,则需要引入第三方库 SDL_Mixer。SDL_Mixer 库的源码的下载网址为 https://github.com/libsdl-org/SDL_mixer/tree/release-2.0.4。

1) ffmpeg.exe 提取 PCM 音频数据

使用 ffmpeg 提取 PCM 格式的音频数据,先看几个从音频文件中提取 PCM 格式音频数据的案例,代码如下:

```
#从 MP3 文件中解码并提取出 PCM 格式的音频数据
ffmpeg -i hello.mp3 -ar 48000 -ac 2 -f s16le -y 48000_2_s16le.pcm
```

参数说明如下。

(1) -ar:表示采样率,包括 48 000、44 100、22 050 等。

(2) -ac:表示声道数。

(3) -f:表示输出格式。

这里指定了 3 种输出格式,包括 s16le、s16 和 pcm_s16le;这些格式可以通过命令行来查看,如图 6-29 和图 6-30 所示,代码如下:

```
ffmpeg -encoders | findstr pcm
ffmpeg -sample_fmts
```

注意：读者自己配置 ffmpeg.exe 和 ffplay.exe 的 Path 环境变量。

```
D:\_movies\__test\000>ffmpeg -encoders | findstr pcm
ffmpeg version 4.3.1 Copyright (c) 2000-2020 the FFmpeg developers
 A..... pcm_f32be            PCM 32-bit floating point big-endian
 A..... pcm_f32le            PCM 32-bit floating point little-endian
 A..... pcm_f64be            PCM 64-bit floating point big-endian
 A..... pcm_f64le            PCM 64-bit floating point little-endian
 A..... pcm_mulaw            PCM mu-law / G.711 mu-law
 A..... pcm_s16be            PCM signed 16-bit big-endian
 A..... pcm_s16be_planar     PCM signed 16-bit big-endian planar
 A..... pcm_s16le            PCM signed 16-bit little-endian
 A..... pcm_s16le_planar     PCM signed 16-bit little-endian planar
 A..... pcm_s24be            PCM signed 24-bit big-endian
 A..... pcm_s24daud          PCM D-Cinema audio signed 24-bit
 A..... pcm_s24le            PCM signed 24-bit little-endian
 A..... pcm_s24le_planar     PCM signed 24-bit little-endian planar
 A..... pcm_s32be            PCM signed 32-bit big-endian
 A..... pcm_s32le            PCM signed 32-bit little-endian
 A..... pcm_s32le_planar     PCM signed 32-bit little-endian planar
 A..... pcm_s64be            PCM signed 64-bit big-endian
 A..... pcm_s64le            PCM signed 64-bit little-endian
 A..... pcm_s8               PCM signed 8-bit
 A..... pcm_s8_planar        PCM signed 8-bit planar
 A..... pcm_u16be            PCM unsigned 16-bit big-endian
 A..... pcm_u16le            PCM unsigned 16-bit little-endian
 A..... pcm_u24be            PCM unsigned 24-bit big-endian
```

图 6-29　ffmpeg 支持的 PCM 编码格式

```
D:\_movies\__test\000>ffmpeg -sample_fmts
ffmpeg version 4.3.1 Copyright (c) 2000-2020
  built with gcc 10.2.1 (GCC) 20200726
name   depth
u8     8
s16    16
s32    32
flt    32
dbl    64
u8p    8
s16p   16
s32p   32
fltp   32
dblp   64
s64    64
s64p   64
```

图 6-30　ffmpeg 支持的采样格式

2）ffplay.exe 播放 PCM 文件

使用 ffplay.exe 可以播放 PCM 数据，既可以播放出声音，也可以看到音频波形图，如图 6-31 所示，命令如下：

```
ffplay -ar 48000 -ac 2 -f s16le 48000_2_s16le.pcm
```

参数说明如下。

(1) -ar：表示采样率，包括 48 000、44 100、22 050 等。

(2) -ac：表示声道数。

(3) -f：表示输出格式。

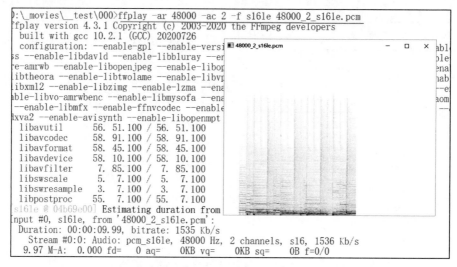

图 6-31　ffplay 播放 PCM 数据（需要指定采样率、采样格式、声道数）

3) ffplay.exe 播放 WAV 文件

对于 WAV 文件来讲，可以直接使用 ffplay.exe 来播放，而且不用像 PCM 格式那样增加额外的参数，因为 WAV 文件头中已经包含了相关的音频参数信息（例如声道数、采样率和采样格式等），播放效果如图 6-32 所示，具体的命令如下：

```
ffplay.exe guang10s.wav
```

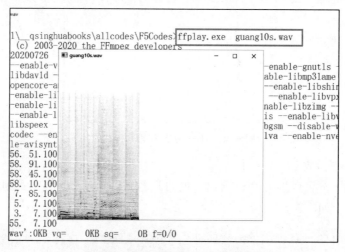

图 6-32　ffplay 播放 WAV 音频文件

4) PCM 格式简介

PCM(Pulse-Code Modulation)，即脉冲编码调制，属于音频原始数据，是采样器(如话筒)将电信号转化成的数字信号，也就是常说的采样到量化的过程，所以其实 PCM 不仅可以用在音频录制方面，还可以用在其他将电信号转数字信号的所有场景。由这样一段原始数据组成的音频文件叫 PCM 文件，通常以.pcm 结尾。一个 PCM 文件的大小取决于以下几个元素。

(1) 采样率：是指每秒电信号采集数据的频率，常见的音频采样率有 8000Hz、16 000Hz、44 100Hz、48 000Hz 和 96 000Hz 等。

(2) 采样位深：表示每个电信号用多少位来存储，例如 8 位的采样位深能够划分的等级为 256 份，人耳的可识别声音频率为 20~20 000Hz，那么每个位的误差就达到了 80Hz，这对音频的还原度大幅降低，但是它的大小也相应地减小了，更有利于音频传输。早期的电话就使用比较低的采样率来达到更稳定的通话质量。对于采样位深其实也并没有 8 位、16 位、32 位这么简单，对于计算机来讲 16 位既可以用 short 表示，也可以用 16 位 int 表示；32 位既可以用 32 位 int 表示，也可以用 32 位 float 表示；除此之外还有有符号和无符号之分，所以在编解码时需要注意这些具体的格式。

(3) 采样通道：常见的有单通道和双通道，双通道能区分左右耳的声音，单通道两只耳朵收到的是一样的声音。通常追求立体感会使用双通道，所以双通道采集的声音也叫立体声。除此之外还有要求更高的 2.1、5.1、6.1、7.1 等通道类型，这些规格对录制话筒有一定要求。

(4) 数据存储方式：表明数据是以交叉方式存放还是以分通道的方式存放，交叉排列针对的是多通道的音频文件，单通道的音频文件不存在交叉排列。采样通道和数据存储方式决定了数据具体如何存储。如果是单声道的文件，则采样数据按时间的先后顺序依次存入。如果是双声道的文件，则通常按照 LRLRLR 的方式存储，存储时还和机器的大小端有关。例如 PCM 的存储方式为小端模式，存储 Data 数据的排列如图 6-33 所示。

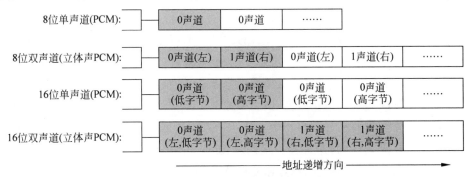

图 6-33　PCM 声道数据的存储顺序

描述 PCM 音频数据的参数时有以下方式：

```
//chapter6/other-help.txt
44 100Hz 16b stereo：每秒有 44 100 次采样，采样数据用 16 位记录，双声道(立体声)
```

22 050Hz 8b mono：每秒有 22 050 次采样，采样数据用 8 位记录，单声道
48 000Hz 32b 51ch：每秒有 48 000 次采样，采样数据用 32 位记录，5.1 声道

（1）44 100Hz 指的是采样率，意思是每秒取样 44 100 次。采样率越大，存储数字音频所占的空间就越大。

（2）16b 指的是采样精度，意思是原始模拟信号被采样后，每个采样点在计算机中用 16 位（两字节）来表示。采样精度越高越能精细地表示模拟信号的差异。

（3）stereo 指的是双声道，即采样时用到话筒的数量，话筒越多就越能还原真实的采样环境。

5）WAV 格式简介

WAV 是微软公司开发的一种声音文件格式，也叫波形声音文件，是最早的数字音频格式，被 Windows 平台及其应用程序广泛支持，但压缩率比较低。WAV 编码是在 PCM 数据格式的前面加上 44 字节的头部，分别用来描述 PCM 的采样率、声道数、数据格式等信息。特点是音质非常好、大量软件支持。一般应用在多媒体开发的中间文件、保存音乐和音效素材等。该格式的文件能记录各种单声道或立体声的声音信息，并能保证声音不失真，但 WAV 文件有一个致命的缺点，就是它所占用的磁盘空间太大（每分钟的音乐大约需要 12MB 磁盘空间）。它符合资源互换文件格式（RIFF）规范，用于保存 Windows 平台的音频信息资源，被 Windows 平台及其应用程序所广泛支持。一般来说，由 WAV 文件还原而成的声音的音质取决于声音卡采样样本的尺寸，采样频率越高，音质就越好，但开销就越大，WAV 文件也就越大。

WAV 文件是 Windows 标准的文件格式，WAV 文件作为多媒体中使用的声音文件格式之一，它是以 RIFF 格式为标准的。RIFF 是英文 Resource Interchange File Format 的缩写，每个 WAV 文件的前 4 字节便是 RIFF。WAV 文件由文件头和数据体两大部分组成，其中文件头又分为 RIFF/WAV 文件标识段和声音数据格式说明段两部分。常见的声音文件主要有两种，分别对应于单声道（11.025kHz 采样率、8b 的采样值）和双声道（44.1kHz 采样率、16b 的采样值）。采样率是指声音信号在模/数转换过程中单位时间内采样的次数。采样值是指每次采样周期内声音模拟信号的积分值。对于单声道声音文件，采样数据为 8b 的短整数（00H～FFH）；而对于双声道立体声声音文件，每次采样数据为一个 16b 的整数（int），高 8 位和低 8 位分别代表左右两个声道。WAV 文件数据块包含以 PCM（脉冲编码调制）格式表示的样本。WAV 文件是由样本组织而成的。在多声道 WAV 文件中，样本是交替出现的。RIFF 是一种按照标记区块存储数据的通用文件存储格式，多用于存储音频、视频等多媒体数据。Microsoft 在 Windows 系统下的 WAV、AVI 等都是基于 RIFF 实现的。一个标准的 RIFF 规范文件，最小存储单位为"块"（Chunk），每个 Chunk 包含以下 3 部分信息，如表 6-3 所示。

表 6-3 RIFF 格式说明

名称	大小	类型	字节序	内容
FOURCC	4	字符	大端	用于标识 Chunk ID 或 Chunk 类型,通常为 Chunk ID
Data Field Size	4	整数	小端	特别注意,该长度不包含其本身,以及 FOURCC
Data Field	—	—	—	数据域,如果 Chunk ID 为"RIFF"或"LIST",则开始的 4 字节为类型码

只有 ID 为 RIFF 或者 LIST 的块允许拥有子块(SubChunk)。RIFF 文件的第 1 个块的 ID 必须是 RIFF,也就是说 ID 为 LIST 的块只能是子块,它们和各个子块形成了复杂的 RIFF 文件结构。RIFF 数据域的起始位置的 4 字节为类型码(Form Type),用于说明数据域的格式,例如 WAV 文件的类型码为 WAVE。LIST 块的数据域的起始位置也有一个 4 字节类型码,用于说明 LIST 数据域的数据内容。例如,类型码为 INFO 时,其数据域可能包括 ICOP、ICRD 块,用于记录文件版权和创建时间信息。WAV 头共 44 字节,标准结构体的代码如下(各个字段的含义如表 6-4 所示):

```
//chapter6/wav-header.txt
/* RIFF WAVE file struct.::RIFF WAV 头结构体
 * For details see WAVE file format documentation
 * (for example at <a href="http://www.wotsit.org)." target="_blank"> http://www.wotsit.
 org).</a> */
typedef struct WAV_HEADER_S
{
    char        riffType[4];            //4 字节,资源交换文件标志:RIFF
    unsigned int riffSize;              //4 字节,从下个地址到文件结尾的总字节数
    char        waveType[4];            //4 字节,WAV 文件标志:WAVE
    char        formatType[4];          //4 字节,波形文件标志:FMT(最后一位空格符)
    unsigned int formatSize;            //4 字节,音频属性(compressionCode,numChannels,
                                        //sampleRate,BytesPerSecond,blockAlign,bitsPerSample)
                                        //所占字节数
    unsigned short compressionCode;     //2 字节,格式种类(1-线性 pcm-WAVE_FORMAT_PCM,
                                        //WAVEFORMAT_ADPCM)
    unsigned short numChannels;         //2 字节,通道数
    unsigned int sampleRate;            //4 字节,采样率
    unsigned int BytesPerSecond;        //4 字节,传输速率
    unsigned short blockAlign;          //2 字节,数据块的对齐,即 Data 数据块长度
    unsigned short bitsPerSample;       //2 字节,采样精度-PCM 位宽
    char        dataType[4];            //4 字节,数据标志:Data
    unsigned int dataSize;              //4 字节,从下个地址到文件结尾的总字节数,即除了
                                        //Wav Header 以外的 PCM Data Length
}WAV_HEADER;
```

表 6-4 WAV 头字段格式说明

偏移地址	大小	类型	字节序	内容
00H~03H	4	4字符	大端	"RIFF"块(0x52494646),标记为 RIFF 文件格式
04H~07H	4	长整数	小端	块数据域大小(Chunk Size),即从下一个地址开始,到文件末尾的总字节数,或者文件总字节数-8。从 0x08 开始一直到文件末尾,都是 ID 为"RIFF"块的内容,其中包含两个子块,即"fmt "和"data"
08H~0BH	4	4字符	大端	类型码(Form Type),WAV 文件格式标记,即"WAVE"4 个字母
0CH~0FH	4	4字符	大端	"fmt"子块(0x666D7420),注意末尾的空格
10H~13H	4	整数	小端	子块数据域大小(SubChunk Size)
14H~15H	2	整数	小端	编码格式(Audio Format),1 代表 PCM 无损格式,表示数据为线性 PCM 编码
16H~17H	2	整数	小端	通道数,单声道为 1,双声道为 2
18H~1BH	4	长整数	小端	采样频率
1CH~1FH	4	长整数	小端	传输速率(Byte Rate),每秒数据字节数,SampleRate * Channels * BitsPerSample / 8
20H~21H	2	整数	小端	每个采样所需的字节数 BlockAlign,BitsPerSample * Channels/8
22H~23H	2	整数	小端	单个采样位深(Bits Per Sample),可选 8、16 或 32
24H~27H	4	4字符	大端	"data"子块(0x64617461)
28H~2BH	4	长整数	小端	子块数据域大小(SubChunk Size)
0x2C~EOS	—	—	—	PCM 具体数据

注意: H 结尾表示的是十六进制的数据,如 10H 表示十进制的 16,20H 表示十进制的 32。

6) SDL 2 播放 WAV 文件的步骤及 API

使用 SDL 2 播放 WAV 文件的具体步骤如下:

(1) 初始化 Audio 子系统,需要调用 SDL_Init(SDL_INIT_AUDIO)函数。

(2) 加载 WAV 文件,需要调用 SDL_LoadWAV()函数。

(3) 打开音频设备,需要调用 SDL_OpenAudio()函数。

(4) 开始播放,需要调用 SDL_PauseAudio()函数。

(5) 回调函数,需要调用 SDL_MixAudio()函数。

(6) 释放资源并关闭设备,需要调用 SDL_FreeWAV()和 SDL_CloseAudio()函数。

这几个函数的原型如下:

```
//chapter6/other-help.txt
SDL_AudioSpec * SDLCALL SDL_LoadWAV_RW(SDL_RWops * src,
```

```
                        int freesrc, SDL_AudioSpec * spec,
                Uint8 ** audio_buf, Uint32 * audio_len);

#define SDL_LoadWAV(file, spec, audio_buf, audio_len) \
    SDL_LoadWAV_RW(SDL_RWFromFile(file, "rb"),1, spec,audio_buf,audio_len)

int SDLCALL SDL_OpenAudio(SDL_AudioSpec * desired,
                          SDL_AudioSpec * obtained);

void SDLCALL SDL_PauseAudio(int pause_on);

//对音频数据进行混音
void SDLCALL SDL_MixAudio(Uint8 * dst, const Uint8 * src,
                          Uint32 len, int volume);
```

7) SDL_AudioSpec 结构体

SDL_AudioSpec 是包含音频输出格式的结构体,同时它也包含当音频设备需要更多数据时调用的回调函数,代码如下:

```
//chapter6/other-help.txt
typedef struct SDL_AudioSpec              //音频参数
{
    int freq;                             /** 频率:每秒采样数 */
    SDL_AudioFormat format;               /** 音频数据格式 */
    Uint8 channels;                       /** 声道数,1代表单声道,2代表立体声 */
    Uint8 silence;                        /** 音频缓冲静音值(已计算) */
    Uint16 samples;                       /** 样本 FRAMES 中的音频缓冲区大小(总体样本除以通道计数) */
    Uint16 padding;                       /** 对于某些编译环境是必需的 */
    Uint32 size;                          /** 已计算的音频缓冲区大小(以字节为单位) */
    SDL_AudioCallback callback;           /** 反馈音频设备回调(NULL用于 SDL_QueueAudio()). */
    void * userdata;                      /** 传递给回调的用户数据 */
} SDL_AudioSpec;
```

该结构的各个字段的说明信息如表 6-5 所示。

表 6-5 SDL_AudioSpec 字段说明

字 段 类 型	字 段 名 称	说 明 信 息
int	freq	采样率
SDL_AudioFormat	format	音频数据格式;format 告诉 SDL 将要给的格式。在 S16SYS 中的 S 表示有符号的 signed,16 表示每个样本是 16 位长的,SYS 表示大小头的顺序是与使用的系统相同的
Uint8	channels	声音的通道数,1 代表单声道,2 代表立体声
Uint8	silence	表示静音的值。因为声音采样是有符号的,所以 0 就是这个值
Uint16	samples	audio buffer size in samples (power of 2)

续表

字 段 类 型	字 段 名 称	说 明 信 息
Uint32	size	音频缓存区大小(字节数),当想要更多声音时,想让 SDL 给出来的声音缓冲区的尺寸。一个比较合适的取值为 512~8192;ffplay 使用 1024
SDL_AudioCallback	callback	当音频设备需要更多数据时调用的回调函数
void *	userdata	这个是 SDL 供给回调函数运行的参数。将让回调函数得到整个编解码的上下文信息

8) SDL 2 播放 WAV 文件的完整案例代码

使用 SDL 2 播放 WAV 文件的完整案例,代码如下:

```
//chapter6/SDLQtDemo1/main.cpp
#define SDL_MAIN_HANDLED //如果没有此宏,则会报错,并且要放到 SDL.h 之前
#include <iostream>
#include <SDL.h>
#include <SDL_image.h>
using namespace std;

//////////
//存放 WAV 的 PCM 数据和数据长度
typedef struct {
    Uint32 len = 0;
    int pullLen = 0;
    Uint8 * data = nullptr;
} AudioBuffer;

//等待音频设备回调(会回调多次)
static int idx = 0;
void pull_audio_data(void * userdata,
                //需要往 stream 中填充 PCM 数据
                Uint8 * stream,
                //希望填充的大小(samples * format * channels / 8)
                int len
                ) {
    //清空 stream
    SDL_memset(stream, 0, len);

    AudioBuffer * buffer = (AudioBuffer *) userdata;

    //文件数据还没准备好
    if (buffer->len <= 0) return;

    //取 len、bufferLen 的最小值
    buffer->pullLen = (len > (int) buffer->len) ? buffer->len : len;

    //填充数据,对音频数据进行混音
    SDL_MixAudio(stream,
                buffer->data,
```

```cpp
                buffer->pullLen,
                SDL_MIX_MAXVOLUME);
    buffer->data += buffer->pullLen;
    buffer->len -= buffer->pullLen;
    cout << "SDL_MixAudio:playing :" << idx++ << endl;
}

int TestSDLWav(){

    //初始化 Audio 子系统
    if (SDL_Init(SDL_INIT_AUDIO)) {
        std::cout << "SDL_Init error:" << SDL_GetError();
        return 1;
    }

    //加载 WAV 文件
    Uint8 *data;                    //WAV 中的 PCM 数据
    Uint32 len;                     //WAV 中的 PCM 数据大小(字节)
    SDL_AudioSpec spec;             //音频参数

    //加载 WAV 文件
    if (!SDL_LoadWAV("guang10s.wav", &spec, &data, &len)) {
        cout << "SDL_LoadWAV error:" << SDL_GetError();
        //清除所有的子系统
        SDL_Quit();
        return 2;
    }

    //回调
    spec.callback = pull_audio_data;
    //传递给回调函数的 userdata
    AudioBuffer buffer;
    buffer.len = len;
    buffer.data = data;
    spec.userdata = &buffer;

    //打开设备
    if (SDL_OpenAudio(&spec, nullptr)) {
        cout << "SDL_OpenAudio error:" << SDL_GetError();
        //释放文件数据
        SDL_FreeWAV(data);
        //清除所有的子系统
        SDL_Quit();
        return 3;
    }

    //开始播放(0 是取消暂停)
    SDL_PauseAudio(0);

    //计算一些参数
    int sampleSize = SDL_AUDIO_BITSIZE(spec.format);
```

```cpp
        //每个样本的大小
        int BytesPerSample = (sampleSize * spec.channels) >> 3;

    cout << "now begin to play wav..." << endl;
    while (true) {
        //只要从文件中读取的音频数据还没有填充完毕,就跳过
        if(buffer.len > 0) continue;

        //文件数据已经读取完毕
        if (buffer.len <= 0) {
            //最后一次播放的样本数量
            int samples = buffer.pullLen / BytesPerSample;
            //最后一次播放的时长
            int ms = samples * 1000 / spec.freq;
            SDL_Delay(ms);
            break;
        }
    }
    cout << "play end, bye" << endl;

    //释放 WAV 文件数据、关闭设备
    SDL_FreeWAV(data);              //释放 WAV 文件数据
    SDL_CloseAudio();               //关闭设备
    SDL_Quit();                     //清除所有的子系统

    return 0;
}
```

编译并运行该程序,播放效果如图 6-34 所示。

9) 配置 SDL_Mixer 库

这里讲解如何配置 Qt 的 SDL_Mixer 开发环境,首先解压 MinGW 版本的压缩包文件(SDL2_mixer-devel-2.0.4-mingw.tar.gz),将解压后的文件夹的名字重命名为 SDL2_mixer-devel-2.0.4-mingw。该文件夹包含 i686-w64-mingw32 和 x86_64-w64-mingw32 两个子文件夹,每个子文件夹分别包含 include、lib 和 bin 3 个子目录。笔者的 Qt 项目选择的是 MinGW 32 位编译套件,所以这里选择 i686-w64-mingw32,其中 bin 目录中包含几个 DLL 文件(SDL2_mixer.dll、libmpg123-0.dll、libogg-0.dll、libopus-0.dll、libFLAC-8.dll 和 libvorbisfile-3.dll 等),如图 6-35 所示,运行时需要将这几个 DLL 文件复制到可执行文件所在的目录下。

使用 Qt Creator 打开 SDLQtDemo1 项目,然后双击 SDLQtDemo1.pro 配置文件,修改其中的 INCLUDEPATH

图 6-34　SDL 2 播放 WAV 音频文件

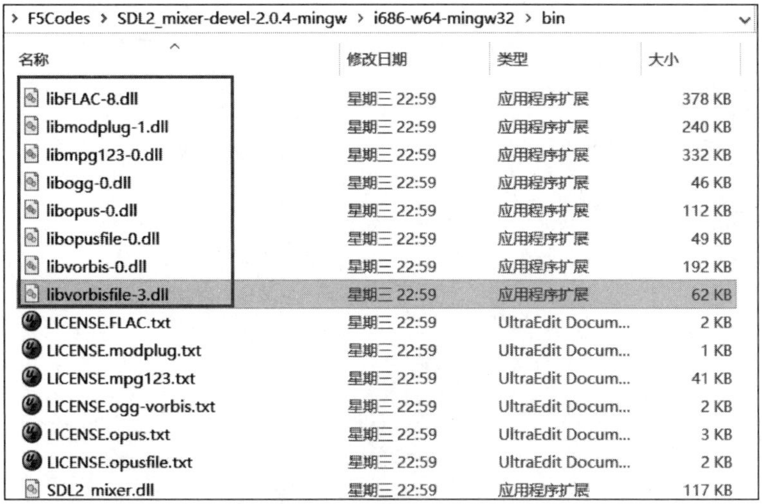

第6章 SDL 2开发库及高级应用

图 6-35 SDL_Mixer 库的目录结构

和 LIBS，代码如下：

```
INCLUDEPATH += ../../SDL2_mixer-devel-2.0.4-mingw/i686-w64-mingw32/include/SDL2/
LIBS += -L../../SDL2_mixer-devel-2.0.4-mingw/i686-w64-mingw32/lib/ -lSDL2_mixer
```

配置好 SDLQtDemo1.pro 后，如图 6-36 所示。

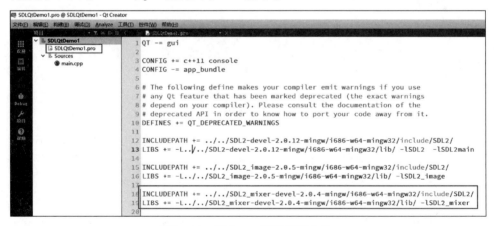

图 6-36 修改 .pro 项目配置文件

10) 使用 SDL_Mixer 播放 WAV 或 MP3 文件

在上述案例中使用 SDL 2 播放 WAV 格式的音频文件，步骤烦琐，使用起来不够方便，而在 SDL_Mixer 库中加载并播放 WAV 只要 3 行代码，如下所示。

```
//chapter6/SDLQtDemo1/main.cpp
#define SDL_MAIN_HANDLED //如果没有此宏，则会报错，并且要放到 SDL.h 之前
#include <iostream>
```

```cpp
#include <SDL.h>
#include <SDL_image.h>
#include <SDL_mixer.h>
using namespace std;

int TestMixer(){
    if (SDL_Init(SDL_INIT_AUDIO) == -1){
        std::cout << SDL_GetError() << std::endl;
        return 1;
    }
    //使用下边的 3 行代码就可以播放 WAV 文件
    Mix_OpenAudio(44100,MIX_DEFAULT_FORMAT,2,2048);          //打开音频设备
    Mix_Music * sound = Mix_LoadMUS("guang10s.mp3");         //加载音频文件
    //Mix_Music * sound = Mix_LoadMUS("guang10s.wav");       //加载音频文件
    Mix_PlayMusic(sound, 0);                                 //开始播放

    std::cout << "ok,Mix_Music playing ... " << endl;
    SDL_Delay(10000); //播放 10s,一定要有此语句,否则程序会立即关闭,而不会听到声音
    Mix_CloseAudio();
    SDL_Quit();

    return 0;
}
```

在该案例中使用了 SDL_Mixer 库的 3 个 API 来播放 WAV 或 MP3 等格式的文件,这 3 个函数的原型如下:

```
//chapter6/other-help.txt
int SDLCALL Mix_OpenAudioDevice(
    int frequency, Uint16 format, int channels, int chunksize,
    const char * device, int allowed_changes);
Mix_Music * SDLCALL Mix_LoadMUS(const char * file);
int SDLCALL Mix_PlayMusic(Mix_Music * music, int loops);
```

为了初始化 SDL_Mixer,需要调用 Mix_OpenAudio()函数。第 1 个参数用于设置声音频率,44 100 Hz 是一个标准频率,在大多数系统上可以使用。第 2 个参数用于确定采样格式,这里同样使用默认格式。第 3 个参数是硬件通道数,这里使用的是两个通道的立体声。最后一个参数是采样大小,它决定了在播放音频文件时使用的分块大小;2048 字节比较合适,可以减少播放声音时的滞后。Mix_LoadMUS()函数用来加载音频文件,例如 WAV 或 MP3 等格式的音频文件。Mix_PlayMusic()函数用来播放音频文件,第 1 个参数 music 代表加载成功的音频数据,第 2 个参数 loops 表示是否循环播放。笔者提供了一个测试用的 WAV 文件(guang10s.wav),可以使用 MediaInfo 查看音频参数,如图 6-37 所示。

在使用 SDL_Mixer 库时,需要先包含它的头文件,代码如下:

```
#include <SDL.h>
#include <SDL_mixer.h>
```

编译并运行该程序，将 guang10s.mp3 和 guang10s.wav 这个两个音频文件复制到 build-SDLQtDemo1-Desktop_Qt_5_9_8_MinGW_32bit-Debug 目录下，并将 SDL2_mixer.dll、libmpg123-0.dll、libogg-0.dll、libopus-0.dll、libFLAC-8.dll 和 libvorbisfile-3.dll 等 DLL 动态库文件复制到 debug 目录下，就可以播放了，如图 6-38 所示。

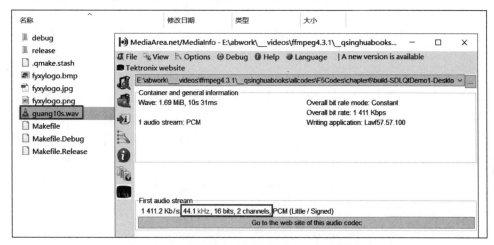

图 6-37　使用 MediaInfo 查看 WAV 音频参数信息

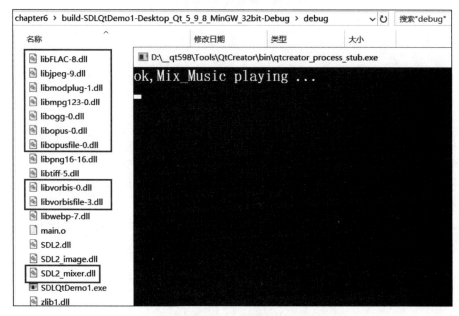

图 6-38　使用 SDL_Mixer 播放 WAV 音频文件

3. SDL_TTF 扩展库

SDL 2.0 库本身没有与文本数据显示相关的函数接口，文本显示需要安装并配置 SDL_TTF 库。SDL_TTF 库是一个 TrueType 字体渲染库，它与 SDL 2 库一起使用。它依赖于

freetype2 来处理 TrueType 字体数据。它允许使用多种 TrueType 字体，而无须自己编写字体，借助轮廓字体和抗锯齿的强大功能，可以获得高质量的文本输出，而 SDL_TTF 库添加了一组函数来处理字体渲染等相关工作，需要单独下载并配置，具体的下载网址为 https://github.com/libsdl-org/SDL_ttf/tree/release-2.0.15。

1) 配置 SDL_TTF 库

这里讲解如何配置 Qt 的 SDL_Mixer 开发环境，首先解压 MinGW 版本的压缩包文件（SDL2_ttf-devel-2.0.15-mingw.tar.gz），将解压后的文件夹的名字重命名为 SDL2_ttf-devel-2.0.15-mingw。该文件夹包含 i686-w64-mingw32 和 x86_64-w64-mingw32 两个子文件夹，每个子文件夹分别包含 include、lib 和 bin 3 个子目录。笔者的 Qt 项目选择的是 MinGW 32 位编译套件，所以这里选择 i686-w64-mingw32，其中 bin 目录中包含几个 DLL 文件（SDL2_ttf.dll、libfreetype-6.dll 和 zlib1.dll 等），如图 6-39 所示，运行时需要将这几个 DLL 文件复制到可执行文件所在的目录下。

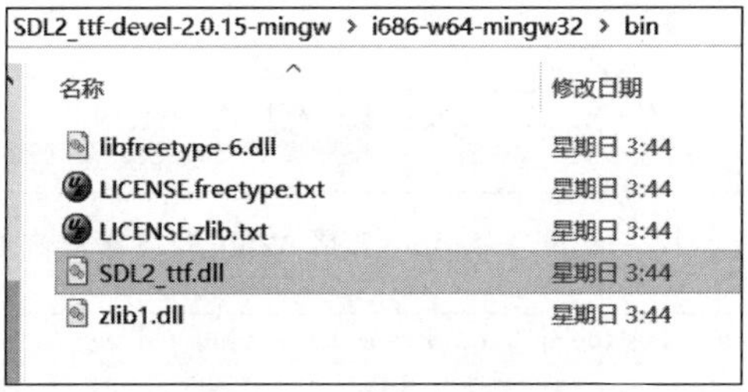

图 6-39   SDL_TTF 库的目录结构

使用 Qt Creator 打开 SDLQtDemo1 项目，然后双击 SDLQtDemo1.pro 配置文件，修改其中的 INCLUDEPATH 和 LIBS，代码如下：

```
INCLUDEPATH
      += ../../SDL2_ttf-devel-2.0.15-mingw/i686-w64-mingw32/include/SDL2/
LIBS += -L../../SDL2_ttf-devel-2.0.15-mingw/i686-w64-mingw32/lib/ \
        -lSDL2_ttf
```

配置好 SDLQtDemo1.pro 后，如图 6-40 所示。

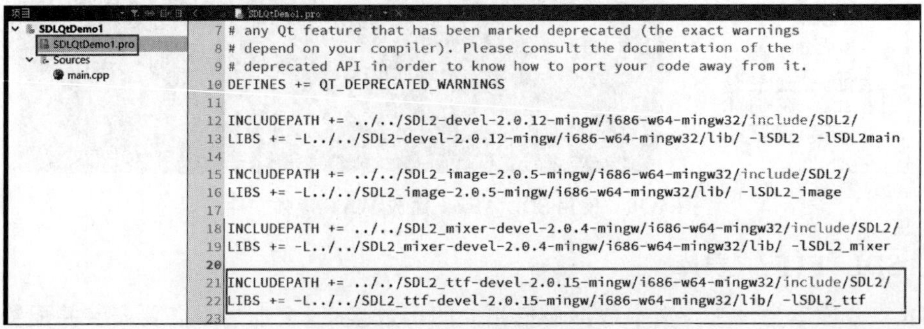

图 6-40   修改 .pro 项目配置文件

2) SDL_TTF 库绘制文本的 API

首先需要创建一个 SDL 2 的窗口，然后可以以硬渲染的方式进行文本绘制，这些步骤在之前的章节中已经详细讲解过，这里不再赘述，下面重点介绍 SDL_TTF 库的几个 API。

TTF_Init()函数用于初始化字体库，函数执行成功后返回 0，否则返回 -1，函数的原型如下：

```
/* 初始化 TTF 引擎: 如果成功, 则返回 0; 如果出错, 则返回 -1 */
int SDLCALL TTF_Init(void);
```

TTF_Quit()函数用于反初始化字体库，函数的原型如下：

```
/* 反初始化 TTF 引擎 */
extern DECLSPEC void SDLCALL TTF_Quit(void);
```

TTF_OpenFont()函数用于打开指定的字体文件并创建指定点大小的字体。有些字体会在文件中嵌入多种大小，因此点大小成为选择大小的索引。如果该值太高，则最后一个索引大小将是默认值。第 1 个参数 file 用于指定字体文件（后缀名一般是.ttf）的路径，第 2 个参数 ptsize 用于指定字体大小，函数的原型如下：

```
//chapter6/other-help.txt
/* 打开一个字体文件, 创建一个指定点大小的字体。一些.fon 字体会在文件中嵌入多个大小, 因
   此点大小成为选择大小的索引。如果该值太高, 则最后一个索引大小将是默认值 */
TTF_Font * SDLCALL TTF_OpenFont(const char * file, int ptsize);
```

TTF_RenderUTF8_Blended()函数用于创建一个 32 位 ARGB 表面并以高质量渲染给定的文本，使用 alpha 混合来抖动给定颜色的字体。此函数执行成功后会返回新的表面（SDL_Surface），否则返回 NULL。第 1 个参数 font 是创建的 TTF 字体，第 2 个参数 text 需要 UTF-8 编码的字符串，第 3 个参数 fg 用于指定颜色，函数的原型如下：

```
//chapter6/other-help.txt
/* 创建一个 32 位 ARGB 曲面, 并以高质量渲染给定的文本, 使用 alpha 混合来抖动具有给定颜色的
   字体。此函数返回新曲面, 如果出现错误, 则返回 NULL
*/
SDL_Surface * SDLCALL TTF_RenderUTF8_Blended(TTF_Font * font,
                const char * text, SDL_Color fg);
```

3) SDL_TTF 绘制汉字文本的完整案例

首先创建窗口和渲染器，然后使用 SDL_TTF 库的 API 来打开字体文件，并根据字体格式来创建指定字符串的表面(SDL_Surface)。调用 SDL_CreateTextureFromSurface()函数根据刚才的表面来创建纹理，然后调用渲染器的三部曲（清空、复制并显示）来渲染，最后释放并销毁相关的资源。完整的案例代码如下：

```cpp
//chapter6/SDLQtDemo1/main.cpp
#define SDL_MAIN_HANDLED //如果没有此宏,则会报错,并且要放到 SDL.h 之前
#include <iostream>
#include <SDL.h>
#include <SDL_ttf.h>
using namespace std;

int TestTTF(){
    ::SDL_Init(SDL_INIT_VIDEO);                                             //初始化 SDL
    ::TTF_Init();                                                           //初始化字库

    ::SDL_Window* window = ::SDL_CreateWindow("SDL_TTF_test",
        SDL_WINDOWPOS_UNDEFINED, SDL_WINDOWPOS_UNDEFINED,
        600, 400, SDL_WINDOW_SHOWN);                                        //创建窗体
    ::SDL_Renderer* rend = ::SDL_CreateRenderer(window, -1, 0);             //渲染器

    ::TTF_Font* font = ::TTF_OpenFont("simhei.ttf", 60);                    //打开字库
    ::SDL_Color red = { 255, 0, 0 };                                        //文字颜色
    ::SDL_Surface* text = ::TTF_RenderUTF8_Blended(font, "hello 汉字", red);
    ::SDL_Texture* texture = ::SDL_CreateTextureFromSurface(rend, text);
    //根据字符串的宽和高设置矩形
    ::SDL_Rect textrect = { 0, 0, text->w, text->h };
    bool quit = false;
    ::SDL_Event event;
    while (quit == false) {
        while (::SDL_PollEvent(&event)) {
            if (event.type == SDL_QUIT) {
                quit = true;
            }
            else if (event.type == SDL_MOUSEBUTTONDOWN){
            }
            else if (event.type == SDL_KEYDOWN){
                switch (event.key.keysym.sym)    //键盘的上、下、左、右键控制文字显示位置
                {
                case SDLK_LEFT:
                    textrect.x -= 10;
                    break;
                case SDLK_RIGHT:
                    textrect.x += 10;
                    break;
                case SDLK_UP:
                    textrect.y -= 10;
                    break;
                case SDLK_DOWN:
                    textrect.y += 10;
                    break;
```

```
                }
            }
        }
        //渲染三部曲:清空、复制、显示
        ::SDL_RenderClear(rend);
        ::SDL_RenderCopy(rend, texture, nullptr, &textrect);
        ::SDL_RenderPresent(rend);
    }
    ::SDL_DestroyRenderer(rend);              //销毁渲染器
    ::SDL_DestroyWindow(window);              //销毁窗体
    ::TTF_Quit();                             //退出字体
    ::SDL_Quit();                             //退出 SDL
    return 0;
}
```

编译并运行该程序,将 simhei.ttf 字体库文件(在 C:\Windows\Fonts 目录下)复制到 build-SDLQtDemo1-Desktop_Qt_5_9_8_MinGW_32bit-Debug 目录下,并将 SDL2_ttf.dll、SDL2_ttf.dll 和 zlib1.dll 等 DLL 动态库文件复制到 debug 目录下,这样就可以将中文字符串绘制到窗口上,使用键盘上的"上、下、左、右"方向键可以移动这个字符串,如图 6-41 所示。在该案例中使用 SDL_Event 机制来处理键盘事件,根据 event.key.keysym.sym 来控制字符串的显示位置。

图 6-41 SDL_TTF 库绘制中文字符串

4) SDL_TTF 中文乱码问题

出现中文乱码一般是因为缺少对应的字体库,Windows 系统下的字体库在 C:\Windows\Fonts 目录下,如图 6-42 所示。

将一个中文字体文件复制到 cmd 所在的当前工作目录下,例如笔者将一个"黑体 常规 (simhei.ttf)"文件复制到当前工作目录下。另外,TTF_RenderUTF8_Blended()函数的第 2 个参数 text 需要 UTF-8 编码的字符串,使用 Qt 或 VS 等 IDE 时需要注意 UTF-8 字符编码格式。

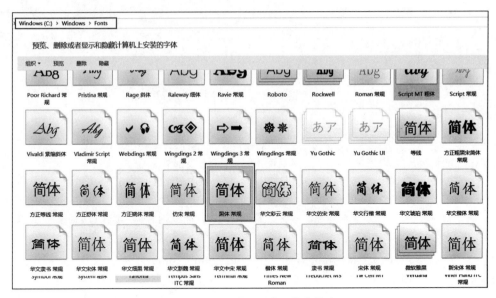

图 6-42　Windows 系统下的字体库

6.4　SDL 2 播放 YUV 视频

实际上 SDL 2 本身并不提供音视频播放功能,它只是封装了音视频播放的底层 API。在 Windows 平台下,SDL 封装了 Direct3D 这类的 API,用于播放视频;封装了 DirectSound 这类的 API,用于播放音频。因为 SDL 2 的编写目的就是简化音视频播放的开发难度,所以使用 SDL 2 播放视频(YUV/RGB)和音频(PCM)数据非常容易。

1. ffmpeg.exe 提取 YUV420p

从输入的视频文件中提取前 2s 的视频数据,解码格式为 YUV420p,分辨率和源视频保持一致,转换过程如图 6-43 所示,命令如下:

```
ffmpeg -i test4.mp4 -t 2 -pix_fmt yuv420p yuv420P_test4.yuv
#注意-pix_fmt 用于指定像素格式,
```

参数说明如下。

(1) -i:表示要输入的流媒体文件。

(2) -t:表示截取流媒体文件内容的长度,单位为秒。

(3) -pix_fmt:指定流媒体要转换的格式,这里是 YUV420p,具体格式可以通过命令 ffmpeg -pix_fmts 来查看。

(4) -s:指定分辨率大小(也可以写为-video_size),例如可以为 320x240。

2. ffplay.exe 播放 YUV420p

也可以通过 ffplay.exe 来播放 YUV 文件,但需要指定像素格式及宽和高,播放效果如

```
D:\_movies\__test\000>ffmpeg -i test4.mp4 -t 2  -pix_fmt yuv420p yuv420P_test4.yuv
ffmpeg version 4.3.1 Copyright (c) 2000-2020 the FFmpeg developers
  built with gcc 10.2.1 (GCC) 20200726
Stream mapping:
 Stream #0:0 -> #0:0 (h264 (native) -> rawvideo (native))
Press [q] to stop, [?] for help
[swscaler @ 0877afc0] deprecated pixel format used, make sure you did set range correc
tly
Output #0, rawvideo, to 'yuv420P_test4.yuv':
  Metadata:
    major_brand     : isom
    minor_version   : 512
    compatible_brands: isomiso2avc1mp41
    encoder         : Lavf58.45.100
    Stream #0:0(und): Video: rawvideo (I420 / 0x30323449), yuv420p, 640x480, q=2-31, 9
2160 kb/s, 25 fps, 25 tbn, 25 tbc (default)
    Metadata:
      handler_name    : VideoHandler
      encoder         : Lavc58.91.100 rawvideo
frame=   11 fps=0.0 q=-0.0 Lsize=    4950KB time=00:00:00.44 bitrate=92160.0kbits/s sp
eed=4.16x
video:4950KB audio:0KB subtitle:0KB other streams:0KB global headers:0kB muxing overhe
ad: 0.000000%
```

图 6-43　ffmpeg 提取 YUV420p

图 6-44 所示，命令如下：

```
ffplay -i yuv420p_test4_320x240.yuv -pixel_format yuv420p -video_size 320x240
#或者
ffplay -i yuv420p_test4_320x240.yuv -pixel_format yuv420p -s 320x240
```

参数说明如下。

(1) -pixel_format：表示要输入的像素格式，例如 yuv420p。

(2) -s：或者-video_size，表示像素的宽和高，例如 320x240。

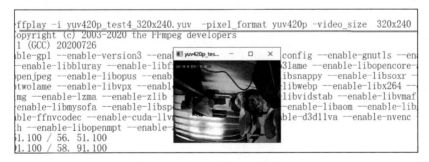

图 6-44　ffplay 播放 YUV420p

3. YUV444/YUV422/YUV420

YUV 本质上是一种颜色数字化表示方式。视频通信系统之所以要采用 YUV，而不是 RGB，主要因为 RGB 信号不利于压缩。在 YUV 这种方式里，加入了亮度这一概念。视频工程师发现，眼睛对于亮和暗的分辨要比对颜色的分辨更精细一些，也就是说，人眼对色度的敏感程度要低于对亮度的敏感程度，所以在视频存储中，没有必要存储全部颜色信号，可以把更多带宽留给黑白信号(亮度)，将稍少的带宽留给彩色信号(色度)，这就是 YUV 的基本原理，Y 是亮度，U 和 V 则是色度。YUV 的成像过程如图 6-45 所示。

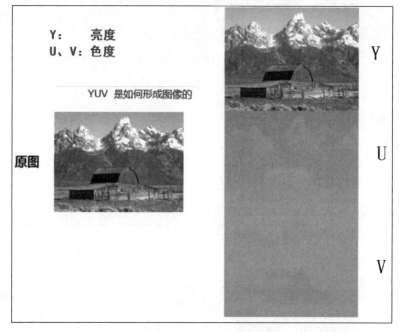

图 6-45   YUV 是如何形成图像的

根据亮度和色度分量的采样比率，YUV 图像通常有以下几种格式，如图 6-46 所示。

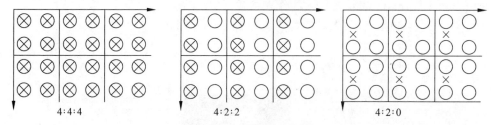

图 6-46   YUV 的几种采样格式

YUV 是视频、图片、相机等应用中经常使用的一类图像格式，是所有 YUV 像素格式共有的颜色空间的名称。与 RGB 格式不同，YUV 格式用一个称为 Y（相当于灰度）的"亮度"分量和两个"色度"分量表示，分别称为 U（蓝色投影）和 V（红色投影）。Y 表示亮度分量，如果只显示 Y，则图像看起来是一张黑白照。U(Cb) 表示色度分量，图像蓝色部分去掉亮度，反映了 RGB 输入信号蓝色部分与 RGB 信号亮度值之间的差异。V(Cr) 表示色度分量，图像红色部分去掉亮度，反映了 RGB 输入信号红色部分与 RGB 信号亮度值之间的差异。从前述定义中，可以知道 YUV 空间描述像素颜色按"亮度"分量和两个"色度"分量进行了表示。这种编码表示也更加适应于人眼，据研究表明，人眼对亮度信息比色彩信息更加敏感，而 YUV 下采样就是根据人眼的特点，将人眼相对不敏感的色彩信息进行压缩采样，得到相对小的文件进行播放和传输。

1) YUV444

色度信号分辨率最高的格式是YUV4∶4∶4,每4点Y采样,就有相对应的4点U和4点V。换句话说,每个Y值对应一个U和一个V值。在这种格式中,色度信号的分辨率和亮度信号的分辨率是相同的。这种格式主要应用在视频处理设备的内部,避免画面质量在处理过程中降低。

2) YUV422

色度信号分辨率格式YUV4∶2∶2,每4点Y采样,就有相对应的2点U和2点V。可以看到在水平方向上的色度表示进行了2倍下采样,因此YUV422色度信号分辨率是亮度信号分辨率的一半。

3) YUV420

色度信号分辨率格式YUV4∶2∶0,每4点Y采样,就有相对应的1点U和1点V。YUV420色度信号分辨率是亮度信号分辨率的1/4,即在水平方向压缩的基础上,再在垂直方向上再进行了压缩。

4) YUV420p 及 YUV420sp

在YUV420中,一像素对应一个Y,一个2x2的小方块对应一个U和V。对于所有YUV420图像,它们的Y值排列是完全相同的,只有Y的图像就是灰度图像。

YUV420sp与YUV420p的数据格式的区别在于UV排列上完全不同。YUV420p是先把U存放完后,再存放V,分为3个平面,Y、U、V各占一个平面,而YUV420sp是UV、UV这样交替存放的,分为两个平面,Y占一个平面,UV交织在一起占一个平面。根据此理论,就可以准确地计算出一个YUV420在内存中存放的大小,其中 Y = width×height(Y亮度点总数),U = Y ÷ 4(U色度点总数),V = Y ÷ 4(V色度点总数),所以YUV420数据在内存中的大小是 width×height×3 ÷ 2 字节,例如一个分辨率为8x4的YUV图像,它们的格式如图6-47所示。

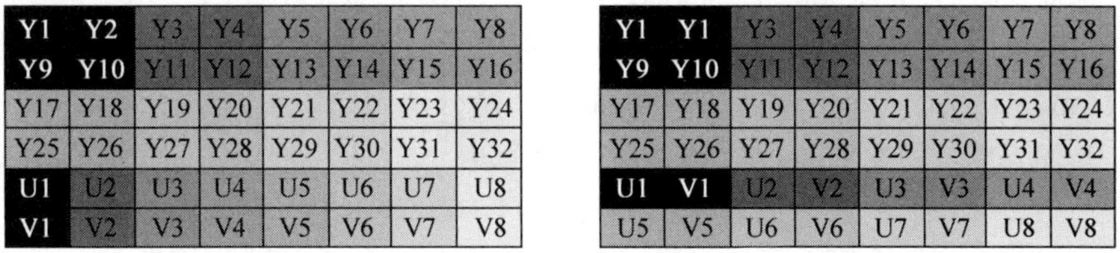

Y1	Y2	Y3	Y4	Y5	Y6	Y7	Y8
Y9	Y10	Y11	Y12	Y13	Y14	Y15	Y16
Y17	Y18	Y19	Y20	Y21	Y22	Y23	Y24
Y25	Y26	Y27	Y28	Y29	Y30	Y31	Y32
U1	U2	U3	U4	U5	U6	U7	U8
V1	V2	V3	V4	V5	V6	V7	V8

YUV420sp数据格式

Y1	Y1	Y3	Y4	Y5	Y6	Y7	Y8
Y9	Y10	Y11	Y12	Y13	Y14	Y15	Y16
Y17	Y18	Y19	Y20	Y21	Y22	Y23	Y24
Y25	Y26	Y27	Y28	Y29	Y30	Y31	Y32
U1	V1	U2	V2	U3	V3	U4	V4
U5	V5	U6	V6	U7	V7	U8	V8

YUV420sp格式

图 6-47 YUV420p 与 YUV420sp 在内存中的分布情况

4. SDL 2 播放 YUV 视频文件

使用SDL 2播放YUV视频文件完全遵循上述SDL_Renderer的渲染流程,之前的案例是加载一张图片,然后创建纹理进行渲染,而YUV视频文件不能直接渲染,需要循环读取视频帧,然后将帧数据更新到纹理上进行渲染。

1) SDL 2 播放 YUV 视频文件的流程

使用 SDL 2 播放 YUV 视频文件的函数调用步骤及相关 API，代码如下：

```
//chapter6/SDLQtDemo1/main.cpp
/* SDL 2 播放 YUV 视频文件,函数调用步骤如下
 *
 * [初始化 SDL 2 库]
 * SDL_Init():初始化 SDL 2
 * SDL_CreateWindow():创建窗口(Window)
 * SDL_CreateRenderer():基于窗口创建渲染器(Render)
 * SDL_CreateTexture():创建纹理(Texture)
 *
 * [循环渲染数据]
 * SDL_UpdateTexture():设置纹理的数据
 * SDL_RenderCopy():纹理复制给渲染器
 * SDL_RenderPresent():显示
 * SDL_DestroyTexture(texture);
 *
 * [释放资源]
 * SDL_DestroyTexture(texture):销毁纹理
 * SDL_DestroyRenderer(render):销毁渲染器
 * SDL_DestroyWindow(win):销毁窗口
 * SDL_Quit():释放 SDL 2 库
 */
```

2) 使用 SDL 2 开发 YUV 视频播放器的完整案例

先介绍该案例程序中用到的几个重要变量类型，SDL_Window 就是使用 SDL 时弹出的那个窗口；SDL_Texture 用于显示 YUV 数据，一个 SDL_Texture 对应一帧 YUV 数据（案例中提供的 YUV 视频格式为 YUV420p）；SDL_Renderer 用于将 SDL_Texture 渲染至 SDL_Window；SDL_Rect 用于确定 SDL_Texture 显示的位置。为了简单起见，程序中定义了几个全局变量，变量 g_bpp 代表 1 个视频像素占用的位数，例如 1 个 YUV420p 格式的视频像素占用 12 位；变量 g_pixel_w 和 g_pixel_h 代表视频的宽和高，在本案例中提供的测试视频(ande10_yuv420p_352x288.yuv)的宽和高分别为 352 和 288；变量 g_screen_w 和 g_screen_h 代表屏幕的宽和高，在本案例中初始化为 400 和 300，程序运行中可以拖曳窗口右下角来改变窗口的大小；变量 g_buffer_YUV420p 是一字节数组，用于存储 1 帧 YUV420p 的视频数据，在播放视频的过程中会循环调用 SDL_UpdateTexture() 函数将该数组中存储的视频数据更新到纹理(SDL_Texture)中。refresh_video_SDL2() 函数用于定时刷新，在本案例中通过 SDL_CreateThread() 函数创建了一条线程，指定线程的入口函数为 refresh_video_SDL2() 函数，固定的刷新周期为 40ms。

注意：本案例的完整工程及代码可参考 chapter6/SDLQtDemo1 工程，代码位于 main.cpp。

本案例的代码如下：

```cpp
//chapter6/SDLQtDemo1/main.cpp
#define SDL_MAIN_HANDLED //如果没有此宏,则会报错,并且要放到 SDL.h 之前
#include <iostream>
#include <SDL.h>
#include <vector>
using namespace std;

////YUVPlayer.begin....////
//Refresh Event
#define REFRESH_EVENT (SDL_USEREVENT + 1)

int g_thread_exit = 0;
const int g_bpp = 12; //YUV420p,1 像素占用的位数
const int g_pixel_w = 352,g_pixel_h = 288; //在本案例中 YUV420p 视频的宽和高
int g_screen_w = 400, g_screen_h = 300;
//1 帧视频占用的字节数
unsigned char g_buffer_YUV420p[g_pixel_w * g_pixel_w * g_bpp / 8];

//增加画面刷新机制
int refresh_video_SDL2(void * opaque){
    while (g_thread_exit == 0) {
        SDL_Event event;
        event.type = REFRESH_EVENT;
        SDL_PushEvent(&event);
        SDL_Delay(40);
    }
    return 0;
}

int TestYUVPlayer001( ){
    if(SDL_Init(SDL_INIT_VIDEO)) {
        printf( "Could not initialize SDL - %s\n", SDL_GetError());
        return -1;
    }

    SDL_Window * screen;
    //SDL 2.0 Support for multiple Windows
    screen = SDL_CreateWindow("SDL 2 - YUVPlayer",
        SDL_WINDOWPOS_UNDEFINED, SDL_WINDOWPOS_UNDEFINED,
        g_screen_w, g_screen_h,SDL_WINDOW_OPENGL|SDL_WINDOW_RESIZABLE);
    if(!screen) {
        printf("SDL: could not create window - exiting:%s\n",SDL_GetError());
        return -1;
    }
    //创建渲染器
    SDL_Renderer* sdlRenderer = SDL_CreateRenderer(screen, -1, 0);
    //创建纹理:格式为 YUV420p,宽和高为 352x288
    SDL_Texture* sdlTexture =
        SDL_CreateTexture(sdlRenderer,SDL_PIXELFORMAT_IYUV,
            SDL_TEXTUREACCESS_STREAMING, g_pixel_w, g_pixel_h);
```

```c
        FILE * fpYUV420p = NULL;                        //打开 YUV420p 视频文件
        fpYUV420p = fopen("./ande10_yuv420p_352x288.yuv", "rb+");

        if(fpYUV420p == NULL){
            printf("cannot open this file\n");
            return -1;
        }
        SDL_Rect sdlRect;
        SDL_Thread * refresh_thread =                   //创建独立线程,用于定时刷新
            SDL_CreateThread(refresh_video_SDL_2,NULL,NULL);
        SDL_Event event;
        while(1){
            SDL_WaitEvent(&event);                      //Wait Event
            if(event.type == REFRESH_EVENT){
                fread(g_buffer_YUV420p, 1,
                      g_pixel_w * g_pixel_h * g_bpp / 8, fpYUV420p);
                //将 1 帧 YUV420p 的数据更新到纹理中
                SDL_UpdateTexture(sdlTexture,NULL,g_buffer_YUV420p,g_pixel_w);

                //FIX: If window is resize
                sdlRect.x = 0;
                sdlRect.y = 0;
                sdlRect.w = g_screen_w;
                sdlRect.h = g_screen_h;
                //Render:渲染三部曲
                SDL_RenderClear( sdlRenderer );
                SDL_RenderCopy( sdlRenderer, sdlTexture, NULL, &sdlRect);
                SDL_RenderPresent( sdlRenderer );
                //注意这里不再需要延迟,因为有独立的线程来刷新
                //SDL_Delay(40);                        //Delay 40ms
                //if(feof(fpYUV420p) != 0 )break;       //如果遇到文件尾,则自动退出循环
            }else if(event.type == SDL_WINDOWEVENT){
                //If Resize:以拖曳方式更改窗口大小
                SDL_GetWindowsize(screen,&g_screen_w,&g_screen_h);
            }else if(event.type == SDL_QUIT){          //退出事件
                break;                                  //如果为关闭事件,则退出循环
            }
        }
        g_thread_exit = 1;                              //跳出循环后,将退出标志量修改为 1
        //释放资源
        if (sdlTexture){
            SDL_DestroyTexture(sdlTexture);
            sdlTexture = nullptr;
        }
        if (sdlRenderer){
            SDL_DestroyRenderer(sdlRenderer);
            sdlRenderer = nullptr;
        }
        if (screen){
            SDL_DestroyWindow(screen);
            screen = nullptr;
```

```
    }
    if (fpYUV420p){
        fclose(fpYUV420p);
        fpYUV420p = nullptr;
    }
    SDL_Quit();

    return 0;
}
////YUVPlayer.end..../////
```

编译并运行该程序,将 ande10_yuv420p_352x288.yuv 这个音频文件复制到 build-SDLQtDemo1-Desktop_Qt_5_9_8_MinGW_32bit-Debug 目录下,可以拖曳改变窗口大小,效果如图 6-48 所示。

3) SDL 2 画面刷新机制

实现 SDL 2 的事件与渲染机制之后,增加画面刷新机制就可以成为一个播放器了。在上述案例中,通过 while 循环执行 SDL_RenderPresent(renderer) 就可以令视频逐帧播放了,但还需要一个独立的刷新机制。这是因为在一个循环中,重复执行一个函数的效果通常不是周期性的,因为每次加载和处理

图 6-48　SDL 2 播放 YUV420p 视频

数据所消耗的时间是不固定的,因此单纯地在一个循环中使用 SDL_RenderPresent(renderer)会令视频播放产生帧率跳动的情况,因此需要引入一个定期刷新机制,令视频的播放有一个固定的帧率。通常使用多线程的方式进行画面刷新管理,主线程进入主循环中等待(SDL_WaitEvent)事件,画面刷新线程在一段时间后发送(SDL_PushEvent)画面刷新事件,主线程收到画面刷新事件后进行画面刷新操作。

画面刷新线程定期构造一个 REFRESH_EVENT 事件,然后调用 SDL_PushEvent() 函数将事件发送出来,代码如下:

```
//chapter6/other-help.txt
#define REFRESH_EVENT (SDL_USEREVENT + 1)
int g_thread_exit = 0;
int refresh_video_SDL2(void * opaque){
    while (g_thread_exit == 0) {
        SDL_Event event;
        event.type = REFRESH_EVENT;
        SDL_PushEvent(&event);
        SDL_Delay(40);
    }
    return 0;
}
```

该函数只有两部分内容,第一部分是发送画面刷新事件,也就是发信号通知主线程来干活;另一部分是延时,使用一个定时器,保证自己定期地来通知主线程。首先定义一个"刷新事件",代码如下:

```
#define REFRESH_EVENT (SDL_USEREVENT + 1)        //请求画面刷新事件
```

SDL_USEREVENT 是自定义类型的 SDL 事件,不属于系统事件,可以由用户自定义,这里通过宏定义便于后续引用,然后调用 SDL_PushEvent() 函数将事件发送出来,代码如下:

```
SDL_PushEvent(&event);        //发送画面刷新事件
```

SDL_PushEvent() 是 SDL 2.0 之后引入的函数,该函数能够将事件放入 SDL 2 的事件队列中,当它从事件队列中被取出时,被接收事件的函数识别,并采取相应操作。也就是说在刷新操作中,使用刷新线程不断地将"刷新事件"放到 SDL 2 的事件队列,在主线程中读取 SDL 2 的事件队列里的事件,当发现事件是"刷新事件"时就进行刷新操作。

主线程(main 函数)的主要工作是首先初始化所有的组件和变量,包括 SDL 2 的窗口、渲染器和纹理等,然后进入一个大循环,同时读取事件队列里的事件,如果是刷新事件,则进行渲染相关工作,进行画面刷新。随后需要创建一个缓冲区,每次渲染时都是先从视频文件里读一帧,将这一帧先存到缓冲区再交给渲染器去渲染。这个缓冲区的大小应该和视频文件的每帧大小是相同的,这也意味着需要提前计算该视频文件类型的每帧大小,所以需要提前计算好 YUV 格式的视频帧的大小,例如在本案例中的视频文件格式为 YUV420p,宽和高为 352×288。主循环其实就是在不断地读取事件队列里的事件,每读取到一个事件,就进行判断,根据该事件的类型执行不同的操作。当收到需要刷新画面的事件后,开始执行读数据帧并渲染的操作,代码如下:

```
//chapter6/other-help.txt
while(1){
    SDL_WaitEvent(&event); //Wait Event
    if(event.type == REFRESH_EVENT){
        fread(g_buffer_YUV420p,1,g_pixel_w*g_pixel_h*g_bpp/8, fpYUV420p);
        //将1帧 YUV420p 的数据更新到纹理中
        SDL_UpdateTexture( sdlTexture,NULL,g_buffer_YUV420p,g_pixel_w);

        //Render:渲染三部曲
        SDL_RenderClear( sdlRenderer );
        SDL_RenderCopy( sdlRenderer, sdlTexture, NULL, &sdlRect);
        SDL_RenderPresent( sdlRenderer );
      if(feof(fpYUV420p) != 0 )break; //如果遇到文件尾,则自动退出循环
    }else if(event.type == SDL_WINDOWEVENT){
        //If Resize
        SDL_GetWindowsize(screen,&g_screen_w,&g_screen_h);
    }else if(event.type == SDL_QUIT){
        break;
    }
}
```

6.5 VS 2015 编译并运行 SDL 2 的相关案例

在 6.1 节中已经配置好了 VS 2015 的 SDL 2 开发环境,目前 SDLtest1.cpp 文件中的功能比较简单,代码如下:

```
//chapter6/SDLtest1/SDLtest1/SDLtest1.cpp
#include "stdafx.h"
#include "stdafx.h"
#include <iostream>

#define SDL_MAIN_HANDLED
#include <SDL.h>

int main(){
    if (SDL_Init(SDL_INIT_VIDEO) != 0){
        std::cout << "SDL_Init Error: " << SDL_GetError() << std::endl;
        return 1;
    }
    else {
        std::cout << "SDL_Init OK " << std::endl;
    }
    SDL_Quit();
    return 0;
}
```

1. Qt 项目结构

在本章的其他节中基本使用了 Qt 作为开发工具(已经配置好了几个扩展库的开发环境),每个案例都对应一个独立的函数,打开 Qt 项目(chapter6/SDLQtDemo1),查看 main.cpp 文件中的 main()函数,如图 6-49 所示,具体的代码如下:

```
//chapter6/SDLtest1/SDLtest1/SDLtest1.cpp
#define SDL_MAIN_HANDLED  //如果没有此宏,则会报错,并且要放到 SDL.h 之前
#include <iostream>
#include <SDL.h>
#include <SDL_image.h>
#include <SDL_mixer.h>
#include <SDL_ttf.h>
#include <vector>
using namespace std;

int main(){
    //return main_000();              //初始化
    //return TestWindow();             //SDL 2 的窗口测试
    //return TestSurface();            //SDL 2 的 Surface 测试
    //return TestRenderer();           //SDL 2 的渲染器测试
    //return TestTexture( );           //SDL 2 的纹理测试
```

```
        //return TestTexture002();
        //return TestWindowEvent();        //SDL 2 的事件测试
        //return TestSDLImage_png( );      //SDL_Image 扩展库测试
        //return TestSDLImage_jpg();
        //return TestSDLWav();             //SDL 2 的播放声音功能测试
        //return TestMixer();              //SDL_Mixer 扩展库测试
        //return TestTTF();                //SDL_TTF 扩展库测试

        return TestYUVPlayer001( );        //SDL 2 的 YUV 播放器测试
}
```

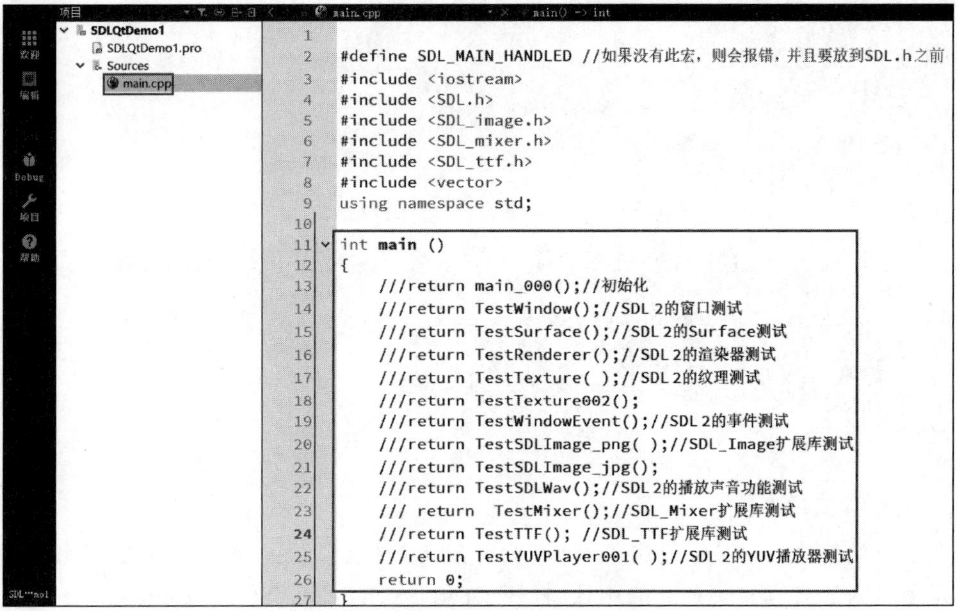

图 6-49　main()函数主要代码

2. VS 2015 配置 SDL 2 扩展库的开发环境

先统一解压 SDL 2 的扩展库，然后配置 VS 2015 的开发环境，最后需要复制 DLL 文件。

1) 解压 SDL 2 的扩展库

首先解压 SDL2_Image、SDL2_Mixer 和 SDL2_TTF 这 3 个扩展库的应用开发包(注意需要是 VC 开发包)，这 3 个开发库分别对应 SDL2_image-devel-2.0.5-VC.zip、SDL2_mixer-devel-2.0.4-VC.zip 和 SDL2_ttf-devel-2.0.15-VC.zip 这 3 个压缩文件，如图 6-50 所示。将这 3 个压缩文件都解压出来，为了方便管理，将它们包含的 include 和 lib 子文件夹都统一复制到 SDL2-devel-2.0.12-VC 这个文件夹下。复制完毕后，SDL2-devel-2.0.12-VC\lib\x86 文件夹下会存在 SDL2_image.dll、SDL2_mixer.dll 和 SDL2_ttf.dll 这几个文件，如图 6-51 所示。

图 6-50　SDL 2 的 VC 版本扩展库

图 6-51　SDL 2 的 x86 的 lib 与 dll

2）配置 VS 2015

打开 VS 2015 的项目（chapter6/SDLtest1），右击项目名称，之前已经配置过 SDL 2 的开发环境，包括包含目录、库目录和引用目录，如图 6-52 所示。由于刚才已经把 SDL2_Image、SDL2_Mixer 和 SDL2_TTF 这 3 个 VC 对应的开发包都解压到了 SDL2-devel-2.0.12-VC 文件夹下，所以这里不用再单独配置，只需要增加 3 个附加依赖项（注意中间以英文分号分隔），如图 6-53 所示。

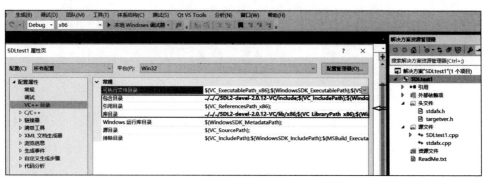

图 6-52　设置包含目录与库目录

3）复制 DLL

程序运行时需要相应的动态链接库（SDL2-devel-2.0.12-VC\lib\x86 目录下的 DLL 文件），否则运行时会报错。将 SDL2_image.dll、SDL2_mixer.dll 和 SDL2_ttf.dll 这 3 个 DLL 文件，以及其他依赖的 DLL 文件都复制到 SDLtest1.exe 同路径下，如图 6-54 所示。

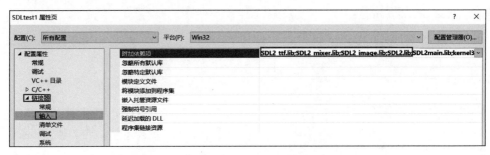

图 6-53　添加附加依赖性

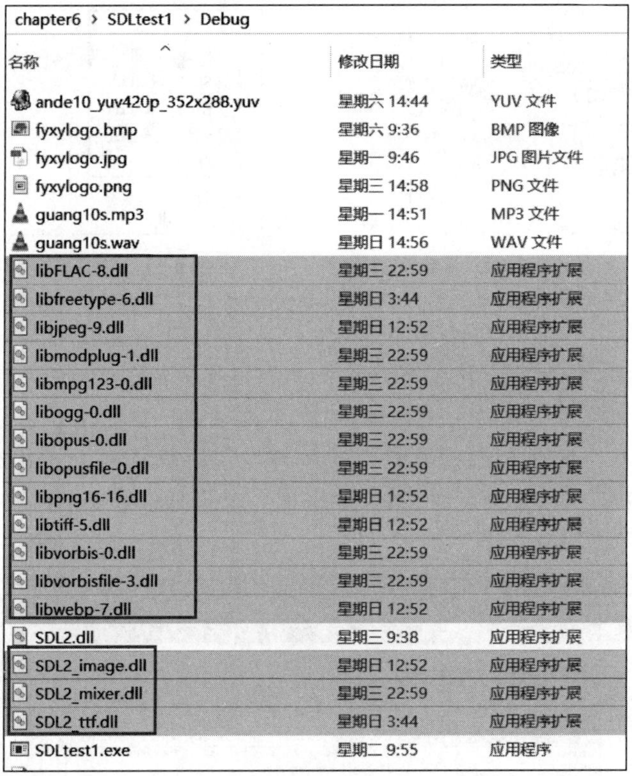

图 6-54　复制运行时需要的 DLL 文件

3. 将 Qt 中的代码移植到 VS 中

将 Qt 项目中的所有代码移植到 VS 中，然后编译并运行该程序，具体步骤如下：

(1) 打开 Qt 项目（chapter6/SDLQtDemo1），将 main.cpp 文件中的所有函数复制到 VS 2015 项目（chapter6/SDLtest1）的 SDLtest1.cpp 文件中，如图 6-55 所示。

(2) 编译该项目（chapter6/SDLtest1），此时会提示一个错误，如图 6-56 所示，信息如下：

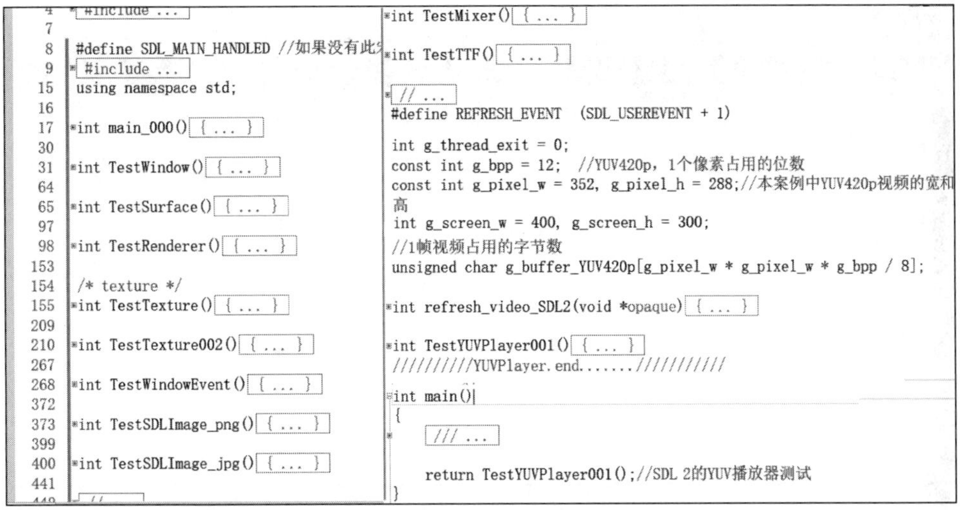

第6章 SDL 2开发库及高级应用

图6-55 移植SDL的案例代码

error C4996: 'fopen': This function or variable may be unsafe. Consider using fopen_s instead. To disable deprecation, use _CRT_SECURE_NO_WARNINGS. See online help for details.

图6-56 VS的安全警告

(3) 增加一个"预处理器": _CRT_SECURE_NO_WARNINGS,如图6-57所示。

图6-57 添加预处理器

(4) 重新编译该项目,如果SDL 2的路径都正确,就会成功,如图6-58所示。

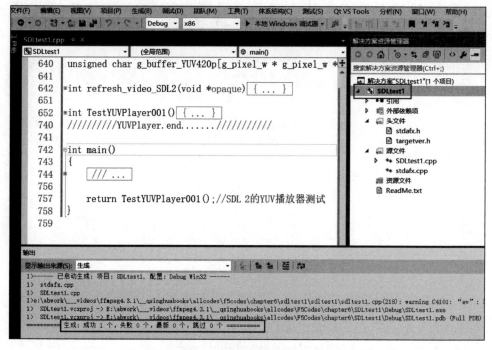

图 6-58 添重新编译项目

（5）将各个案例中用到的测试资源（例如 ande10_yuv420p_352x288.yuv、fyxylogo.bmp、guang10s.mp3 和 simhei.ttf 等文件）都复制到 chapter6/SDLtest1/SDLtest1 目录下，然后运行该程序，效果如图 6-59 所示。

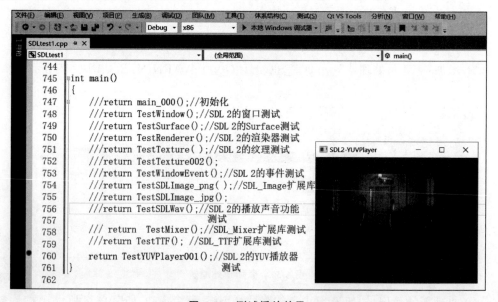

图 6-59 测试播放效果

（6）测试一下 TestTTF()函数的功能，由于 VS 2015 默认使用 Unicode 编码格式，所以需要字符串的编码格式，代码如下：

```
wchar_t wcText[1024] = { L"hello 汉字计算机" };
::SDL_Surface * text = TTF_RenderUNICODE_Blended(font,(Uint16 * )wcText,red);
```

这里调用的是 TTF_RenderUNICODE_Blended()函数，参数类型为宽字符（wchar_t），其他的代码都不用变动，如图 6-60 所示，然后重新编译并运行该项目（Ctrl＋F5），会成功显示中文字符串（注意字体文件 simhei.ttf 需要放置到源码路径下），如图 6-61 所示。

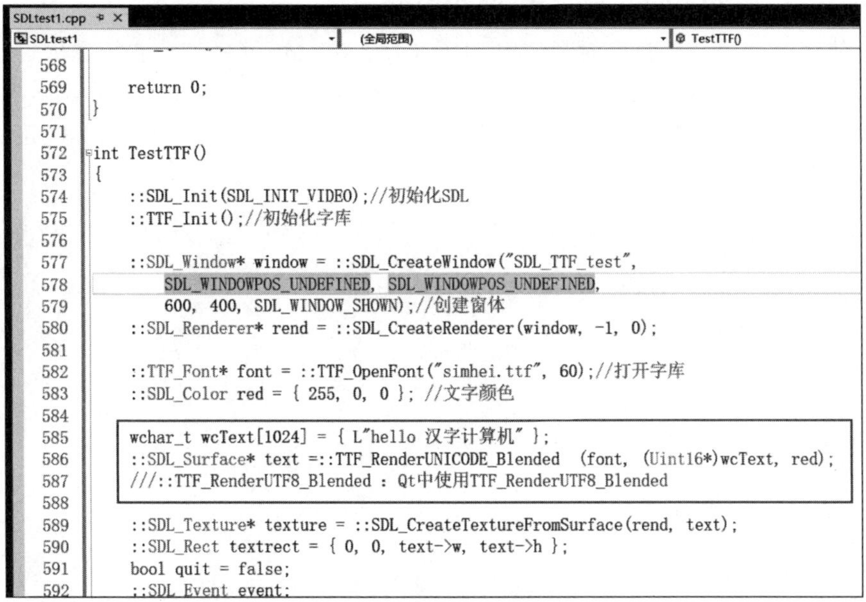

图 6-60　VS 的 Unicode 字符

图 6-61　VC 中调用 SDL 2 显示汉字

6.6 将 SDL 2 的窗口嵌入 MFC 或 Qt 的界面中

到目前为止已经讲解了 SDL 2 的大部分知识，但都是控制台项目，无论显示图片还是视频都是通过 SDL 2 自带的窗口实现的，但在实际应用中通常使用 MFC 或 Qt 开发界面，然后调用 SDL 2 对视频进行渲染，所以将 SDL 2 自带的窗口嵌入 MFC 或 Qt 的界面中是一个非常重要的知识点。

1. SDL_CreateWindowFrom() 函数简介

之前使用 SDL 2 创建窗口时都使用 SDL_CreateWindow() 函数，它将弹出一个独立的窗口，而将 SDL 2 窗口嵌入 MFC 或 Qt 的界面中离不开 SDL_CreateWindowFrom() 函数，也可能会用到 SDL_GetWindowID() 和 SDL_GetWindowFromID() 等函数，这几个函数的原型如下：

```
//chapter6/other-help.txt
/**
* 从一个已经存在的本地窗口中创建一个 SDL 2 窗口
* 参数 data 是本地窗口的句柄
* 如果成功,则返回新创建的窗口,否则返回 NULL
* \sa SDL_DestroyWindow()
*/
SDL_Window * SDLCALL SDL_CreateWindowFrom(const void * data);

/**
* 获取窗口的 ID,用于日志记录
*/
Uint32 SDLCALL SDL_GetWindowID(SDL_Window * window);

/**
* 从存储的 ID 中获取窗口,如果不存在,则为 NULL
*/
SDL_Window * SDLCALL SDL_GetWindowFromID(Uint32 id);
```

SDL_CreateWindowFrom() 函数从一个已经存在的本地窗口中创建一个 SDL 2 窗口，成功后返回新创建的窗口，否则返回 NULL。程序退出前，需要调用 SDL_DestroyWindow() 函数销毁这个窗口。在实际应用中，给 SDL_CreateWindowFrom() 函数传递的参数为 MFC 或 Qt 控件的句柄。

2. 将 SDL 2 的窗口嵌入 Qt 的界面中

将 SDL 2 窗口嵌入 Qt 中很简单，只需将 SDL 原来创建窗口的函数(SDL_CreateWindow)替换为新函数(SDL_CreateWindowFrom)，将控件句柄传递给这个函数，代码如下：

```
//frame 为 Frame 控件
SDL_Window * screen = SDL_CreateWindowFrom((void *)ui->frame->winId());
```

(1) 新建一个 Qt Widgets Application 项目(SDLQtWidget2),默认的基类选择 QWidget,然后从左侧的工具箱中将 1 个 Push Button 和 1 个 Frame 控件拖曳到主界面上,如图 6-62 所示。

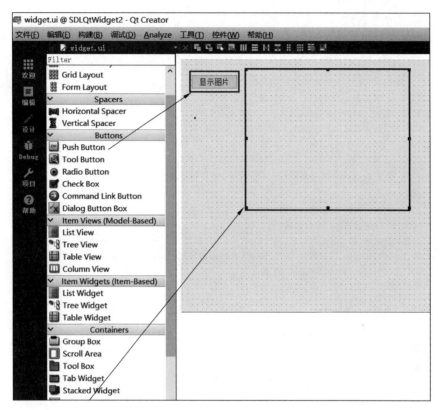

图 6-62　Qt 界面设计

(2) 打开项目配置文件(SDLQtWidget2.pro),添加 SDL 2 的头文件和库文件的路径(读者也可以自己配置其他几个扩展库),代码如下:

```
INCLUDEPATH
+= ../../SDL2-devel-2.0.12-mingw/i686-w64-mingw32/include/SDL2/
LIBS += -L../../SDL2-devel-2.0.12-mingw/i686-w64-mingw32/lib/ -lSDL2
 -lSDL2main
```

(3) 打开 widget.cpp,将 SDL.h 这个头文件包含进来,然后给"显示图片"按钮添加槽函数。

注意:在真实的项目中,建议读者将与 SDL 相关的变量定义为 Widget 类的成员变量,将初始化 SDL_Init()函数放到 Widget 类的构造函数中,而在 Widget 类的析构函数中调用 SQL_Quit()等函数进行资源的释放。

代码如下：

```cpp
//chapter6/SDLQtWidget2/widget.cpp
void Widget::on_pushButton_clicked(){
    SDL_Surface * screen;
    SDL_Window * window;
    SDL_Surface * image;

    SDL_Init(SDL_INIT_VIDEO); //初始化视频子系统
    //创建一个窗体
//window = SDL_CreateWindow("SDL2 Surface",
//SDL_WINDOWPOS_UNDEFINED, SDL_WINDOWPOS_UNDEFINED,
//640, 480, 0);
    //将SDL 2窗口嵌入Qt的Frame控件中
    window = SDL_CreateWindowFrom((void *)ui->frame->winId());

    //获得一个与窗体关联的surface,赋值给screen
    screen = SDL_GetWindowsurface(window);

    //加载一个BMP格式的图片文件,并把surface赋值给image
    image = SDL_LoadBMP("fyxylogo.bmp");

    //将image中的数据复制到screen中,相当于直接显示
    SDL_BlitSurface(image, NULL, screen, NULL);

    SDL_FreeSurface(image); //image数据已经复制出去,已经失去价值

    //刷新窗体,让与窗体关联的screen中的数据能够显示出来
    SDL_UpdateWindowsurface(window);

    //show image for 5 seconds
    //SDL_Delay(5000);

    //SDL_DestroyWindow(window);
    //SDL_Quit();
}
```

（4）将fyxylogo.bmp位图文件复制到当前Qt项目的"构建目录"（build-SDLQtWidget2-Desktop_Qt_5_9_8_MinGW_32bit-Debug）下，然后将SDL.dll复制到debug目录下，编译并运行，单击界面上的"显示图片"按钮，会将fyxylogo.bmp位图显示到Qt的Frame控件上，如图6-63所示。

3. 将SDL 2的窗口嵌入MFC的界面中

将SDL 2窗口嵌入MFC中很简单，只需将SDL原来创建窗口的函数（SDL_CreateWindow）替换为新函数（SDL_CreateWindowFrom），代码如下：

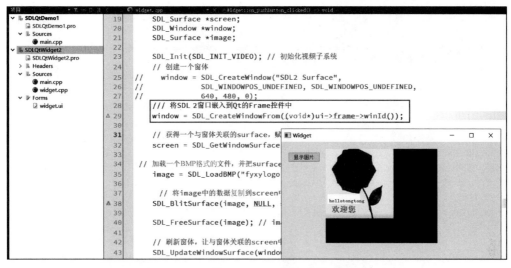

图 6-63　Qt 将 SDL 2 显示的图片嵌入控件中

```
//chapter6/other-help.txt
//创建原生的 SDL 2 窗口
SDL_Window * gWindow = SDL_CreateWindow("SHOW BMP",SDL_WINDOWPOS_UNDEFINED,SDL_WINDOWPOS_
UNDEFINED,SCREEN_WIDTH,SCREEN_HEIGHT,SDL_WINDOW_SHOWN);

//改成下面的函数,就可以将 SDL 2 窗口嵌入 MFC 的控件上
//可以嵌入任何合法的可以显示图片的控件上(例如这里的控件 ID 为 IDC_STATIC)
SDL_Window * gWindow = SDL_CreateWindowFrom( (void * )( GetDlgItem(IDC_STATIC)->GetSafeHwnd
()));
```

1) 对话框界面设计

(1) 使用 VS 2015 打开 SDLtest1 项目,然后右击"解决方案 SDLtest1",在弹出的菜单中选择"添加→新建项目",如图 6-64 所示。

(2) 新建 MFC 应用程序(此例工程命名为 SDLMFCDemo2),然后单击"确定"按钮,如图 6-65 所示。

(3) 在应用程序类型页面选择"基于对话框",然后单击"完成"按钮,如图 6-66 所示。

(4) 此时在解决方案 SDLtest1 中新增了一个工程(SDLMFCDemo2),如图 6-67 所示。

(5) 打开 SDLMFCDemo2 工程中的 IDD_SDLMFCDEMO2_DIALOG 对话框的界面设计器,使用鼠标左键从左侧的"工具箱"中将一个 Button 按钮和一个 Picture Control 控件拖曳到右侧的对话框上,如图 6-68 所示。

2) 配置 SDL 2 的开发环境

配置 SDLMFCDemo2 工程的 SDL 2 相关的包含目录、库目录、附加依赖项及 DLL 动态链接库。

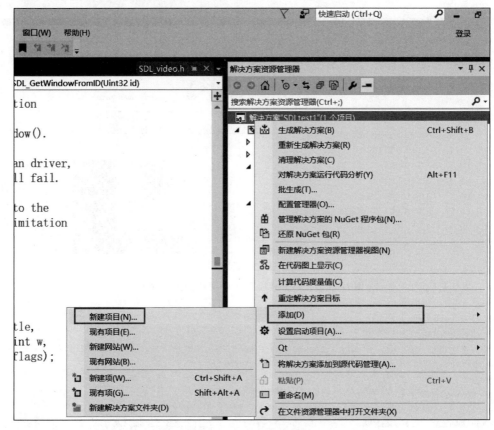

图 6-64　VS 添加新项目

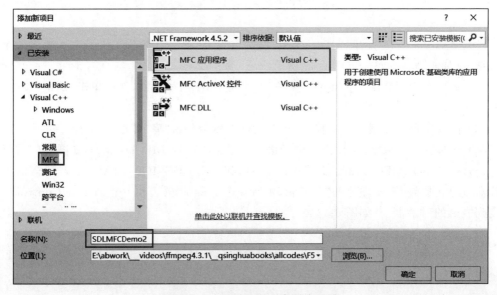

图 6-65　VS 添加 MFC 类型的项目

第6章 SDL 2开发库及高级应用

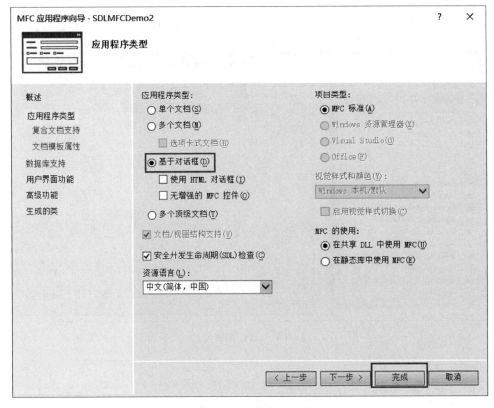

图 6-66 基于对话框

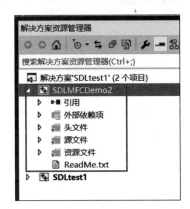

图 6-67 SDLMFCDemo2 项目结构

(1) 右击项目名称(SDLMFCDemo2)，在弹出的菜单中单击"属性"，然后在弹出的属性页中配置包含目录和库目录，注意笔者这里使用 SDL 2 库的相对路径，选择的平台为 Win32，如图 6-69 所示。

(2) 在项目 SDLMFCDemo2 属性页中选择"链接器"下的"输入"，编辑右侧的"附加依赖项"，在附加依赖项中添加 SDL2.lib、SDL2main.lib、SDL2_image.lib、SDL2_mixer.lib

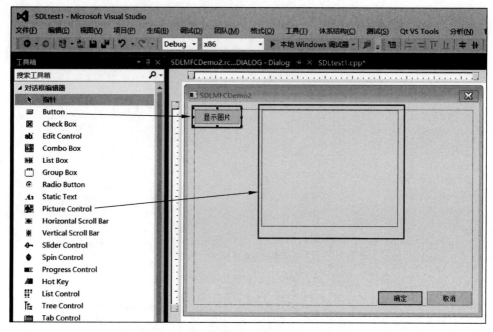

图 6-68 MFC 界面设计

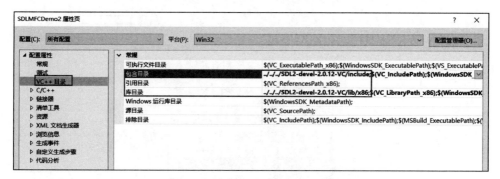

图 6-69 MFC 项目的包含目录与库目录

和 SDL2_ttf.lib(注意中间以英文分号分隔),然后单击"确定"按钮,如图 6-70 所示。

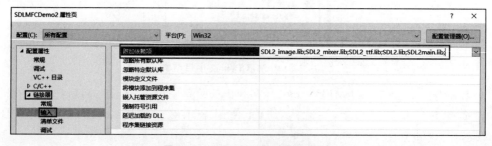

图 6-70 MFC 项目的附加依赖性

（3）确保 SDL 2 运行时所需要的 DLL 文件与 SDLMFCDemo2.exe 文件在同一个路径下，由于在本解决方案中之前已经配置过这些 DLL 文件，所以这里不用再重复复制，如图 6-71 所示。

图 6-71　复制 SDL 2 的 DLL 文件

3）将 SDL 2 窗口嵌入 MFC 的 Picture Control 控件中

（1）打开 MFC_SDLDlg.cpp 文件，在程序中添加头文件，代码如下：

```
#include <SDL.h>
```

（2）当双击"显示图片"这个 Button 控件时会自动生成对应的消息响应函数（CSDLMFCDemo2Dlg::OnBnClickedButton1），代码如下：

注意：在真实的项目中，建议读者将 SDL 相关的变量定义为 CSDLMFCDemo2Dlg 类的成员变量，将初始化 SDL_Init() 函数放到它的构造函数中，而在析构函数中调用 SQL_Quit() 等函数进行资源的释放。

```
//chapter6/SDLtest1/SDLMFCDemo2/SDLMFCDemo2Dlg.cpp
void CSDLMFCDemo2Dlg::OnBnClickedButton1(){
```

```
//TODO: 在此添加控件通知处理程序代码
SDL_Surface * screen;
SDL_Window * window;
SDL_Surface * image;

SDL_Init(SDL_INIT_VIDEO);                //初始化视频子系统
                                         //创建一个窗体
//window = SDL_CreateWindow("SDL 2 Surface",
//      SDL_WINDOWPOS_UNDEFINED, SDL_WINDOWPOS_UNDEFINED,
//      640, 480, 0);

//注意:IDC_STATIC 是 Picture Control 控件的 ID
window = SDL_CreateWindowFrom(
    (void * )(GetDlgItem(IDC_STATIC)->GetSafeHwnd()) );
SDL_ShowWindow(window);              //显示窗口,如果不调用该语句,则有可能会隐藏该窗口
//获得一个与窗体关联的 surface,赋值给 screen
screen = SDL_GetWindowsurface(window);

//加载一个 BMP 格式的图片文件,并把 surface 赋值给 image
image = SDL_LoadBMP("fyxylogo.bmp");

//将 image 中的数据复制到 screen 中,相当于直接显示
SDL_BlitSurface(image, NULL, screen, NULL);

SDL_FreeSurface(image);           //image 数据已经复制出去,已经失去价值

//刷新窗体,让与窗体关联的 screen 中的数据能够显示出来
SDL_UpdateWindowsurface(window);

//show image for 5 seconds
//SDL_Delay(5000);
//SDL_DestroyWindow(window);
//SDL_Quit();
}
```

(3) 将 fyxylogo.bmp 文件复制到该工程的源码目录(SDLtest1\SDLMFCDemo2)下,然后编译并运行该工程,单击"显示图片"按钮,在右侧的 Picture Control 控件上就会显示图片,如图 6-72 所示。

(4) 其中 IDC_STATIC 是 Picture Control 控件的 ID,如图 6-73 所示,获取它的窗口句柄,传递给 SDL_CreateWindowFrom 函数即可,代码如下:

```
//注意:IDC_STATIC 是 Picture Control 控件的 ID
window = SDL_CreateWindowFrom((void * )(
GetDlgItem(IDC_STATIC)->GetSafeHwnd()));
```

这里需要注意,最好调用 SDL_ShowWindow() 函数将刚才窗口的 SDL 2 窗口显示出来,否则有可能会被隐藏,代码如下:

```
SDL_ShowWindow(window);          //显示窗口,如果不调用该语句,则有可能会隐藏该窗口
```

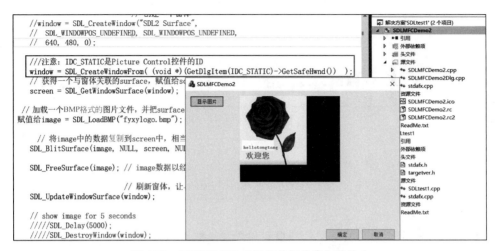

图 6-72　MFC 将 SDL 2 显示的图片嵌入控件中

这是因为调用 SDL_DestroyWindow()函数，SDL 2 会隐藏对应的窗体（或控件），代码如下：

```
//chapter6/SDLtest1/SDLMFCDemo2/SDLMFCDemo2Dlg.cpp
void SDL_DestroyWindow(SDL_Window * window){
    SDL_VideoDisplay *display;

    CHECK_WINDOW_MAGIC(window,);

    window->is_destroying = SDL_TRUE;

    /* Restore video mode, etc. */
    SDL_HideWindow(window); //这里将窗口隐藏了

    //...省略其他代码
}
```

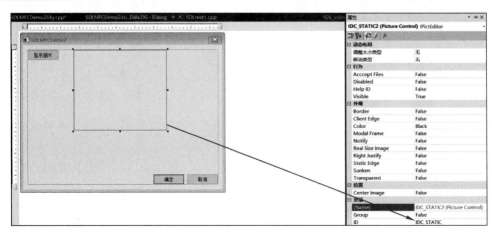

图 6-73　MFC 的 Picture Control 控件 ID

第 7 章 FFmpeg 解码音视频及流媒体

CHAPTER 7

3min

FFmpeg 是一个开源免费跨平台的视频和音频流框架,它提供了录制音视频、音视频编解码、转换及流化音视频的完整解决方案。在这个开源框架中包含几种工具,每个工具用于实现特定的功能。例如 ffmpeg 是一个非常有用的命令行程序,可以用来转码媒体文件,包括很多功能,例如解码、编码、转码、混流、分离、转换为流、过滤及播放绝大多数的媒体文件;ffserver 能够将多媒体文件转换为用于实时广播的流;ffprobe 用于分析多媒体流;ffplay 可以当作一个简易的媒体播放器。FFmpeg 作为音视频领域的开源工具,它几乎可以实现所有针对音视频的处理,官方提供的 SDK 可以实现音视频编码、解码、封装、解封装、转码、缩放及添加水印等功能。解封装后获得的是 AVPacket 类型的音视频包,需要送给解码器才可以得到原始的音视频帧 AVFrame,例如视频帧 YUV 或音频帧 PCM 等。在编解码过程中需要使用 avcodec_send_packet()、avcodec_receive_frame()、avcodec_send_frame() 和 avcodec_receive_packet() 等函数,也需要处理时间及转换等。

注意: 本书侧重 FFmpeg 解码及播放器知识的讲解,关于 FFmpeg 数据结构及 API 的详细知识点可参考笔者的另一本书《FFmpeg 入门详解——SDK 二次开发及直播美颜原理及应用》(清华大学出版社)。

7.1 FFmpeg 编解码框架及原理

FFmpeg 相关的基本概念列举如下:

(1) 容器(Container)是指一种文件格式,例如 FLV、MKV 等,可以包含各种流及文件头信息。

(2) 流(Stream)是指一种视频数据信息的传输方式,常见的 5 种流包括音频、视频、字幕、附件和数据。

(3) 帧(Frame)代表一幅静止的图像,分为 I 帧、P 帧和 B 帧。

(4) 编解码器(Codec)可对视频进行压缩或者解压缩,CODEC = COde(编码) +

DECode(解码)。

（5）复用/解复用(Mux/Demux)可把不同的流按照某种容器的规则放入容器，这种行为叫作复用(Mux)。把不同的流从某种容器中解析出来，这种行为叫作解复用(Demux)。

（6）帧率(Frame Rate)也叫帧频率，是视频文件中每秒显示的帧数，人类的眼睛想看到连续移动图像至少需要每秒显示 15 帧。

（7）码率(Bitrate per Second)，即比特率(也叫数据率)是一个确定整体视频或音频质量的参数，是以秒为单位处理的字节数，码率和视频质量成正比，在视频文件中比特率用 b/s 来表达。

FFmpeg 主要是一个转码工具，处理流程包括从输入源获得原始的音视频数据，解封装得到压缩的音视频包，解码得到原始的音视频帧，进行一些帧特效处理，然后重新编码、封装，最后进行输出，包括文件或直播推流等，如图 7-1 所示，具体步骤如下：

（1）将输入源解封装(Demuxer)，得到压缩封装的音视频包。
（2）对音视频进行解码(Decoder)，得到原始的音视频帧。
（3）对原始的音视频帧进行后期特效处理。
（4）对处理后的音视频帧重新进行编码、封装。
（5）对编码封装后的音视频包进行封装，可以输出文件或直播推流。

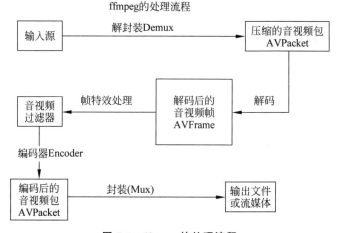

图 7-1　ffmpeg 的处理流程

FFmpeg 中的关键结构体包括协议、封装与解封装、编码与解码、数据存储等几大类。

1．协议

主要的协议(Protocol)类型包括 FILE、HTTP、RTSP、RTMP、MMS、HLS、RTP 等，几个常用的数据结构包括 AVIOContext、URLProtocol、URLContext。URLContext 主要用于存储音视频使用的协议的类型及状态；URLProtocol 用于存储输入的音视频使用的封装格式，每种协议都对应一个 URLProtocol 结构。

注意：FFmpeg 中的文件也被当作一种协议：file。

2. 封装与解封装

主要的封装类型包括 FLV、AVI、RMVB、MP4、MOV、MKV、TS、M3U8 等。AVFormatContext 主要用于存储音视频封装格式中包含的信息；AVInputFormat 用于存储输入的音视频使用的封装格式；AVoutputFormat 用于存储输出的音视频使用的封装格式。每种音视频封装格式都对应一个 AVInputFormat 结构。

3. 编码与解码

主要的编解码（Coding/Decoding）类型包括 H.264、H.265、VP8、VP9、MPEG2、AAC、MP3 和 AC-3 等。AVStream 用于存储一个视频或音频流的相关数据；每个 AVStream 对应一个 AVCodecContext，用于存储该视频或音频流使用解码方式的相关数据；每个 AVCodecContext 对应一个 AVCodec，包含该视频或音频对应的解码器。每种解码器都对应一个 AVCodec 结构。

4. 数据存储

对于视频，每个结构一般存储一帧，而音频可能有好几帧。解码前的数据结构是 AVPacket，解码后的数据结构是 AVFrame。FFmpeg 关键结构体的对应关系如图 7-2 所示。

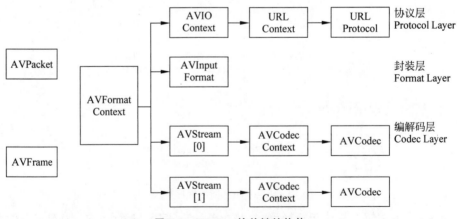

图 7-2　FFmpeg 的关键结构体

（1）AVFrame 结构体一般用于存储原始数据，即非压缩数据，例如对视频来讲是 YUV/RGB，对音频来讲是 PCM。此外还包含了一些相关的信息，例如解码时存储了宏块类型表、QP 表、运动向量表等数据。编码时也存储了相关的数据，因此在使用 ffmpeg 进行码流分析时，AVFrame 是一个很重要的结构体。

（2）AVFormatContext 是一个贯穿始终的数据结构，很多函数要用到它作为参数。它是 ffmpeg 解封装（如 FLV、MP4、RMVB、AVI）功能的重要结构体。

(3) AVCodecContext 一般在编解码时使用。
(4) AVIOContext 是 ffmpeg 管理输入及输出数据的结构体。
(5) AVCodec 是存储编解码器信息的结构体。
(6) AVStream 是存储每个视频或音频流信息的结构体。
(7) AVPacket 是存储压缩编码数据相关信息的结构体。

7.2 FFmpeg 使用命令行解码音视频

FFmpeg 的命令行工具大体可以分为 3 类,包括播放(ffplay)、处理(ffmpeg)和查询(ffprobe)。ffmpeg 用于音视频编解码,ffplay 用于音视频播放,ffprobe 用于查看音视频的基本参数信息。FFmpeg 转码流程主要包括,首先通过分流器将输入的文件分解为编码后的数据包,然后通过解码器把编码数据转换成解码后的数据帧,处理之后,又把数据帧通过编码器转换成编码后的数据包,最后通过混合器打包为输出文件。概括起来共有 5 个步骤,包括分流、解码、处理、编码和混合,如图 7-3 所示。

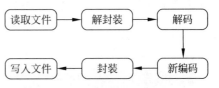

图 7-3 ffmpeg 的主要转码步骤

ffmpeg 主要用于对音视频编解码,命令的使用格式如下:

```
//chapter7/help-others.txt
#ffmpeg [全局参数] [[输入文件参数] -i 输入文件]…{[输出文件参数] 输出文件}…
$ ffmpeg [global_options] {[input_file_options] -i input_url} ...
{[output_file_options] output_url} ...
```

FFmpeg 命令行的详细用法可以参考 ffmpeg 的在线文档,网址为 https://ffmpeg.org/ffmpeg-all.html。

注意:本书侧重 FFmpeg 解码及播放器知识的讲解,关于 FFmpeg 命令行的详细知识点可参考笔者的另一本书《FFmpeg 入门详解——命令行与音视频特效原理及应用》(清华大学出版社)。

7.2.1 ffplay 视频播放

ffplay 主要用于播放音视频,命令行格式如下:

```
#ffplay [全局参数] [输入文件]
$ ffplay [options] [input_url]
```

ffplay 的详细用法可以参考 ffplay 的在线文档,网址为 https://ffmpeg.org/ffplay-all.html,也可以使用以下命令查看:

```
#简易版
$ ffplay -h
#详细版
$ ffplay -h long
#完整版
$ ffplay -h full
```

ffplay 可以很方便地播放视频文件,效果如图 7-4 所示,代码如下:

```
$ ffplay -i hello.y4m
```

注意：这里的 y4m(YUV4MPEG2)是一种特殊的封装格式,主要是用来保存 YUV (YCbCr)数据的文件格式,文件扩展名为 .y4m。因为原始的 YUV 文件没有参数信息(例如宽和高、采样格式等),所以 y4m 相当于给 YUV 文件添加了一个"参数信息头",方便播放器来识别。

图 7-4 ffplay 的播放效果

7.2.2 从 MP4 文件中提取音频流和视频流

1. 从 MP4 文件中提取 AAC 音频流

从 MP4 文件中提取 AAC 音频流的命令如下:

```
ffmpeg -i hello4.mp4 -vn -acodec copy output4.aac
# -vn 表示过滤掉视频流
```

从上述命令行可以看出，-vn 会过滤掉视频流，-acodec copy 会复制音频流，输出文件的封装格式为.aac，ffmpeg 会默认存储为 ADTS 格式的 AAC 文件。该命令行的转换过程如图 7-5 所示，其中输入流＃0：1 代表的是 AAC 音频流，直接复制后，对应的是输出流＃0：0，存储为 ADTS 格式的 AAC 文件。

```
D:\_movies\__test\000>ffmpeg -i hello4.mp4  -vn -acodec copy output4.aac
ffmpeg version 4.3.1 Copyright (c) 2000-2020 the FFmpeg developers
  Duration: 00:00:13.47, start: 0.000000, bitrate: 2043 Kb/s
    Stream #0:0(und): Video: h264 (High) (avc1 / 0x31637661), yuv420p(tv, bt470bg/unkn
own/unknown), 1920x1080 [SAR 1:1 DAR 16:9], 1921 kb/s, 30 fps, 30 tbr, 16k tbn, 60 tbc
 (default)
    Metadata:
      handler_name    : VideoHandler
   Stream #0:1(und): Audio: aac (LC) (mp4a / 0x6134706D), 44100 Hz, stereo, fltp, 114
 kb/s (default)
    Metadata:
      handler_name    : SoundHandler
Output #0, adts, to 'output4.aac':
  Metadata:
    major_brand     : isom
    minor_version   : 512          输入流的#0:1，代表AAC音频流
Stream mapping:                    输出流的#0:0，直接复制即可，存储为ADTS格式的AAC文件
  Stream #0:1 -> #0:0 (copy)
Press [q] to stop, [?] for help
size=     191KB time=00:00:13.42 bitrate= 116.9Kb/s /Kb/s speed=2.55e+03x
video:0KB audio:188KB subtitle:0KB other streams:0KB global headers:0KB muxing overhea
d: 2.110861%
```

图 7-5　使用 ffmpeg 从 MP4 文件中提取 aac 音频流

其中输入文件 hello4.mp4 包含两路流，即 H.264（AVC、30 帧/秒、1920x1080）视频流和 AAC（AAC、44.1kHz、2Channels）音频流，如图 7-6 所示。

注意：如果输入文件 hello4.mp4 中包含的音视频流的编码格式不是 AAC、H.264，则提取出来的音视频文件就不能存储为.aac、.h264 格式。

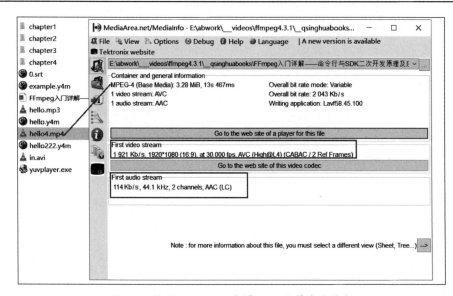

图 7-6　使用 MediaInfo 查看 MP4 文件中流信息

AAC是新一代的音频有损压缩技术,是一种高压缩比的音频压缩算法。在MP4视频中的音频数据,大多数会采用AAC压缩格式。AAC格式主要分为两种:音频数据交换格式(Audio Data Interchange Format,ADIF)和音频数据传输流(Audio Data Transport Stream,ADTS)。

(1) ADIF:这种格式的特征是可以确定地找到这个音频数据的开始,不需在音频数据流中间开始进行解码,即它的解码必须在明确定义的开始处进行。ADIF常用在磁盘文件中,只有一个统一的头,所以必须得到所有的数据后才能解码。ADIF数据格式为header | raw_data。

(2) ADTS:这种格式的特征是它是一个有同步字的比特流,解码可以在这个流中的任何位置开始。它的特征类似于MP3数据流格式。ADTS可以在任意帧解码,它每帧都有头信息。这两种的header格式也是不同的,目前一般编码后的是ADTS格式的音频流。ADTS的一帧数据格式,如图7-7所示(中间部分为帧格式,左右省略号为前后数据帧)。

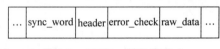

图 7-7 ADTS 一帧数据格式

2. 从MP4文件中提取H.264视频流

从MP4文件中提取H.264视频流的命令如下:

```
ffmpeg -i hello4.mp4 -vcodec copy -an output4.h264
# -an 表示过滤掉音频流
```

从上述命令中可以看到当从hello4.mp4文件中将H.264视频流提取到output4.h264文件中时-an会过滤掉音频流,-vcodec copy会复制视频流,输出文件的封装格式的后缀名为.h264。该命令行的转换过程如图7-8所示,将hello4.mp4中的视频流#0:0直接复制到输出文件中。

用UltraEdit的十六进制方式打开output4.h264文件,可以发现该文件中有很多00000001或000001的数字串,这些就是H.264码流的起始码,如图7-9所示。由此可见,ffmpeg对后缀名为.h264的文件封装时采用了annexb格式进行打包。

3. H.264码流结构简介

H.264的主要目标是为了有高的视频压缩比和良好的网络亲和性,为了达到这两个目标,H.264的解决方案是将系统框架分为两个层面,分别是视频编码层面和网络抽象层面,如图7-10所示。

下面介绍H.264的几个重要概念:

(1) 原始数据比特串(String Of Data Bit,SODB)由编码器直接输出的原始编码数据,即VCL数据,是编码后的原始数据。

(2) 原始字节序列载荷(Raw Byte Sequence Payload,RBSP),在SODB的后面增加了

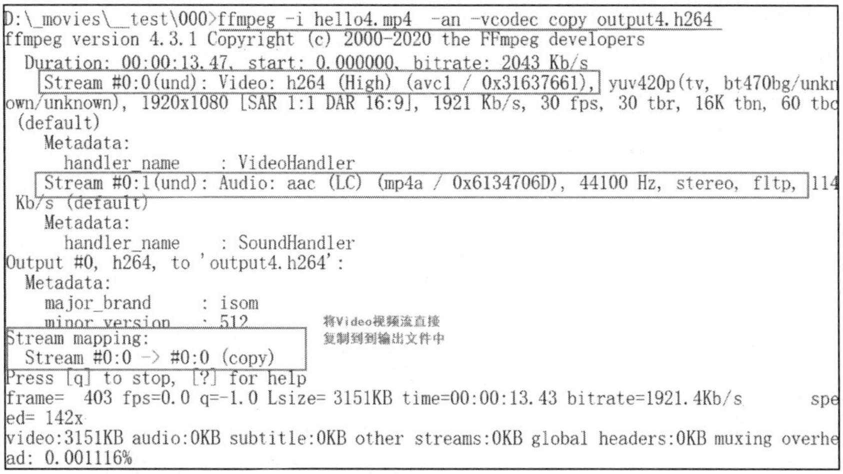

第7章　FFmpeg解码音视频及流媒体

```
D:\_movies\__test\000>ffmpeg -i hello4.mp4 -an -vcodec copy output4.h264
ffmpeg version 4.3.1 Copyright (c) 2000-2020 the FFmpeg developers
  Duration: 00:00:13.47, start: 0.000000, bitrate: 2043 Kb/s
    Stream #0:0(und): Video: h264 (High) (avc1 / 0x31637661), yuv420p(tv, bt470bg/unkn
own/unknown), 1920x1080 [SAR 1:1 DAR 16:9], 1921 Kb/s, 30 fps, 30 tbr, 16K tbn, 60 tbc
 (default)
    Metadata:
      handler_name    : VideoHandler
    Stream #0:1(und): Audio: aac (LC) (mp4a / 0x6134706D), 44100 Hz, stereo, fltp, 114
 Kb/s (default)
    Metadata:
      handler_name    : SoundHandler
Output #0, h264, to 'output4.h264':
  Metadata:
    major_brand     : isom
    minor_version   : 512             将Video视频流直接
Stream mapping:                        复制到输出文件中
  Stream #0:0 -> #0:0 (copy)
Press [q] to stop, [?] for help
frame=  403 fps=0.0 q=-1.0 Lsize=    3151KB time=00:00:13.43 bitrate=1921.4Kb/s    spe
ed= 142x
video:3151KB audio:0KB subtitle:0KB other streams:0KB global headers:0KB muxing overhe
ad: 0.001116%
```

图 7-8　使用 ffmpeg 从 MP4 文件中提取视频流

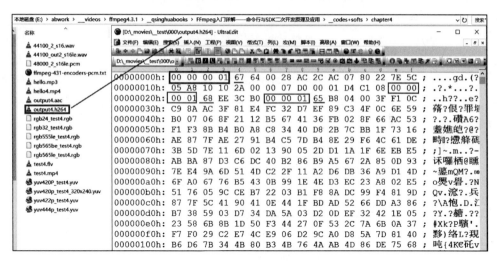

图 7-9　H.264 码流中的起始码

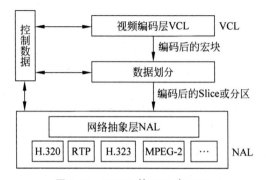

图 7-10　H.264 的 VCL 与 NAL

若干结尾比特(RBSP trailing bits,1个为1的比特和若干为0的比特),以使 SODB 的长度为整数字节。

(3) 扩展字节序列载荷(Extension Byte Sequence Payload,EBSP),在 RBSP 的基础上增加了仿校验字节(0x03)。

(4) NAL 单元(NAL Unit,NALU),由 1 个 NAL 头(NAL Header)和 1 个 RBSP(或 EBSP)组成。

从封装格式角度分析,H.264 又分为两种格式,即 AVC1 和 H264。

H264,即 FOURCC H264(H264 bitstream with start codes),也称为 AnnexB 格式,是一种带有起始码的格式,一般用于无线发射、有线广播或者 HD-DVD 中,这些数据流的开始都有一个开始码 0x000001 或者 0x00000001,NALU 是 NAL(网络适配层)以网络所要求的恰当方式对数据进行打包和发送的基本单元。这种方式适合流式传输。编码器将每个NALU 各自独立、完整地放入一个分组,因为分组都有头部,解码器可以方便地检测出NALU 的分界,并依次取出 NALU 进行解码。每个 NALU 前有一个起始码 0x00 00 01(或0x00 00 00 01),解码器检测每个起始码,作为一个 NALU 的起始标识,当检测到下一个起始码时,当前 NALU 结束。AnnexB 格式的每个 NALU 都包含起始码,并且通常会周期性地在关键帧之前重复插入 SPS 和 PPS。

AVC1,即 FOURCC AVC1(H264 bitstream without start codes)是一种不带起始码的格式,主要存储在.mp4、.flv 格式的文件中,它的数据流的开始是 1、2 或者 4 字节,表示长度数据,NALU 简单来说是 H.264 格式中的最基本的单元,是一个数据包。这种方式适合对本地文件进行保存。

注意:关于 H.264 码流结构更详细的介绍,可参考笔者的另外一本书《FFmpeg 入门详解——音视频原理及应用》(清华大学出版社)。

4. FourCC 简介

FourCC 的全称是 Four-Character Codes,代表四字符代码,它是一个 32 位的标识符,对应的 C 语言代码如下:

```
typedef unsigned int FOURCC
```

FourCC 是一种独立标识视频数据流格式的四字符代码。视频播放软件通过查询FourCC 代码并且寻找与 FourCC 代码相关联的视频解码器来播放特定的视频流,例如DIV3＝DivX Low-Motion、DIV4＝DivX Fast-Motion、DIVX＝DivX4、FFDS＝FFDShow等。通常情况下,WAV、AVI 等以 RIFF 文件的标签头标识,Quake 3 的模型文件.md3 中也大量存在 IDP3 的 FourCC。一般用宏来生成 FourCC,FourCC 是由 4 个字符拼接而成的,生成 FourCC 的传统方法,代码如下:

```
//chapter7/help-others.txt
#define MAKE_FOURCC(a,b,c,d) \
( ((uint32_t)d) | ( ((uint32_t)c) << 8 ) | ( ((uint32_t)b) << 16 ) | ( ((uint32_t)a) << 24 ) )
```

这种方法简单直观,可以方便使用下面这个模型操作,因为宏能生成常量,符合 case 的条件,具体的代码如下:

```
//chapter7/help-others.txt
switch(val)
{
case MAKE_FOURCC('f','m','t',' '):
…
break;
case MAKE_FOURCC('Y','4','4','2'):
…
break;
…
}
```

常见的 FourCC 代码,列举如下:

(1) I420:YUV 编码,视频格式为.avi。
(2) PIM1:MPEG-1 编码,视频格式为.avi。
(3) XVID:MPEG-4 编码,视频格式为.avi。
(4) THEO:Ogg Vorbis,视频格式为.ogv。
(5) FLV1:Flash 视频编码,视频格式为.flv。
(6) AVC1:H.264 编码,视频格式为.mp4。
(7) DIV3:MPEG-4.3 编码。
(8) DIVX:MPEG-4 编码。
(9) MP42:MPEG-4.2 编码。
(10) MJPG:motion-jpeg 编码。
(11) U263:H.263 编码。
(12) I263:H.263I 编码。

7.2.3 h264_mp4toannexb

H.264 有两种封装格式,一种是 AnnexB 模式,即传统模式,有起始码(Start Code,0x000001 或 0x0000001)、SPS 和 PPS,在 VLC 播放器中打开后编码器信息中显示的是 h264。另一种是 MP4 模式,例如.mp4、.mkv、.flv 等文件里会使用这种方式,没有 Start Code,而 SPS、PPS 及其他信息被封装在容器(Container)中,每个帧(Frame)前面是这个 Frame 的长度,以长度信息分割 NALU,在 VLC 播放器里打开后编码器信息显示的是 avc1,而市面上的很多解码器只支持 AnnexB 模式,因此需要对 MP4 进行转换。很多场景需要对这两种格式进行转换，FFmpeg提供了名称为h264_mp4toannexb的位流过滤器（Bitstream Filter，BSF）实现这个功能。关于h264_mp4toannexb在FFmpeg官网上的描述信息，如图7-11所示。

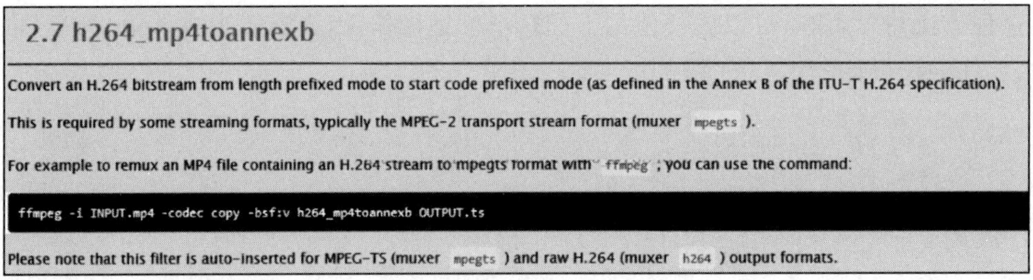

```
2.7 h264_mp4toannexb
Convert an H.264 bitstream from length prefixed mode to start code prefixed mode (as defined in the Annex B of the ITU-T H.264 specification).
This is required by some streaming formats, typically the MPEG-2 transport stream format (muxer mpegts ).
For example to remux an MP4 file containing an H.264 stream to mpegts format with ffmpeg , you can use the command:
ffmpeg -i INPUT.mp4 -codec copy -bsf:v h264_mp4toannexb OUTPUT.ts
Please note that this filter is auto-inserted for MPEG-TS (muxer mpegts ) and raw H.264 (muxer h264 ) output formats.
```

图7-11 h264_mp4toannexb位流过滤器的官方解释

笔者在这里简单翻译一下：

将"长度前缀模式"的格式（AVCC）转换为H.264（AnnexB）格式，带有起始码（0x000001或0x0000001）。一些流转换器，尤其是MPEG-2的TS流复用器（mpegts），经常使用这种转换。例如使用ffmpeg将一个包含H.264视频流的MP4文件转换为mpegts格式，命令如下：

```
ffmpeg -i INPUT.mp4 -codec copy -bsf:v h264_mp4toannexb OUTPUT.ts
```

例如将MP4转换成H.264，输出文件为output4.h264，并指定了这个流过滤器（h264_mp4toannexb），所以生成的H.264码流是带有起始码的，命令如下：

```
ffmpeg -i test4.mp4 -codec copy -bsf:v h264_mp4toannexb -f h264 output4.h264
```

需要注意当输出格式为mpegts（MPEG-TS复用器）或h264（原始H.264复用器）时，这个流过滤器（h264_mp4toannexb）会被自动使用。

注意：上文中输出文件为output4.h264，如果不使用这个流过滤器（h264_mp4toannexb），则ffmpeg在检测到-f h264后也会自动使用它。

使用位流过滤器（Bitstream Filter）时，需要注意以下几点：

（1）主要目的是对数据进行格式转换，使它能够被解码器处理（例如HEVC QSV的解码器）。

（2）Bitstream Filter对已编码的码流进行操作，不涉及解码过程。

（3）使用ffmpeg的-bsfs命令可以查看ffmpeg工具支持的Bitstream Filter类型。

（4）使用ffmpeg的-bsf选项来指定对具体流的Bitstream Filter，使用逗号分隔的多个filter，如果filter有参数，则参数名和参数值跟在filter名称的后面。

7.2.4　MP4 格式的 faststart 快速播放模式

MP4 文件是由许多数据块组成的，存储了章节和音视频信息等，其中有一个 moov 块是最主要的，记录了该 MP4 文件的基础信息，如帧率、码率、分辨率等，该部分的作用类似目录。

当前很多工具能提供 MP4 格式的转换输出，但有时输出的格式放到网络上后发现需要完整下载才能开始播放，而不能像网上的很多视频那样一开始就能播放（边下载边播放），造成这个问题的原因是一些描述 MP4 文件信息的 moov atom 元数据默认放置在了视频文件的最尾部，而所有的播放器（包括独立的、网络化的播放器，如浏览器）都需要这些信息来正确构建，以便播放（例如视频分辨率、帧率、码率等），因此需要把这些信息想办法移动到 MP4 文件的最前部，这样读取这些信息后客户端播放器就可以搭起播放环境，后续只需播放数据就可以播放了。

当在线播放 MP4 视频时，首先要找到 moov 块，但是这些块的顺序却可以不一致，例如这里的 moov 就在第 2 处，比 mdat 靠前。如果 moov 靠后，则当浏览器播放在线 MP4 视频时一开始请求不到这一块，所以会往后面看下一块，多请求几次。浏览器用 HTTP Range Request 先请求几百字节，这是第 1 次请求。得到 206 Partical Content HTTP 代码，可能没有找到 moov。接着浏览器找后面的几百字节，以此类推，直到找到 moov 块，从而准备好播放视频的元信息。

通常情况下，ffmpeg 生成的 MP4 文件，moov 关键块信息会在文件的最尾部，当作为本地文件播放时，问题不大，但作为流媒体在线播放时，需要注意以下几点：

（1）视频要等加载完才能播放，而不是边加载边播放，这是因为视频的元数据信息不在第 1 帧。

（2）元数据是指保存视频属性的一组参数，例如视频的宽度、高度、时长、总字节关键帧等信息。

（3）因为网页上的视频播放器播放视频是以流的形式加载（没有办法直接加载视频结尾的数据，只能从前向后加载），所以播放器必须读取到元数据信息才可以进行播放。

通过上文可知，需要将 MP4 的 moov 关键块信息移动到文件头部，以方便在线流媒体播放，ffmpeg 就提供了此功能，转换过程如图 7-12 所示，命令如下：

```
ffmpeg -i hello4.mp4 -movflags faststart -c copy -y outputfast4.mp4
#note:-movflags faststart:快速启动模式,将 moov 关键信息挪到文件头部
#note: -c copy 代表直接复制音视频流
```

观察输入文件 hello4.mp4 和输出文件 outputfast4.mp4，可以看出后者的文件的头部多了 moov 块信息，包含关键元数据信息，如图 7-13 所示。

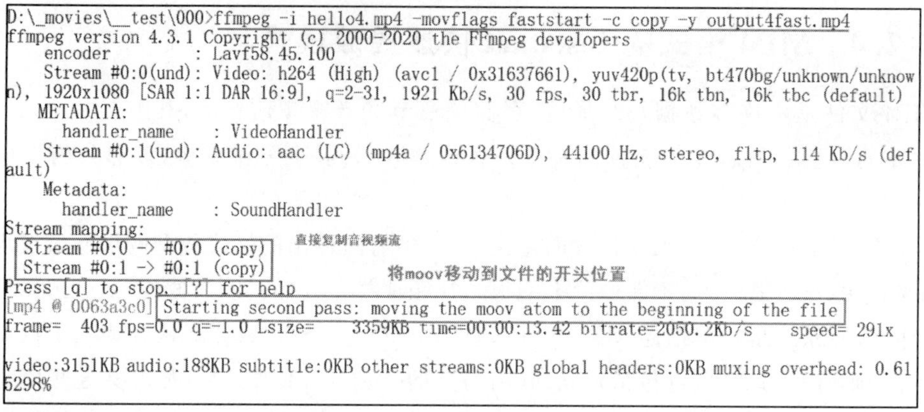

图 7-12 ffmpeg 的 faststart 参数

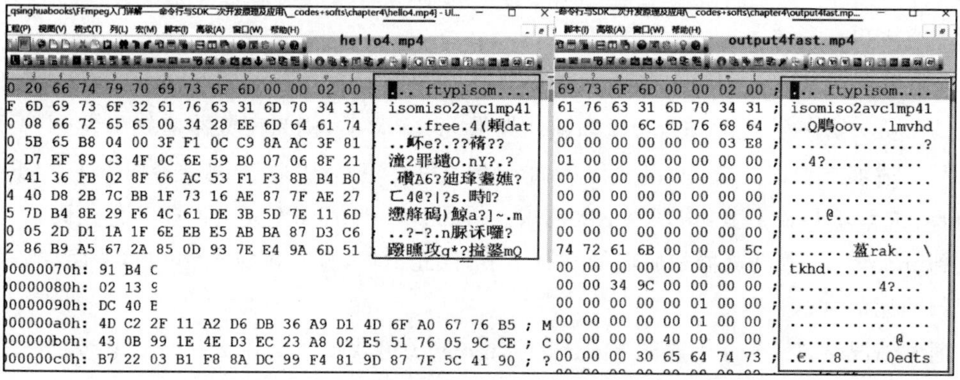

图 7-13 faststart 转换后的 moov 信息在文件的头部

7.3 FFmpeg 使用 API 解码音视频

FFmpeg 包括 8 个核心开发库（Library），也是最重要的 8 个功能模块，分别是 libavutil、libswscale、libswresample、libavcodec、libavformat、libavdevice、libavfilter 和 libpostproc。本节重点讲解 FFmpeg 解码相关的数据结构及 API。

7.3.1 FFmpeg 播放流程简介

使用 FFmpeg 对音视频文件进行解码并播放是非常方便的，有优秀的架构和通俗易懂的 API，并遵循一定的流程。

1. 使用 FFmpeg 解码的基础数据结构

使用 FFmpeg 进行解码几乎是必不可少的操作功能，这里列举了 10 个最基础的结构体（其实远远不止这 10 个），如图 7-14 所示。

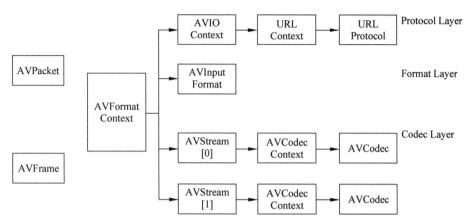

图 7-14 FFmpeg 解码音视频所涉及的 10 大经典数据结构

这几个结构体的解释如下：

(1) AVFormatContext 是贯穿全局的数据结构。
(2) 协议层包括 AVIOContext、URLContext 和 URLProtocol 3 种结构。
(3) 每个 AVStream 存储一个视频/音频流的相关数据。
(4) 每个 AVStream 对应一个 AVCodecContext，存储该视频/音频流所使用的解码方式的相关数据。
(5) 每个 AVCodecContext 中对应一个 AVCodec，包含该视频/音频对应的解码器。
(6) 每种解码器都对应一个 AVCodec 结构。
(7) 数据存储包括 AVPacket 和 AVFrame 两种结构。

这 10 个最基础的结构体可以分成以下几类。

1) 解协议

在 FFmpeg 中常见的协议包括 FILE、HTTP、RTSP、RTMP、MMS、HLS、TCP 和 UDP 等。AVIOContext、URLContext 和 URLProtocol 这 3 个结构体主要用于存储音视频使用的协议类型及状态。URLProtocol 用于存储音视频使用的封装格式。每种协议都对应一个 URLProtocol 结构。

注意：FFmpeg 中文件也被当作一种协议：FILE。

2) 解封装

在 FFmpeg 中常见的封装格式包括 FLV、AVI、RMVB、MP4、MKV、TS 和 MOV 等。AVFormatContext 结构体主要用于存储音视频封装格式中包含的信息，是统领全局的最基本的结构体；AVInputFormat 用于存储输入的音视频使用的封装格式（输出格式对应的结构体是 AVOutputFormat）。每种音视频封装格式都对应一个 AVInputFormat 结构。

AVFormatContext 结构体按名字来讲，应该将其归为封装层，但是，从整体的架构上来讲，它是 FFmpeg 中提纲挈领的最外层结构体，在音视频处理过程中，该结构体保存着所有信息。这些信息一部分由 AVFormatContext 的直接成员持有，另一部分由其他数据结构所持有，而这些结构体都是 AVFormatContext 的直接成员或者间接成员。总体来讲，AVFormatContext 结构体的作用有点类似于管家婆的角色。FFMPEG 是用 C 语言实现的，AVFormatContext 用于持有数据，方法与其是分开的。

3）解码

在 FFmpeg 中常见的编解码格式包括 H.264、H.265、MPEG-2、MP3 和 AAC 等。AVStream 结构体用于存储一个视频/音频流的相关数据；每个 AVStream 对应一个 AVCodecContext，用于存储该视频/音频流使用解码方式的相关数据；每个 AVCodecContext 对应一个 AVCodec，包含该视频/音频对应的解码器。每种解码器都对应一个 AVCodec 结构。

4）存数据

在 FFmpeg 中常见的存储数据的结构体包括 AVPacket 和 AVFrame，其中 AVPacket 是解封装后保存的压缩数据包，AVFrame 是解码后保存的原始音视频帧（PCM 或 YUV）。每个结构体存储的视频一般是一帧，而音频有可能是几帧。

2. 使用 FFmpeg 进行解码的流程简介

视频文件有许多格式，例如 AVI、MKV、RMVB、MOV 和 MP4 等，这些被称为容器（Container），不同的容器格式规定了其中音视频数据（也包括其他数据，例如字幕等）的组织方式。容器中一般会封装视频和音频轨，也称为视频流（Stream）和音频流，播放视频文件的第 1 步就是根据视频文件的格式，解析（Demux）出其中封装的视频流、音频流及字幕流，接着将解析的数据读到包（Packet）中，每个包里保存的是视频帧（Frame）或音频帧，然后分别对视频帧和音频帧调用相应的解码器（Decoder）进行解码，例如使用 H.264 编码的视频和 MP3 编码的音频，会相应地调用 H.264 解码器和 MP3 解码器，解码之后得到的就是原始的图像（YUV 或 RGB）和声音（PCM）数据。至此，完成了解码流程，如图 7-15 所示。

注意：该图显示的是与 FFmpeg(2.0)老版本的解码流程相关的 API，新版本中略有区别，但整体流程和解码框架是一致的。

3. 使用 FFmpeg 进行播放的流程简介

解码完成后，可以根据同步好的时间将图像显示到屏幕上，将声音输出到声卡，这个属于音视频播放流程中的渲染工作，如图 7-16 所示。FFmpeg 的 API 大体上就是根据这个过程（解协议、解封装、解码、播放）进行设计的，因此使用 FFmpeg 来处理视频文件的方法非常直观简单。

4. 使用 FFmpeg 的解码流程与步骤分析

对于一位没有音视频基础的初学者来讲，解码音视频文件需要掌握大约十几个非常重要的函数及相关的数据结构，具体步骤如下。

第7章 FFmpeg解码音视频及流媒体

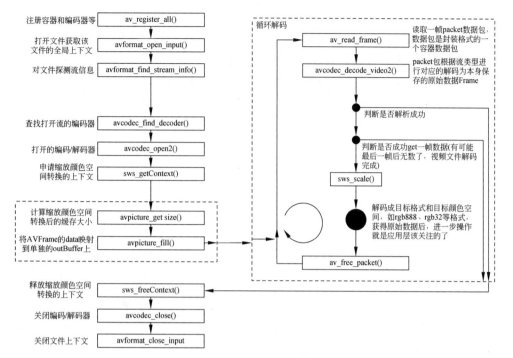

图 7-15　FFmpeg 的解码流程

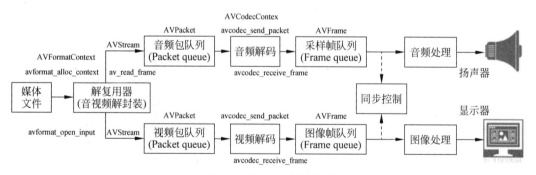

图 7-16　FFmpeg 的播放流程

（1）注册：使用 ffmpeg 对应的库都需要进行注册，可以注册子项也可以注册全部。

（2）打开文件：打开文件，根据文件名信息获取对应的 ffmpeg 全局上下文。

（3）探测流信息：需要先探测流信息，获得流编码的编码格式，如果不探测流信息，则其流编码器获得的编码类型可能为空，后续进行数据转换时就无法知道原始格式，从而导致错误。

（4）查找对应的解码器：依据流的格式查找解码器，软解码还是硬解码是在此处决定的，但是应特别注意是否支持硬件，需要自己查找本地的硬件解码器对应的标识，并查询其是否支持。普遍操作是，枚举支持文件后缀解码的所有解码器进行查找，查找到了就是可以硬解。注意解码时需要查找解码器，而编码时需要查找编码器，两者的函数不同。

（5）打开解码器：打开获取的解码器。

（6）申请缩放数据格式转换结构体：一般情况下解码的数据是 YUV 格式的，但是显示的数据是 RGB 等相关颜色空间的数据，所以此处转换结构体就是进行转换前到转换后的描述，给后续转换函数提供转码依据，是很关键并且常用的结构体。

（7）申请缓存区：申请一个缓存区（outBuffer），填充到目标帧数据的 data 上，例如 RGB 数据，QAVFrame 的 data 上存储着指定格式的数据，并且存储有规则，而填充到 outBuffer（自己申请的目标格式一帧缓存区）则需要按数据格式的顺序进行存储。

（8）进入循环解码：获取一帧（AVPacket），判断数据包的类型进行解码获得存储的编码数据（YUV 或 PCM）。

（9）数据转换：使用转换函数结合转换结构体对编码的数据进行转换，获得需要的目标宽度、高度和指定存储格式的原始数据。

（10）自行处理：获得了原始数据可以自行处理，例如添加水印、磨皮美颜等，然后不断循环，直到获取 AVPacket 的函数，虽然成功了，但是无法得到一帧真实的数据，则代表文件解码已经完成。

（11）释放 QAVPacket：查看源代码，发现使用 av_read_frame()函数读取数据包时，自动使用 av_new_packet()函数进行了内存分配，所以对于 packet，只需调用一次 av_packet_alloc()函数，解码完后调用 av_free_packet()函数释放内存。执行完后，返回执行"（8）进入循环解码：获取一帧"，至此一次循环结束。以此循环，直至退出。

（12）释放转换结构体：全部解码完成后，按照申请顺序，进行对应资源的释放。

（13）关闭解码/编码器：关闭之前打开的解码/编码器。

（14）关闭上下文：关闭文件上下文后，要对之前申请的变量按照申请的顺序，依次释放。

注意：FFmpeg 的解码与播放流程包括很多数据结构及 API，涉及很多与音视频和流媒体相关的概念。

7.3.2　配置 Qt 和 VS 2015 的 FFmpeg 开发环境

1. 搭建 FFmpeg 的 Qt 开发环境

搭建 FFmpeg 的 Qt 开发环境，主要是配置头文件、库文件的引用路径，以及运行时的动态库路径。

1）下载开发包

（1）可以使用自己手工编译好的开发包（例如上述--prefix 指定的 install、installmingw64 或 install5 等文件夹下的头文件和库文件），也可以直接下载官方提供的编译好的开发包下载网址为 https://github.com/BtbN/FFmpeg-Builds/releases。笔者选择的是官方提供的编译好的开发包，因为它集成的第三方库比较多，Windows 版本选择 ffmpeg-n5.0-latestwin64-gpl-shared-5.0.zip，Linux 版本选择 ffmpeg-n5.0-latest-Linux64-gpl-shared-5.0.tar.xz，如图 7-17 所示。

注意：目前最新版的 FFmpeg 只提供 64 位开发包，读者如果需要 32 位的库，则需要自己编译。

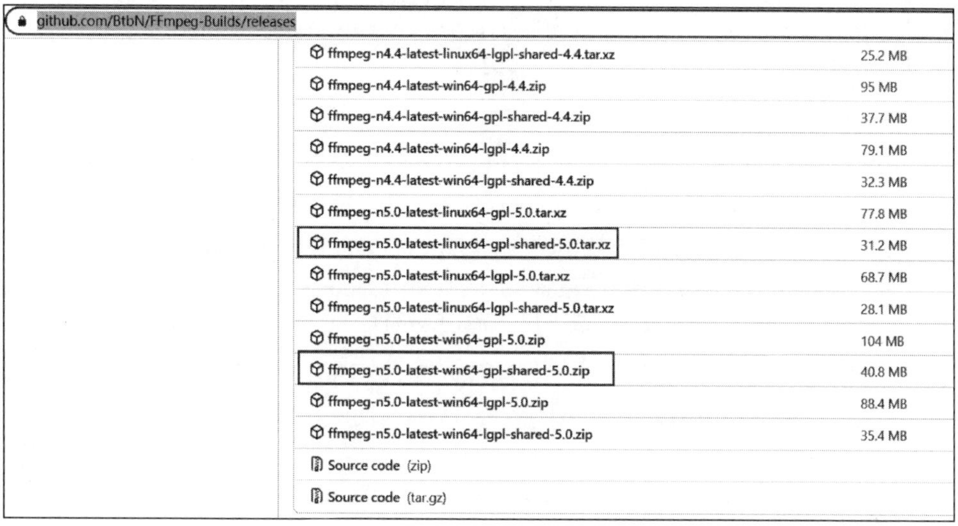

图 7-17 下载 FFmpeg 5.0 编译好的开发包

（2）下载 ffmpeg-n5.0-latest-win64-gpl-shared-5.0.zip 文件后，直接解压，bin 目录下存放的是.dll 动态库，lib 目录下存放的是.lib 或.a 链接库，include 目录下存放的是头文件，如图 7-18 所示。

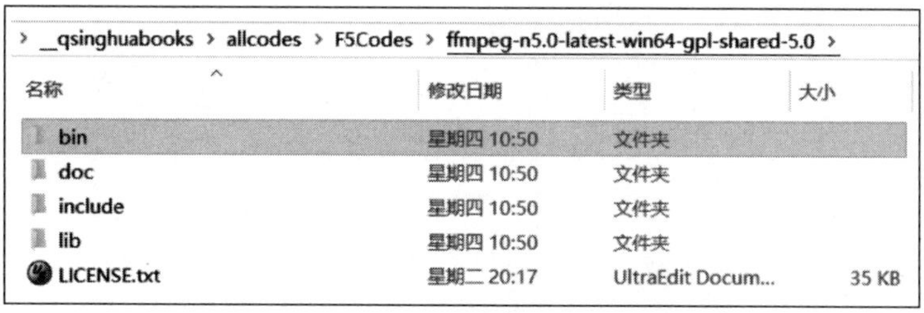

图 7-18 FFmpeg 5.0 开发包目录结构

2）新建 Qt 工程

（1）打开 Qt Creator，新建一个 QT 工程，选择 Qt Console Application，如图 7-19 所示。

（2）选择项目路径，项目名称为 QtFFmpeg5Demo，如图 7-20 所示。

注意：Qt 的项目路径中不可以包含中文，否则编译时会失败。

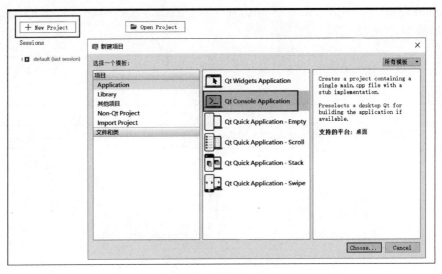

图 7-19　新建 Qt 项目

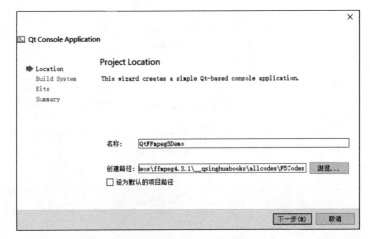

图 7-20　Qt 项目路径及名称

(3) 将编译系统(Build System)选为 qmake,如图 7-21 所示。

(4) 选择编译套件,由于下载的 FFmpeg 5.0.1 的开发包是 64 位的,所以这里只能选择 64 位的编译套件(Desktop Qt 5.9.8 MSVC2015 64bit),然后直接单击"下一步"按钮,直到最后一个页面,单击"完成"按钮即可,如图 7-22 所示。

3) 配置 Qt 工程

搭建 FFmepg 的 Qt 开发环境,主要是在 Qt Creator 项目的配置文件 .pro 中进行设置,包括头文件路径和库文件路径等。

(1) 打开 QtFFmpeg5Demo.pro 文件,添加 INCLUDEPATH 和 LIBS,分别用于配置头文件路径及库文件路径,如图 7-23 所示。

第7章 FFmpeg解码音视频及流媒体

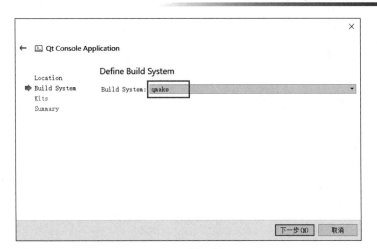

图 7-21　Qt 的 Build System

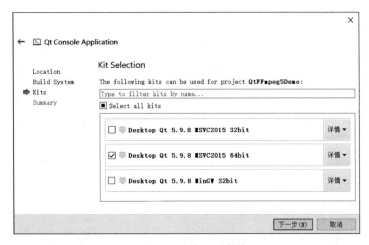

图 7-22　Qt 的编译套件

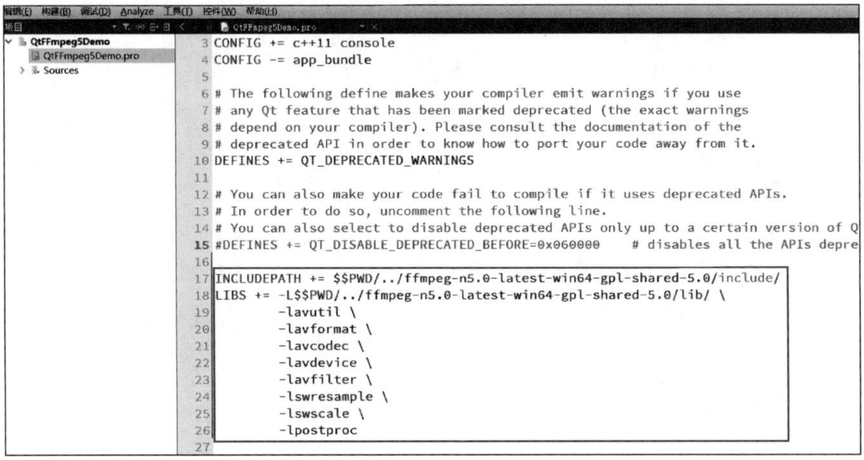

图 7-23　Qt 的 .pro 配置文件

在 QtFFmpeg5Demo.pro 文件的空白处添加的代码如下：

```
//chapter7/QtFFmpeg5Demo/QtFFmpeg5Demo.pro
INCLUDEPATH += $$PWD/../ffmpeg-n5.0-latest-win64-gpl-shared-5.0/include/
LIBS += -L$$PWD/../ffmpeg-n5.0-latest-win64-gpl-shared-5.0/lib/ \
        -lavutil \
        -lavformat \
        -lavcodec \
        -lavdevice \
        -lavfilter \
        -lswresample \
        -lswscale \
        -lpostproc
#读者要注意 $$PWD/../ 的用法，FFmpeg 5.0 需要与 QtFFmpeg5Demo 项目在同一个路径下
```

这里的 $$PWD 表示当前路径，即 QtFFmpeg5Demo.pro 文件所在的路径，../ 表示父目录。

（2）FFmpeg 5.0 开发包与 QtFFmpeg5Demo 项目在同一个路径下，如图 7-24 所示，因此，QtFFmpeg5Demo 项目下的 QtFFmpeg5Demo.pro 在配置文件中的 $$PWD/../ 表示的路径正好是 FFmpeg 5.0 开发包所在的路径。

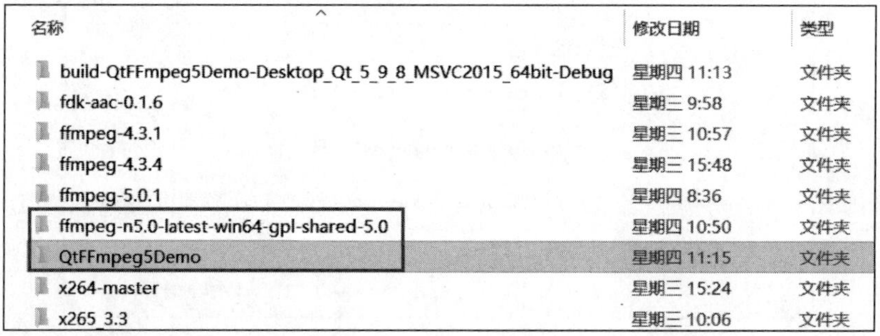

名称	修改日期	类型
build-QtFFmpeg5Demo-Desktop_Qt_5_9_8_MSVC2015_64bit-Debug	星期四 11:13	文件夹
fdk-aac-0.1.6	星期三 9:58	文件夹
ffmpeg-4.3.1	星期三 10:57	文件夹
ffmpeg-4.3.4	星期三 15:48	文件夹
ffmpeg-5.0.1	星期四 8:36	文件夹
ffmpeg-n5.0-latest-win64-gpl-shared-5.0	星期四 10:50	文件夹
QtFFmpeg5Demo	星期四 11:15	文件夹
x264-master	星期三 15:24	文件夹
x265_3.3	星期三 10:06	文件夹

图 7-24 Qt 项目与 FFmpeg 开发包的路径关系

4）添加 C++测试代码

打开 main.cpp 文件，修改后的代码如下：

```cpp
//chapter7/QtFFmpeg5Demo/main.cpp
#include <QCoreApplication>
#include <QtDebug>

extern "C"{
    #include <libavcodec/avcodec.h>
}

int main(int argc, char *argv[]){
    QCoreApplication a(argc, argv);
```

```
    auto aversion = av_version_info();
    qDebug() << aversion;

    return a.exec();
}
```

（1）添加头文件♯include < libavcodec/avcodec.h >，需要用 extern "C"{}括起来，因为 FFmpeg 是用纯 C 语言开发的，而这里是通过 C++的代码调用 C 语言的函数。

（2）qDebug()函数需要用到头文件♯include < QtDebug >。

（3）auto 是 C++的新增语法，自动类型判断。

注意：切记 C++调用 C 的函数，需要用 extern "C"{}将头文件括起来。

5）编译并运行程序

（1）单击左下角的"小锤子"按钮编译项目，如果配置没有问题，就成功了，如图 7-25 所示。

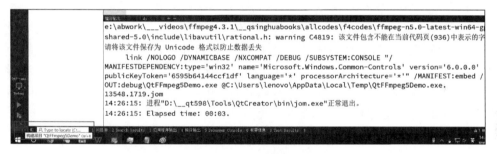

图 7-25　Qt 编译项目

（2）单击左下角的"绿色小三角"按钮运行项目，此时会发现程序异常退出（QtFFmpeg5Demo.exe exited with code-1073741515），弹出的控制台窗口中也没有任何输出内容，如图 7-26 所示。

图 7-26　Qt 运行项目

6）配置 Path 环境变量

该项目编译成功，但运行失败，这是因为运行时无法找到 FFmpeg 对应的动态库，可以通过配置 Path 环境变量来解决这个问题。也可以直接将 avcodec-59.dll 和 avformat-59.dll 等共 8 个 .dll 动态库文件复制到刚才所生成的 QtFFmpeg5Demo.exe 可执行文件的同路径下，如图 7-27 所示，但是这样需要每个项目都复制一次，比较麻烦，所以这里重点介绍如何配置 Path 环境变量（后续的 VS 工程也会用到这里配置好的 Path 环境变量）。

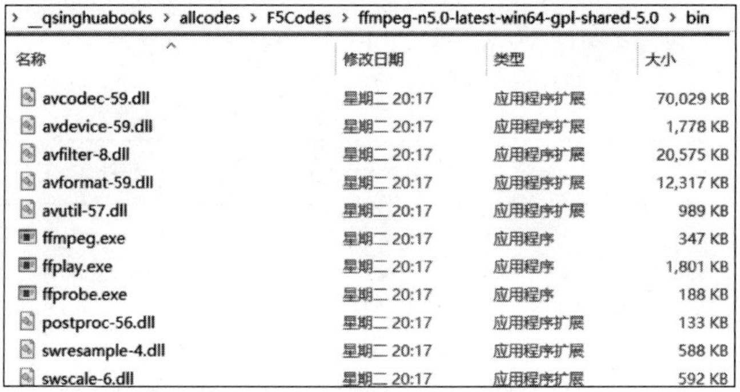

图 7-27　FFmpeg 的动态库

右击"我的计算机"，选择"属性"，单击左侧的"高级属性设置"，在弹出的系统属性页面中单击"环境变量"按钮，然后在弹出的环境变量页面中选择用户变量（也可以选择系统变量）中的 Path 条目，单击下面的"编辑"按钮，然后在弹出的编辑环境变量页面中单击"新建"按钮，添加 FFmpeg 动态库所在的路径（笔者的路径为 E:\mywork__qsinghuabooks\allcodes\F5Codes\ffmpeg-n5.0-latest-win64-gpl-shared-5.0\bin），如图 7-28 所示。

注意：用户环境变量只对当前用户有效，而系统环境变量则对所有用户都有效。

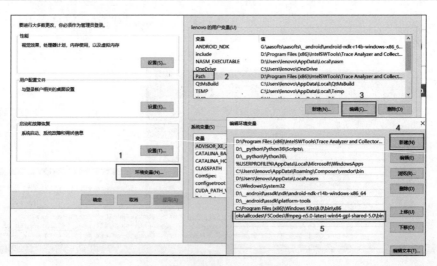

图 7-28　添加 Path 环境变量

7）重新运行 Qt 程序

配置好 Path 环境变量后，需要重启 Qt Creator（不用重启计算机）才能加载刚才配置的 Path 环境变量，然后单击项目左下角的"绿色小三角"按钮，这次可以正常运行程序，也通过 av_version_info() 函数输出了 FFmpeg 的版本信息（n5.0-4-g911d7f167c-20220208），如图 7-29 所示。

图 7-29　Qt 运行 FFmpeg 项目

2. 搭建 FFmpeg 的 VS 开发环境

搭建 FFmpeg 的 VS 开发环境，主要是配置头文件、库文件的引用路径，以及运行时的动态库路径。

1）新建 VS 工程

在 ffmpeg-n5.0-latest-win64-gpl-shared-5.0 的父目录下新建一个 VS 工程（VSFFmpeg5Demo），选择 Win32 控制台程序，如图 7-30 所示，然后一直单击"下一步"按钮，最后单击"完成"按钮。

2）配置 VS 工程

（1）选择 64 位编译工具，在"解决方案平台"下拉列表中选择 x64，如图 7-31 所示。由于下载的 FFmpeg 5.0 的开发包是 64 位的，所以这里必须选择 64 位的编译工具。

（2）添加头文件路径，用鼠标右击项目，选择"属性"，在弹出的属性页面，选择 VC++ 目录，单击右侧的"包含目录"，单击右侧的下拉列表后单击"编辑"。在弹出的包含目录页面，单击加号小图标，然后输入 FFmpeg 5.0 头文件所在路径，这里输入的是相对路径（..\..\ffmpeg-n5.0-latest-win64-gpl-shared-5.0\include），因为 VS 创建的工程有两层文件夹（读者如果分不清相对路径与绝对路径的关系，则可以直接选择绝对路径），如图 7-32 所示。

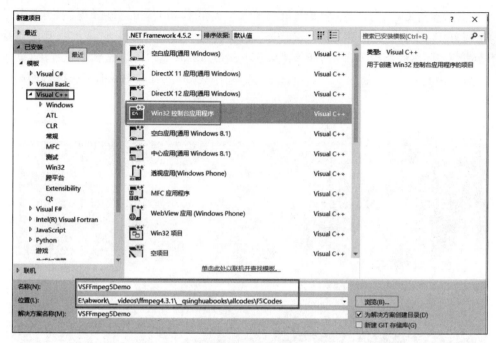

图 7-30　新建 VS 工程

图 7-31　选择 VS 的 64 位编译工具

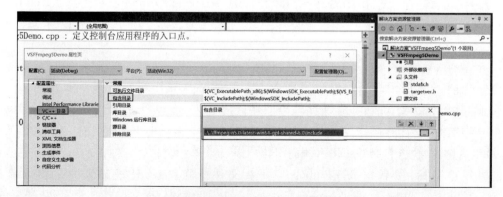

图 7-32　VS 中添加头文件路径

（3）添加库文件路径，操作步骤与添加头文件路径基本类似，这里需要单击"库目录"，然后输入..\..\ffmpeg-n5.0-latest-win64-gpl-shared-5.0\lib，操作完成后，如图7-33所示。

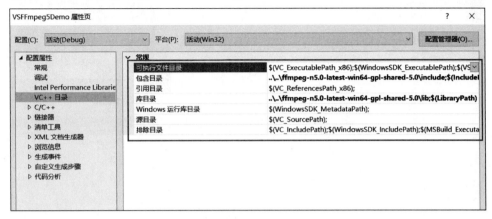

图 7-33　VS 中添加库文件路径

3）添加.lib 链接库

在 VS 工程中，配置好头文件路径和库文件路径之后，还需要添加.lib 链接库文件。打开 VSFFmpeg5Demo.cpp 文件，在 main()函数上边的空白处，添加代码：

```
//chapter7/VSFFmpeg5Demo/VSFFmpeg5Demo/VSFFmpeg5Demo.cpp
#pragma comment(lib, "avutil.lib")
#pragma comment(lib, "avcodec.lib")
#pragma comment(lib, "avformat.lib")
#pragma comment(lib, "avdevice.lib")
#pragma comment(lib, "avfilter.lib")
#pragma comment(lib, "swresample.lib")
#pragma comment(lib, "swscale.lib")
```

4）添加 C++测试代码

打开 VSFFmpeg5Demo.cpp 文件，引入 avcodec.h 头文件，需要使用 extern "C" 括起来，代码如下：

```
//chapter7/VSFFmpeg5Demo/VSFFmpeg5Demo/VSFFmpeg5Demo.cpp
extern "C" {
#include <libavcodec/avcodec.h>
}

int main(){
    auto aversion = av_version_info();
    printf("%s\n", aversion);
    return 0;
}
```

配置好项目并写好代码后，如图 7-34 所示。

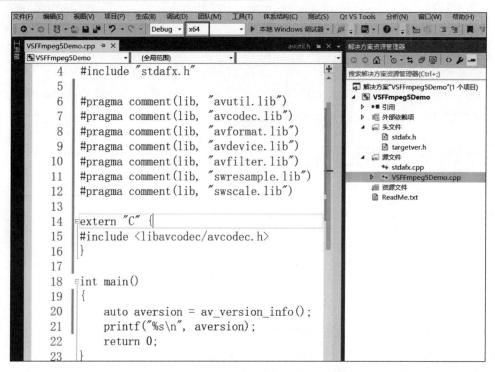

图 7-34　VS 中添加 C++代码

5) 编译并运行程序

单击下拉菜单中的"调试"中的"开始执行"(或者按 Ctrl+F5 快捷键),程序运行成功,如图 7-35 所示。

图 7-35　VS 中运行 FFmpeg 项目

7.3.3 FFmpeg 解码流程与案例实战

使用 FFmpeg 播放音视频的主要步骤包括解协议、解封装、解码、音视频同步、播放等，如图 7-36 所示，其中对应数据格式的转换流程为多媒体文件→流→包→帧。

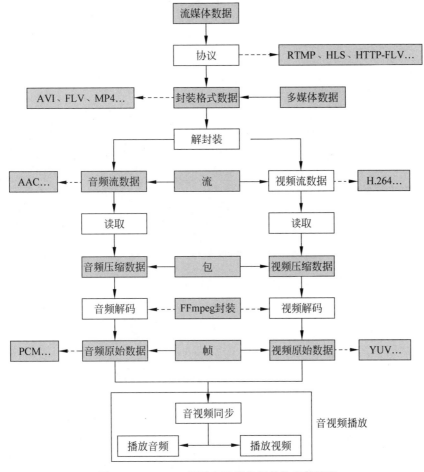

图 7-36 FFmpeg 解码音视频并播放的完整流程

1. 使用 FFmpeg 解码的 API 及流程

使用 FFmpeg 获取多媒体文件中的音视频流并解码的详细步骤及相关的 API，主要分为 4 大步，第 1 步是解封装，第 2 步是循环读取数据源，第 3 步是解码，第 4 步是释放资源。在解码过程中所使用的结构体主要包括 AVFormatContext、AVCodecParameters、AVCodecContext、AVCodec、AVPacket、AVFrame 等。该流程的主要步骤及 API 如图 7-37 所示。

注意：使用 FFmpeg 进行编解码需要引用头文件：libavcodec/avcodec.h。

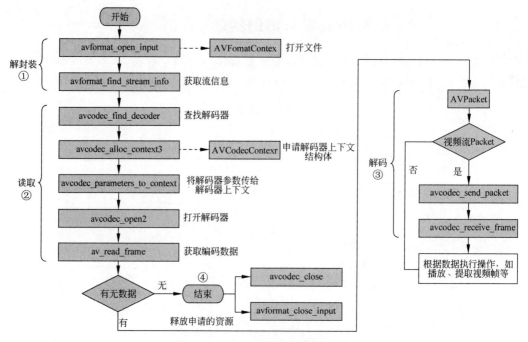

图 7-37　FFmpeg 解码 API 及流程

2. 使用 FFmpeg 解码视频流 H.264 的案例实战

首先打开 Qt Creator，创建一个 Qt Console 工程，工程名称为 QtFFmpeg5_Chapter7_001。由于使用的是 FFmpeg-5.0.1 的 64 位开发包，所以编译套件应选择 64 位的 MSVC 或 MinGW，然后打开配置文件 QtFFmpeg5_Chapter7_001.pro，添加引用头文件及库文件的代码。具体操作可以参照前几章的相关内容，这里不再赘述。

1) FFmpeg 解码视频流的案例代码

使用 FFmpeg 可以对音视频文件解封装并解码，读取相关的音视频包（AVPacket），然后进行解码（视频帧会解码出 YUV 格式），代码如下（详见注释信息）：

```
//chapter7/QtFFmpeg5_Chapter7_001/decode_avframe_tofile.cpp
extern"C" {
#include "libavcodec/avcodec.h"
#include "libavformat/avformat.h"
}

int main(int argc, char *argv[]){
    int ret = 0;
    //文件地址
    const char * filePath = "d:/_movies/__test/ande_10.mp4";

    //1.声明所需的变量
    AVFormatContext * fmtCtx = NULL;
```

```c
AVCodecContext * codecCtx = NULL;
AVCodecParameters * avCodecPara = NULL;
AVCodec * codec = NULL;

//包:压缩后的
AVPacket * pkt = NULL;
//帧:解压后的
AVFrame * frame = NULL;

do {
    //2.打开输入文件
    //创建 AVFormatContext 结构体,内部存放着描述媒体文件或媒体流的基本信息
    fmtCtx = avformat_alloc_context();
    //打开本地文件
    ret = avformat_open_input(&fmtCtx, filePath, NULL, NULL);
    if (ret) {
        printf("cannot open file\n");
        break;
    }
    //3.获取多媒体文件信息
    ret = avformat_find_stream_info(fmtCtx, NULL);
    if (ret < 0) {
        printf("Cannot find stream information\n");
        break;
    }

    //4.查找视频流的索引号
    //循环查找多媒体文件中包含的流信息,直到找到视频类型的流,并记录该索引值
    int videoIndex = -1;
    for (int i = 0; i < fmtCtx->nb_streams; i++) {
        if(fmtCtx->streams[i]->codecpar->codec_type == AVMEDIA_TYPE_VIDEO) {
            videoIndex = i;
            break;
        }
    }

    //如果 videoIndex 为-1,则说明没有找到视频流
    if (videoIndex == -1) {
        printf("cannot find video stream\n");
        break;
    }

    //打印流信息
    av_dump_format(fmtCtx, 0, filePath, 0);

    //5.查找解码器
    avCodecPara = fmtCtx->streams[videoIndex]->codecpar;
    const AVCodec * codec = avcodec_find_decoder(avCodecPara->codec_id);
    if (codec == NULL) {
        printf("cannot open decoder\n");
        break;
```

```c
    }

    //6.创建解码器上下文,并复制参数
    codecCtx = avcodec_alloc_context3(codec);
    ret = avcodec_parameters_to_context(codecCtx, avCodecPara);
    if (ret < 0) {
        printf("parameters to context fail\n");
        break;
    }

    //7.打开解码器
    ret = avcodec_open2(codecCtx, codec, NULL);
    if (ret < 0) {
        printf("cannot open decoder\n");
        break;
    }

    //8.创建 AVPacket 和 AVFrame 结构体
    pkt = av_packet_alloc();
    frame = av_frame_alloc();

    //9.循环读取视频帧(解封装)
    int idxVideo = 0; //记录视频帧数
    while (av_read_frame(fmtCtx, pkt) >= 0) {
        //读取的是一帧视频,将数据存入 AVPacket 结构体中
        //判断是否对应视频流的帧
        if (pkt->stream_index == videoIndex) {

            //10.将音视频包数据发送到解码器
            ret = avcodec_send_packet(codecCtx, pkt);
            if (ret == 0) {
//11. 接收解码器中出来的音视频帧(AVFrame)
//接收的帧不一定只有一个,可能为 0 个或多个
//例如 H.264 中存在 B 帧,会参考前帧和后帧数据得出图像数据
//即读到 B 帧时不会产出对应数据,直到后一个有效帧读取时才会有数据,此时就有 2 帧
                while (avcodec_receive_frame(codecCtx, frame) == 0) {
                    //此处就可以获取视频帧中的图像数据 -> frame.data
                    //可以通过 openCV、openGL、SDL 方式进行显示
                    //也可以保存到文件中
                    idxVideo++;
                    printf("decode a frame:%d\n", idxVideo);
                }
            }
        }
        av_packet_unref(pkt);    //重置 pkt 的内容
    }

    //12.冲刷解码器的缓冲,切记,该步骤非常重要.否则容易丢失最后的几帧
    //此时缓存区中还存在数据,需要发送空包刷新
    ret = avcodec_send_packet(codecCtx, NULL);
    if (ret == 0) {
```

```
            while (avcodec_receive_frame(codecCtx, frame) == 0) {
                idxVideo++;
                printf("flush(null).decode a frame:%d\n", idxVideo);
            }
        }
        printf("There are %d frames int total.\n", idxVideo);
    } while (0);

    //13.释放所有相关资源
    avcodec_close(codecCtx);
    avformat_close_input(&fmtCtx);
    av_packet_free(&pkt);
    av_frame_free(&frame);

    return 0;
}
```

在项目中新增一个文件 decode_avframe_tofile.cpp，将上述代码复制进去，编译并运行，如图 7-38 所示。使用 FFmpeg 对音视频文件进行解码，遵循固定的模式和流程，具体如下：

（1）声明所需的变量，主要包括 AVFormatContext、AVCodecContext、AVCodecParameters、AVCodec、AVPacket 和 AVFrame 等。

（2）打开输入文件，需要调用 avformat_open_input() 函数。

（3）获取多媒体文件信息，需要调用 avformat_find_stream_info() 函数。

（4）查找音视频流的索引号，可以遍历 AVFormatContext 的 streams 数组，或者直接调用 av_find_best_stream() 函数。

（5）查找解码器，需要调用 avcodec_find_decoder() 函数。

（6）创建解码器上下文，并复制参数，需要调用 avcodec_parameters_to_context() 函数。

（7）打开解码器，需要调用 avcodec_open2() 函数。

（8）创建 AVPacket 和 AVFrame 结构体，需要调用 av_packet_alloc() 和 av_frame_alloc() 函数。

（9）循环读取视频帧，需要调用 av_read_frame() 函数。

（10）将音视频包数据发送到解码器，需要调用 avcodec_send_packet() 函数。

（11）接收解码器中出来的音视频帧（AVFrame），需要调用 avcodec_receive_frame() 函数。接收的帧不一定只有一个，可能为 0 个或多个，需要用 while 循环来读取。

（12）冲刷解码器的缓冲，此时缓存区中还存在数据，需要发送空包刷新。该步骤非常重要，如果不执行，则容易丢失最后的几帧。

（13）释放所有相关资源，需要调用 avcodec_close()、avformat_close_input()、av_packet_free()、av_frame_free() 等函数。

2）FFmpeg 解码相关的结构体

使用 FFmpeg 解码所涉及的结构体包括 AVFormatContext、AVCodecParameters、

图 7-38　FFmpeg 解码视频的 Qt 工程

AVCodecContext、AVCodec、AVPacket 和 AVFrame 等。

（1）AVCodecParameters 和 AVCodecContext 结构体，用于存储与编解码相关的参数，在较新的 FFmpeg 版本中使用 AVStream.codecpar（struct AVCodecParameter）结构体代替了 AVStream.codec（struct AVCodecContext）结构体。AVCodecParameter 是从 AVCodecContext 中分离出来的，AVCodecParameter 中没有函数，里面存放着解码器所需的各种参数，但 AVCodecContext 结构体仍然是编解码时不可或缺的结构体，其中 avcodec_parameters_to_context() 函数用于将 AVCodecParameter 的参数传给 AVCodecContext。这两个结构体的主要字段，代码如下：

```
//chapter7/8.2.help.txt
//其中截取出部分较为重要的数据
typedef struct AVCodecParameters {
    enum AVMediaType codec_type;         //编解码器的类型(视频、音频...)
    enum AVCodecID codec_id;             //标示特定的编码器
    int bit_rate;                        //平均比特率

    int sample_rate;                     //采样率(音频)
    int channels;                        //声道数(音频)
    uint64_t channel_layout;             //声道格式

    int width, height;                   //宽和高(视频)
    int format;                          //像素格式(视频)/采样格式(音频)
    ...
} AVCodecParameters;

typedef struct AVCodecContext {
    //在 AVCodecParameters 中的属性 AVCodecContext 都有
    struct AVCodec  * codec;             //采用的解码器 AVCodec(H.264、MPEG-2...)

    enum AVSampleFormat sample_fmt;      //采样格式(音频)
```

```
    enum AVPixelFormat pix_fmt;              //像素格式(视频)
    ...
}AVCodecContext;
```

(2) AVCodec 解码器结构体,对应一个具体的编码器或解码器,其中主要字段的代码如下:

```
//chapter7/8.2.help.txt
//其中截取出部分较为重要的数据
typedef struct AVCodec {
    const char * name;                       //编解码器短名字(形如"h264")
    const char * long_name;                  //编解码器全称(形如"H.264 / AVC /MPEG-4 part 10")
    enum AVMediaType type;                   //媒体类型:视频、音频或字母
    enum AVCodecID id;                       //标示特定的编码器

    const AVRational * supported_framerates; //支持的帧率(仅视频)
    const enum AVPixelFormat * pix_fmts;     //支持的像素格式(仅视频)

    const int * supported_samplerates;       //支持的采样率(仅音频)
    const enum AVSampleFormat * sample_fmts; //支持的采样格式(仅音频)
    const uint64_t * channel_layouts;        //支持的声道数(仅音频)
    ...
}AVCodec ;
```

(3) AVPacket 结构体,用于存储解码前的音视频数据,即包,主要字段的代码如下:

```
//chapter7/8.2.help.txt
//其中截取出部分较为重要的数据
typedef struct AVPacket {
    AVBufferRef * buf;                       //管理 data 指向的数据
    uint8_t * data;                          //压缩编码的数据
    int size;                                //data 的大小
    int64_t pts;                             //显示时间戳
    int64_t dts;                             //解码时间戳
    int stream_index;                        //标识该 AVPacket 所属的视频/音频流
    ...
}AVPacket ;
```

AVPacket 本身并不包含压缩的数据,通过 data 指针引用数据的缓存空间,可以多个 AVPacket 共享同一个数据缓存(AVBufferRef、AVBuffer),相关的几个 API 函数的代码如下:

```
//chapter7/8.2.help.txt
av_read_frame(pFormatCtx, packet);       //读取 Packet
av_packet_ref(dst_pkt,packet);           //dst_pkt 和 packet 共享同一个数据缓存空间,引用计数+1
av_packet_unref(dst_pkt);                //释放 pkt_pkt 引用的数据缓存空间,引用计数-1
```

(4) AVFrame 结构体,用于存储解码后数据的结构体,即帧,主要字段的代码如下:

```
//chapter7/8.2.help.txt
//其中截取出部分较为重要的数据
typedef struct AVFrame {
    //解码后的原始数据(对视频来讲是 YUV 或 RGB,对音频来讲是 PCM)
    uint8_t * data[AV_NUM_DATA_POINTERS];
    //data 中"一行"数据的大小。注意:未必等于图像的宽,一般大于图像的宽
    int linesize[AV_NUM_DATA_POINTERS];
    int width, height;                      //视频帧的宽和高(1920x1080,1280x720...)
    int format;                             //解码后的原始数据类型(YUV420,YUV422,RGB24...)
    int key_frame;                          //是否是关键帧
    enum AVPictureType pict_type;           //帧类型(I,B,P...)
    AVRational sample_aspect_ratio;         //图像宽高比(16:9,4:3...)
    int64_t pts;                            //显示时间戳
    int coded_picture_number;               //编码帧序号
    int display_picture_number;             //显示帧序号

    int nb_samples;                         //音频采样数
    ...
}AVFrame ;
```

3) FFmpeg 与解码相关的 API

(1) avcodec_find_decoder()函数,根据解码器 ID 查找到对应的解码器,代码如下:

```
AVCodec * avcodec_find_decoder(enum AVCodecID id);            //通过 id 查找解码器
AVCodec * avcodec_find_decoder_by_name(const char * name);    //通过解码器名字查找
```

与解码器对应的就是编码器,也有相应的查找函数,代码如下:

```
AVCodec * avcodec_find_encoder(enum AVCodecID id);            //通过 id 查找编码器
AVCodec * avcodec_find_encoder_by_name(const char * name);    //通过编码器名字查找
```

参数 enum AVCodecID id 代表解码器 ID,可以从 AVCodecParameters 中获取;成功返回一个 AVCodec 指针,如果没有找到就返回 NULL。

(2) avcodec_alloc_context3()函数会生成一个 AVCodecContext 并根据解码器给属性设置默认值,代码如下:

```
AVCodecContext * avcodec_alloc_context3(const AVCodec * codec);
```

参数 const AVCodec * codec 代表解码器指针,会根据解码器分配私有数据并初始化默认值。成功返回一个 AVCodec 指针,如果创建失败,则会返回 NULL。

(3) avcodec_parameters_to_context()函数将 AVCodecParameters 中的属性赋值给 AVCodecContext,代码如下:

```
//chapter7/8.2.help.txt
int avcodec_parameters_to_context(AVCodecContext * codec,
                                  const AVCodecParameters * par){
```

```
        //将 par 中的属性赋值给 codec
        codec->codec_type = par->codec_type;
        codec->codec_id = par->codec_id;
        codec->codec_tag = par->codec_tag;
        …//省略代码
}
```

参数 AVCodecContext * codec 代表需要被赋值的 AVCodecContext；参数 const AVCodecParameters * par 代表提供属性值的 AVCodecParameters。当返回数值大于或等于 0 时代表成功，失败时会返回一个负值。

(4) avcodec_open2()函数用于打开音频解码器或者视频解码器，代码如下：

```
int avcodec_open2(AVCodecContext * avctx, const AVCodec * codec, AVDictionary ** options);
```

参数 AVCodecContext * avctx 代表已经初始化完毕的 AVCodecContext；参数 const AVCodec * codec 用于打开 AVCodecContext 中的解码器，之后 AVCodecContext 会使用该解码器进行解码；参数 AVDictionary ** options 用于指定各种参数，基本填 NULL 即可。若返回 0，则表示成功，若失败，则会返回一个负数。

(5) av_read_frame()函数用于获取音视频（编码）数据，即从流中获取一个 AVPacket 数据。将文件中存储的内容分割成包，并为每个调用返回一个包，代码如下：

```
int av_read_frame(AVFormatContext * s, AVPacket * pkt);
```

参数 AVFormatContext * s 代表 AVFormatContext 结构体；参数 AVPacket * pkt 通过 data 指针引用数据的缓存空间，本身不存储数据。如果返回 0，则表示成功，如果失败或读到了文件结尾，则会返回一个负数。函数为什么是 av_read_frame 而不是 av_read_packet，这是因为早期 FFmpeg 设计时候没有包的概念，而是编码前的帧和编码后的帧，不容易区分。之后才产生包的概念，但出于编程习惯或向前兼容的原因，于是方法名就这样延续了下来。

(6) avcodec_send_packet()函数用于向解码器发送一个包，让解码器进行解析，代码如下：

```
int avcodec_send_packet(AVCodecContext * avctx, const AVPacket * avpkt);
```

参数 AVCodecContext * avctx 代表 AVCodecContext 结构体，必须使用 avcodec_open2 打开解码器；参数 const AVPacket * avpkt 是用于解析的数据包。如果返回 0，则表示成功，如果失败，则返回负数的错误码，异常值说明如下。

- AVERROR(EAGAIN)：当前不接受输出，必须重新发送。
- AVERROR_EOF：解码器已经刷新，并且没有新的包可以发送。
- AVERROR(EINVAL)：解码器没有打开，或者这是一个编码器。
- AVERRO(ENOMEN)：无法将包添加到内部队列。

（7）avcodec_receive_frame()函数用于获取解码后的音视频数据（音视频原始数据，如 YUV 和 PCM），代码如下：

```
int avcodec_receive_frame(AVCodecContext * avctx, AVFrame * frame);
```

参数 AVCodecContext * avctx 代表 AVCodecContext 结构体；参数 AVFrame * frame 用于接收解码后的音视频数据的帧。如果返回 0，则表示成功，其余情况表示失败，异常值说明如下。

- AVERROR(EAGAIN)：此状态下输出不可用，需要发送新的输入才能解析。
- AVERROR_EOF：解码器已经刷新，并且没有新的包可以发送。
- AVERROR(EINVAL)：解码器没有打开，或者这是一个编码器。

调用 avcodec_receive_frame 方法时不需要通过 av_packet_unref 解引用，因为在该方法的内部已经调用过 av_packet_unref 方法解引用。严格来讲，除 AVERROR(EAGAIN) 和 AVERROR_EOF 两种错误情况之外的报错，应该直接退出程序。

3. 使用 FFmpeg 解码音频流 AAC 的案例实战

使用 FFmpeg 可以对音视频文件解封装并解码，读取相关的音视频包（AVPacket），然后进行解码（音频帧会解码出 PCM 格式），代码与解码视频几乎完全相同，这里不再赘述，音频部分的相关代码如下（详见注释信息）：

```
//chapter7/QtFFmpeg5_Chapter7_001/decode_pcm_tofile.cpp
...
FILE * fp_pcm = fopen("testpcm.pcm", "wb + ");
while (av_read_frame(fmtCtx, pkt) >= 0) {
    //读取的是一帧视频,将数据存入 AVPacket 结构体中
    //判断是否对应视频流的帧
    if (pkt -> stream_index == audioIndex) {

        //10.将音视频包数据发送到解码器
        ret = avcodec_send_packet(codecCtx, pkt);
        if (ret == 0) {
            //11. 接收解码器中出来的音视频帧(AVFrame)
            //接收的帧不一定只有一个,可能为 0 个或多个
            while (avcodec_receive_frame(codecCtx, frame) == 0) {
                //此处就可以获取音频帧中的 PCM 数据 -> frame.data
                //可以保存到文件中
                idxVideo++;
                printf("decode a frame: % d\n", idxVideo);
                //int linesize2 = codecCtx -> width * codecCtx -> height;

                //只针对音频 PCM 的打包格式,packed
                //如果是平面模式 planar,则只输出第 0 个声道(左声道)
                //计算:每个采样点的字节数 * 采样点的总数
                size_t unpadded_linesize = frame -> nb_samples *
av_get_Bytes_per_sample((enum AVSampleFormat)frame -> format);
```

```
    /* Write the raw audio data samples of the first plane. This works fine for packed formats (e.g.
    AV_SAMPLE_FMT_S16). However, most audio decoders output planar audio, which uses a separate
    plane of audio samples for each channel (e.g. AV_SAMPLE_FMT_S16P). In other words, this code
    will write only the first audio channel in these cases.
    写入第1个平面的原始音频数据样本.这适用于压缩格式(例如 AV_SAMPLE_FMT_S16)。
    然而,大多数音频解码器会输出平面音频,这为每个通道使用单独的音频采样平面(例如 AV_
    SAMPLE_FMT_S16P)。换句话说,在这些情况下,此代码将只写入第1个音频通道
    You should use libswresample or libavfilter to convert the frame to packed data. 应该使用
    libswresample 或 libavfilter 将帧转换为压缩数据
    */
            fwrite(frame->extended_data[0], 1, unpadded_linesize, fp_pcm);

    //ffplay -f f32le -ac 1 -ar 44100 -i testpcm.pcm:命令行播放

    /*
    P 表示 Planar(平面),其数据格式的排列方式为 (特别记住,该处是以点 nb_samples 采样点来交错,
    而不是以字节来交错):
            LLLLLLRRRRRRLLLLLLRRRRRRLLLLLLRRRRRRL...(每个 LLLLLLRRRRRR 为一个音频帧)
    而不带 P 的数据格式(交错排列)的排列方式为
            LRLRLRLRLRLRLRLRLRLRLRLRLRLRLRLRL...(每个 LR 为一个音频样本)
    */
        }
    }
        av_packet_unref(pkt); //重置 pkt 的内容
    }
}
fclose(fp_pcm);
...
```

在项目中新增一个文件 decode_pcm_tofile.cpp,将 decode_avframe_tofile.cpp 文件中的内容复制进去,然后将上述代码移植到 decode_pcm_tofile.cpp 文件中,并删除与解码视频相关的代码。编译并运行,会生成 testpcm.pcm 文件,如图 7-39 所示。

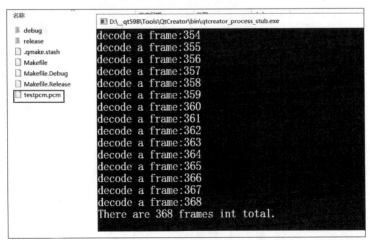

图 7-39　FFmpeg 解码音频并存储为 PCM 文件

使用 ffplay 可以播放 PCM 文件,但是需要提供相关的参数,命令如下:

```
ffplay -f f32le -ac 1 -ar 44100 testpcm.pcm
```

运行该命令,播放效果如图 7-40 所示。该命令行中的-f 参数为 f32le,因为 FFmpeg 解码 AAC 音频帧后的采样格式为 fltp;-ac 参数代表声道数,这里是 1,因为写文件时只写了第 1 个通道的数据(frame-> extended_data[0]);-ar 参数代表采样率,该音频的采样率为 44 100。可以使用命令行查询 FFmpeg 支持的编解码器的参数信息,命令如下:

```
ffmpeg -h decoder=aac
```

该命令的输出信息如下:

```
//chapter7/8.2.help.txt
Decoder aac [AAC (Advanced Audio Coding)]:
    General capabilities: dr1 chconf
    Threading capabilities: none
    Supported sample formats: fltp//注意 AAC 的解码后采样格式为 fltp
    Supported channel layouts: mono stereo 3.0 4.0 5.0 5.1 7.1(wide)
AAC decoder AVOptions:
   -dual_mono_mode   <int>    .D..A.... Select the channel to decode for dual mono (from -1 to 2) (default auto)
     auto            -1       .D..A.... autoselection
     main            1        .D..A.... Select Main/Left channel
     sub             2        .D..A.... Select Sub/Right channel
     both            0        .D..A.... Select both channels
```

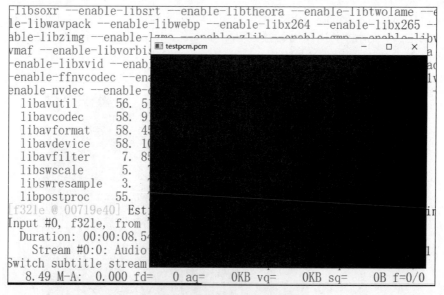

图 7-40 FFplay 播放 PCM 文件

第 8 章 FFplay＋SDL 2 开发音视频流媒体播放器

7min

FFmpeg 可以很方便地实现音视频的解码，而 SDL 2 可以对解码后的音视频进行播放，将二者结合在一起可以开发出功能强大的播放器。FFmpeg 工程中自带的播放器（FFplay）就是将二者结合起来的经典案例，源码文件为 ffplay.c。ffplay.exe 是入门播放器的非常合适的一个开源项目，支持本地视频文件播放，也支持网络流媒体的播放。通过对 FFplay 的学习可以知道一个播放器是如何工作的，ijkplayer 播放器的内核是基于 FFplay 开发的，所以掌握 FFplay 对于开发播放器是非常有帮助的。

8.1 FFplay 播放器简介

FFplay 是 FFmpeg 工程自带的播放器，使用 FFmpeg 提供的解码器和 SDL 2 库进行视频文件或网络媒体流的播放。播放器一般要涉及文件读取、解封装、视频解码、音频解码、视频渲染、音频播放和音视频同步等技术，FFplay 播放器的整体架构如图 8-1 所示。

1. FFplay 播放器的流程及线程

FFplay 播放器的整体流程和步骤如下：
（1）打开视频文件或者网络流。
（2）解封装：从文件或者网络流读取音频包和视频包，并放入对应的缓冲区。
（3）音频解码和视频解码：将解码后的视频帧和音频帧放入各自的队列等待播放。
（4）将音视频帧进行重采样或格式转换，然后进行画面的渲染和音频的播放。

2. FFplay 播放器的命令简介

FFplay 播放器的命令行使用方式，代码如下：

```
ffplay [选项] ['输入文件']
```

FFplay 播放器的通用选项，代码如下：

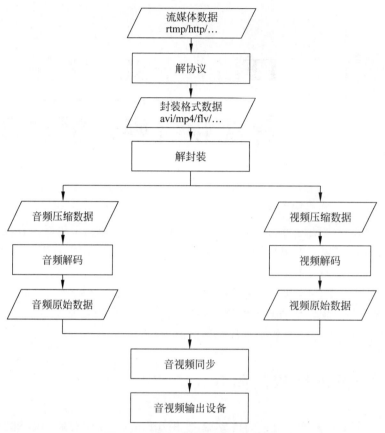

图 8-1　FFplay 播放器框架及流程

```
//chapter8/help-others.txt
01.'-L' 显示 license
02.'-h, -?, -help, --help [arg]' 打印帮助信息;可以指定一个参数 arg,如果不指定,则只打印基本选项
03.可选的 arg 选项
04.'long'  除基本选项外,还将打印高级选项
05.'full'  打印一个完整的选项列表,包含 encoders、decoders、demuxers、muxers、filters 等的共享及私有选项
06.'decoder=decoder_name'     打印名称为 "decoder_name" 的解码器的详细信息
07.'encoder=encoder_name'     打印名称为 "encoder_name" 的编码器的详细信息
08.'demuxer=demuxer_name'     打印名称为 "demuxer_name" 的 demuxer 的详细信息
09.'muxer=muxer_name'         打印名称为 "muxer_name" 的 muxer 的详细信息
10.'filter=filter_name'       打印名称为 "filter_name" 的过滤器的详细信息
11.'-colors'   显示认可的颜色名称
12.'-version'  显示版本信息
13.'-formats'  显示有效的格式
14.'-codecs'   显示 libavcodec 已知的所有编解码器
15.'-decoders' 显示有效的解码器
16.'-encoders' 显示有效的编码器
```

```
17.'-bsfs'              显示有效的比特流过滤器
18.'-protocols'         显示有效的协议
19.'-filters'           显示 libavfilter 有效的过滤器
20.'-pix_fmts'          显示有效的像素格式
21.'-sample_fmts'       显示有效的采样格式
22.'-layouts'           显示通道名称及标准通道布局
23.'-hide_banner'       禁止打印欢迎语;也就是禁止默认会显示的版权信息、编译选项及库版本信息等
```

FFplay 播放器的主要选项,代码如下:

```
//chapter8/help-others.txt
01.'-x width'                强制以 "width" 宽度显示
02.'-y height'               强制以 "height" 高度显示
03.'-an'                     禁止音频
04.'-vn'                     禁止视频
05.'-ss pos'                 跳转到指定的位置(s)
06.'-t duration'             播放 "duration" 秒音视频
07.'-Bytes'                  按字节跳转
08.'-nodisp'                 禁止图像显示(只输出音频)
09.'-f fmt'                  强制使用 "fmt" 格式
10.'-window_title title'     设置窗口标题(默认为输入文件名)
11.'-loop number'            循环播放 "number" 次(0 将一直循环)
12.'-showmode mode'          设置显示模式
13.默认值为 'video',可以在播放进行时,按 "w" 键在这几种模式间切换
14.'-i input_file'           指定输入文件
```

FFplay 播放器的一些高级选项,代码如下:

```
//chapter8/help-others.txt
1.'-sync type'              设置主时钟为音频、视频或者外部.默认为音频.进行音视频同步
2.'-threads count'          设置线程个数
3.'-autoexit'               播放完成后自动退出
4.'-exitonkeydown'          任意键按下时退出
5.'-exitonmousedown'        任意鼠标按键按下时退出
6.'-acodec codec_name'      强制将音频解码器指定为 "codec_name"
7.'-vcodec codec_name'      强制将视频解码器指定为 "codec_name"
8.'-scodec codec_name'      强制将字幕解码器指定为 "codec_name"
```

FFplay 播放器的一些快捷键,代码如下:

```
//chapter8/help-others.txt
01.'q, ESC'              退出
02.'f'                   全屏
03.'p, SPC'              暂停
04.'w'                   切换显示模式(视频/音频波形/音频频带)
05.'s'                   步进到下一帧
06.'left/right'          快退/快进 10 秒
07.'down/up'             快退/快进 1 分钟
08.'page down/page up'   跳转到前一章/下一章(如果没有章节,则快退/快进 10 分钟)
09.'mouse click'         跳转到鼠标单击的位置(根据鼠标在显示窗口单击的位置计算百分比)
```

FFplay 播放器的一些使用示例,代码如下:

```
//chapter8/help-others.txt
###1. 播放 test.mp4,播放完成后自动退出
ffplay -autoexit test.mp4

###2. 以 320 x 240 的大小播放 test.mp4
ffplay -x 320 -y 240 test.mp4

###3. 将窗口标题设置为 "myplayer",循环播放 2 次
ffplay -window_title myplayer -loop 2 test.mp4

###4. 播放 双通道 32k 的 PCM 音频数据
ffplay -f s16le -ar 32000 -ac 2 test.pcm
```

8.2 VS 2015 控制台开发 FFplay+SDL 2 播放器

可以直接下载官方提供的编译好的 FFmpeg 开发包,包括头文件、lib 链接库文件、dll 动态库文件及可执行文件(ffmpeg.exe、ffprobe.ex 和 ffplay.exe),下载网址为 https://github.com/BtbN/FFmpeg-Builds/releases。本章中所用的 FFmpeg 版本为 4.3.1,读者可以下载本书的课件资料(包括 32 位开发包、64 位开发包和源码),如图 8-2 所示。

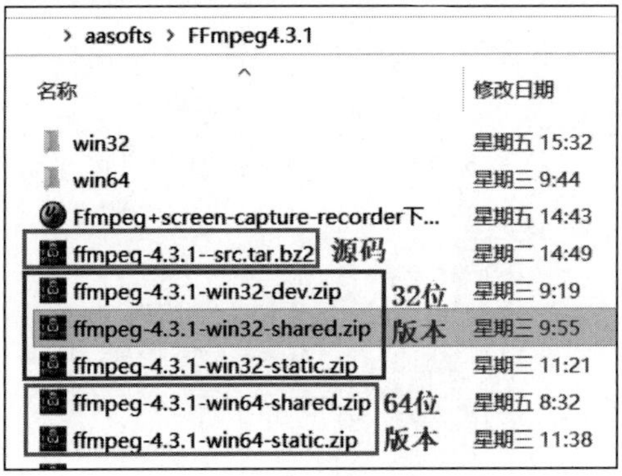

图 8-2 FFmpeg 开发包

可以使用 VS 2015 配置好 FFmpeg 开发环境(包含目录、库目录和附加依赖性等),然后移植 ffplay.c 源码文件,但是该文件又依赖其他几个文件(例如 cmdutils.c 和 ffmpeg_opt.c 等),直接将 ffplay.c 文件中的代码复制过来会有出现很多编译错误,笔者已经将这些编译问题都解决好了,形成了一个新文件 myffplay.cpp。

(1) 打开 VS 20215 创建一个 Win32 控制台应用程序,项目名称为 Win32ConsoleFFPlay,如图 8-3 所示。

(2) 笔者选择的是 x64 编译选项,如图 8-4 所示,所以对应的 FFmpeg 开发包也需要是 64 位的,将 ffmpeg-4.3.1-win64-dev.zip 解压后重命名为 ffmpeg,复制到该项目的源码目

第8章　FFplay+SDL 2开发音视频流媒体播放器

图 8-3　VS 2015 新建控制台程序

录下（Win32ConsoleFFPlay），然后将 SDL 2 的开发包（SDL 2.0.10.rar）解压出来，也复制到到该项目的源码目录下。这两个开发包都复制成功后如图 8-5 所示。

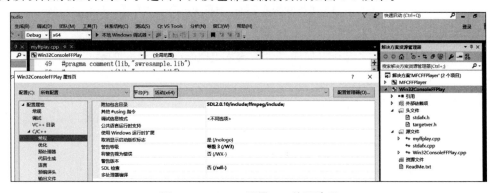

图 8-4　VS 2015 设置 x64 编译选项

（3）右击工程名字（Win32ConsoleFFPlay），在弹出的菜单中选择"属性"，然后在属性页中配置选择"C/C++→常规→附加包含目录"，输入 FFmpeg 和 SDL 的头文件路径，如图 8-6 所示，具体内容如下（中间以英文分号分隔）：

```
SDL 2.0.10/include;ffmpeg/include;
```

图 8-5　FFmpeg 和 SDL 的开发包

图 8-6　VS 2015 中配置 FFmpeg 和 SDL 的包含目录

（4）右击工程名字（Win32ConsoleFFPlay），在弹出的菜单中选择"属性"，然后在属性页中配置选择"链接器→常规→附加库目录"，输入 FFmpeg 和 SDL 的链接库路径，如图 8-7 所示，具体内容如下（中间以英文分号分隔）：

```
SDL 2.0.10/lib/x64;ffmpeg/lib;
```

图 8-7　VS 2015 中配置 FFmpeg 和 SDL 的附加库目录

（5）右击工程名字（Win32ConsoleFFPlay），在弹出的菜单中选择"添加→新建项"，然后在弹出的界面中选择"Visual C++→C++文件(.cpp)"，在"名称"文本框中输入 myffplay.cpp（建议读者使用 myffplay2.cpp 名称，因为课件资料中已经使用了 myffplay.cpp 这个名称），然后单击"添加"按钮，如图 8-8 所示，最后将课件资料中 myffplay.cpp 的内容全部复制到 myffplay2.cpp 文件中即可。

注意：由于 FFmpeg 是用纯 C 语言发开的，所以这里的 C++ 代码在包含 FFmpeg 的头文件时，需要使用 extern "C"{...}。

图 8-8　VS 2015 项目中新增 **myffplay2.cpp** 文件

（6）添加.lib 链接库，否则链接时会报错。在本项目中通过 #pragma comment 指令来添加 FFmpeg 和 SDL 的.lib 链接库文件，如图 8-9 所示。打开 myffplay.cpp 文件，修改代码如下（注意 #pragma comment 指令的结尾处不能使用英文分号）：

```
//chapter8/MFCFFPlayer/Win32ConsoleFFPlay/myffplay.cpp
#pragma comment(lib,"avformat.lib")
#pragma comment(lib,"avcodec.lib")
#pragma comment(lib,"avdevice.lib")
#pragma comment(lib,"avfilter.lib")
#pragma comment(lib,"avutil.lib")
#pragma comment(lib,"postproc.lib")
#pragma comment(lib,"swresample.lib")
#pragma comment(lib,"swscale.lib")

#pragma comment(lib,"SDL2.lib")
```

（7）重新编译该项目，如果 ffmpeg 和 SDL 的配置没有问题，一般情况下就可以编译成

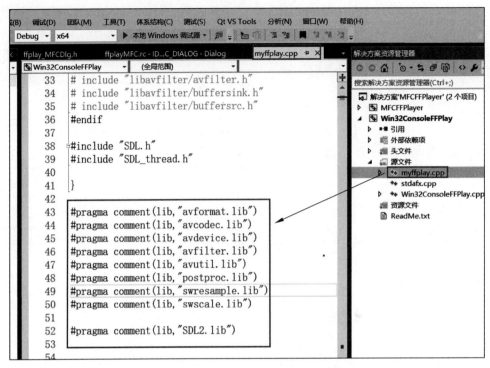

图 8-9 新增 FFmpeg 和 SDL 的链接库

功了,笔者本地的编译情况如图 8-10 所示,生成了 Win32ConsoleFFPlay.exe 文件。

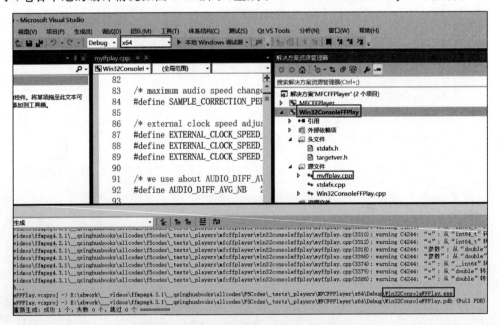

图 8-10 编译并生成 Win32ConsoleFFPlay.exe

（8）将 FFmpeg 和 SDL 的动态库文件复制到 Win32ConsoleFFPlay.exe 文件所在的路径下，这些文件包括 avcodec-58.dll、avutil-56.dll 和 SDL2.dll 等，如图 8-11 所示。

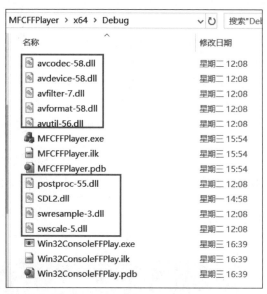

图 8-11　复制运行时的 DLL 文件

（9）打开 cmd 命令行窗口，使用 cd 命令跳转到 Win32ConsoleFFPlay.exe 所在的路径，然后就可以播放本地视频文件了（与 ffplay.exe 是一模一样的，读者可以测试本地的视频文件），效果如图 8-12 所示，命令如下：

```
Win32ConsoleFFPlay.exe ande10.mp4
```

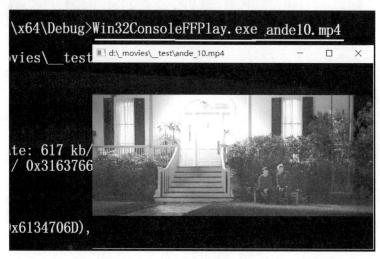

图 8-12　播放本地视频文件

8.3 MFC 移植 FFplay 播放器及二次开发

ffplay.exe 是一个命令行程序,使用 SDL 2 渲染视频画面并播放声音。可以使用 VS 2015 创建一个基于对话框的 MFC 应用程序,将一个 Picture Control 控件拖曳到界面上,将 SDL 2 的播放窗口嵌入这个 Picture Control 控件上,然后拖曳几个 Push Button 按钮实现播放、暂停和停止等功能。先来预览一下本程序的运行效果,初始画面如图 8-13 所示。单击"打开"按钮选择一个本地视频文件,然后会根据视频的宽和高自动调整窗口进行播放。

注意:关于 SDL 2 的详细知识点可参考本书的第 6 章:SDL 2 开发库及高级应用。本案例的完整工程代码位于课件资料的 chapter8/MFCFFPlayer 目录下。

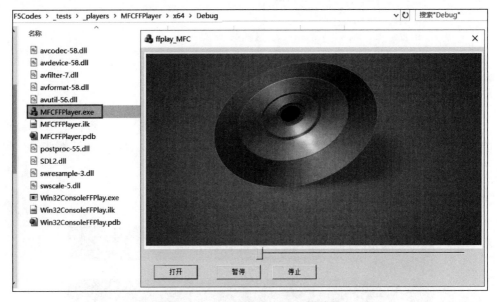

图 8-13　MFC 开发的 FFplay 播放器

(1) 使用 VS 2015 新建 MFC 应用程序,项目名称为 MFCFFPlayer,然后单击"确定"按钮,如图 8-14 所示。

(2) 在应用程序类型页面选择"基于对话框",然后单击"完成"按钮,如图 8-15 所示。

(3) 打开 MFCFFPlayer 工程中的 IDD_PLAY_MFC_DIALOG 对话框的界面设计器,使用鼠标左键从左侧的"工具箱"中将 3 个 Button 按钮、1 个 Picture Control 控件和 1 个 Slider Control 控件拖曳到对话框界面上,将这几个按钮控件的 Caption 属性分别修改为打开、暂停和停止,如图 8-16 所示。

(4) 添加 1 个位图资源(bk.bmp),将 Picture Control 控件的 Image 属性修改为这个位图的 ID(笔者的位图 ID 为 IDB_BITMAP2),如图 8-17 所示。

第8章 FFplay+SDL 2开发音视频流媒体播放器

图 8-14　VS 2015 新建 MFC 应用程序

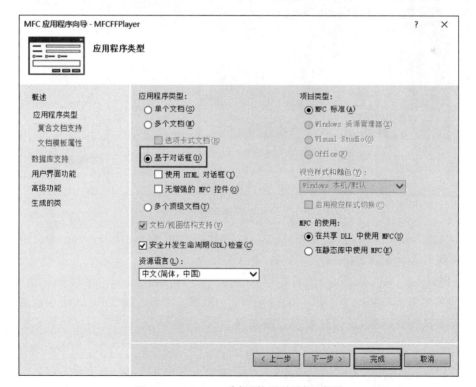

图 8-15　VS 2015 选择"基于对话框"类型

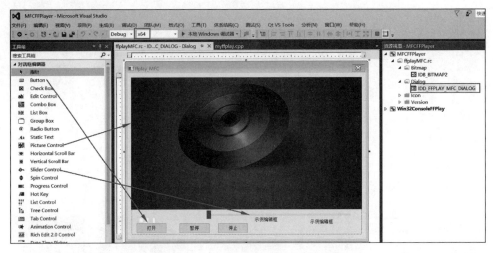

图 8-16　VS 2015 设计 MFC 程序界面

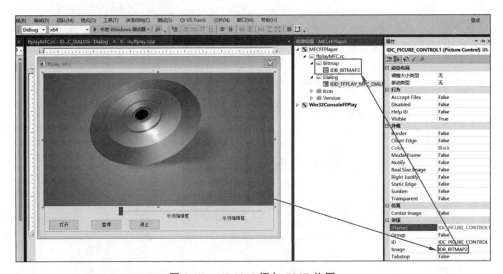

图 8-17　VS 2015 添加 BMP 位图

(5) 移植 ffplay 的源码,将 Win32ConsoleFFPlay 工程中 myffplay.cpp 文件中的代码全部复制到 ffplay_MFCDlg.cpp 文件中,如图 8-18 所示。

(6) 将 ffplay_MFCDlg.cpp 文件中原来 ffplay.c 代码中的 main() 函数重命名为 ffmfc_play,并且将参数类型修改为 LPVOID,如图 8-19 所示。因为后续 MFC 代码中会独立启动一条线程来执行该函数,所以这里提前准备好,将该函数修改为线程入口函数所要求的类型,代码如下:

```
//chapter8/MFCFFPlayer/MFCFFPlayer/ffplay_MFCDlg.cpp
//原来名称为 main,移植到 MFC 之后需要该名称
int ffmfc_play(LPVOID lpParam)
```

第8章 FFplay+SDL 2开发音视频流媒体播放器

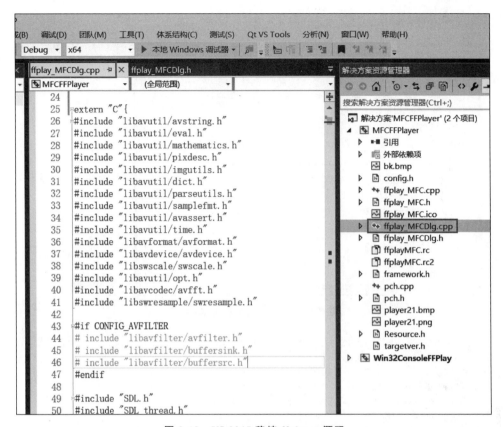

图 8-18 VS 2015 移植 ffplay.c 源码

```
{
    int flags;
    VideoState * is;

#if CONFIG_AVDEVICE
    avdevice_register_all();
#endif
    avformat_network_init();
    ...
}
```

（7）将原来 ffplay.c 代码中的调用 exit()函数的地方都注释掉，因为它会导致整个进程的结束，注意不是 do_exit()函数。

（8）将原来 ffplay.c 代码中的 SDL_CreateWindow()函数修改为 SDL_CreateWindowFrom()函数，需要将 SDL 2 播放视频的窗口嵌入 MFC 的 Picture Control 控件中，然后调用 SDL_ShowWindow()函数将窗口显示出来，否则该 SDL 2 窗口有可能被隐藏。该部分代码在 ffmfc_play()函数中，如图 8-20 所示，相关代码如下：

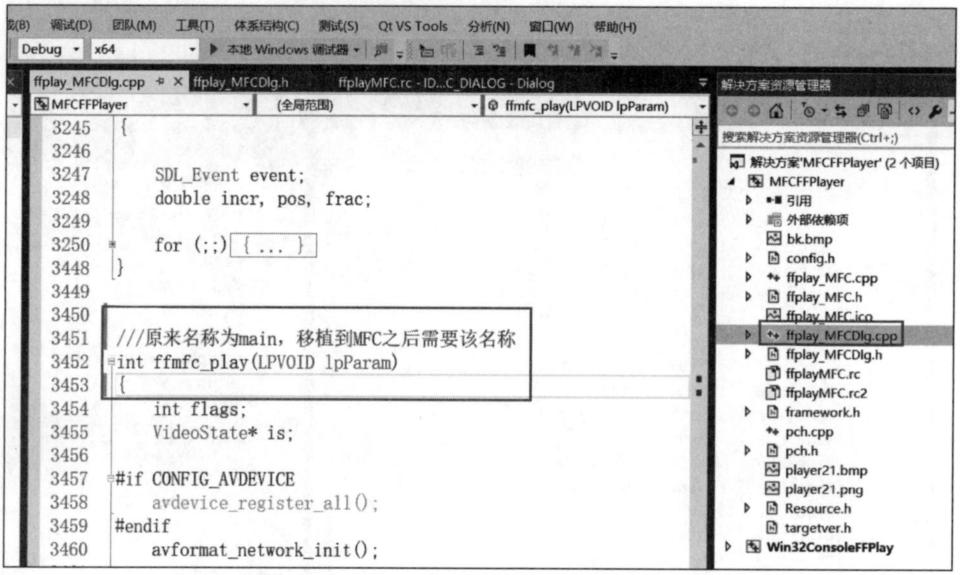

图 8-19 重命名原来的 main 函数

```
//chapter8/MFCFFPlayer/MFCFFPlayer/ffplay_MFCDlg.cpp
//window = SDL_CreateWindow(program_name, SDL_WINDOWPOS_UNDEFINED, SDL_WINDOWPOS_
UNDEFINED, default_width, default_height, flags);
//将SDL 2播放视频的窗口嵌入 MFC 的 Picture Control 控件中
WindowsDL = SDL_CreateWindowFrom((void *)hWndVideoPictureControl);
SDL_SetHint(SDL_HINT_RENDER_SCALE_QUALITY, "linear");
//ShowWindow(hWndVideoPictureControl, SW_SHOW);
SDL_ShowWindow(WindowsDL);      //显示窗口
```

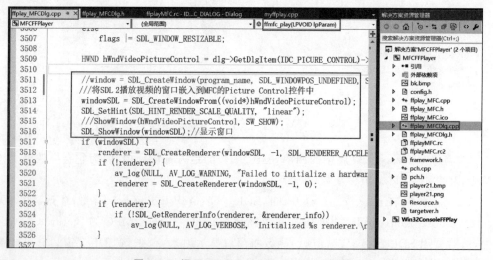

图 8-20 调用 SDL_CreateWindowFrom 函数

(9)在界面设计器中双击"打开"按钮,生成对应的消息函数,添加打开文件及视频播放功能,其中 CFileDialog 类用于打开文件选择对话框,可以指定文件后缀名,然后调用 AfxBeginThread()函数开启一条独立的线程进行视频播放,代码如下:

```
//chapter8/MFCFFPlayer/MFCFFPlayer/ffplay_MFCDlg.cpp
void CffplayMFCDlg::OnBnClickedBtnStart(){
    //TODO: 在此添加控件通知处理程序代码
    CString szFilter = _T("All Files (*.*)|*.*|avi Files (*.avi)|*.avi|rmvb Files (*.rmvb)|*.rmvb|3gp Files (*.3gp)|*.3gp|mp3 Files (*.mp3)|*.mp3|mp4 Files (*.mp4)|*.mp4|mpeg Files (*.ts)|*.ts|flv Files (*.flv)|*.flv|mov Files (*.mov)|*.mov||");
    CFileDialog dlg(TRUE, NULL, NULL, OFN_PATHMUSTEXIST | OFN_HIDEREADONLY, szFilter, NULL);
    if (IDOK == dlg.DoModal()){
        m_sourceFile = dlg.GetPathName();
    }
    exit_on_keydown = 0;
    //开启线程,将this指针传递给线程
    pThreadPlay = AfxBeginThread(Thread_Play, this);

    this->MoveWindow(200, 100, video_width, video_height, 1);
}
```

(10)增加播放视频的线程入口函数,返回值类型需要为 UINT,参数类型为 LPVOID,该函数会通过 lpParam 参数接收主线程传递过来的 this 指针,然后调用 ffmfc_play()函数正式启动 ffplay 的播放流程。因为 ffmfc_play()函数本身就是原 ffplay.c 文件中的 main()函数,所以视频播放流程完全与 ffplay 一致,而且传递的参数 lpParam 是主线程中的 this 指针,即主对话框类(CffplayMFCDlg)的当前运行实例。通过该参数,ffmfc_play()函数内部就可以获取对话框上的各个控件,例如 Picture Control 和 Slider 控件等。

```
//chapter8/MFCFFPlayer/MFCFFPlayer/ffplay_MFCDlg.cpp
UINT Thread_Play(LPVOID lpParam) {
    dlg = (CffplayMFCDlg *)lpParam;
    ffmfc_play(lpParam);
    return 0;
}
```

(11)ffmfc_play()函数初始化成功后,会调用 read_thread()函数,其内部会调整主窗口和各个控件的位置,如图 8-21 所示,相关代码如下:

```
//chapter8/MFCFFPlayer/MFCFFPlayer/ffplay_MFCDlg.cpp
//根据视频的宽和高来动态地调整窗口和各个子控件的位置
video_width = pCodecCtx->width + 10;
video_height = pCodecCtx->height + 160;
dlg->SetWindowPos(NULL, 0, 0, pCodecCtx->width, pCodecCtx->height + 160, SWP_NOMOVE);
    //主窗口
dlg->GetDlgItem(IDC_PICURE_CONTROL)->MoveWindow(0, 0, pCodecCtx->width, pCodecCtx->height);    //视频显示控件 Picture Control
```

```
dlg->GetDlgItem(IDC_PLAY_PROGRESS)->MoveWindow(60, pCodecCtx->height + 10, pCodecCtx->
width-160, dlg->m_rect_open_btn.bottom - dlg->m_rect_open_btn.top);      //进度条

dlg->GetDlgItem(IDC_EDIT1)->MoveWindow(10, pCodecCtx->height + 15, dlg->m_rect_open_
btn.right - dlg->m_rect_open_btn.left - 20, dlg->m_rect_open_btn.bottom - dlg->m_rect_
open_btn.top);
dlg->GetDlgItem(IDC_DURATION)->MoveWindow(pCodecCtx->width - 100, pCodecCtx->height +
15, dlg->m_rect_open_btn.right - dlg->m_rect_open_btn.left - 20, dlg->m_rect_open_
btn.bottom - dlg->m_rect_open_btn.top);

dlg->GetDlgItem(IDC_BTN_START)->MoveWindow(10, pCodecCtx->height + 50,
dlg->m_rect_open_btn.right - dlg->m_rect_open_btn.left,
dlg->m_rect_open_btn.bottom - dlg->m_rect_open_btn.top);

dlg->GetDlgItem(IDC_BTN_PAUSE)->MoveWindow(210, pCodecCtx->height + 50,
dlg->m_rect_open_btn.right - dlg->m_rect_open_btn.left,
dlg->m_rect_open_btn.bottom - dlg->m_rect_open_btn.top);

dlg->GetDlgItem(IDC_BTN_STOP)->MoveWindow(410, pCodecCtx->height + 50,
dlg->m_rect_open_btn.right - dlg->m_rect_open_btn.left,
dlg->m_rect_open_btn.bottom - dlg->m_rect_open_btn.top);

//转换成 hh:mm:ss 形式
int tns, thh, tmm, tss;
tns = (pFormatCtx->duration) / 1000000;
thh = tns / 3600;
tmm = (tns % 3600) / 60;
tss = (tns % 60);

timelong.Format(_T("%02d:%02d:%02d"), thh, tmm, tss);
dlg->m_duration.SetWindowText(timelong); //总时长
```

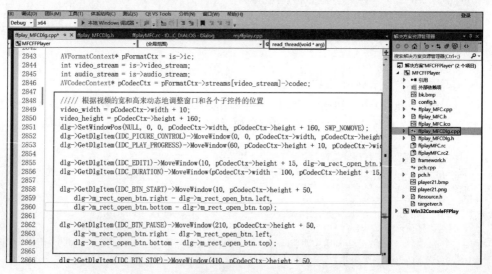

图 8-21　动态调整窗口和各个控件的宽和高

(12) 在界面设计器中双击"暂停"按钮,生成对应的消息函数,添加暂停功能,代码如下:

```
//chapter8/MFCFFPlayer/MFCFFPlayer/ffplay_MFCDlg.cpp
void CffplayMFCDlg::OnBnClickedBtnPause(){
    //TODO: 在此添加控件通知处理程序代码
    stream_toggle_pause(cur_stream_all);
}
```

视频暂停或继续播放功能比较简单,通过调用 stream_toggle_pause() 函数即可实视,它会根据当前的播放状态进行暂停或继续播放。

(13) 在界面设计器中双击"停止"按钮,生成对应的消息函数,添加暂停功能,代码如下:

```
//chapter8/MFCFFPlayer/MFCFFPlayer/ffplay_MFCDlg.cpp
void CffplayMFCDlg::OnBnClickedBtnStop(){
    //TODO: 在此添加控件通知处理程序代码
    exit_on_keydown = 1;              //必须设置该标志值
    //下面通过模拟一个键盘按键来触发 SDL 的事件机制
    SDL_Event event;
    event.type = SDL_KEYDOWN;         //FF_QUIT_EVENT;
    event.user.data1 = (void*)SDLK_q//cur_stream_all;
    SDL_PushEvent(&event);
}
```

视频停止功能比较特殊,首先将标志值 exit_on_keydown 设置为 1,然后创建一个 SDL 事件模拟从键盘上输入 q 字符,调用 SDL_PushEvent() 函数将该事件发送出去,然后 ffplay 源码(ffplay_MFCDlg.cpp)中 event_loop() 函数的 SDL 事件检测机制会捕获到该事件,从而停止视频的播放,如图 8-22 所示。

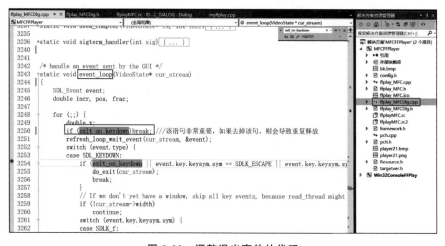

图 8-22 调整退出事件的代码

（14）重新编译并运行该项目会生成 MFCFFPlayer.exe 文件，如图 8-23 所示。

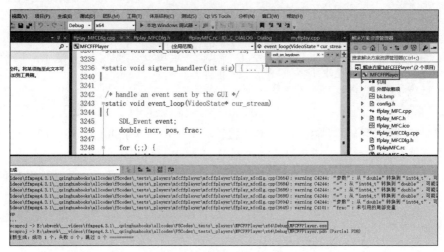

图 8-23　生成 MFC 项目的 MFCFFPlayer.exe 可执行文件

（15）将 FFmpeg 和 SDL 的 64 位开发包中的.dll 文件（如 avcodec-58.dll 和 SDL.dll 等）都复制到 MFCFFPlayer.exe 所在的路径，然后就可以成功运行该程序了，如图 8-24 所示。

图 8-24　复制 x64 位的 DLL 运行时动态库文件

8.4　Qt 移植 FFplay 播放器及二次开发

将 ffplay.c 播放器源码移植到 Qt 窗口程序中和移植到 MFC 窗口程序中几乎是一样的。可以使用 Qt 创建一个基于 Widget 的 GUI 应用程序，将一个 QWidget 控件拖曳到界面上，将 SDL 2 的播放窗口嵌入这个 QWidget 控件上，然后拖曳几个 QPushButton 按钮实现播放、暂停和停止等功能。先来预览一下本程序的运行效果，初始画面如图 8-25 所示。单击菜单中的"文件→打开"选择一个本地视频文件，然后单击 play 按钮开始播放视频，播放过程中也可以单击 pause 或 stop 按钮实现暂停或停止功能。

注意：本案例的完整工程代码位于课件资料的 chapter8/QtFFPlayer 目录下。

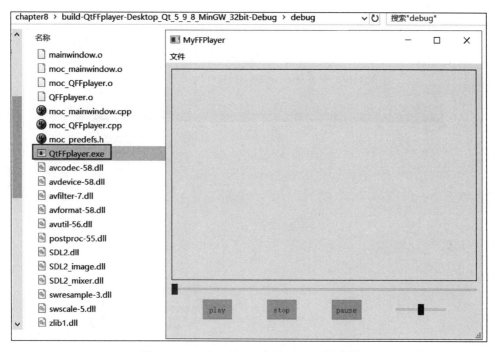

图 8-25　Qt 窗口项目开发的 FFplay 播放器

（1）使用 Qt 新建 Qt Widgets Application 应用程序，项目名称为 QtFFPlayer，然后选择 QMainWindow 基类，单击右下角的"下一步"按钮，如图 8-26 所示。

（2）新建的 QWidget 窗体程序在 QMainWindow 下面都会默认生成一个名称为 centralWidget 的 QWidget，不过此时还没有 Layout 属性，如图 8-27 所示。

（3）打开界面设计器，将 1 个 QGridLayout 拖曳到 centralWidget 上，然后将 1 个 QWidget、1 个 QSlider 和 3 个 QPushButton 等控件拖曳到 QGridLayout 上，如图 8-28 所示。

（4）移植 ffplay 的源码，新建文件 ffplay.h 和 ffplay_src.c，将 ffplay.c 源码中的 VideoState、FrameQueue 和 PacketQueue 等结构体和宏定义等内容添加到 ffplay.h 头文件中，将 ffplay.c 源码中的函数等内容添加到 ffplay_src.c 文件中，如图 8-29 所示。

（5）将 ffplay_src.c 文件中原来 ffplay.c 代码中的 main() 函数重命名为 ffplay_main，并且将参数类型修改为 const char *，如图 8-30 所示。因为后续 Qt 代码中会独立启动一

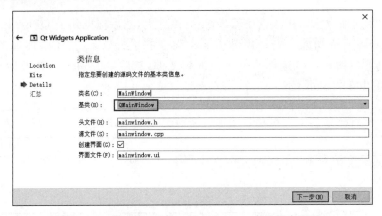

图 8-26 创建 Qt Widgets Application 应用程序项目

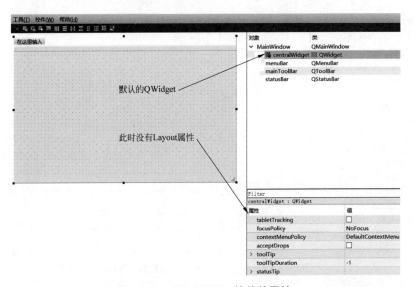

图 8-27 centralWidget 控件的属性

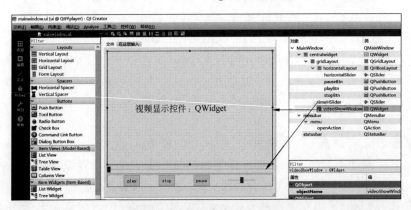

图 8-28 设计 Qt 窗口及各个控件

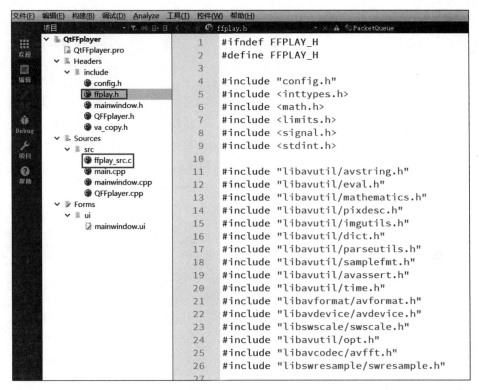

图 8-29　新增 ffplay.h 和 ffplay_src.c 文件

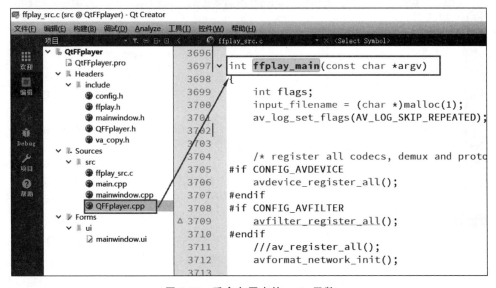

图 8-30　重命名原来的 main 函数

条线程来执行该函数,所以这里提前准备好,将该函数修改为线程入口函数所要求的类型,代码如下:

```
//chapter8/QtFFplayer/src/ffplay_src.c
int ffplay_main(const char * argv){
    //av_register_all();
    avformat_network_init();
    ...
}
```

(6)将原来 ffplay.c 代码中的 SDL_CreateWindow()函数修改为 SDL_CreateWindowFrom()函数,需要将 SDL 2 播放视频的窗口嵌入 Qt 的 QWidget 控件中,然后调用 SDL_ShowWindow()函数将窗口显示出来,否则该 SDL 2 窗口有可能被隐藏。该部分代码在 ffplay_main()函数中,如图 8-31 所示,相关代码如下:

```
//chapter8/QtFFplayer/src/ffplay_src.c
//window = SDL_CreateWindow(program_name, SDL_WINDOWPOS_UNDEFINED, SDL_WINDOWPOS_
UNDEFINED, default_width, default_height, flags);
WindowsDL = SDL_CreateWindowFrom(winID);
if (!WindowsDL) {
    char * err = SDL_GetError();
    //fwrite(err, strlen(err), 1, fp);
    return -1;
}
SDL_ShowWindow(WindowsDL);         //将 SDL 窗口显示出来
SDL_SetHint(SDL_HINT_RENDER_SCALE_QUALITY, "linear");
```

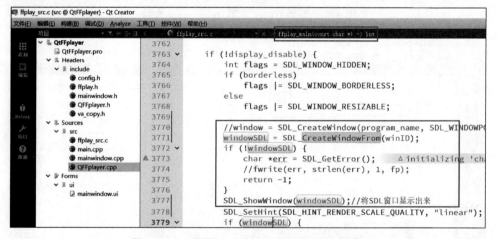

图 8-31　调用 SDL_CreateWindowFrom 函数

(7)在界面设计器的主菜单项"文件"下添加子项"打开",并添加对应的 QAction,如图 8-32 所示,然后在 initSettingsMenu()函数中初始化菜单,并绑定 QAction::triggered 的槽函数;在 on_openAction_triggered()槽函数中主要调用 QFileDialog::getOpenFileName()函数打开文件选择对话框并初始化状态栏和几个按钮的状态,相关代码如下:

```cpp
//chapter8/QtFFplayer/src/mainwindow.cpp
void MainWindow::initSettingsMenu(){
    QMenu * menu_tmp = nullptr;
    QMenu * menu_tmp_ = nullptr;
    QMenu * menu_tmp__ = nullptr;
    QAction * action_tmp = nullptr;
    m_mainMenu = new QMenu(this);

    action_tmp = new QAction("& 打开",m_mainMenu);
    connect(action_tmp, &QAction::triggered, this, &MainWindow::on_openAction_triggered);
    m_mainMenu->addAction(action_tmp);
}

void MainWindow::on_openAction_triggered(){
    cur_file = QFileDialog::getOpenFileName(this);
    if(cur_file.isEmpty()){
        return;
    }

    m_ffplayer->setDisplayFile(cur_file);
    qDebug() << cur_file;
    status_message = QString("Set current show file name is:.") + cur_file;
    ui->statusbar->clearMessage();
    ui->statusbar->showMessage(status_message);

    ui->playBtn->setEnabled(true);
    ui->pauseBtn->setEnabled(false);
    ui->stopBtn->setEnabled(false);
}
```

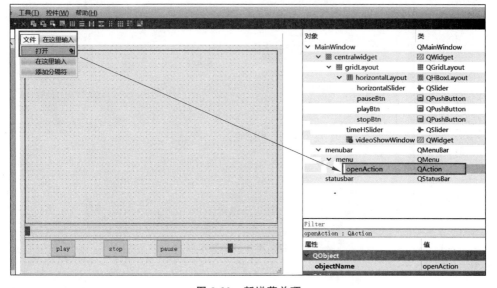

图 8-32 新增菜单项

(8) 在界面设计器中右击 play 按钮,在弹出的菜单中选择"转到槽…"将生成对应的槽函数,在函数中添加视频播放功能,如图 8-33 所示,代码如下:

```cpp
//chapter8/QtFFplayer/src/mainwindow.cpp
void MainWindow::on_playBtn_clicked(){
    int ret;
    if(cur_file.isEmpty()){
        return;
    }
    event_loop_flag = 1;
    ret = m_ffplayer->playVideo(cur_file.toStdString().c_str());
    qDebug() << "The ret of the function ffplay is:" << ret;
    if (ret == 0) {
        status_message = QString("Started showing.");
        ui->timeHSlider->setRange(0, 320);
        ui->statusbar->clearMessage();
        ui->statusbar->showMessage(status_message);
        ui->playBtn->setEnabled(false);
        ui->pauseBtn->setEnabled(true);
        ui->stopBtn->setEnabled(true);
    }
}
```

图 8-33 添加槽函数单项

(9) 成员变量 m_ffplayer 是在 mainwindow.h 头文件中定义的,它的类型是 QFFplayer,这是个自定义类。该类是为了方便调用 ffplay.c 文件中的函数而封装成的 Qt

类,头文件的代码如下:

```cpp
//chapter8/QtFFplayer/src/mainwindow.h
#ifndef QFFPLAYER_H
#define QFFPLAYER_H

#include <QObject>
#include <QImage>
#include <QThread>
extern "C" {
    #include "ffplay.h"
    #include <libavdevice/avdevice.h>
    #include <libavcodec/avcodec.h>
    #include <libavformat/avformat.h>
    #include <libavformat/avio.h>

    extern VideoState * is;
    extern SDL_Event event;
    extern int event_loop_flag;
    extern int is_event_loop_running;
    extern int seek_by_Bytes;
    extern int show_loop;

    /* 播放开始 */
    extern int ffplay_main(const char * argv);
    /* 需要重新修改函数体 */
    extern void video_image_display(VideoState * is);
    extern void video_audio_display(VideoState * s);

    /* 退出播放线程 */
    extern int do_exit(VideoState * is);
    /* 调整播放框大小 */
    extern void fill_rectangle(int x, int y, int w, int h);
    /* 获取播放时间 */
    extern double get_clock(Clock * c);
    /* 设置播放时间 */
    extern void set_clock(Clock * c, double pts, int serial);
    /* 设置播放速度 */
    extern double set_clock_speed(Clock * c, double speed);

    extern double get_master_clock(VideoState * is);
    /* 快进操作 */
    extern void stream_seek(VideoState * is, int64_t pos, int64_t rel, int seek_by_Bytes);
    extern void seek_chapter(VideoState * is, int incr);
    extern int stream_seek_safe(VideoState * cur_stream, double incr, int seek_by_Bytes);

    /* 视频启停操作 */
    extern void stream_toggle_pause(VideoState * is);
    extern int toggle_pause(VideoState * is);
    /* 静音启停操作 */
    extern int toggle_mute(VideoState * is);
    /* 调节音量 */
```

```cpp
        extern int update_volume(VideoState * is, int sign, double step);
        /* 旋转 */
        extern double get_rotation(AVStream * st);
        /* 音频启停操作 */
        extern void toggle_audio_display(VideoState * is);
        /* 改变显示操作 */
        extern int change_show_mode(VideoState * is);
}

enum {
    STATE_ERROR = -1,
    STATE_STOP = 0,
    STATE_RUN,
    STATE_PAUSE,
};


class QFFplayer : public QObject{
    Q_OBJECT
public:
    explicit QFFplayer(QObject * parent = nullptr);
    virtual ~QFFplayer();
    void setVideoState(VideoState * is);
    void setWinID(void * winID);
    void setDisplayFile(const QString& filename);
    const QImage& getCurrentImage();
signals:
    void sendPicture(const char * pData, size_t s);
    void sendVoice(const char * pData, size_t s);
public slots:
    void updateState(int state) {
        m_currentState = state;
    }
    int playVideo(const QString& filename);
    int stopVideo();
    int pauseVideo();
    int resumeVideo();
    int updateVolume(int sign, double step);
    int muteAudio();
    int changeShowMode();
    int setSubtitleFile(const QString& filename);
    double updateSpeed(double val, int relative);
    int stream_seek_safe(double incr, int seek_by_Bytes);
    int getCurState(){return m_currentState;}
private:
    VideoState ** m_ppVideoState;
    VideoState * m_pVideoState;
    QString m_showFileName;
    QString m_proName;
    QImage m_currentImage;
    int m_pauseState;
    volatile int m_currentState;
    PlayerThred * m_pPlayThd;
    QString m_subtitleFileName;
```

```
};

#endif //QFFPLAYER_H
```

(10) 成员 playVideo()函数主要用来开启播放线程,代码如下:

```cpp
//chapter8/QtFFplayer/src/mainwindow.cpp
//原来名称为 main,移植到 MFC 之后需要改名称
int QFFplayer::playVideo(const QString& filename){
    int ret;
    event_loop_flag = 1;
    if ((filename.size() == 0) || (m_currentState != STATE_STOP)) {
        qDebug() << m_currentState;
        return -1;
    }
    m_currentState = STATE_RUN;
    m_showFileName = filename;
    m_pPlayThd->setDisplayFile(m_showFileName);

    /* We will call the play function in the another thread.
     * Because the play function will be blocked.
     */
    m_pPlayThd->start();

    return 0;
}
```

(11) PlayerThread 类是自定义的 Qt 线程类,继承自 QThread,在它的 run()函数中调用了 ffplay_main()函数,由此在这个新的线程中开启了视频播放流程,代码如下:

```cpp
//chapter8/QtFFplayer/src/QFFplayer.cpp
class PlayerThread : public QThread{
    Q_OBJECT
public:
    PlayerThread() { }
    void setDisplayFile(QString filename) {
        show_file_name = filename;
    }
    void run() {
        int ret;
        emit playStart(1);
        ret = ffplay_main(show_file_name.toStdString().c_str());
        emit playStop(ret);
    }
signals:
    void playStop(int state);
    void playStart(int state);
private:
    QString show_file_name;
};
```

第9章 FFplay 源码剖析及音视频同步

CHAPTER 9

FFplay 是 FFmpeg 工程自带的简单播放器，使用 FFmpeg 提供的解码器和 SDL 库进行音视频播放，本章内容侧重于 ffplay.c 的源码剖析及音视频同步，主要包括核心数据结构和 API、核心框架及流程、音视频解码、图像格式转换、音频重采样、播放控制和音视频同步等。

9.1 FFplay 播放器概述

FFplay 是 FFmpeg 工程自带的播放器，使用 FFmpeg 提供的解码器和 SDL 2 库进行视频文件或网络媒体流的播放。

1. FFplay 播放器框架及流程

整个源码 ffplay.c 只有 3000 多行代码，麻雀虽小五脏俱全。在视频文件的播放过程中，一般要涉及文件读取、解封装、视频解码、音频解码、视频渲染、音频播放和音视频同步等技术。FFplay 播放器的整体架构及播放流程如图 9-1 所示。

FFplay 播放器的整体流程和步骤如下。

(1) 解协议：打开视频文件或者网络流，将流媒体协议的数据解析为标准的相应的封装格式数据。音视频在网络上传播时，通常采用各种流媒体协议，例如 HTTP、RTMP 或 MMS 等。这些协议在传输音视频数据的同时，也会传输一些信令数据。这些信令数据包括对播放的控制（播放、暂停或停止等），或者对网络状态的描述等。解协议的过程中会去除信令数据而只保留音视频数据。例如，采用 RTMP 协议传输的数据，经过解协议操作后，输出 FLV 格式的数据。

(2) 解封装：从文件或者网络流读取音频包和视频包，并放入对应缓冲区。将输入的封装格式的数据，分离成为音频流压缩编码数据和视频流压缩编码数据。封装格式的种类很多，例如 MP4、MKV、RMVB、TS、FLV 或 AVI 等，它的作用是将已经压缩编码的视频数据和音频数据按照一定的格式放到一起。例如，FLV 格式的数据，经过解封装操作后，输出 H.264 编码的视频码流和 AAC 编码的音频码流。

(3) 解码：音频解码和视频解码将解码后的视频帧和音频帧放入各自的队列等待播

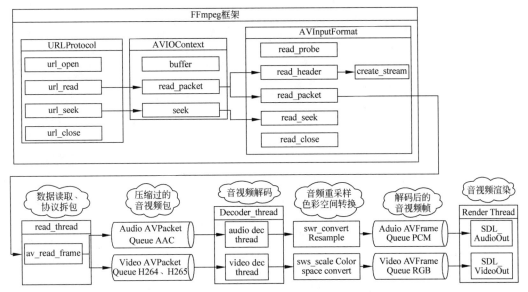

图 9-1 ffplay 播放框架及流程

放。将视频/音频压缩编码数据解码成为非压缩的视频/音频原始数据。音频的压缩编码标准包含 AAC、MP3 或 AC-3 等,视频的压缩编码标准则包含 H.264、MPEG-2 或 VC-1 等。解码是整个系统中最重要也是最复杂的一个环节。通过解码,压缩编码的视频数据输出成为非压缩的颜色数据,例如 YUV420p 或 RGB 等;压缩编码的音频数据输出成为非压缩的音频抽样数据,例如 PCM 数据。

(4) 音视频同步及渲染:根据解封装模块处理过程中获取的参数信息,同步解码出来的视频和音频数据将音视频帧进行重采样或格式转换,将视频和音频数据分别送至系统的显卡和声卡播放出来。

FFplay 播放器进程主要包括 5 个线程,如下所示。

(1) 主线程:负责键盘消息处理及图像渲染,并且创建解复用线程 read_thread,ffplay 使用 SDL 库进行渲染。FFplay 播放器在 Windows 系统下为 ffplay.exe,在 Linux 系统下为 ffplay,使用-h 可查看使用手册。视频播放过程中支持的键盘消息如下:

```
//chapter9/help-others.txt
While playing:
q, ESC          退出
f               切换全屏
p, SPC          暂停
m               切换静音
9, 0            分别减少和增加音量
/, *            分别减少和增加音量
a               在当前进度中循环音频通道
v               循环视频通道
t               循环当前节目中的字幕频道
c               循环节目
```

w	循环视频过滤器或显示模式
s	激活帧步进模式,向后/向前搜索 10s,如果设置了 - seek_interval,则搜索到自定义间隔
down/up	向后/向前搜索 1min
page down/page up	向后/向前搜索 10min
right mouse click	查找文件中与宽度分数相对应的百分比
left double-click	切换全屏

(2) 解复用线程 read_thread：读取本地文件或者网络媒体流,读取视频包和音频包,并放入视频包队列和音频包队列,供视频解码线程和音频解码线程解码使用。在解复用线程中创建了音频播放线程、音频解码线程、视频解码线程和字幕解码线程。

(3) 视频解码线程 video_thread：从视频包队列(Video Packets Queue)缓冲区读取视频包(AVPacket),解码后将视频帧(AVFrame)放入视频帧队列(Video Frames Queue),供渲染线程使用。

(4) 音频解码线程 audio_thread：从音频包队列(Audio Packets Queue)缓冲区读取音频包(AVPacket),解码后将 PCM 格式的音频帧(AVFrame)放入音频帧队列(Audio Frames Queue),供音频播放线程播放使用。

(5) 音频播放线程：从音频帧队列获取解码后的音频帧数据,如果需要,则会进行音频重采样进行格式转换,然后提供给声卡播放。ffplay 使用 SDL 库播放音频,该线程实际上是 SDL 的内部线程。

2. FFmpeg 转码流程播放器框架及流程

FFmpeg 的转码流程如图 9-2 所示。

FFmpeg 调用 LibAVFormat 库(包含解复用器 Demuxer),从输入文件中读取包含编码数据的包(AVPacket)。如果有多个输入文件,则 FFmpeg 会尝试追踪多个有效输入流的最小时间戳(Timestamp),用这种方式实现多个输入文件的同步,然后编码包被传递到解码器(Decoder),解码器解码后生成原始帧(AVFrame),原始帧可以被滤镜(AVFilter)处理,经滤镜处理后的帧被送给编码器,编码器将之编码后输出编码包。最终,由复用器(Muxer)将编码后的数据写入特定封装格式的输出文件中。

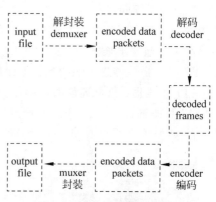

图 9-2　FFmpeg 的转码流程

需要注意的是,FFplay 播放器不需要编码过程,是将上图中的解码后的帧送往系统的声卡或显卡进行播放。

3. SDL 2 音视频播放流程

SDL(Simple DirectMedia Layer)是一套开放源代码的跨平台多媒体开发库,使用 C 语言写成。SDL 提供了数种控制图像、声音、输出/输入的函数,让开发者只要用相同或相似的代码就可以开发出跨多个平台(Linux、Windows 或 macOS X 等)的应用软件。目前 SDL 多用于开发游戏、模拟器、媒体播放器等多媒体应用领域。SDL 实际上并不限于音视频的播放,它将功能分成下列数个子系统。

(1) Video(图像):图像播放和控制、线程和事件管理。
(2) Audio(声音):声音播放及控制。
(3) Joystick(摇杆):游戏摇杆控制。
(4) CD-ROM(光盘驱动器):光盘媒体控制。
(5) Window Management(视窗管理):与视窗程序设计集成。
(6) Event(事件驱动):处理事件驱动。

SDL 播放视频的流程如下:
(1) 初始化 SDL。
(2) 创建窗口(Window)。
(3) 基于窗口创建渲染器(Renderer)。
(4) 创建纹理(Texture)。
(5) 循环显示画面。
(5.1) 设置纹理的数据。
(5.2) 将纹理复制给渲染目标。
(5.3) 显示。
(6) 清理并释放资源。

9.2 FFplay 的数据结构及 API

FFplay 播放器用到的数据结构主要包括 VideoState、Clock、PacketQueue、FrameQueue、AVFrame 和 AVPacket 等。

1. VideoState

VideoState(视频状态)是最重要的一个核心数据结构,相当于整个播放器的管家婆,代码如下:

```
//chapter9/MFCFFPlayer/MFCFFPlayer/ffplay_MFCDlg.cpp
typedef struct VideoState {
    SDL_Thread *read_tid;              //demux 解复用线程
    AVInputFormat *iformat;            //输入格式
    int abort_request;                 //放弃请求
    int force_refresh;                 //强制刷新
    int paused;                        //是否暂停
    int last_paused;
```

```c
    int queue_attachments_req;
    int seek_req;                              //标识一次 SEEK 请求
    int seek_flags;                            //SEEK 标志,诸如 AVSEEK_FLAG_BYTE 等
    int64_t seek_pos;                          //SEEK 的目标位置(当前位置 + 增量)
    int64_t seek_rel;                          //本次 SEEK 的位置增量
    int read_pause_return;
    AVFormatContext * ic;                      //格式上下文
    int realtime;

    Clock audclk;                              //音频时钟
    Clock vidclk;                              //视频时钟
    Clock extclk;                              //外部时钟

    FrameQueue pictq;                          //视频 frame 队列
    FrameQueue subpq;                          //字幕 frame 队列
    FrameQueue sampq;                          //音频 frame 队列

    Decoder auddec;                            //音频解码器
    Decoder viddec;                            //视频解码器
    Decoder subdec;                            //字幕解码器

    int audio_stream;                          //音频流索引

    int av_sync_type;

    double audio_clock;                        //每个音频帧都更新此值,以 pts 形式表示
    int audio_clock_serial;                    //播放序列,seek 可改变此值
    double audio_diff_cum;                     /* 用于 AV 差值平均计算 */
    double audio_diff_avg_coef;
    double audio_diff_threshold;
    int audio_diff_avg_count;
    AVStream * audio_st;                       //音频流
    PacketQueue audioq;                        //音频 packet 队列
    int audio_hw_buf_size;                     //SDL 音频缓冲区大小(单位字节)
    uint8_t * audio_buf;                       //指向待播放的一帧音频数据,指向的数据区将被复制到 SDL
                                               //音频缓冲区。若经过重采样,则指向 audio_buf1,否则指向
                                               //frame 中的音频
    uint8_t * audio_buf1;                      //音频重采样的输出缓冲区
    unsigned int audio_buf_size;               /* in Bytes */
                                               //待播放的一帧音频数据(audio_buf 指向)的大小
    unsigned int audio_buf1_size;              //申请到的音频缓冲区 audio_buf1 的实际尺寸
    int audio_buf_index;                       /* in Bytes */
                                               //当前音频帧中已获得 SDL 音频缓冲区的位置索引(指向第 1
                                               //个待复制字节)
    int audio_write_buf_size;                  //当前音频帧中尚未获得 SDL 音频缓冲区的数据量
                                               //audio_buf_size = audio_buf_index + audio_write_buf_size
    int audio_volume;                          //音量
    int muted;                                 //静音状态
    struct AudioParams audio_src;              //音频 frame 的参数
# if CONFIG_AVFILTER
    struct AudioParams audio_filter_src;
# endif
    struct AudioParams audio_tgt;              //SDL 支持的音频参数,重采样转换
                                               //audio_src -> audio_tgt
```

```c
    struct SwrContext *swr_ctx;              //音频重采样 context
    int frame_drops_early;                   //丢弃视频 packet 计数
    int frame_drops_late;                    //丢弃视频 frame 计数

    enum ShowMode {
        SHOW_MODE_NONE = -1, SHOW_MODE_VIDEO = 0, SHOW_MODE_WAVES, SHOW_MODE_RDFT, SHOW_MODE_NB
    } show_mode;
    int16_t sample_array[SAMPLE_ARRAY_SIZE];
    int sample_array_index;
    int last_i_start;
    RDFTContext *rdft;
    int rdft_bits;
    FFTSample *rdft_data;
    int xpos;
    double last_vis_time;
    SDL_Texture *vis_texture;
    SDL_Texture *sub_texture;
    SDL_Texture *vid_texture;

    int subtitle_stream;                     //字幕流索引
    AVStream *subtitle_st;                   //字幕流
    PacketQueue subtitleq;                   //字幕 packet 队列

    double frame_timer;                      //记录最后一帧播放的时刻
    double frame_last_returned_time;
    double frame_last_filter_delay;
    int video_stream;
    AVStream *video_st;                      //视频流
    PacketQueue videoq;                      //视频队列
/* maximum duration of a frame - above this, we consider the jump a timestamp discontinuity */
    double max_frame_duration;
    struct SwsContext *img_convert_ctx;
    struct SwsContext *sub_convert_ctx;
    int eof;

    char *filename;
    int width, height, xleft, ytop;
    int step;

#if CONFIG_AVFILTER
    int vfilter_idx;
    AVFilterContext *in_video_filter;        //视频链中第 1 个过滤器
    AVFilterContext *out_video_filter;       //视频链中最后 1 个过滤器
    AVFilterContext *in_audio_filter;        //音频链中第 1 个过滤器
    AVFilterContext *out_audio_filter;       //音频链中最后 1 个过滤器
    AVFilterGraph *agraph;                   //音频过滤图
#endif

    int last_video_stream, last_audio_stream, last_subtitle_stream;

    SDL_cond *continue_read_thread;
} VideoState;
```

2. Clock

Clock(时钟信息)是非常重要的一个核心数据结构,用于播放过程中的音视频同步,代码如下:

```
//chapter9/MFCFFPlayer/MFCFFPlayer/ffplay_MFCDlg.cpp
typedef struct Clock {
    //当前帧(待播放)显示时间戳,播放后,当前帧变成上一帧
    double pts; /* clock base */

    //当前帧显示的时间戳与当前系统时钟时间的差值
    /* clock base minus time at which we updated the clock */
    double pts_drift;

    //当前时钟(如视频时钟)最后一次更新时间,也可称当前时钟时间
    double last_updated;

    double speed;          //时钟速度控制,用于控制播放速度

//播放序列,所谓播放序列就是一段连续的播放动作,一个 seek 操作会启动一段新的播放序列
    int serial; /* clock is based on a packet with this serial */

    int paused;            //暂停标志

//指向 packet_serial
//pointer to the current packet queue serial, used for obsolete clock detection
    int * queue_serial;
} Clock;
```

3. PacketQueue

栈(LIFO)是一种表结构,队列(FIFO)也是一种表结构。数组是表的一种实现方式,链表也是表的一种实现方式,例如 FIFO 既可以用数组实现,也可以用链表实现。这里的 PacketQueue 是用链表实现的一个 FIFO,代码如下:

```
//chapter9/MFCFFPlayer/MFCFFPlayer/ffplay_MFCDlg.cpp
typedef struct PacketQueue {
    MyAVPacketList * first_pkt, * last_pkt;
    int nb_packets;            //队列中 packet 的数量
    int size;                  //队列所占内存空间的大小
    int64_t duration;          //队列中所有 packet 总的播放时长
    int abort_request;
    //播放序列,就是一段连续的播放动作,一个 seek 操作会启动一段新的播放序列
    int serial;
    SDL_mutex * mutex;
    SDL_cond * cond;
} PacketQueue;
```

4. FrameQueue

FrameQueue 是一个环形缓冲区(Ring Buffer),是用数组实现的一个 FIFO,代码如下:

```
//chapter9/MFCFFPlayer/MFCFFPlayer/ffplay_MFCDlg.cpp
typedef struct FrameQueue {
    Frame queue[FRAME_QUEUE_SIZE];
    int rindex;              //读索引,待播放时读取此帧进行播放,播放后此帧成为上一帧
    int windex;              //写索引
    int size;                //总帧数
    int max_size;            //队列可存储的最大帧数
    int keep_last;           //是否保留已播放的最后一帧的使能标志
    int rindex_shown;        //是否保留已播放的最后一帧的实现手段
    SDL_mutex * mutex;
    SDL_cond  * cond;
    PacketQueue * pktq;      //指向对应的 packet_queue
} FrameQueue;
```

环形缓冲区是十分重要的一种数据结构,例如在串口处理中,串口中断接收数据直接往环形缓冲区丢数据,而应用可以从环形缓冲区取数据进行处理,这样数据在读取和写入时都可以在这个缓冲区里循环进行,程序员可以根据自己需要的数据大小来决定自己使用的缓冲区大小。环形缓冲区,顾名思义这个缓冲区是环形的,就是当用一个指针去访问该缓冲区的最后一个内存位置的后一位置时回到环形缓冲区的起点,类似一个环。

先回顾一下队列(Queue)的基本概念,它是一种先进先出(First In First Out,FIFO)的线性表,只允许在一端插入(入队),在另一端进行删除(出队)。环形缓冲区(环形队列)是队列的一个应用,在计算机中,是没有环形内存的,只不过是对顺序的内存进行特殊处理,让某一段内存形成环形,使它们首尾相连,简单来讲,这其实就是一个数组,只不过有两个指针,一个指向列队头,另一个指向列队尾。指向列队头的指针(Head)是缓冲区可读的数据,指向列队尾的指针(Tail)是缓冲区可写的数据,通过移动这两个指针的 Head 和 Tail,即可对缓冲区的数据进行读写操作了,直到缓冲区已满(头尾相接),将数据处理完,可以释放数据,又可以存储新的数据了。环形缓冲区的一个元素被用掉后,其余元素不需要移动其存储位置。相反,一个非环形缓冲区在用掉一个元素后,其余元素需要向前搬移。换句话说,环形缓冲区适合实现 FIFO,而非环形缓冲区适合实现 LIFO。环形缓冲区适合于事先明确了缓冲区的最大容量的情形。扩展一个环形缓冲区的容量,需要搬移其中的数据。环形缓冲区的操作原理如图 9-3 所示。

可以看出,ffplay 中的 FrameQueue 使用 FrameQueue.size 记录环形缓冲区中元素的数量,作为有效数据计数。ffplay 中创建了 3 个 frame_queue,包括音频 frame_queue、视频 frame_queue 和字幕 frame_queue。每个 frame_queue 都有一个写端和一个读端,写端位于解码线程,读端位于播放线程。为了叙述方便,环形缓冲区的一个元素也称作节点(或帧),将 rindex 称作读指针或读索引,将 windex 称作写指针或写索引。

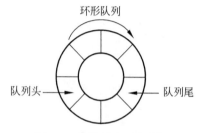

图 9-3　环形缓冲区示意图

1) 队列的初始化与销毁

队列的初始化函数（frame_queue_init）确定了队列的大小，为队列中每个节点的 frame（f->queue[i].frame）分配内存，注意只是分配 frame 对象本身，而不关注 frame 中的数据缓冲区。frame 中的数据缓冲区是 AVBuffer，使用引用计数机制。f->max_size 是队列的大小，此处的值为 16。f->keep_last 是队列中是否保留最后一次播放的帧的标志。f->keep_last=!!keep_last 用于将 int 取值的 keep_last 转换为 bool 取值（0 或 1）。函数的代码如下：

```cpp
//chapter9/MFCFFPlayer/MFCFFPlayer/ffplay_MFCDlg.cpp
static int frame_queue_init(FrameQueue * f, PacketQueue * pktq, int max_size, int keep_last){
    int i;
    memset(f, 0, sizeof(FrameQueue));
    if (!(f->mutex = SDL_CreateMutex())) {
        av_log(NULL, AV_LOG_FATAL, "SDL_CreateMutex(): %s\n", SDL_GetError());
        return AVERROR(ENOMEM);
    }
    if (!(f->cond = SDL_CreateCond())) {
        av_log(NULL, AV_LOG_FATAL, "SDL_CreateCond(): %s\n", SDL_GetError());
        return AVERROR(ENOMEM);
    }
    f->pktq = pktq;
    f->max_size = FFMIN(max_size, FRAME_QUEUE_SIZE);
    f->keep_last = !!keep_last;
    for (i = 0; i < f->max_size; i++)
        if (!(f->queue[i].frame = av_frame_alloc()))
            return AVERROR(ENOMEM);
    return 0;
}
```

队列销毁函数（frame_queue_destroy）对队列中的每个节点进行释放，先调用 frame_queue_unref_item(vp) 函数释放本队列对 vp->frame 中 AVBuffer 的引用，然后调用 av_frame_free(&vp->frame) 函数释放 vp->frame 对象本身，代码如下：

```cpp
//chapter9/MFCFFPlayer/MFCFFPlayer/ffplay_MFCDlg.cpp
static void frame_queue_destory(FrameQueue * f){
    int i;
    for (i = 0; i < f->max_size; i++) {
        Frame * vp = &f->queue[i];
        frame_queue_unref_item(vp);     //释放对 vp->frame 中的数据缓冲区的引用注意不是
                                        //释放 frame 对象本身
        av_frame_free(&vp->frame);      //释放 vp->frame 对象
    }
    SDL_DestroyMutex(f->mutex);
    SDL_DestroyCond(f->cond);
}
```

2）写队列

写队列的步骤如下：

（1）获取写指针（若写满，则等待）。

（2）将元素写入队列。

（3）更新写指针。

写队列包括下列两个函数：

（1）frame_queue_peek_writable()函数用于获取写指针。

（2）frame_queue_push()函数用于更新写指针。

frame_queue_peek_writable()函数向队列尾部申请一个可写的帧空间，若无空间可写，则等待，函数的代码如下：

```
//chapter9/MFCFFPlayer/MFCFFPlayer/ffplay_MFCDlg.cpp
static Frame * frame_queue_peek_writable(FrameQueue * f){
    /* wait until we have space to put a new frame */
    SDL_LockMutex(f->mutex);
    while (f->size >= f->max_size &&
           !f->pktq->abort_request) {
        SDL_CondWait(f->cond, f->mutex);
    }
    SDL_UnlockMutex(f->mutex);

    if (f->pktq->abort_request)
        return NULL;

    return &f->queue[f->windex];
}
```

frame_queue_push()函数向队列尾部压入一帧，只更新计数与写指针，因此调用此函数前应将帧数据写入队列的相应位置，该函数的代码如下：

```
//chapter9/MFCFFPlayer/MFCFFPlayer/ffplay_MFCDlg.cpp
static void frame_queue_push(FrameQueue * f){
    if (++f->windex == f->max_size)
        f->windex = 0;
    SDL_LockMutex(f->mutex);
    f->size++;
    SDL_CondSignal(f->cond);
    SDL_UnlockMutex(f->mutex);
}
```

通过实例看一下写队列的用法，代码如下：

```
//chapter9/MFCFFPlayer/MFCFFPlayer/ffplay_MFCDlg.cpp
static int queue_picture(VideoState * is, AVFrame * src_frame, double pts, double duration,
int64_t pos, int serial){
    Frame * vp;
```

```c
        if (!(vp = frame_queue_peek_writable(&is->pictq)))
            return -1;

        vp->sar = src_frame->sample_aspect_ratio;
        vp->uploaded = 0;

        vp->width = src_frame->width;
        vp->height = src_frame->height;
        vp->format = src_frame->format;

        vp->pts = pts;
        vp->duration = duration;
        vp->pos = pos;
        vp->serial = serial;

        set_default_window_size(vp->width, vp->height, vp->sar);

        av_frame_move_ref(vp->frame, src_frame);
        frame_queue_push(&is->pictq);
        return 0;
}
```

上面一段代码是视频解码线程向视频 frame_queue 中写入一帧的代码,步骤如下:

(1) frame_queue_peek_writable(&is->pictq)向队列尾部申请一个可写的帧空间,若队列已满无空间可写,则等待。

(2) av_frame_move_ref(vp->frame,src_frame)将 src_frame 中所有数据复制到 vp->frame 并复位 src_frame,vp->frame 中 AVBuffer 使用引用计数机制,不会执行 AVBuffer 的复制动作,仅修改指针的指向值。为了避免内存泄漏,在 av_frame_move_ref (dst,src)之前应先调用 av_frame_unref(dst),这里没有调用,是因为 frame_queue 在删除一个节点时,已经释放了 frame 及 frame 中的 AVBuffer。

(3) frame_queue_push(&is->pictq)仅将 frame_queue 中的写指针加 1,实际的数据写入在此步之前已经完成。

3) 读队列

在写队列中,应用程序写入一个新帧后通常将写指针加 1,而在读队列中,"读取"和"更新读指针(同时删除旧帧)"二者是独立的,可以只读取而不更新读指针,也可以只更新读指针(只删除)而不读取,而且读队列引入了是否保留已显示的最后一帧的机制,导致读队列比写队列要复杂很多。读队列和写队列的步骤类似,基本步骤如下:

(1) 获取读指针(若读空,则等待)。

(2) 读取一个节点。

(3) 更新写指针(同时删除旧节点)。

与写队列相关的函数如下:

```
//chapter9/MFCFFPlayer/MFCFFPlayer/ffplay_MFCDlg.cpp
frame_queue_peek_readable()              //获取读指针(若读空,则等待)
frame_queue_peek()                       //获取当前节点指针
frame_queue_peek_next()                  //获取下一节点指针
frame_queue_peek_last()                  //获取上一节点指针
frame_queue_next()                       //更新读指针(同时删除旧节点)
```

下面通过实例看一下读队列的用法,代码如下:

```
//chapter9/MFCFFPlayer/MFCFFPlayer/ffplay_MFCDlg.cpp
static void video_refresh(void * opaque, double * remaining_time){
    //...省略部分代码
    if (frame_queue_nb_remaining(&is->pictq) == 0) {      //所有帧已显示
        //nothing to do, no picture to display in the queue
    } else {
        Frame * vp, * lastvp;
        lastvp = frame_queue_peek_last(&is->pictq);       //上一帧:上次已显示的帧
        vp = frame_queue_peek(&is->pictq);                //当前帧:当前待显示的帧
        frame_queue_next(&is->pictq);                     //删除上一帧,并更新rindex

        video_display(is) --> video_image_display() --> frame_queue_peek_last();
    }
    //...省略部分代码}
```

上面一段代码是视频播放线程从视频 frame_queue 中读取视频帧进行显示的基本步骤,其他代码已省略,只保留了读队列部分,其中 lastvp 为上一次已播放的帧,vp 为本次待播放的帧。

frame_queue_next()函数用来删除 rindex 节点(lastvp),然后更新 f->rindex 和 f->size,函数的代码如下:

```
//chapter9/MFCFFPlayer/MFCFFPlayer/ffplay_MFCDlg.cpp
static void frame_queue_next(FrameQueue * f){
    if (f->keep_last && !f->rindex_shown) {
        f->rindex_shown = 1;
        return;
    }
    frame_queue_unref_item(&f->queue[f->rindex]);
    if (++f->rindex == f->max_size)
        f->rindex = 0;
    SDL_LockMutex(f->mutex);
    f->size--;
    SDL_CondSignal(f->cond);
    SDL_UnlockMutex(f->mutex);
}
```

frame_queue_peek_readable()函数从队列头部读取一帧(vp),只读取不删除,若无帧可读,则等待。这个函数和 frame_queue_peek()的区别仅仅是多了不可读时等待的操作,函数的代码如下:

```cpp
//chapter9/MFCFFPlayer/MFCFFPlayer/ffplay_MFCDlg.cpp
static Frame *frame_queue_peek_readable(FrameQueue *f){
    /* wait until we have a readable a new frame */
    SDL_LockMutex(f->mutex);
    while (f->size - f->rindex_shown <= 0 &&
           !f->pktq->abort_request) {
        SDL_CondWait(f->cond, f->mutex);
    }
    SDL_UnlockMutex(f->mutex);

    if (f->pktq->abort_request)
        return NULL;

    return &f->queue[(f->rindex + f->rindex_shown) % f->max_size];
}
```

frame_queue_peek()函数从队列头部读取一帧(vp),只读取不删除,相关的几个函数的代码如下:

```cpp
//chapter9/MFCFFPlayer/MFCFFPlayer/ffplay_MFCDlg.cpp
static Frame *frame_queue_peek(FrameQueue *f){
    return &f->queue[(f->rindex + f->rindex_shown) % f->max_size];
}

static Frame *frame_queue_peek_next(FrameQueue *f){
    return &f->queue[(f->rindex + f->rindex_shown + 1) % f->max_size];
}

//取出此帧进行播放,只读取不删除,不删除是因为此帧需要缓存下来供下一次使用
//播放后,此帧变为上一帧
static Frame *frame_queue_peek_last(FrameQueue *f){
    return &f->queue[f->rindex];
}
```

5. AVFrame 及相关 API

使用 FFmpeg 编码或解码,始终离不开 AVFrame 结构体,它用于存储一帧未压缩的音视频帧,例如 YUV 或 PCM 格式音视频帧数据。该结构体的字段非常多,这里只列举几个重要字段,代码如下(详见注释信息):

```cpp
//chapter9/9.3.help.txt
typedef struct AVFrame {
#define AV_NUM_DATA_POINTERS 8

uint8_t *data[AV_NUM_DATA_POINTERS];
/**
 * For video, size in Bytes of each picture line.
 *     对视频来讲,是每帧图像行的字节数
 * For audio, size in Bytes of each plane.
```

```
 * 对于音频来讲,是每个通道的数据的大小
 * For audio, only linesize[0] may be set. For planar audio, each channel
 * plane must be the same size.
   对于音频来讲,只有 linesize[0]必须被设置,对于 planar 格式的音频,每个通道必须
   被设置成相同的尺寸

 * For video the linesizes should be multiples of the CPUs alignment
 * preference, this is 16 or 32 for modern desktop CPUs.
 * Some code requires such alignment other code can be slower without
 * correct alignment, for yet other it makes no difference.
   对于视频来讲,linesizes 根据 CPUs 的内存对齐方式不同,可能是不同的
 * @note The linesize may be larger than the size of usable data -- there
 * may be extra padding present for performance reasons.
   linesize 的大小可能比实际有用的数据大
   在渲染时可能会有额外的距离呈现:之前遇到的绿色条纹
   AV_NUM_DATA_POINTERS 的默认值为 8
 */
int linesize[AV_NUM_DATA_POINTERS];

/**
 * pointers to the data planes/channels.
 * For video, this should simply point to data[].
   对于视频来讲,指向的是 data[]
 * For planar audio, each channel has a separate data pointer, and
   对 plannar 格式的 audio 数据来讲,每个通道有一个分开的 data 指针
 * linesize[0] contains the size of each channel buffer.
   linesize[0]包括了每个通道的缓冲区的尺寸
 * For packed audio, there is just one data pointer, and linesize[0]
   对与 packed 格式的 audio,只有一个 data 指针,linesize[o]
 * contains the total size of the buffer for all channels.
 * 包括了所有通道的尺寸的和
 * Note: Both data and extended_data should always be set in a valid frame,
 * but for planar audio with more channels that can fit in data,
 * extended_data must be used in order to access all channels.
   data 和 extended_data 在一个正常的 AVFrame 中,通常会被设置,但是对于
   一个 plannar 格式有多个通道,并且 data 无法装下所有通道的数据时,
   extended_data 必须被使用,用来存储多出来的通道的数据的指针
 */
uint8_t **extended_data;

/** 视频帧的宽和高
 * width and height of the video frame: */
int width, height;

/**:音频帧的采样数
 * number of audio samples (per channel) described by this frame */
int nb_samples;

/** 音频或视频的采样格式
 * format of the frame, -1 if unknown or unset
 * Values correspond to enum AVPixelFormat for video frames,
```

```
          * enum AVSampleFormat for audio) */
         int format;

         /** 是否为关键帧
          * 1 -> keyframe, 0 -> not */
         int key_frame;

         /**:显示时间戳:单位是时间基
          * Presentation timestamp in time_base units (time when frame should be shown to user). */
         int64_t pts;
         ...
}
```

相关的几个 API 介绍如下。

(1) av_frame_alloc():申请 AVFrame 结构体空间,同时会对申请的结构体初始化。注意,这个函数只是创建 AVFrame 结构的空间,AVFrame 中的 uint8_t * data[AV_NUM_DATA_POINTERS]的内存空间此时为 NULL,是不会自动创建的。

(2) av_frame_free():释放 AVFrame 的结构体空间。它不仅涉及释放结构体空间,还涉及 AVFrame 中的 uint8_t * data[AV_NUM_DATA_POINTERS];字段的释放问题。如果 AVFrame 中的 uint8_t * data[AV_NUM_DATA_POINTERS]中的引用计数为 1,则释放 data 的空间。

(3) av_frame_ref(AVFrame * dst,const AVFrame * src):对已有 AVFrame 的引用,这个引用做两项工作,第一是将 src 属性内容复制到 dst;第二是对 AVFrame 中的 uint8_t * data[AV_NUM_DATA_POINTERS]字段引用计数加 1。

(4) av_frame_unref(AVFrame * frame):对 frame 释放引用,做了两项工作,第一是将 frame 的各个属性初始化;第二是如果 AVFrame 中的 uint8_t * data[AV_NUM_DATA_POINTERS]中的引用为 1,则释放 data 的空间,如果 data 的引用计数大于 1,则由别的 AVFrame 去检测释放。

(5) av_frame_get_buffer():这个函数用于建立 AVFrame 中的 uint8_t * data[AV_NUM_DATA_POINTERS]内存空间,使用这个函数之前 AVFrame 结构中的 format、width、height 必须赋值,否则该函数无法知道创建多少字节的内存空间。

(6) av_image_get_buffer_size():该函数的作用是通过指定像素格式、图像宽、图像高来计算所需的内存大小,函数的声明代码如下:

```
int av_image_get_buffer_size(enum AVPixelFormat pix_fmt, int width, int height, int align);
```

重点说明一个参数 align:此参数用于设定内存对齐的对齐数,也就是按多大的字节进行内存对齐。例如设置为 1,表示按 1 字节对齐,那么得到的结果就是与实际的内存大小一样。再例如设置为 4,表示按 4 字节对齐,也就是内存的起始地址必须是 4 的整倍数。

(7) av_image_alloc()：此函数的功能是按照指定的宽、高、像素格式来分析图像内存，函数的声明代码如下：

```
int av_image_alloc(uint8_t *pointers[4], int linesizes[4], int w, int h, enum
AVPixelFormat pix_fmt, int align);
```

该函数用于返回所申请的内存空间的总大小；如果是负值，则表示申请失败。各个参数如下。

- pointers[4]：保存图像通道的地址。如果是 RGB，则前 3 个指针分别指向 R、G、B 的内存地址。第 4 个指针保留不用。
- linesizes[4]：保存图像每个通道的内存对齐的步长，即一行的对齐内存的宽度，此值的大小等于图像宽度。
- w：要申请内存的图像宽度。
- h：要申请内存的图像高度。
- pix_fmt：要申请内存的图像的像素格式。
- align：用于内存对齐的值。

(8) av_image_fill_arrays()：该函数自身不具备内存申请功能，此函数类似于格式化已经申请的内存，即通过 av_malloc() 函数申请的内存空间，函数的声明代码如下：

```
int av_image_fill_arrays(uint8_t *dst_data[4], int dst_linesize[4],
const uint8_t *src, enum AVPixelFormat pix_fmt, int width, int height, int align);
```

参数的具体说明如下。

- dst_data[4]：[out]，对申请的内存格式化为 3 个通道后，分别保存其地址。
- dst_linesize[4]：[out]，格式化的内存的步长（内存对齐后的宽度）。
- *src：[in]，av_alloc() 函数申请的内存地址。
- pix_fmt：[in]，申请 src 内存时的像素格式。
- width：[in]，申请 src 内存时指定的宽度。
- height：[in]，申请 scr 内存时指定的高度。
- align：[in]，申请 src 内存时指定的对齐字节数。

6. AVPacket 结构体

AVPacket 结构体在旧版本中放在 avcodec.h 头文件中，在 FFmpeg 4.4 以后放在单独的 packet.h 头文件中，用于存储解码前或编码后的音视频数据，官方对 AVPacket 的说明如下：

```
//chapter9/9.2.help.txt
/** 此结构存储压缩数据.它通常由解复用器输出,然后作为输入传递给解码器,或者作为编码器的
输出接收,然后传递给复用器
```

```
* This structure stores compressed data. It is typically exported by demuxers
* and then passed as input to decoders, or received as output from encoders and then passed to
muxers.
*对于视频,通常应包含一个压缩帧.对于音频,它可能包含几个压缩帧.允许编码器输出空数据包,
无压缩数据,仅包含辅助数据(例如,在编码结束时更新某些流参数)
* For video, it should typically contain one compressed frame. For audio it may contain several
  compressed frames. Encoders are allowed to output empty
* packets, with no compressed data, containing only side data
* (e.g. to update some stream parameters at the end of encoding).
*/
```

AVPacket结构体的定义,代码如下:

```
//chapter9/9.2.help.txt
typedef struct AVPacket {
    AVBufferRef * buf;
    //显示时间戳,单位为 AVStream->time_base
    int64_t pts;
    //解码时间戳,单位为 AVStream->time_base
    int64_t dts;
    //音视频数据
    uint8_t * data;
    //数据包大小
    int size;
    //码流索引下标
    int stream_index;
    //帧类型
    int flags;
    //额外数据
    AVPacketSideData * side_data;
    int side_data_elems;
    //帧显示时长,单位为 AVStream->time_base
    int64_t duration;
    //数据包所在码流的 position
    int64_t pos;
} AVPacket;
```

AVPacket本身并不包含压缩的数据,通过data指针引用数据的缓存空间,多个AVPacket可以共享同一个数据缓存(AVBufferRef、AVBuffer)。AVPacket的分配与释放有对应的API,需要注意的是,释放所传的参数为AVPacket指针的地址。这些API与示例代码如下:

```
//chapter9/9.2.help.txt
//API:
AVPacket * av_packet_alloc(void);              //分配包空间
void av_packet_unref(AVPacket * pkt);          //解引用包
void av_packet_free(AVPacket ** pkt);          //释放包空间
```

```
//参考示例代码
AVPacket * pkt = av_packet_alloc();
av_packet_unref(pkt);
av_packet_free(&pkt);
```

9.3 FFplay 的核心框架及流程

在 ffplay.c 视频文件的播放过程中，一般要涉及文件读取、解封装、视频解码、音频解码、视频渲染、音频播放和音视频同步等技术，整体流程如图 9-4 所示。

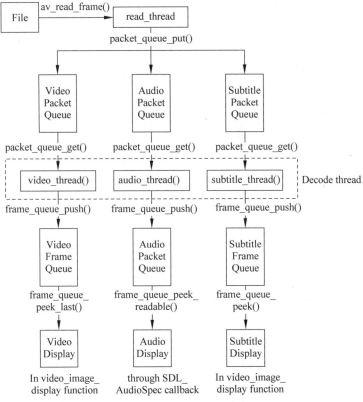

图 9-4 ffplay 播放流程及线程结构

1. 主线程

主线程（main 函数）主要实现 3 项功能，包括视频播放（含音视频同步）、字幕播放和 SDL 消息处理。主线程在进行一些必要的初始化工作、创建解复用线程后，即进入 event_loop()主循环，处理视频播放和 SDL 消息事件，主要代码如下：

```
//chapter9/MFCFFPlayer/MFCFFPlayer/ffplay_MFCDlg.cpp
//main()函数 -->
```

```cpp
static void event_loop(VideoState * cur_stream){
    SDL_Event event;
    //...省略部分代码

    for (;;) {
        //如果 SDL event 队列为空,则在 while 循环中播放视频帧
        //否则从队列头部取一个 event,退出当前函数,在上级函数中处理 event
        refresh_loop_wait_event(cur_stream, &event);
        //SDL 事件处理
        switch (event.type) {
        case SDL_KEYDOWN:
            switch (event.key.keysym.sym) {
            case SDLK_f:              //f 键:强制刷新
                break;
            case SDLK_p:              //p 键
            case SDLK_SPACE:          //空格键:暂停
            case SDLK_s:              //s 键:逐帧播放
                break;

        //...省略部分代码
        }
    }
}
```

2. 解复用线程

解复用线程负责读取视频文件,将取到的 AVPacket 根据类型(音频、视频或字幕)存入不同的包队列(PacketQueue)中。解复用线程实现如下功能:

(1) 创建音频、视频、字幕解码线程。

(2) 从输入文件读取 AVPacket,根据类型(音频、视频或字幕)存入不同的包队列中。

注意:为节省篇幅,下述代码中非关键内容的源码使用"..."替代,代码流程及详细含义可参考注释信息。

解复用线程的入口函数为 read_thread,该函数的代码如下:

```cpp
//chapter9/MFCFFPlayer/MFCFFPlayer/ffplay_MFCDlg.cpp
/* this thread gets the stream from the disk or the network */
//该线程从本地磁盘或网络流中读取音视频数据
static int read_thread(void * arg){
    VideoState * is = arg;
    AVFormatContext * ic = NULL;
    int st_index[AVMEDIA_TYPE_NB];
    ...//表示省略部分代码,后续代码直接用"..."表示

    //中断回调机制.为底层 I/O 层提供一个处理接口,例如中止 I/O 操作
    ic->interrupt_callback.callback = decode_interrupt_cb;
```

```
        ic->interrupt_callback.opaque = is;
    if (!av_dict_get(format_opts, "scan_all_pmts", NULL, AV_DICT_MATCH_CASE)) {
        av_dict_set(&format_opts, "scan_all_pmts", "1", AV_DICT_DONT_OVERWRITE);
        scan_all_pmts_set = 1;
    }
    //1. 构建 AVFormatContext
//1.1 打开视频文件:读取文件头,将文件格式信息存储在"fmt context"中
    err = avformat_open_input(&ic, is->filename, is->iformat, &format_opts);
    ...
    if (find_stream_info) {
        ...
//1.2 搜索流信息:读取一段视频文件数据,尝试解码,将取到的流信息填入 ic->streams
        //ic->streams 是一个指针数组,数组大小为 ic->nb_streams
        err = avformat_find_stream_info(ic, opts);
        ...
    }
    ...

    //2. 查找用于解码处理的流
//2.1 将对应的 stream_index 存入 st_index[]数组
    if (!video_disable)
        st_index[AVMEDIA_TYPE_VIDEO] =                    //视频流
            av_find_best_stream(ic, AVMEDIA_TYPE_VIDEO,
                                st_index[AVMEDIA_TYPE_VIDEO], -1, NULL, 0);
    if (!audio_disable)
        st_index[AVMEDIA_TYPE_AUDIO] =                    //音频流
            av_find_best_stream(ic, AVMEDIA_TYPE_AUDIO,
                                st_index[AVMEDIA_TYPE_AUDIO],
                                st_index[AVMEDIA_TYPE_VIDEO],
                                NULL, 0);
    if (!video_disable && !subtitle_disable)
        st_index[AVMEDIA_TYPE_SUBTITLE] =                 //字幕流
            av_find_best_stream(ic, AVMEDIA_TYPE_SUBTITLE,
                                st_index[AVMEDIA_TYPE_SUBTITLE],
                                (st_index[AVMEDIA_TYPE_AUDIO] >= 0 ?
                                 st_index[AVMEDIA_TYPE_AUDIO] :
                                 st_index[AVMEDIA_TYPE_VIDEO]),
                                NULL, 0);

    is->show_mode = show_mode;
//2.2 从待处理流中获取相关参数,设置显示窗口的宽度、高度及宽高比
    if (st_index[AVMEDIA_TYPE_VIDEO] >= 0) {
        AVStream *st = ic->streams[st_index[AVMEDIA_TYPE_VIDEO]];
        AVCodecParameters *codecpar = st->codecpar;
        //根据流和帧宽高比猜测帧的样本宽高比
        //由于帧宽高比由解码器设置,但流宽高比由解复用器设置,因此这两者可能不相等
        //此函数会尝试返回待显示帧应当使用的宽高比值
        //基本逻辑是优先使用流宽高比(前提是值是合理的),其次使用帧宽高比
        //这样,流宽高比(容器设置,易于修改)可以覆盖帧宽高比
        AVRational sar = av_guess_sample_aspect_ratio(ic, st, NULL);
        if (codecpar->width)
```

```c
        //设置显示窗口的大小和宽高比
        set_default_window_size(codecpar->width, codecpar->height, sar);
    }

    //3. 创建对应流的解码线程
    /* open the streams */
    if (st_index[AVMEDIA_TYPE_AUDIO] >= 0) {
//3.1 创建音频解码线程
        stream_component_open(is, st_index[AVMEDIA_TYPE_AUDIO]);
    }

    ret = -1;
    if (st_index[AVMEDIA_TYPE_VIDEO] >= 0) {
//3.2 创建视频解码线程
        ret = stream_component_open(is, st_index[AVMEDIA_TYPE_VIDEO]);
    }
    if (is->show_mode == SHOW_MODE_NONE)
        is->show_mode = ret >= 0 ? SHOW_MODE_VIDEO : SHOW_MODE_RDFT;

    if (st_index[AVMEDIA_TYPE_SUBTITLE] >= 0) {
//3.3 创建字幕解码线程
        stream_component_open(is, st_index[AVMEDIA_TYPE_SUBTITLE]);
    }
    ...
    //4. 解复用处理
    for (;;) {
        //停止
        ...

        //暂停/继续
        ...

        //seek 操作
        ...

//4.1 从输入文件中读取一个 packet
        ret = av_read_frame(ic, pkt);
        if (ret < 0) {
            if ((ret == AVERROR_EOF || avio_feof(ic->pb)) && !is->eof) {
                //如果输入文件已读完,则往 packet 队列中发送 NULL packet
                //冲刷(flush)解码器,否则解码器中缓存的帧取不出来
                if (is->video_stream >= 0)
                    packet_queue_put_nullpacket(&is->videoq, is->video_stream);
                if (is->audio_stream >= 0)
                    packet_queue_put_nullpacket(&is->audioq, is->audio_stream);
                if (is->subtitle_stream >= 0)
                    packet_queue_put_nullpacket(&is->subtitleq, is->subtitle_stream);
                is->eof = 1;
            }
            if (ic->pb && ic->pb->error)            //如果出错,则退出当前线程
                break;
```

```
                SDL_LockMutex(wait_mutex);
                SDL_CondWaitTimeout(is->continue_read_thread, wait_mutex, 10);
                SDL_UnlockMutex(wait_mutex);
                continue;
            } else {
                is->eof = 0;
            }
//4.2 判断当前 packet 是否在播放范围内,如果是,则入列,否则丢弃
        /* check if packet is in play range specified by user, then queue, otherwise discard 第
1 个显示帧的 pts */
            stream_start_time = ic->streams[pkt->stream_index]->start_time;
            pkt_ts = pkt->pts == AV_NOPTS_VALUE ? pkt->dts : pkt->pts;
//简化一下"||"后那个长长的表达式
//[pkt_pts] - [stream_start_time] - [start_time] <= [duration]
//[当前帧 pts] - [第 1 帧 pts] - [当前播放序列第 1 帧(seek 起始点)pts] <= [duration]
            pkt_in_play_range = duration == AV_NOPTS_VALUE ||
                    (pkt_ts - (stream_start_time != AV_NOPTS_VALUE? stream_start_time : 0)) * av_
q2d(ic->streams[pkt->stream_index]->time_base) - double)(start_time != AV_NOPTS_VALUE ?
start_time : 0) / 1000000 <= ((double)duration / 1000000);
//4.3 根据当前 packet 类型(音频、视频、字幕),将其存入对应的 packet 队列
            if (pkt->stream_index == is->audio_stream && pkt_in_play_range) {
                packet_queue_put(&is->audioq, pkt);
            } else if (pkt->stream_index == is->video_stream && pkt_in_play_range
&&!(is->video_st->disposition&AV_DISPOSITION_ATTACHED_PIC)) {
                packet_queue_put(&is->videoq, pkt);
            }else if(pkt->stream_index == is->subtitle_stream&& pkt_in_play_range)
            {
                packet_queue_put(&is->subtitleq, pkt);
            } else {
                av_packet_unref(pkt);
            }
        }

    ret = 0;
fail:
    ...
    return 0;
}
```

3. 视频解码线程

视频解码线程从视频包队列(PacketQueue)中取数据,解码后存入视频帧队列(FrameQueue)。video_thread()函将解码后的帧放入帧队列中,主要代码如下:

```
//chapter9/MFCFFPlayer/MFCFFPlayer/ffplay_MFCDlg.cpp
//视频解码线程:从视频 packet_queue 中取数据,解码后放入视频 frame_queue
static int video_thread(void *arg){
    VideoState *is = arg;
    AVFrame *frame = av_frame_alloc();
    double pts;
```

```cpp
    double duration;
    int ret;
    AVRational tb = is->video_st->time_base;
    AVRational frame_rate = av_guess_frame_rate(is->ic, is->video_st, NULL);

    if (!frame) {
        return AVERROR(ENOMEM);
    }

    for (;;) {
        ret = get_video_frame(is, frame);
        if (ret < 0)
            goto the_end;
        if (!ret)
            continue;

        //当前帧播放时长
        duration = (frame_rate.num && frame_rate.den ? av_q2d((AVRational){frame_rate.den, frame_rate.num}) : 0);
        //当前帧显示时间戳
        pts = (frame->pts == AV_NOPTS_VALUE) ? NAN : frame->pts * av_q2d(tb);
        //将当前帧压入 frame_queue
        ret = queue_picture(is, frame, pts, duration, frame->pkt_pos, is->viddec.pkt_serial);
        av_frame_unref(frame);

        if (ret < 0)
            goto the_end;
    }
the_end:
    av_frame_free(&frame);
    return 0;
}
```

get_video_frame()函数从包队列中取一个 AVPacket 解码得到一个 AVFrame,并判断是否需要根据 framedrop 机制丢弃失去同步的视频帧。ffplay 中的 framedrop 处理有两处,一处是解码后得到的 AVFrame 尚未存入帧队列前,以 is->frame_drops_early++为标记;另一处是真队列中读取 AVFrame 进行显示时,以 is->frame_drops_late++为标记。本处 framedrop 操作涉及的变量 is->frame_last_filter_delay 与滤镜 filter 操作相关,ffplay 中默认为关闭滤镜。get_video_frame()函数的主要代码如下:

```cpp
//chapter9/MFCFFPlayer/MFCFFPlayer/ffplay_MFCDlg.cpp
static int get_video_frame(VideoState * is, AVFrame * frame){
    int got_picture;

    if ((got_picture = decoder_decode_frame(&is->viddec, frame, NULL)) < 0)
        return -1;
```

```
        if (got_picture) {
            double dpts = NAN;

            if (frame->pts != AV_NOPTS_VALUE)
                dpts = av_q2d(is->video_st->time_base) * frame->pts;

            frame->sample_aspect_ratio = av_guess_sample_aspect_ratio(is->ic, is->video_
st, frame);

            //ffplay文档中对"-framedrop"选项的说明
            //Drop video frames if video is out of sync.Enabled by default if the master clock is
//not set to video.
            //Use this option to enable frame dropping for all master clock sources, use -
//noframedrop to disable it.
            //"-framedrop"选项用于设置当视频帧失去同步时,是否丢弃视频帧."-framedrop"选项
//以bool方式改变变量framedrop的值
            //音视频同步方式有3种:同步到视频;同步到音频;同步到外部时钟
            //1) 当命令行不带"-framedrop"选项或"-noframedrop"时,framedrop的值为默认值-1,
//若同步方式是"同步到视频"
            //则不丢弃失去同步的视频帧,否则将丢弃失去同步的视频帧
            //2) 当命令行带"-framedrop"选项时,framedrop的值为1,无论何种同步方式,均丢弃失
//去同步的视频帧
            //3) 当命令行带"-noframedrop"选项时,framedrop的值为0,无论何种同步方式,均不丢
//弃失去同步的视频帧
            if (framedrop>0 || (framedrop && get_master_sync_type(is) != AV_SYNC_VIDEO_MASTER))
{
                if (frame->pts != AV_NOPTS_VALUE) {
                    double diff = dpts - get_master_clock(is);
                    if (!isnan(diff) && fabs(diff) < AV_NOSYNC_THRESHOLD &&
                        diff - is->frame_last_filter_delay < 0 &&
                        is->viddec.pkt_serial == is->vidclk.serial &&
                        is->videoq.nb_packets) {
                        is->frame_drops_early++;
                        av_frame_unref(frame);  //如果视频帧失去同步,则直接扔掉
                        got_picture = 0;
                    }
                }
            }
        }

        return got_picture;
}
```

decoder_decode_frame()函数是一个核心函数,可以解码视频帧和音频帧。在视频解码线程中,视频帧实际的解码操作就在此函数中进行,该函数的主要代码如下:

```
//chapter9/MFCFFPlayer/MFCFFPlayer/ffplay_MFCDlg.cpp
//解码音视频帧
static int decoder_decode_frame(Decoder *d, AVFrame *frame, AVSubtitle *sub) {
    int ret = AVERROR(EAGAIN);
```

```c
for (;;) {
    AVPacket pkt;

    if (d->queue->serial == d->pkt_serial) {
        do {
            if (d->queue->abort_request)
                return -1;

            switch (d->avctx->codec_type) {
                case AVMEDIA_TYPE_VIDEO://接收解码后的视频帧
                    ret = avcodec_receive_frame(d->avctx, frame);
                    if (ret >= 0) {
                        if (decoder_reorder_pts == -1) {
                            frame->pts = frame->best_effort_timestamp;
                        } else if (!decoder_reorder_pts) {
                            frame->pts = frame->pkt_dts;
                        }
                    }
                    break;
                case AVMEDIA_TYPE_AUDIO://接收解码后的音频帧
                    ret = avcodec_receive_frame(d->avctx, frame);
                    if (ret >= 0) {
                        AVRational tb = (AVRational){1, frame->sample_rate};
                        if (frame->pts != AV_NOPTS_VALUE)//调整时间戳
                            frame->pts = av_rescale_q(frame->pts, av_codec_get_pkt_timebase(d->avctx), tb);
                        else if (d->next_pts != AV_NOPTS_VALUE)
                            frame->pts = av_rescale_q(d->next_pts, d->next_pts_tb, tb);
                        if (frame->pts != AV_NOPTS_VALUE) {
                            d->next_pts = frame->pts + frame->nb_samples;
                            d->next_pts_tb = tb;
                        }
                    }
                    break;
            }
            if (ret == AVERROR_EOF) {
                d->finished = d->pkt_serial;
                avcodec_flush_buffers(d->avctx);    //冲刷缓冲区
                return 0;
            }
            if (ret >= 0)
                return 1;
        } while (ret != AVERROR(EAGAIN));
    }

    ...

    if (pkt.data == flush_pkt.data) {
        avcodec_flush_buffers(d->avctx);
        d->finished = 0;
```

```
                    d->next_pts = d->start_pts;
                    d->next_pts_tb = d->start_pts_tb;
            } else {
                if (d->avctx->codec_type == AVMEDIA_TYPE_SUBTITLE) {//字幕
                    int got_frame = 0;
                    ret = avcodec_decode_subtitle2(d->avctx, sub, &got_frame, &pkt);
                    if (ret < 0) {
                        ret = AVERROR(EAGAIN);
                    } else {
                        if (got_frame && !pkt.data) {
                            d->packet_pending = 1;
                            av_packet_move_ref(&d->pkt, &pkt);
                        }
                        ret = got_frame ? 0 : (pkt.data ? AVERROR(EAGAIN) : AVERROR_EOF);
                    }
                } else {
                    if (avcodec_send_packet(d->avctx, &pkt) == AVERROR(EAGAIN)) {
                        av_log(d->avctx, AV_LOG_ERROR, "Receive_frame and send_packet both 
returned EAGAIN, which is an API violation.\n");
                        d->packet_pending = 1;
                        av_packet_move_ref(&d->pkt, &pkt);
                    }
                }
                av_packet_unref(&pkt);
            }
        }
    }
}
```

4. 音频解码线程

音频解码线程的入口函数为 audio_thread()，它从音频包队列中取数据，解码后存入音频帧队列。音频设备的打开实际上是在解复用线程中实现的。在解复用线程中先打开音频设备（设定音频回调函数供 SDL 音频播放线程回调），然后创建音频解码线程。调用链的伪代码如下：

```
//chapter9/MFCFFPlayer/MFCFFPlayer/ffplay_MFCDlg.cpp
main() →
stream_open() →
read_thread() →
stream_component_open() →
    audio_open(is,channel_layout,nb_channels,sample_rate, &is->audio_tgt);
    decoder_start(&is->auddec, audio_thread, is);
```

audio_open() 函数填入期望的音频参数，打开音频设备后，将实际的音频参数存入输出参数 is->audio_tgt 中，后面音频播放线程会用到此参数，音频格式的各参数与音频重采样关系密切。audio_thread() 函数的主要代码如下：

```
//chapter9/MFCFFPlayer/MFCFFPlayer/ffplay_MFCDlg.cpp
//音频解码线程:从音频 packet_queue 中取数据,解码后放入音频 frame_queue
```

```cpp
static int audio_thread(void * arg){
    VideoState * is = arg;
    AVFrame * frame = av_frame_alloc();
    Frame * af;
    int got_frame = 0;
    AVRational tb;
    int ret = 0;

    if (!frame)
        return AVERROR(ENOMEM);

    do {
        if ((got_frame = decoder_decode_frame(&is->auddec, frame, NULL)) < 0)
            goto the_end;

        if (got_frame) {
            tb = (AVRational){1, frame->sample_rate};

            if (!(af = frame_queue_peek_writable(&is->sampq)))
                goto the_end;

af->pts = (frame->pts == AV_NOPTS_VALUE) ? NAN : frame->pts * av_q2d(tb);
af->pos = frame->pkt_pos;
af->serial = is->auddec.pkt_serial;
//当前帧包含的(单个声道)采样数/采样率就是当前帧的播放时长
af->duration = av_q2d((AVRational){frame->nb_samples, frame->sample_rate});
//将 frame 数据复制到 af->frame, af->frame 指向音频 frame 队列的尾部
av_frame_move_ref(af->frame, frame);
//更新音频 frame 队列大小及写指针
frame_queue_push(&is->sampq);
        }
    } while (ret >= 0 || ret == AVERROR(EAGAIN) || ret == AVERROR_EOF);
the_end:
    av_frame_free(&frame);
    return ret;
}
```

5. 音频播放线程

音频播放线程是 SDL 内建的线程，通过回调的方式调用用户提供的回调函数。回调函数在 SDL_OpenAudio() 中指定。暂停/继续回调过程由 SDL_PauseAudio() 函数控制。sdl_audio_callback() 音频回调函数的代码如下：

```cpp
//chapter9/MFCFFPlayer/MFCFFPlayer/ffplay_MFCDlg.cpp
//音频处理回调函数. 读队列获取音频包,解码,播放
//此函数被 SDL 按需调用,此函数不在用户主线程中,因此数据需要保护
//\param[in] opaque 用户在注册回调函数时指定的参数
//\param[out] stream 音频数据缓冲区地址,将解码后的音频数据填入此缓冲区
//\param[out] len 音频数据缓冲区大小,单位字节
```

```c
//回调函数返回后,stream指向的音频缓冲区将变为无效
//双声道采样点的顺序为LRLRLR
/* prepare a new audio buffer */
static void sdl_audio_callback(void * opaque, Uint8 * stream, int len)
{
    VideoState * is = opaque;
    int audio_size, len1;

    audio_callback_time = av_gettime_relative();

    while (len > 0) {       //输入参数len等于is->audio_hw_buf_size,是audio_open()中申请到的
                            //SDL音频缓冲区大小
        if (is->audio_buf_index >= is->audio_buf_size) {
            //1. 从音频frame队列中取出一个frame,转换为音频设备支持的格式,返回值是重采
            //样音频帧的大小
            audio_size = audio_decode_frame(is);
            if (audio_size < 0) {
                /* if error, just output silence */
                is->audio_buf = NULL;
                is->audio_buf_size = SDL_AUDIO_MIN_BUFFER_SIZE / is->audio_tgt.frame_size * is->audio_tgt.frame_size;
            } else {
                if (is->show_mode != SHOW_MODE_VIDEO)
                    update_sample_display(is, (int16_t *)is->audio_buf, audio_size);
                is->audio_buf_size = audio_size;
            }
            is->audio_buf_index = 0;
        }
        //引入is->audio_buf_index的作用:防止一帧音频数据大小超过SDL音频缓冲区大小,
        //这样一帧数据需要经过多次复制
        //用is->audio_buf_index标识重采样帧中已复制的SDL音频缓冲区的数据位置索引,
        //len1表示本次复制的数据量
        len1 = is->audio_buf_size - is->audio_buf_index;
        if (len1 > len)
            len1 = len;
        //2. 将转换后的音频数据复制到音频缓冲区的stream中,之后的播放就是音频设备驱动
        //程序的工作了
        if (!is->muted && is->audio_buf && is->audio_volume == SDL_MIX_MAXVOLUME)
            memcpy(stream, (uint8_t *)is->audio_buf + is->audio_buf_index, len1);
        else {
            memset(stream, 0, len1);
            if (!is->muted && is->audio_buf)
                SDL_MixAudioFormat(stream, (uint8_t *)is->audio_buf + is->audio_buf_index, AUDIO_S16SYS, len1, is->audio_volume);
        }
        len -= len1;
        stream += len1;
        is->audio_buf_index += len1;
    }
    //is->audio_write_buf_size是本帧中尚未复制到SDL音频缓冲区的数据量
    is->audio_write_buf_size = is->audio_buf_size - is->audio_buf_index;
```

```
                /* Let's assume the audio driver that is used by SDL has two periods. */
                //3.更新时钟
                if (!isnan(is->audio_clock)) {
                        //更新音频时钟,更新时刻:每次往声卡缓冲区复制数据后
                        //前面 audio_decode_frame 中更新的 is->audio_clock 是以音频帧为单位的,所以此处
                        //第 2 个参数要减去未复制数据量占用的时间
                        set_clock_at(&is->audclk, is->audio_clock - (double)(2 * is->audio_hw_buf_
        size + is->audio_write_buf_size) / is->audio_tgt.Bytes_per_sec, is->audio_clock_
        serial, audio_callback_time / 1000000.0);
                        //使用音频时钟更新外部时钟
                        sync_clock_to_slave(&is->extclk, &is->audclk);
                }
        }
```

audio_decode_frame() 主要用于对音频进行重采样,从音频帧队列中取出一个 AVFrame,此 AVFrame 的格式是输入文件中的音频格式,音频设备不一定支持这些参数,所以要将 AVFrame 转换为音频设备所支持的格式。

9.4 FFplay 的音视频解码

使用 FFmepg 播放音视频的主要步骤包括解协议、解封装、解码、音视频同步、播放等,如图 9-5 所示,其中对应的数据格式的转换流程为多媒体文件→流→包→帧。

1. 使用 FFmpeg 解码流程

使用 FFmpeg 获取多媒体文件中的音视频流并解码的详细步骤及相关的 API,主要分为 4 步,第 1 步是解封装,第 2 步是循环读取数据源,第 3 步是解码,第 4 步是释放资源。解码过程中所使用的结构体主要包括 AVFormatContext、AVCodecParameters、AVCodecContext、AVCodec、AVPacket 和 AVFrame 等。使用 FFmpeg 对音视频文件进行解码的主要步骤及相关 API 如下所示。

(1) avformat_open_input():打开输入文件,初始化输入视频码流的 AVFormatContext。

(2) avformat_find_stream_info():查找音视频流的详细信息。

(3) av_find_best_stream():查找最匹配的流,例如视频流或音频流。

(4) avcodec_open2():打开解码器。

(5) av_read_frame():从输入文件中读取一个音视频包 AVPacket。

(6) avcodec_send_packet():给解码器发送压缩的音视频包。

(7) avcodec_receive_frame():从解码器中获取解压后的音视频帧(YUV 或 PCM)。

(8) sws_scale():实现颜色空间转换或图像缩放等操作,以方便渲染。

(9) avformat_close_input():关闭文件,并调用其他几个相关的 API 释放资源。

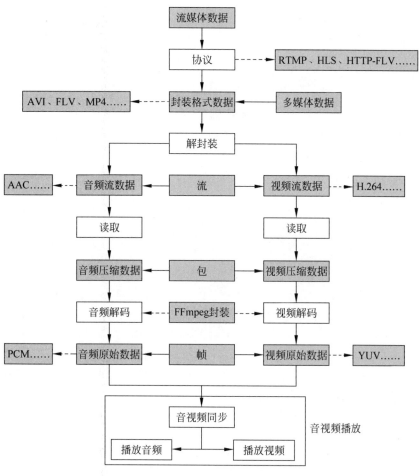

图 9-5 FFmpeg 解码音视频并播放的完整流程

注意：使用 FFmpeg 进行编解码需要引用头文件 libavcodec/avcodec.h。

2. 使用 FFmpeg 解码的核心 API

（1）avcodec_find_decoder()函数，根据解码器 ID 查找到对应的解码器，代码如下：

```
AVCodec * avcodec_find_decoder(enum AVCodecID id);              //通过id查找解码器
AVCodec * avcodec_find_decoder_by_name(const char * name);      //通过解码器名字查找
```

与解码器对应的就是编码器，也有相应的查找函数，代码如下：

```
AVCodec * avcodec_find_encoder(enum AVCodecID id);              //通过id查找编码器
AVCodec * avcodec_find_encoder_by_name(const char * name);      //通过编码器名字查找
```

参数 enum AVCodecID id 代表解码器 ID，可以从 AVCodecParameters 中获取；成功

返回一个 AVCodec 指针,如果没有找到就返回 NULL。

(2) avcodec_alloc_context3() 函数会生成一个 AVCodecContext 并根据解码器给属性设置默认值,代码如下:

```
AVCodecContext * avcodec_alloc_context3(const AVCodec * codec);
```

参数 const AVCodec * codec 代表解码器指针,会根据解码器分配私有数据并初始化默认值。成功返回一个 AVCodec 指针,如果创建失败,则会返回 NULL。

(3) avcodec_parameters_to_context() 函数将 AVCodecParameters 中的属性赋值给 AVCodecContext,代码如下:

```
//chapter9/9.2.help.txt
int avcodec_parameters_to_context(AVCodecContext * codec,
                                  const AVCodecParameters * par){
    //将 par 中的属性赋值给 codec
    codec->codec_type = par->codec_type;
    codec->codec_id = par->codec_id;
    codec->codec_tag = par->codec_tag;
    ...//省略代码
}
```

参数 AVCodecContext * codec 代表需要被赋值的 AVCodecContext;参数 const AVCodecParameters * par 代表提供属性值的 AVCodecParameters。当返回数值大于或等于 0 时代表成功,当失败时会返回一个负值。

(4) avcodec_open2() 函数打开音频解码器或者视频解码器,代码如下:

```
int avcodec_open2(AVCodecContext * avctx, const AVCodec * codec, AVDictionary ** options);
```

参数 AVCodecContext * avctx 代表已经初始化完毕的 AVCodecContext;参数 const AVCodec * codec 用于打开 AVCodecContext 中的解码器,之后 AVCodecContext 会使用该解码器进行解码;参数 AVDictionary ** options 用于指定各种参数,基本填 NULL 即可。如果返回 0,则表示成功,若失败,则会返回一个负数。

(5) av_read_frame() 函数用于获取音视频(编码)数据,即从流中获取 AVPacket 数据。将文件中存储的内容分割成包,并为每个调用返回一个包,代码如下:

```
int av_read_frame(AVFormatContext * s, AVPacket * pkt);
```

参数 AVFormatContext * s 代表 AVFormatContext 结构体;参数 AVPacket * pkt 通过 data 指针引用数据的缓存空间,本身不存储数据。如果返回 0,则表示成功,如果失败或读到了文件结尾,则会返回一个负数。函数为什么是 av_read_frame 而不是 av_read_packet,这是因为早期 FFmpeg 设计时没有包的概念,而是编码前的帧和编码后的帧,不容易区分。之后才产生包的概念,但出于编程习惯或向前兼容的原因,于是方法名就这样延续了下来。

（6）avcodec_send_packet()函数用于向解码器发送一个包，让解码器进行解析，代码如下：

```
int avcodec_send_packet(AVCodecContext * avctx, const AVPacket * avpkt);
```

参数 AVCodecContext * avctx 代表 AVCodecContext 结构体，必须使用 avcodec_open2 打开解码器；参数 const AVPacket * avpkt 是用于解析的数据包。如果返回 0，则表示成功，如果失败，则返回负数的错误码，异常值的说明如下。
- AVERROR(EAGAIN)：当前不接受输出，必须重新发送。
- AVERROR_EOF：解码器已经刷新，并且没有新的包可以发送。
- AVERROR(EINVAL)：解码器没有打开，或者这是一个编码器。
- AVERRO(ENOMEN)：无法将包添加到内部队列。

（7）avcodec_receive_frame()函数用于获取解码后的音视频数据（音视频原始数据，如YUV 和 PCM），代码如下：

```
int avcodec_receive_frame(AVCodecContext * avctx, AVFrame * frame);
```

参数 AVCodecContext * avctx 代表 AVCodecContext 结构体；参数 AVFrame * frame 用于接收解码后的音视频数据的帧。如果返回 0，则表示成功，其余情况表示失败，异常值的说明如下。
- AVERROR(EAGAIN)：此状态下输出不可用，需要发送新的输入才能解析。
- AVERROR_EOF：解码器已经刷新，并且没有新的包可以发送。
- AVERROR(EINVAL)：解码器没有打开，或者这是一个编码器。

调用 avcodec_receive_frame 方法时不需要通过 av_packet_unref 解引用，因为在该方法的内部已经调用过 av_packet_unref 方法解引用。严格来讲，除 AVERROR(EAGAIN) 和 AVERROR_EOF 两种错误情况之外的报错，应该直接退出程序。

9.5　FFplay 的图像格式转换

FFmpeg 解码得到的视频帧的格式未必能被 SDL 支持，在这种情况下，需要进行图像格式转换，即将视频帧图像格式转换为 SDL 支持的图像格式，否则无法正常显示。图像格式转换是在视频播放线程（主线程中）中的 upload_texture() 函数中实现的，其中函数调用链的伪代码如下：

```
//chapter9/MFCFFPlayer/MFCFFPlayer/ffplay_MFCDlg.cpp
main() →
event_loop →
```

```
refresh_loop_wait_event() →
video_refresh() →
video_display() →
video_image_display() →
upload_texture()
```

AVFrame中的像素格式是FFmpeg中定义的像素格式,FFmpeg中定义的很多像素格式和SDL中定义的很多像素格式其实是同一种格式,只是名称不同而已。根据AVFrame中的像素格式与SDL支持的像素格式的匹配情况,upload_texture()可处理3种类型,对应switch语句的3个分支:

(1) 如果AVFrame图像格式对应SDL_PIXELFORMAT_IYUV格式,则不进行图像格式转换,使用SDL_UpdateYUVTexture()将图像数据更新到&is−>vid_texture。

(2) 如果AVFrame图像格式对应其他被SDL支持的格式(如AV_PIX_FMT_RGB32),则不进行图像格式转换,使用SDL_UpdateTexture()将图像数据更新到&is−>vid_texture。

(3) 如果AVFrame图像格式不被SDL支持(对应SDL_PIXELFORMAT_UNKNOWN),则需要进行图像格式转换。

upload_texture()函数的主要代码如下:

```cpp
//chapter9/MFCFFPlayer/MFCFFPlayer/ffplay_MFCDlg.cpp
static int upload_texture(SDL_Texture ** tex, AVFrame * frame, struct SwsContext ** img_convert_ctx) {
    int ret = 0;
    Uint32 sdl_pix_fmt;
    SDL_BlendMode sdl_blendmode;
//根据frame中的图像格式(FFmpeg像素格式),获取对应的SDL像素格式
get_sdl_pix_fmt_and_blendmode(frame->format,&sdl_pix_fmt,&sdl_blendmode);
//参数tex实际是&is->vid_texture,此处根据得到的SDL像素格式,为&is->vid_texture
    if (realloc_texture(tex, sdl_pix_fmt == SDL_PIXELFORMAT_UNKNOWN ? SDL_PIXELFORMAT_ARGB8888 : sdl_pix_fmt, frame->width, frame->height, sdl_blendmode, 0) < 0)
        return -1;
    switch (sdl_pix_fmt) {
        //因为frame格式是SDL不支持的格式,所以需要进行图像格式转换,
        //转换为目标格式AV_PIX_FMT_BGRA,对应SDL_PIXELFORMAT_BGRA32
        case SDL_PIXELFORMAT_UNKNOWN:
            /* This should only happen if we are not using avfilter... */
            * img_convert_ctx = sws_getCachedContext( * img_convert_ctx,
                frame->width, frame->height, frame->format, frame->width, frame->height,AV_PIX_FMT_BGRA, sws_flags, NULL, NULL, NULL);
            if ( * img_convert_ctx != NULL) {
                uint8_t * pixels[4];
                int pitch[4];
                if (!SDL_LockTexture( * tex, NULL, (void ** )pixels, pitch)) {
                    sws_scale( * img_convert_ctx, (const uint8_t * const * )frame->data, frame->linesize,0, frame->height, pixels, pitch);   //转换
```

```
                    SDL_UnlockTexture(*tex);
                }
            } else {
                av_log(NULL, AV_LOG_FATAL, "Cannot initialize the conversion context\n");
                ret = -1;
            }
            break;
        //frame格式对应SDL_PIXELFORMAT_IYUV,不用进行图像格式转换,调用SDL_UpdateYUVTexture()
        //更新SDL texture
        case SDL_PIXELFORMAT_IYUV:
            if (frame->linesize[0] > 0 && frame->linesize[1] > 0 && frame->linesize[2] > 0) {
                ret = SDL_UpdateYUVTexture(*tex, NULL, frame->data[0], frame->linesize
[0], frame->data[1], frame->linesize[1], frame->data[2], frame->linesize[2]);
            } else if (frame->linesize[0] < 0 && frame->linesize[1] < 0 && frame->
linesize[2] < 0) {
                ret = SDL_UpdateYUVTexture(*tex, NULL, frame->data[0] + frame->
linesize[0] * (frame->height - 1), -frame->linesize[0], frame->data[1] + frame->
linesize[1] * (AV_CEIL_RSHIFT(frame->height, 1) - 1), -frame->linesize[1], frame->
data[2] + frame->linesize[2] * (AV_CEIL_RSHIFT(frame->height, 1) - 1), -frame->
linesize[2]);
            } else {
                av_log(NULL, AV_LOG_ERROR, "Mixed negative and positive linesizes are not
supported.\n");
                return -1;
            }
            break;
        //frame格式对应其他SDL像素格式,不用进行图像格式转换,调用SDL_UpdateTexture()
        //更新SDL texture
        default:
            if (frame->linesize[0] < 0) {
                ret = SDL_UpdateTexture(*tex, NULL, frame->data[0] + frame->linesize
[0] * (frame->height - 1), -frame->linesize[0]);
            } else {
                ret = SDL_UpdateTexture(*tex, NULL, frame->data[0], frame->linesize
[0]);
            }
            break;
    }
    return ret;
}
```

1. 根据映射表获取 frame 对应 SDL 中的像素格式

get_sdl_pix_fmt_and_blendmode()函数的作用是获取输入参数 format(FFmpeg 像素格式)在 SDL 中对应的像素格式,将取到的 SDL 像素格式存在输出参数 sdl_pix_fmt 中,代码如下:

```
//chapter9/MFCFFPlayer/MFCFFPlayer/ffplay_MFCDlg.cpp
static void get_sdl_pix_fmt_and_blendmode(int format, Uint32 *sdl_pix_fmt, SDL_BlendMode *
sdl_blendmode){
```

```
    int i;
    * sdl_blendmode = SDL_BLENDMODE_NONE;
    * sdl_pix_fmt = SDL_PIXELFORMAT_UNKNOWN;
    if (format == AV_PIX_FMT_RGB32 ||
        format == AV_PIX_FMT_RGB32_1 ||
        format == AV_PIX_FMT_BGR32 ||
        format == AV_PIX_FMT_BGR32_1)
        * sdl_blendmode = SDL_BLENDMODE_BLEND;
    for (i = 0; i < FF_ARRAY_ELEMS(sdl_texture_format_map) - 1; i++) {
        if (format == sdl_texture_format_map[i].format) {
            * sdl_pix_fmt = sdl_texture_format_map[i].texture_fmt;
            return;
        }
    }
}
```

在ffplay.c文件中定义了一张表sdl_texture_format_map[]，其中定义了FFmpeg中一些像素格式与SDL像素格式的映射关系，代码如下：

```
//chapter9/MFCFFPlayer/MFCFFPlayer/ffplay_MFCDlg.cpp
static const struct TextureFormatEntry {
    enum AVPixelFormat format;
    int texture_fmt;
} sdl_texture_format_map[] = {
    { AV_PIX_FMT_RGB8,           SDL_PIXELFORMAT_RGB332 },
    { AV_PIX_FMT_RGB444,         SDL_PIXELFORMAT_RGB444 },
    { AV_PIX_FMT_RGB555,         SDL_PIXELFORMAT_RGB555 },
    { AV_PIX_FMT_BGR555,         SDL_PIXELFORMAT_BGR555 },
    { AV_PIX_FMT_RGB565,         SDL_PIXELFORMAT_RGB565 },
    { AV_PIX_FMT_BGR565,         SDL_PIXELFORMAT_BGR565 },
    { AV_PIX_FMT_RGB24,          SDL_PIXELFORMAT_RGB24 },
    { AV_PIX_FMT_BGR24,          SDL_PIXELFORMAT_BGR24 },
    { AV_PIX_FMT_0RGB32,         SDL_PIXELFORMAT_RGB888 },
    { AV_PIX_FMT_0BGR32,         SDL_PIXELFORMAT_BGR888 },
    { AV_PIX_FMT_NE(RGB0, 0BGR), SDL_PIXELFORMAT_RGBX8888 },
    { AV_PIX_FMT_NE(BGR0, 0RGB), SDL_PIXELFORMAT_BGRX8888 },
    { AV_PIX_FMT_RGB32,          SDL_PIXELFORMAT_ARGB8888 },
    { AV_PIX_FMT_RGB32_1,        SDL_PIXELFORMAT_RGBA8888 },
    { AV_PIX_FMT_BGR32,          SDL_PIXELFORMAT_ABGR8888 },
    { AV_PIX_FMT_BGR32_1,        SDL_PIXELFORMAT_BGRA8888 },
    { AV_PIX_FMT_YUV420P,        SDL_PIXELFORMAT_IYUV },
    { AV_PIX_FMT_YUYV422,        SDL_PIXELFORMAT_YUY2 },
    { AV_PIX_FMT_UYVY422,        SDL_PIXELFORMAT_UYVY },
    { AV_PIX_FMT_NONE,           SDL_PIXELFORMAT_UNKNOWN },
};
```

可以看到，除了最后一项，其他格式的图像送给SDL是可以直接显示的，不必进行图像转换。

2. 重新分配 vid_texture

realloc_texture()函数会根据新得到的 SDL 像素格式为 &is—>vid_texture 重新分配空间,先调用 SDL_DestroyTexture()函数销毁,再调用 SDL_CreateTexture()函数重新创建,代码如下:

```cpp
//chapter9/MFCFFPlayer/MFCFFPlayer/ffplay_MFCDlg.cpp
static int realloc_texture(SDL_Texture **texture, Uint32 new_format, int new_width, int new_
height, SDL_BlendMode blendmode, int init_texture){
    Uint32 format;
    int access, w, h;
    if (!*texture || SDL_QueryTexture(*texture, &format, &access, &w, &h) < 0 || new_width !
= w || new_height != h || new_format != format) {
        void *pixels;
        int pitch;
        if (*texture)
            SDL_DestroyTexture(*texture);
        if (!(*texture = SDL_CreateTexture(renderer, new_format, SDL_TEXTUREACCESS_
STREAMING, new_width, new_height)))
            return -1;
        if (SDL_SetTextureBlendMode(*texture, blendmode) < 0)
            return -1;
        if (init_texture) {
            if (SDL_LockTexture(*texture, NULL, &pixels, &pitch) < 0)
                return -1;
            memset(pixels, 0, pitch * new_height);
            SDL_UnlockTexture(*texture);
        }
        av_log(NULL, AV_LOG_VERBOSE, "Created %dx%d texture with %s.\n", new_width, new_
height, SDL_GetPixelFormatName(new_format));
    }
    return 0;
}
```

3. 复用或新分配一个 SwsContext

sws_getContext()函数用于复用或新分配一个格式转换上下文(SwsContext),案例代码如下:

```cpp
//chapter9/MFCFFPlayer/MFCFFPlayer/ffplay_MFCDlg.cpp
*img_convert_ctx = sws_getCachedContext(*img_convert_ctx,
    frame->width, frame->height, frame->format, frame->width, frame->height,
    AV_PIX_FMT_BGRA, sws_flags, NULL, NULL, NULL);
```

第 1 个输入参数 *img_convert_ctx 对应形参 struct SwsContext *context,如果 context 是 NULL,则调用 sws_getContext()重新获取一个 context;如果 context 不是 NULL,则检查其他项的输入参数是否和 context 中存储的各参数一样。若不一样,则先释放 context,再按照新的输入参数重新分配一个 context;若一样,则直接使用现有的 context。

4. 图像格式转换

sws_scale()函数用于对图像格式进行转换,案例代码如下:

```
//chapter9/MFCFFPlayer/MFCFFPlayer/ffplay_MFCDlg.cpp
if ( * img_convert_ctx != NULL) {
    uint8_t * pixels[4];
    int pitch[4];
    if (!SDL_LockTexture( * tex, NULL, (void ** )pixels, pitch)) {
        sws_scale( * img_convert_ctx, (const uint8_t * const * )frame - > data, frame - >
linesize,0, frame - > height, pixels, pitch);
        SDL_UnlockTexture( * tex);
    }
}
```

上述代码包含3个步骤,如下所示。

(1) 调用 SDL_LockTexture()函数锁定 texture 中的一个 rect(此处是锁定整个 texture),锁定区具有只写属性,用于更新图像数据。pixels 指向锁定区。

(2) 调用 sws_scale()函数进行图像格式转换,将转换后的数据写入 pixels 指定的区域。pixels 包含 4 个指针,指向一组图像 plane。

(3) 调用 SDL_UnlockTexture()函数将锁定的区域解锁,将改变的数据更新到视频缓冲区中。

上述3步完成后,texture 中已包含经过格式转换后新的图像数据,sws_scale()函数的原型如下:

```
//chapter9/MFCFFPlayer/MFCFFPlayer/ffplay_MFCDlg.cpp
/**
* 在 srcSlice 中缩放图像切片,并将生成的缩放切片放在 dst 中的图像中。切片是图像中连续行
* 的序列
*
* 切片必须按顺序提供,可以从上到下,也可以从下到上。如果以非顺序提供切片,则函数的行为是
* 未定义的
*
* @param c           :先前使用 sws_getContext()创建的缩放上下文
* @param srcSlice    :包含指向源切片平面的指针的数组
* @param srcStride   :包含源图像每个平面的步长的阵列
* @param srcSliceY   :要处理的切片在源图像中的位置,即切片第 1 行图像中的数字(从 0 开始计数)
* @param srcSliceH   :源切片的高度,即切片中的行数
* @param dst         :包含指向目标图像平面的指针的数组
* @param dstStride   :包含目标图像每个平面的步长的阵列
* @return            :输出切片的高度
*/
int sws_scale(struct SwsContext * c, const uint8_t * const srcSlice[],
         const int srcStride[], int srcSliceY, int srcSliceH,
         uint8_t * const dst[], const int dstStride[]);
```

5. 图像显示

texture 对应一帧待显示的图像数据,得到 texture 后,调用 SDL 对应的 API 即可显示图像,SDL 经典的渲染三部曲的代码如下:

```
SDL_RenderClear();                      //使用特定颜色清空当前渲染目标
SDL_RenderCopy();                       //使用部分图像数据(texture)更新当前渲染目标
SDL_RenderPresent(sdl_renderer);        //执行渲染操作,更新屏幕显示
```

9.6 FFplay 的音频重采样

使用 FFmpeg 解码得到的音频帧格式不一定被 SDL 支持,在这种情况下,需要进行音频重采样,将 FFmpeg 解码得到的音频帧格式转换为 SDL 支持的音频格式,否则无法正常播放。所谓的音频重采样,就是改变音频的采样率(Sample Rate)、采样格式(Sample Format)和声道数(Channels)等参数,使之按照期望的参数进行转换。

1. FFmpeg 的音频重采样简介

常见的音频重采样主要包括以下两种场景:

(1) 在 FFmpeg 解码音频时,不同的音源有不同的采样格式、采样率和声道数等,在解码后的数据中这些参数也会不一致。如果接下来需要使用解码后的音频数据执行其他操作,则这些参数的不一致会导致有很多额外工作需要处理。此时直接对其进行重采样,获取用户指定的音频参数,就会方便很多。

(2) 将音频通过 SDL 播放时,因为当前的 SDL 2.0 不支持 planar 格式,也不支持浮点型(AV_SAMPLE_FMT_FLTP),而最新的 FFmpeg 会将 AAC 音频解码为 AV_SAMPLE_FMT_FLTP 格式,因此就需要对其重采样,使之可以在 SDL 2.0 上进行播放。

FFmpeg 的 libswresample 模块提供了音频重采样功能。音频重采样过程是先建立原始音频信号,然后重新采样。重采样分为上采样和下采样,其中上采样需要插值,下采样需要抽取。从高采样率到低采样率转换是一种有损过程,FFmpeg 提供若干选项和算法进行重采样。ffplay 播放器中音频重采样包括两步,如下所示。

(1) 打开音频设备时的初始化工作:确定 SDL 支持的音频格式,作为后期音频重采样的目标格式。

(2) 在音频播放线程中,取出解码后的音频帧,若格式与 SDL 支持的音频格式不匹配,则进行重采样,否则直接输出。

2. SwrContext 使用步骤解析

与 lswr 的交互是通过 SwrContext 完成的,它是不透明的,所以所有参数必须使用 AVOptions API 设置。为了使用 lswr,需要做的第一件事就是分配 SwrContext,可以使用 swr_alloc() 或 swr_alloc_set_opts() 函数来完成。如果使用 swr_alloc() 函数,则必须通过

AVOptions API(形如 av_opt_set_xxx 的函数)设置选项参数,而 swr_alloc_set_opts()函数提供了相同的功能,并且可以在同一语句中设置一些常用选项。

例如,将设置从平面浮动(AV_SAMPLE_FMT_FLTP)样本格式到交织的带符号16位整数(AV_SAMPLE_FMT_S16)样本格式的转换,从48kHz到44.1kHz的下采样,以及从5.1声道(AV_CH_LAYOUT_5POINT1)到立体声(AV_CH_LAYOUT_STEREO)的下混合(使用默认混合矩阵)。可以使用两种代码方式,如下所示。

(1) 使用 swr_alloc()函数,代码如下:

```
//chapter9/9-10-others.txt
SwrContext * swr = swr_alloc();
av_opt_set_channel_layout(swr, "in_channel_layout", AV_CH_LAYOUT_5POINT1, 0);
av_opt_set_channel_layout(swr, "out_channel_layout", AV_CH_LAYOUT_STEREO, 0);
av_opt_set_int(swr, "in_sample_rate", 48000, 0);
av_opt_set_int(swr, "out_sample_rate", 44100, 0);
av_opt_set_sample_fmt(swr, "in_sample_fmt", AV_SAMPLE_FMT_FLTP, 0);
av_opt_set_sample_fmt(swr, "out_sample_fmt", AV_SAMPLE_FMT_S16, 0);
```

(2) 使用 swr_alloc_set_opts()函数,代码如下:

```
//chapter9/9-10-others.txt
SwrContext * swr_alloc_set_opts(NULL,//正在分配上下文
                AV_CH_LAYOUT_STEREO, //输出通道布局
                AV_SAMPLE_FMT_S16, //输出采样格式
                44100, //输出采样率
                AV_CH_LAYOUT_5POINT1, //输出通道布局
                AV_SAMPLE_FMT_FLTP, //输入采样个数
                48000, //输入采样率
                0, //日志偏移
                NULL//日志上下文
                );
```

一旦设置了所有值,则必须调用 swr_init()函数进行初始化。如果需要转换参数,则可以使用 AVOptions 来更改参数,如上面第一个例子所述;或者使用 swr_alloc_set_opts()函数,但是第一个参数是分配的上下文。然后,必须再次调用 swr_init()函数。

转换本身通过重复调用 swr_convert()函数来完成。注意,如果提供的输出空间不足或采样率转换完成后,样本则可能会在 swr 中缓冲,这需要"未来"样本。可以随时通过使用 swr_convert()函数(参数 in_count 可以设置为 0)来检索不需要将来输入的样本。在转换结束时,可以通过调用具有 NULL 参数的 swr_convert()函数来刷新重采样的缓冲区。

3. 打开音频设备

音频设备的打开实际是在解复用线程中实现的。在解复用线程中先打开音频设备(设定音频回调函数供 SDL 音频播放线程回调),然后创建音频解码线程。相关的函数调用链的伪代码如下:

```
//chapter9/MFCFFPlayer/MFCFFPlayer/ffplay_MFCDlg.cpp
main() →
stream_open() →
read_thread() →
stream_component_open() →
    audio_open(is,channel_layout,nb_channels,sample_rate,&is->audio_tgt);
    decoder_start(&is->auddec, audio_thread, is);
```

audio_open()函数填入期望的音频参数,打开音频设备后,将实际的音频参数存入输出参数 is->audio_tgt 中,后面音频播放线程会用到此参数,使用此参数对原始音频数据重采样,转换为音频设备支持的格式。该函数负责打开音频设备并创建音频处理线程,通过调用 SDL_OpenAudio()或 SDL_OpenAudioDevice()函数实现。SDL 提供两种使音频设备取得音频数据的方法,第 1 种是推模式(Push),SDL 以特定的频率调用回调函数,在回调函数中取得音频数据;第 2 种是拉模式(Pull),用户程序以特定的频率调用 SDL_QueueAudio()函数向音频设备提供数据,此种情况下 wanted_spec.callback 为 NULL。音频设备打开后播放静音,不启动回调,调用 SDL_PauseAudio(0)后才启动回调,开始正常播放音频。audio_open()函数的主要代码如下:

```
//chapter9/MFCFFPlayer/MFCFFPlayer/ffplay_MFCDlg.cpp
//打开音频设备
static int audio_open(void * opaque, int64_t wanted_channel_layout, int wanted_nb_channels,
int wanted_sample_rate, struct AudioParams * audio_hw_params){
    SDL_AudioSpec wanted_spec, spec;
    const char * env;
    static const int next_nb_channels[] = {0, 0, 1, 6, 2, 6, 4, 6};
    static const int next_sample_rates[] = {0, 44100, 48000, 96000, 192000};
    int next_sample_rate_idx = FF_ARRAY_ELEMS(next_sample_rates) - 1;

    env = SDL_getenv("SDL_AUDIO_CHANNELS");
    if (env) { //若环境变量有设置,则优先从环境变量取得声道数和声道布局
        wanted_nb_channels = atoi(env);
        wanted_channel_layout = av_get_default_channel_layout(wanted_nb_channels);
    }
    if (!wanted_channel_layout || wanted_nb_channels != av_get_channel_layout_nb_channels
(wanted_channel_layout)) {
        wanted_channel_layout = av_get_default_channel_layout(wanted_nb_channels);
        wanted_channel_layout &= ~AV_CH_LAYOUT_STEREO_DOWNMIX;
    }
    //根据 channel_layout 获取 nb_channels,当传入参数 wanted_nb_channels 不匹配时,此处会
    //进行修正
    wanted_nb_channels = av_get_channel_layout_nb_channels(wanted_channel_layout);
    wanted_spec.channels = wanted_nb_channels;            //声道数
    wanted_spec.freq = wanted_sample_rate;                //采样率
    if (wanted_spec.freq <= 0 || wanted_spec.channels <= 0) {
        av_log(NULL, AV_LOG_ERROR, "Invalid sample rate or channel count!\n");
        return -1;
    }
```

```c
        while (next_sample_rate_idx && next_sample_rates[next_sample_rate_idx] >= wanted_spec.
freq)
            next_sample_rate_idx--;     //从采样率数组中找到第1个不大于传入参数 wanted_
                                        //sample_rate 的值
//音频采样格式有两大类型:planar 和 packed,假设一个双声道音频文件,一个左声道采样点记
//作 L,一个右声道采样点记作 R,则
//planar 存储格式:(plane1)LLLLLLLL...LLLL (plane2)RRRRRRRR...RRRR
//packed 存储格式:(plane1)LRLRLRLR.....................LRLR
//在这两种采样类型下,又细分多种采样格式,如 AV_SAMPLE_FMT_S16、AV_SAMPLE_FMT_S16P 等,
//注意 SDL 2.0 目前不支持 planar 格式
//channel_layout 是 int64_t 类型,表示音频声道布局,每 bit 代表一个特定的声道,参考
//channel_layout.h 文件中的定义,一目了然
//数据量 b/s = 采样率(Hz) * 采样深度(bit) * 声道数
wanted_spec.format = AUDIO_S16SYS;      //采样格式:S 表示带符号,16 是采样深度(位深),
                                        //SYS 表示采用系统字节序,这个宏在 SDL 中定义
wanted_spec.silence = 0;                //静音值
wanted_spec.samples = FFMAX(SDL_AUDIO_MIN_BUFFER_SIZE, 2 << av_log2(wanted_spec.freq /
SDL_AUDIO_MAX_CALLBACKS_PER_SEC));      //SDL声音缓冲区尺寸,单位是单声道采样点尺寸×声道数
wanted_spec.callback = sdl_audio_callback;
                                        //回调函数,若为 NULL,则应使用 SDL_QueueAudio()机制
wanted_spec.userdata = opaque;          //提供给回调函数的参数
//打开音频设备并创建音频处理线程.期望的参数是 wanted_spec,实际得到的硬件参数是 spec
//1) SDL 提供两种使音频设备取得音频数据的方法
//a. push,SDL 以特定的频率调用回调函数,在回调函数中获得音频数据
//b. pull,用户程序以特定的频率调用 SDL_QueueAudio(),向音频设备提供数据.此种情况下
//wanted_spec.callback = NULL
//2) 音频设备打开后播放静音,不启动回调,调用 SDL_PauseAudio(0)后启动回调,开始正常播
//放音频
//当 SDL_OpenAudioDevice()的第 1 个参数为 NULL 时,等价于 SDL_OpenAudio()
        while (!(audio_dev = SDL_OpenAudioDevice(NULL, 0, &wanted_spec, &spec, SDL_AUDIO_ALLOW_
FREQUENCY_CHANGE | SDL_AUDIO_ALLOW_CHANNELS_CHANGE))) {
            av_log(NULL, AV_LOG_WARNING, "SDL_OpenAudio (%d channels, %d Hz): %s\n", wanted_
spec.channels, wanted_spec.freq, SDL_GetError());
//如果打开音频设备失败,则尝试用不同的声道数或采样率打开音频设备
wanted_spec.channels = next_nb_channels[FFMIN(7, wanted_spec.channels)];
            if (!wanted_spec.channels) {
                wanted_spec.freq = next_sample_rates[next_sample_rate_idx--];
                wanted_spec.channels = wanted_nb_channels;
                if (!wanted_spec.freq) {
                    av_log(NULL, AV_LOG_ERROR,
                        "No more combinations to try, audio open failed\n");
                    return -1;
                }
            }
            wanted_channel_layout = av_get_default_channel_layout(wanted_spec.channels);
        }
//检查打开音频设备的实际参数:采样格式
        if (spec.format != AUDIO_S16SYS) {
            av_log(NULL, AV_LOG_ERROR,
                "SDL advised audio format %d is not supported!\n", spec.format);
            return -1;
```

```
    }
    //检查打开音频设备的实际参数:声道数
    if (spec.channels != wanted_spec.channels) {
        wanted_channel_layout = av_get_default_channel_layout(spec.channels);
        if (!wanted_channel_layout) {
            av_log(NULL, AV_LOG_ERROR,
                    "SDL advised channel count %d is not supported!\n", spec.channels);
            return -1;
        }
    }

    //wanted_spec 是期望参数, spec 是实际参数, wanted_spec 和 spec 都是 SDL 中的结构
    //此处 audio_hw_params 是 FFmpeg 中的参数,输出参数供上级函数使用
    audio_hw_params->fmt = AV_SAMPLE_FMT_S16;
    audio_hw_params->freq = spec.freq;
    audio_hw_params->channel_layout = wanted_channel_layout;
    audio_hw_params->channels = spec.channels;
    audio_hw_params->frame_size = av_samples_get_buffer_size(NULL, audio_hw_params->
channels, 1, audio_hw_params->fmt, 1);
    audio_hw_params->Bytes_per_sec = av_samples_get_buffer_size(NULL, audio_hw_params->
channels, audio_hw_params->freq, audio_hw_params->fmt, 1);
    if (audio_hw_params->Bytes_per_sec <= 0 || audio_hw_params->frame_size <= 0) {
        av_log(NULL, AV_LOG_ERROR, "av_samples_get_buffer_size failed\n");
        return -1;
    }
    return spec.size;
}
```

4. 音频数据存储模式

FFmpeg 中音视频数据基本上有"打包的"(Packed)和"平面的"(Planar)两种存储方式,对于双声道音频来讲,Packed 方式为两个声道的数据交错存储;Planar 方式为两个声道分开存储。假设一个左/右声道(L/R)为一个采样点,则数据存储的方式如下:

```
Packed: L R L R L R L R
Planar: L L L L R R R R
```

FFmpeg 音频解码后的数据存放在 AVFrame 结构中,有以下注意事项:

(1) Packed 格式,frame.data[0]或 frame.extended_data[0]包含在所有的音频数据中。

(2) Planar 格式,frame.data[i]或者 frame.extended_data[i]表示第 i 个声道的数据(假设声道 0 是第 1 个),AVFrame.data 数组的大小固定为 8,如果声道数超过 8,则需要从 frame.extended_data 获取声道数据。下面为 FFmpeg 内部存储音频使用的采样格式,所有的 Planar 格式后面都用字母 P 标识,代码如下:

```
//chapter9/9-10-others.txt
enum AVSampleFormat {
    AV_SAMPLE_FMT_NONE = -1,
```

```
    AV_SAMPLE_FMT_U8,           //无符号8位
    AV_SAMPLE_FMT_S16,          //有符号16位
    AV_SAMPLE_FMT_S32,          //有符号32位
    AV_SAMPLE_FMT_FLT,          //浮点型
    AV_SAMPLE_FMT_DBL,          //双精度浮点型

    AV_SAMPLE_FMT_U8P,          //无符号8位,平面
    AV_SAMPLE_FMT_S16P,         //有符号16位,平面
    AV_SAMPLE_FMT_S32P,         //有符号32位,平面
    AV_SAMPLE_FMT_FLTP,         //浮点型,平面
    AV_SAMPLE_FMT_DBLP,         //双精度浮点型,平面
    AV_SAMPLE_FMT_S64,          //有符号64位
    AV_SAMPLE_FMT_S64P,         //有符号64位,平面

    AV_SAMPLE_FMT_NB            //样本格式的数量。如果是动态链接,请不要使用
};
```

（3）Planar 模式是 FFmpeg 内部存储模式,实际使用的音频文件都是 Packed 模式的。

（4）FFmpeg 解码不同格式的音频输出的音频采样格式不一样。测试发现,其中 AAC 解码输出的数据为浮点型的 AV_SAMPLE_FMT_FLTP 格式,MP3 解码输出的数据为 AV_SAMPLE_FMT_S16P 格式(使用的 MP3 文件为 16 位深)。具体采样格式可以查看解码后的 AVFrame 中的 format 成员或解码器的 AVCodecContext 中的 sample_fmt 成员。

（5）Planar 或者 Packed 模式直接会影响保存文件时写文件的操作,操作数据时一定要先检测音频采样格式。

这两种存储模式又细分为多种,如 AV_SAMPLE_FMT_S16 和 AV_SAMPLE_FMT_S16P 等,注意 SDL 2.0 目前不支持 Planar 模式,在 SDL 2.0 中定义音频参数和音频格式等数据结构的代码如下：

```
//chapter9/9-10-others.txt
/**
 * 此结构中的计算值由 SDL_OpenAudio()计算。对于多声道音频,默认 SDL 声道映射为
 * For multi-channel audio, the default SDL channel mapping is:
 *  2: FL FR                    (立体声)
 *  3: FL FR LFE                (2.1环绕音)
 *  4: FL FR BL BR              (四声道)
 *  5: FL FR FC BL BR           (五声道 = 四声道 + 中央音)
 *  6: FL FR FC LFE SL SR       (5.1环绕：最后两个也可以是 BL BR)
 *  7: FL FR FC LFE BC SL SR    (6.1环绕音)
 *  8: FL FR FC LFE BL BR SL SR (7.1环绕音)
 */
typedef struct SDL_AudioSpec    //音频参数
{
    int freq;                   /** 频率:每秒采样数 */
    SDL_AudioFormat format;     /** 音频数据格式 */
    Uint8 channels;             /** 声道数:1代表单声道,2代表立体声 */
    Uint8 silence;              /** 音频缓冲区静音值(已计算) */
```

```
    Uint16 samples;            /** 样本 FRAMES 中的音频缓冲区大小(总样本除以通道计数) */
    Uint16 padding;            /** 对于某些编译环境是必需的 */
    Uint32 size;               /** 已计算的音频缓冲区大小(以字节为单位) */
    SDL_AudioCallback callback;/** 反馈音频设备的回调(NULL 用于使用 SDL_QueueAudio()). */
    void * userdata;           /** 传递给回调用户数据 */
} SDL_AudioSpec;

/**
 * 音频格式
 * 这就是 SDL_AudioFormat 中的 16 位当前含义
 * (未指定的位总是 0)
 * \verbatim

    ++------------------------ 样本已签名(如果设置)
    ||
    ||      ++------------ 如果已设置,则示例为大端字节序
    ||      ||
    ||      ||       ++--- 如果已设置,则示例为浮点型
    ||      ||       ||
    ||      ||       ||  +---采样位大小---+
    ||      ||       ||  |                |
    15 14 13 12 11 10 09 08 07 06 05 04 03 02 01 00
    \endverbatim
 *
 * SDL 2.0 及更高版本中有宏可以查询这些位
 */
typedef Uint16 SDL_AudioFormat;

/**
 * 音频格式标志位
 *
 * 默认为 LSB 字节顺序
 */
/* @{ */
#define AUDIO_U8            0x0008 /** 无符号 8 位采样数 */
#define AUDIO_S8            0x8008 /** 有符号 8 位采样数 */
#define AUDIO_U16LSB        0x0010 /** 无符号 16 位采样数 */
#define AUDIO_S16LSB        0x8010 /** 有符号 16 位采样数 */
#define AUDIO_U16MSB        0x1010 /** 如上所述,但按高位字节顺序 */
#define AUDIO_S16MSB        0x9010 /** 如上所述,但按高位字节顺序 */
#define AUDIO_U16           AUDIO_U16LSB
#define AUDIO_S16           AUDIO_S16LSB
/* @} */
```

FFmpeg 中定义音频参数和采样格式的相关数据结构的代码如下:

```
//chapter9/MFCFFPlayer/MFCFFPlayer/ffplay_MFCDlg.cpp
//这个结构是在原 ffplay.c 文件中定义的
typedef struct AudioParams {//音频参数
    int freq;
    int channels;
```

```
        int64_t channel_layout;
        enum AVSampleFormat fmt;
        int frame_size;
        int Bytes_per_sec;
} AudioParams;

/**
 * 音频采样格式(示例格式所描述的数据始终以本机端序排列)
 * 浮点格式基于[-1.0,1.0]范围内的满卷。任何超出此范围的值都超过满卷级别
 * 在 av_samples_fill_arrays()和 FFmpeg 中的其他地方(如 libavcodec 中的 AVFrame)中使用的数据
 * 布局如下
 * 对于平面采样格式,每个音频通道都在一个单独的数据平面中,linesize 是单个平面的缓冲区大
 * 小,以字节为单位。所有数据平面的大小必须相同。对于压缩样本格式,仅使用第一数据平面,并
 * 且对每个信道的样本进行交织。在这种情况下,linesize 是 1 平面的缓冲区大小,以字节为单位
 *
 */
enum AVSampleFormat {
    AV_SAMPLE_FMT_NONE = -1,
    AV_SAMPLE_FMT_U8,           //无符号 8 位
    AV_SAMPLE_FMT_S16,          //有符号 16 位
    AV_SAMPLE_FMT_S32,          //有符号 32 位
    AV_SAMPLE_FMT_FLT,          //浮点型
    AV_SAMPLE_FMT_DBL,          //双精度浮点型

    AV_SAMPLE_FMT_U8P,          //无符号 8 位,平面
    AV_SAMPLE_FMT_S16P,         //有符号 16 位,平面
    AV_SAMPLE_FMT_S32P,         //有符号 32 位,平面
    AV_SAMPLE_FMT_FLTP,         //浮点型,平面
    AV_SAMPLE_FMT_DBLP,         //双精度浮点型,平面
    AV_SAMPLE_FMT_S64,          //有符号 64 位
    AV_SAMPLE_FMT_S64P,         //有符号 64 位,平面

    AV_SAMPLE_FMT_NB            //样本格式的数量。如果是动态链接,请不要使用
};
```

5. 音频重采样

音频重采样在 audio_decode_frame()函数中实现,也就是从音频 frame 队列中取出一帧,按指定格式经过重采样后输出,但 audio_decode_frame()函数的命名有歧义,它只是进行重采样,并不进行解码。重采样的细节比较琐碎,主要代码如下:

```
//chapter9/MFCFFPlayer/MFCFFPlayer/ffplay_MFCDlg.cpp
/** 解码一个音频帧并返回其未压缩大小
 * Decode one audio frame and return its uncompressed size.
 * 处理后的音频帧被解码,如果需要,则进行转换,并存储在 is->audio_buf 中,返回值以字节为
单位
 * The processed audio frame is decoded, converted if required, and
 * stored in is->audio_buf, with size in Bytes given by the return
 * value.
 */
```

```c
static int audio_decode_frame(VideoState *is){
    int data_size, resampled_data_size;
    int64_t dec_channel_layout;
    av_unused double audio_clock0;
    int wanted_nb_samples;
    Frame *af;

    if (is->paused)
        return -1;

    do {
#if defined(_WIN32)
        while (frame_queue_nb_remaining(&is->sampq) == 0) {
            if ((av_gettime_relative() - audio_callback_time) > 1000000LL * is->audio_hw_buf_size / is->audio_tgt.Bytes_per_sec / 2)
                return -1;
            av_usleep (1000);
        }
#endif
        //若队列头部可读,则由 af 指向可读帧
        if (!(af = frame_queue_peek_readable(&is->sampq)))
            return -1;
        frame_queue_next(&is->sampq);
    } while (af->serial != is->audioq.serial);

    //根据 frame 中指定的音频参数获取缓冲区的大小
    data_size = av_samples_get_buffer_size(
        NULL, af->frame->channels,              //本行两参数:linesize 和声道数
        af->frame->nb_samples,                  //本行一参数:本帧中包含的单个声道中的样本数
        af->frame->format, 1);                  //本行两参数:采样格式和不对齐

    //获取声道布局
    dec_channel_layout =
        (af->frame->channel_layout && af->frame->channels == av_get_channel_layout_nb_channels(af->frame->channel_layout)) ?
        af->frame->channel_layout : av_get_default_channel_layout(af->frame->channels);
    //获取样本数校正值:若同步时钟是音频,则不调整样本数,否则根据同步的需要调整样本数
    wanted_nb_samples = synchronize_audio(is, af->frame->nb_samples);

    //is->audio_tgt 是 SDL 可接受的音频帧数,是从 audio_open()中取得的参数
    //在 audio_open()函数中又有 is->audio_src = is->audio_tgt
    //此处表示:如果 frame 中的音频参数 == is->audio_src == is->audio_tgt,则音频重采样
    //的过程就免了(因此时 is->swr_ctr 是 NULL)
    //否则使用 frame(源)和 is->audio_tgt(目标)中的音频参数设置 is->swr_ctx
    //并使用 frame 中的音频参数来赋值 is->audio_src
    if (af->frame->format         != is->audio_src.fmt ||
        dec_channel_layout        != is->audio_src.channel_layout ||
        af->frame->sample_rate    != is->audio_src.freq ||
        (wanted_nb_samples        != af->frame->nb_samples && !is->swr_ctx)) {
        swr_free(&is->swr_ctx);
        //使用 frame(源)和 is->audio_tgt(目标)中的音频参数设置 is->swr_ctx
```

```c
            is->swr_ctx = swr_alloc_set_opts(NULL,
                is->audio_tgt.channel_layout,is->audio_tgt.fmt,
                is->audio_tgt.freq,dec_channel_layout,af->frame->format,
                af->frame->sample_rate,0,NULL);
            if (!is->swr_ctx || swr_init(is->swr_ctx) < 0) {
                av_log(NULL, AV_LOG_ERROR,
                    "Cannot create sample rate converter for conversion of %d Hz %s %d channels to %d Hz %s %d channels!\n",af->frame->sample_rate, av_get_sample_fmt_name(af->frame->format), af->frame->channels,
                        is->audio_tgt.freq, av_get_sample_fmt_name(is->audio_tgt.fmt), is->audio_tgt.channels);
                swr_free(&is->swr_ctx);
                return -1;
            }
            //使用frame中的参数更新is->audio_src
            //第1次更新后,基本不用执行此if分支了,因为一个音频流中各frame的通用参数一样
            is->audio_src.channel_layout = dec_channel_layout;
            is->audio_src.channels = af->frame->channels;
            is->audio_src.freq = af->frame->sample_rate;
            is->audio_src.fmt = af->frame->format;
        }

        if (is->swr_ctx) {
            //重采样输入参数1:输入的音频样本数是af->frame->nb_samples
            //重采样输入参数2:输入的音频缓冲区
            //const uint8_t **in = (const uint8_t **)af->frame->extended_data;
            //重采样输出参数1:输出音频缓冲区尺寸
            //重采样输出参数2:输出音频缓冲区
            uint8_t **out = &is->audio_buf1;
            //重采样输出参数:输出音频样本数(多加了256个样本)
            int out_count = (int64_t)wanted_nb_samples * is->audio_tgt.freq / af->frame->sample_rate + 256;
            //重采样输出参数:输出音频缓冲区尺寸(以字节为单位)
            int out_size = av_samples_get_buffer_size(NULL, is->audio_tgt.channels, out_count, is->audio_tgt.fmt, 0);
            int len2;
            if (out_size < 0) {
                av_log(NULL, AV_LOG_ERROR, "av_samples_get_buffer_size() failed\n");
                return -1;
            }
            //如果frame中的样本数经过校正,则条件成立
            if (wanted_nb_samples != af->frame->nb_samples) {
                //重采样补偿:利用重采样库平滑地进行样本剔除或添加
/*需要注意的是,因为增加或删除了样本,样本总数发生了变化,而采样率不变,那么假设原先1s的声音将被以大于1s或小于1s的时长进行播放,这会导致声音整体频率被拉低或拉高.直观感受,就是声音变粗或变尖了.ffplay也考虑到了这点影响,其做法是设定一个最大、最小调整范围,避免大幅度的音调变化.*/
                if (swr_set_compensation(is->swr_ctx, (wanted_nb_samples - af->frame->nb_samples) * is->audio_tgt.freq / af->frame->sample_rate,
                                            wanted_nb_samples * is->audio_tgt.freq / af->frame->sample_rate) < 0) {
```

```
                av_log(NULL, AV_LOG_ERROR, "swr_set_compensation() failed\n");
                return -1;
            }
        }
        av_fast_malloc(&is->audio_buf1, &is->audio_buf1_size, out_size);
        if (!is->audio_buf1)
            return AVERROR(ENOMEM);
        //音频重采样:返回值是重采样后得到的音频数据中单个声道的样本数
        len2 = swr_convert(is->swr_ctx, out, out_count, in, af->frame->nb_samples);
        if (len2 < 0) {
            av_log(NULL, AV_LOG_ERROR, "swr_convert() failed\n");
            return -1;
        }
        if (len2 == out_count) {
            av_log(NULL, AV_LOG_WARNING, "audio buffer is probably too small\n");
            if (swr_init(is->swr_ctx) < 0)
                swr_free(&is->swr_ctx);
        }
        is->audio_buf = is->audio_buf1;
        //重采样返回的一帧音频数据的大小(以字节为单位)
        resampled_data_size = len2 * is->audio_tgt.channels * av_get_Bytes_per_sample(is->audio_tgt.fmt);
    } else {
        //如果未经重采样,则将指针指向frame中的音频数据
        is->audio_buf = af->frame->data[0];
        resampled_data_size = data_size;
    }

    audio_clock0 = is->audio_clock;
    /* update the audio clock with the pts */
    if (!isnan(af->pts))
        is->audio_clock = af->pts + (double) af->frame->nb_samples / af->frame->sample_rate;
    else
        is->audio_clock = NAN;
    is->audio_clock_serial = af->serial;
#ifdef Debug
    {
        static double last_clock;
        printf("audio: delay = %0.3f clock = %0.3f clock0 = %0.3f\n",
            is->audio_clock - last_clock,
            is->audio_clock, audio_clock0);
        last_clock = is->audio_clock;
    }
#endif
    return resampled_data_size;
}
```

9.7 FFplay 的播放控制

在视频播放过程中可以通过鼠标或键盘实现控制,包括暂停、停止、逐帧播放和随机定位等。

1. 暂停/继续

暂停/继续状态的切换是由用户在键盘上按空格键实现的,每按一次空格键,暂停/继续的状态翻转一次。暂停/继续状态切换的函数调用关系如下:

```
//chapter9/MFCFFPlayer/MFCFFPlayer/ffplay_MFCDlg.cpp
main() →
event_loop() →
toggle_pause() →
stream_toggle_pause()
```

stream_toggle_pause()函数实现状态翻转,代码如下:

```
//chapter9/MFCFFPlayer/MFCFFPlayer/ffplay_MFCDlg.cpp
/* pause or resume the video:暂停或继续 */
static void stream_toggle_pause(VideoState * is)
{
    if (is->paused) {
        //这里表示当前是暂停状态,将切换到继续播放状态
        //在继续播放之前,先将暂停期间流逝的时间加到 frame_timer 中
        is->frame_timer += av_gettime_relative() / 1000000.0 - is->vidclk.last_updated;
        if (is->read_pause_return != AVERROR(ENOSYS)) {
            is->vidclk.paused = 0;
        }
        set_clock(&is->vidclk, get_clock(&is->vidclk), is->vidclk.serial);
    }
    set_clock(&is->extclk, get_clock(&is->extclk), is->extclk.serial);
    is->paused = is->audclk.paused = is->vidclk.paused = is->extclk.paused = !is->paused;    //状态取反
}
```

在暂停状态下,实际就是不停地播放上一帧(最后一帧)图像,画面不更新。暂停状态下的视频播放是在 video_refresh()函数中实现的,代码如下:

```
//chapter9/MFCFFPlayer/MFCFFPlayer/ffplay_MFCDlg.cpp
/* called to display each frame */
static void video_refresh(void * opaque, double * remaining_time)
{
    //...省略部分代码
    //视频播放
    if (is->video_st) {
        //暂停处理:不停地播放上一帧图像
```

```cpp
        if (is->paused)
            goto display;
    }
    //...省略部分代码
}
```

2. 逐帧播放

逐帧播放实现的方法是：每次按了 S 键，就将状态切换为播放，播放一帧画面后，将状态切换为暂停。函数的调用关系如下：

```
//chapter9/MFCFFPlayer/MFCFFPlayer/ffplay_MFCDlg.cpp
main() →
event_loop() →
step_to_next_frame() →
stream_toggle_pause()
```

逐帧播放的实现比较简单，代码如下：

```cpp
//chapter9/MFCFFPlayer/MFCFFPlayer/ffplay_MFCDlg.cpp
static void step_to_next_frame(VideoState * is){
    /* if the stream is paused unpause it, then step */
    if (is->paused)
        stream_toggle_pause(is);          //确保切换到播放状态，播放一帧画面
    is->step = 1;
}
/* called to display each frame */
static void video_refresh(void * opaque, double * remaining_time){
    //...省略部分代码
    //视频播放
    if (is->video_st) {
        if (is->step && !is->paused)
            stream_toggle_pause(is);      //逐帧播放模式下，播放一帧画面后暂停
    }
    //...省略部分代码
}
```

3. 全屏播放

暂停/继续状态的切换是由用户在键盘上按 F 键实现的，函数调用关系如下：

```
//chapter9/MFCFFPlayer/MFCFFPlayer/ffplay_MFCDlg.cpp
main() →
event_loop() →
toggle_full_screen()
```

toggle_full_screen()函数通过调用 SDL 的 SDL_SetWindowFullscreen()函数实现全屏，代码如下：

```cpp
//chapter9/MFCFFPlayer/MFCFFPlayer/ffplay_MFCDlg.cpp
static void toggle_full_screen(VideoState * is){
    is_full_screen = !is_full_screen;
    SDL_SetWindowFullscreen(WindowsDL, is_full_screen ? SDL_WINDOW_FULLSCREEN_DESKTOP : 0);
}
```

4. 随机定位

随机定位(SEEK)操作就是由用户干预而改变播放进度的实现方式,例如用鼠标拖动播放进度条等。

1) SEEK 的数据结构

SEEK 相关数据变量的定义如下：

```cpp
//chapter9/MFCFFPlayer/MFCFFPlayer/ffplay_MFCDlg.cpp
typedef struct VideoState {
    //...省略部分代码
    int seek_req;              //标识一次 SEEK 请求
    int seek_flags;            //SEEK 标志,诸如 AVSEEK_FLAG_BYTE 等
    int64_t seek_pos;          //SEEK 的目标位置(当前位置+增量)
    int64_t seek_rel;          //本次 SEEK 的位置增量
    //...省略部分代码
} VideoState;
```

其中 VideoState.seek_flags 表示 SEEK 标志,SEEK 标志的类型定义如下：

```cpp
#define AVSEEK_FLAG_BACKWARD    1 //< seek backward
#define AVSEEK_FLAG_BYTE        2 //< seeking based on position in Bytes
#define AVSEEK_FLAG_ANY         4 //< seek to any frame, even non-keyframes
#define AVSEEK_FLAG_FRAME       8 //< seeking based on frame number
```

SEEK 目标播放点(简称 SEEK 点)的确定,根据 SEEK 标志的不同,分为以下几种情况。

(1) AVSEEK_FLAG_BYTE：SEEK 点对应文件中的位置(字节表示)。有些解复用器可能不支持这种情况。

(2) AVSEEK_FLAG_FRAME：SEEK 点对应 stream 中的帧序号,stream 由 stream_index 指定。有些解复用器可能不支持这种情况。

(3) 如果不含上述两种标志且 stream_index 有效：SEEK 点对应时间戳,单位是 stream 中的 timebase,stream 由 stream_index 指定。

(4) 如果不含上述两种标志且 stream_index 是−1：SEEK 点对应时间戳,单位是 AV_TIME_BASE。SEEK 点的值由"目标帧中的 PTS × AV_TIME_BASE"得到。

(5) AVSEEK_FLAG_ANY：SEEK 点对应帧序号,播放点可停留在任意帧。有些解复用器可能不支持这种情况。

(6) AVSEEK_FLAG_BACKWARD：忽略。

其中 AV_TIME_BASE 是 FFmpeg 内部使用的时间基，表示 1000000μs，代码如下：

```
/** * Internal time base represented as integer */
#define AV_TIME_BASE            1000000
```

2）SEEK 的触发方式

当用户按下键盘上的 PAGEUP、PAGEDOWN、UP、DOWN、LEFT、RIGHT 按键及用鼠标拖动进度条时，引起播放进度变化，会触发 SEEK 操作。在 event_loop() 函数进行的 SDL 消息处理中有以下代码片段：

```
//chapter9/MFCFFPlayer/MFCFFPlayer/ffplay_MFCDlg.cpp
case SDLK_LEFT:
    incr = seek_interval ? -seek_interval : -10.0;
    goto do_seek;
case SDLK_RIGHT:
    incr = seek_interval ? seek_interval : 10.0;
    goto do_seek;
case SDLK_UP:
    incr = 60.0;
    goto do_seek;
case SDLK_DOWN:
    incr = -60.0;
do_seek:
        if (seek_by_Bytes) {
            pos = -1;
            if (pos < 0 && cur_stream->video_stream >= 0)
                pos = frame_queue_last_pos(&cur_stream->pictq);
            if (pos < 0 && cur_stream->audio_stream >= 0)
                pos = frame_queue_last_pos(&cur_stream->sampq);
            if (pos < 0)
                pos = avio_tell(cur_stream->ic->pb);
            if (cur_stream->ic->bit_rate)
                incr *= cur_stream->ic->bit_rate / 8.0;
            else
                incr *= 180000.0;
            pos += incr;
            stream_seek(cur_stream, pos, incr, 1);
        } else {
            pos = get_master_clock(cur_stream);
            if (isnan(pos))
                pos = (double)cur_stream->seek_pos / AV_TIME_BASE;
            pos += incr;
            if (cur_stream->ic->start_time != AV_NOPTS_VALUE && pos < cur_stream->ic->start_time / (double)AV_TIME_BASE)
                pos = cur_stream->ic->start_time / (double)AV_TIME_BASE;
            stream_seek(cur_stream, (int64_t)(pos * AV_TIME_BASE), (int64_t)(incr * AV_TIME_BASE), 0);
        }
    break;
```

当 seek_by_Bytes 生效（对应 AVSEEK_FLAG_BYTE 标志）时，SEEK 点对应文件中的位置，在上述代码中设置了对应 1s 数据量的播放增量；当不生效时，SEEK 点对应播放时刻。此函数的主要功能如下：

（1）首先确定 SEEK 操作的播放进度增量（SEEK 增量）和目标播放点（SEEK 点），当 seek_by_Bytes 不生效时，将增量设为选定值，如 10.0s（用户按 RIGHT 键的情况）。

（2）将同步主时钟加上进度增量，即可得到 SEEK 点。先将相关数值记录下来，供后续 SEEK 操作时使用。stream_seek(cur_stream,（int64_t)(pos * AV_TIME_BASE),(int64_t)(incr * AV_TIME_BASE), 0)语句用于记录目标播放点和播放进度增量两个参数，精确到微秒。

再看一下 stream_seak()函数的实现，主要工作是对变量赋值，代码如下：

```
//chapter9/MFCFFPlayer/MFCFFPlayer/ffplay_MFCDlg.cpp
/* seek in the stream */
static void stream_seek(VideoState * is, int64_t pos, int64_t rel, int seek_by_Bytes){
    if (!is->seek_req) {
        is->seek_pos = pos;
        is->seek_rel = rel;
        is->seek_flags &= ~AVSEEK_FLAG_BYTE;
        if (seek_by_Bytes)
            is->seek_flags |= AVSEEK_FLAG_BYTE;
        is->seek_req = 1;
        SDL_CondSignal(is->continue_read_thread);
    }
}
```

3）SEEK 的操作代码

在解复用线程主循环中处理了 SEEK 操作，代码如下：

```
//chapter9/MFCFFPlayer/MFCFFPlayer/ffplay_MFCDlg.cpp
static int read_thread(void * arg){
    //……省略部分代码
    for (;;) {
        if (is->seek_req) {
            int64_t seek_target = is->seek_pos;
            int64_t seek_min = is->seek_rel > 0 ? seek_target - is->seek_rel + 2: INT64_MIN;
            int64_t seek_max = is->seek_rel < 0 ? seek_target - is->seek_rel - 2: INT64_MAX;
//FIXME the +-2 is due to rounding being not done in the correct direction in generation
//of the seek_pos/seek_rel variables

            ret = avformat_seek_file(is->ic, -1, seek_min, seek_target, seek_max, is->seek_flags);
            if (ret < 0) {
                av_log(NULL, AV_LOG_ERROR,
                    "%s: error while seeking\n", is->ic->url);
            } else {
                if (is->audio_stream >= 0) {
```

```
                packet_queue_flush(&is->audioq);
                packet_queue_put(&is->audioq, &flush_pkt);
            }
            if (is->subtitle_stream >= 0) {
                packet_queue_flush(&is->subtitleq);
                packet_queue_put(&is->subtitleq, &flush_pkt);
            }
            if (is->video_stream >= 0) {
                packet_queue_flush(&is->videoq);
                packet_queue_put(&is->videoq, &flush_pkt);
            }
            if (is->seek_flags & AVSEEK_FLAG_BYTE) {
                set_clock(&is->extclk, NAN, 0);
            } else {
                set_clock(&is->extclk, seek_target / (double)AV_TIME_BASE, 0);
            }
        }
        is->seek_req = 0;
        is->queue_attachments_req = 1;
        is->eof = 0;
        if (is->paused)
            step_to_next_frame(is);
    }
}
//...省略部分代码
}
```

在上述代码中 SEEK 操作的执行步骤如下:

(1) 调用 avformat_seek_file() 函数完成解复用器中的 SEEK 点切换操作,代码如下:

```
//chapter9/MFCFFPlayer/MFCFFPlayer/ffplay_MFCDlg.cpp
//函数原型
int avformat_seek_file(AVFormatContext * s, int stream_index, int64_t min_ts, int64_t ts,
int64_t max_ts, int flags);
//调用代码
ret = avformat_seek_file(is->ic, -1, seek_min, seek_target, seek_max, is->seek_flags);
```

这个函数会等待 SEEK 操作完成后才返回。实际的播放点力求最接近参数 ts,并确保在[min_ts,max_ts]区间内,之所以播放点不一定在 ts 位置,是因为 ts 位置未必能正常播放。

(2) 冲刷各解码器的缓存帧,使当前播放序列中的帧播放完成,然后开始新的播放序列(播放序列由各数据结构中的 serial 变量标志,此处不展开),代码如下:

```
if (is->video_stream >= 0) {
    packet_queue_flush(&is->videoq);
    packet_queue_put(&is->videoq, &flush_pkt);
}
```

(3) 清除本次 SEEK 请求标志,将 is->seek_req 设置为 0。

9.8 FFplay 音视频同步原理及实现

目前业界有 3 种音视频同步方案,包括视频同步到音频、音频同步到视频和音视频同步到外部时钟。ffplay 音视频同步策略属于视频同步到音频。ffplay 中将视频同步到音频的主要流程是,如果视频播放过快,则重复播放上一帧,以等待音频;如果视频播放过慢,则丢帧追赶音频。

1. 视频同步音频简介

人体器官对于图像和声音的接受灵敏程度不一样,人对音频比对视频敏感;视频放快一点,可能察觉得不是特别明显,但音频加快或减慢,人耳听得很敏感,因此为了提高体验,在音视频同步时一般以音频时钟为基准,但如果一个只有视频流而没有音频流的视频文件,在播放时就需要以视频为基准了。

1) I、P 和 B 帧

声卡和显卡通常是以一帧数据来作为播放单位的,如果单纯依赖帧率及采样率进行播放,在理想条件下,则应该是同步的,不会出现偏差,但是由于解码、传输、编码、网络问题等原因会导致音频与视频不同步,当两者严重不同步时,会出现视频卡顿、音频不连续等问题,影响视频的播放效果。视频的帧率表示视频一秒显示的帧数(Frames),音频的采样率表示音频一秒播放的采样数(Samples)。一个 AAC 音频帧 Frame 的每声道包含 1024 个采样点(Sample),则 1 个 AAC 音频帧播放时长 Duration 为(1024÷44 100)×1000ms,即 23.22ms;假设视频帧率(fps)为 25,则 1 个视频帧播放时长 Duration 为 1000ms÷25,即 40ms。声卡虽然是以音频采样点为播放单位的,但通常每次往声卡缓冲区送一个音频帧,每送一个音频帧就更新一下音频的播放时刻,即每隔一个音频帧时长更新一下音频时钟,实际上 ffplay 就是这么做的。由此得到了每帧数据的持续时间,而音视频帧是交叉存储在容器中的,所以理论上的音视频播放同步的时间轴信息如下:

时间轴:0 22.32 40 44.62 66.96 80 89.16 111.48 120 …
音 频:0 22.32 44.62 66.96 89.16 111.48 …
视 频:0 40 80 120 …

视频的本质是一张张的静止的图像,1s 的视频不压缩,满足人眼的最低要求为 15 张 YUV 图片(不压缩 1080P 的图片大约 6MB),由于网络带宽的限制,1s 就要传输 90MB,其数据量过大对带宽的消耗过高,实践中是行不通的,因此视频压缩技术由此诞生。由于人眼的视觉暂留效应,当帧序列以一定的速率播放时,看到的就是动作连续的视频,而连续的帧之间相似性极高,这就提供了压缩的空间,可以去除一些冗余,如时间冗余与空间冗余等,这样便产生了各种压缩技术。例如一幅静态图像及人脸、背景、人脸、头发等处的亮度和颜色等,都是平缓变化的。相邻的像素和色度信号值比较接近。具有强相关性,如果直接用采样数来表示亮度和色度信息,则数据中存在较多的空间冗余。如果先去除冗余数据再编码,则表示每个像素的平均比特数就会下降,这就是通常说的图像的帧内编码,即以减少空间冗余进行数据压缩,而视频是时间轴方向的帧图像序列,相邻帧图像的相关性也很强。通常用降低帧间的方法来减少时间冗余。采用运动估计和运动补偿技术满足解码重建图像的质量要求。

然后需要了解一下 I、P 和 B 帧的概念。I 帧是指帧内编码帧(Intra Picture),采用帧内压缩去掉空间冗余信息。P 帧是指前向预测编码帧(Predictive-Frame),通过图像序列中前面已经编码帧的时间冗余信息来压缩传输数据量的编码图像。参考前面的 I 帧或者 P 帧。B 帧是指双向预测内插编码帧(Bi-Directional Interpolated Prediction Frame),既考虑源图像序列前面的已编码帧,又顾及源图像序列后面的已编码帧之间的冗余信息,以此来压缩传输数据量的编码图像,也称为双向编码帧。参考前面的一个 I 帧或者 P 帧及其后面的一个 P 帧,其中即时解码刷新帧(Instantaneous Decoding Refresh Picture,IDR)是一种特殊的 I 帧。当解码器解码到 IDR 帧时,会将前后向参考帧列表(Decoded Picture Buffer,DPB)清空,将已解码的数据全部输出或抛弃,然后开始一次全新的解码序列。IDR 帧之后的图像不会参考 IDR 帧之前的图像。

注意:B 帧有可能参考它后面的 P 帧,解码器一般有视频帧缓存队列(以 GOP 为单位)。

2) PTS 与 DTS

音视频同步依赖的一个非常重要的概念就是显示时间戳(Presentation Time Stamp,PTS)它用于指示显示某一帧的时间,而 PTS 是在拍摄视频时打进去的时间戳,假如拍摄一段小视频,不加任何后期特效功能,那么基本步骤如图 9-6 所示。

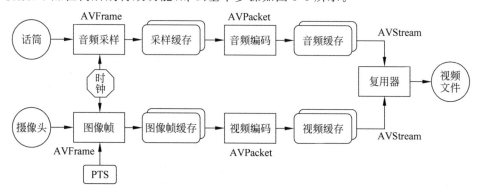

图 9-6 音视频同步及 PTS

由此可见,PTS 是在录制时就打进帧(Frame)里的。要实现音视频同步,通常需要选择一个参考时钟,参考时钟上的时间是线性递增的,编码音视频流时依据参考时钟上的时间给每帧数据打上时间戳。在播放时,读取数据帧上的时间戳,同时参考当前参考时钟上的时间来安排播放。这里说的时间戳就是 PTS。实践中可以选择的策略包括同步视频到音频、同步音频到视频和同步音频和视频到外部时钟。DTS 和 PTS 是音视频同步的关键技术,同时也与丢帧策略密切相关。

解码时间戳(Decoding Time Stamp,DTS),用于标识读入内存中比特流在什么时候开始送入解码器中进行解码,也就是解码顺序的时间戳。展示时间戳(Presentation Time Stamp,PTS),用于度量解码后的视频帧什么时候被显示出来。在没有 B 帧的情况下,DTS 和 PTS 的输出顺序是一样的,一旦存在 B 帧,PTS 和 DTS 则会不同。也就是显示顺序的时间戳。

DTS 表示 packet 的解码时间。PTS 表示 packet 解码后数据的显示时间。音频中 DTS 和 PTS 是相同的。视频中由于 B 帧需要双向预测,B 帧依赖于其前和其后的帧,因此含 B 帧的视频解码顺序与显示顺序不同,即 DTS 与 PTS 不同。当然,不含 B 帧的视频,其 DTS 和 PTS 是相同的。

上面讲解了视频帧、DTS、PTS 相关的概念,下面来介绍音视频同步。在一个媒体流中,除了视频以外,通常还包括音频。音频的播放,也有 DTS、PTS 的概念,但是音频没有类似视频中的 B 帧,不需要双向预测,所以音频帧的 DTS、PTS 的顺序是一致的。音频和视频混合在一起播放,就呈现了常常看到的广义的视频。在音视频一起播放时,通常需要面临一个问题:怎么去同步它们,以免出现画不对声的情况。要实现音视频同步,通常需要选择一个参考时钟,参考时钟上的时间是线性递增的,编码音视频流时依据参考时钟上的时间给每帧数据打上时间戳。在播放时,读取数据帧上的时间戳,同时参考当前参考时钟上的时间来安排播放。这里的说的时间戳就是前面说的 PTS。实践中,可以选择:同步视频到音频、同步音频到视频、同步音频和视频到外部时钟。

3) GOP

图像组(Group Of Picture,GOP),指两个 I 帧之间的距离。Reference 即参考周期,指两个 P 帧之间的距离。一个 I 帧所占用的字节数大于一个 P 帧,一个 P 帧所占用的字节数大于一个 B 帧,所以在码率不变的前提下,GOP 值越大,P、B 帧的数量就越多,平均每个 I、P、B 帧所占用的字节数就越多,也就更容易获取较好的图像质量;Reference 越大,B 帧的数量越多,同理也更容易获得较好的图像质量。I、P、B 帧的字节大小为 I>P>B。GOP 解码顺序和显示顺序如图 9-7 所示。

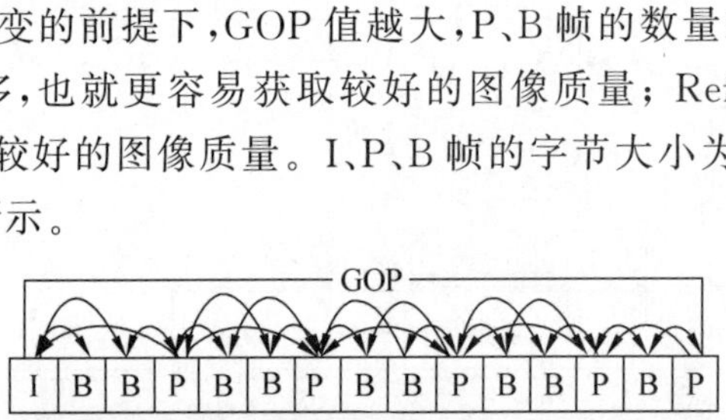

	GOP													
	I	B	P	B	B	P	B	B	P	B	B	P	B	P
解码顺序:	1	3	4	2	6	7	5	9	10	8	12	13	11	15	14
显示顺序:	1	2	3	4	5	6	7	8	9	10	11	12	13	14	15
DTS:	1	3	4	2	6	7	5	9	10	8	12	13	11	15	14
PTS:	1	2	3	4	5	6	7	8	9	10	11	12	13	14	15

图 9-7 GOP 解码顺序和显示顺序

GOP 是指一组连续的图像,由一个 I 帧和多个 B/P 帧组成,是编解码器存取的基本单位。GOP 结构常用的两个参数是 M 和 N,M 指定 GOP 中首个 P 帧和 I 帧之间的距离,N 指定一个

GOP 的大小。例如 M=1,N=15,GOP 的结构为 IPBBPBBPBBPBBPB IPBBPBB。GOP 指两个 I 帧之间的距离,Reference 指两个 P 帧之间的距离。一个 I 帧所占用的字节数大于一个 P 帧,一个 P 帧所占用的字节数大于一个 B 帧,所以在码率不变的前提下,GOP 值越大,P、B 帧的数量就越多,平均每个 I、P、B 帧所占用的字节数就越多,也就更容易获取较好的图像质量;Reference 越大,B 帧的数量越多,同理也更容易获得较好的图像质量。需要说明的是,通过提高 GOP 值来提高图像质量是有限度的,在遇到场景切换的情况时,H.264 编码器会自动强制插入一个 I 帧,此时实际的 GOP 值被缩短了。在一个 GOP 中,P、B 帧是由 I 帧预测得到的,当 I 帧的图像质量比较差时,会影响到一个 GOP 中后续 P、B 帧的图像质量,直到下一个 GOP 开始才有可能得以恢复,所以 GOP 值也不宜被设置得过大。同时,由于 P、B 帧的复杂度大于 I 帧,所以过多的 P、B 帧会影响编码效率,使编码效率降低。另外,过长的 GOP 还会影响 Seek 操作的响应速度,由于 P、B 帧是由前面的 I 或 P 帧预测得到的,所以 Seek 操作需要直接定位,当解码某个 P 或 B 帧时,需要先解码得到本 GOP 内的 I 帧及之前的 N 个预测帧才可以,GOP 值越长,需要解码的预测帧就越多,Seek 响应的时间也越长。

GOP 通常有两种,包括闭合式 GOP 和开放式 GOP。闭合式 GOP 只需参考本 GOP 内的图像,不需参考前后 GOP 的数据。这种模式决定了,闭合式 GOP 的显示顺序总是以 I 帧开始并以 P 帧结束。开放式 GOP 中的 B 帧解码时可能要用到其前一个 GOP 或后一个 GOP 的某些帧。当码流里面包含 B 帧时才会出现开放式 GOP。在开放式 GOP 和闭合式 GOP 中 I 帧、P 帧、B 帧的依赖关系如图 9-8 所示。

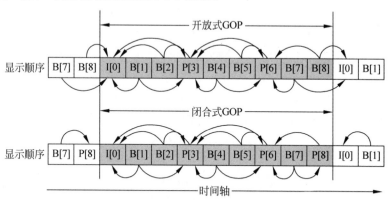

图 9-8 开放式 GOP 和闭合式 GOP

下面以一个开放式 GOP 为例,说明视频流的解码顺序和显示顺序,如图 9-9 所示。

(1) 采集顺序指图像传感器采集原始信号得到图像帧的顺序。

(2) 编码顺序指编码器编码后图像帧的顺序,存储到磁盘的本地视频文件中的图像帧的顺序与编码顺序相同。

(3) 传输顺序指编码后的流在网络传输过程中图像帧的顺序。

(4) 解码顺序指解码器解码图像帧的顺序。

(5) 显示顺序指图像帧在显示器上显示的顺序。

(6) 采集顺序与显示顺序相同；编码顺序、传输顺序和解码顺序相同。

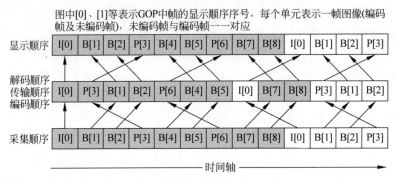

图 9-9 开放式 GOP

其中 B[1]帧依赖于 I[0]帧和 P[3]帧，因此 P[3]帧必须比 B[1]帧先解码。这就导致了解码顺序和显示顺序的不一致，后显示的帧需要先解码。一般的解码器中有帧缓存队列，以 GOP 为单位，这样就可以解决 B 帧参考其后边的帧的问题。

有时在一些特殊场景下，例如镜头切换等，变化的信息量很大，那么使用 P 帧或者 B 帧反而得不偿失。使用 H.264 编码，这时可以强制插入关键帧(Key Frame)，也就是不依赖前后帧的独立的一帧图像。Key Frame 也叫 I-Frame，也就是 Intra-Frame。理论上，任何时候都可以插入 Key Frame。假设一个视频从头到尾都没有这样的剧烈变化的镜头，那就只有第 1 帧是 Key Frame，但是进行随机播放(Random Seek)时，就很麻烦，例如想要 Seek 到第 1h，那程序就得先解码 1h 的视频，然后才能计算出要播放的帧。针对这种情况，一般以有规律的时间间隔(Interval)来插入 Key Frame，这个有规律的 Interval 就叫作 I-Frame Interval，或者叫作 I-Frame Distance，或者叫作 GOP Length/Size(Group Of Images)，这个值一般是 10 倍的 fps(libx264 默认将这个 Interval 设置为 250，另外，libx264 编码器在检测到大的场景变化时，会在变化开始处插入 Key Frame)。直播场景下，GOP 要适当小一些。例如 ESPN 每 10s 插入一个 Key Frame，YouTube 每 2s 插入一个关键帧，Apple 每 3~10s 插入一个 Key Frame。

GOP 结构一般会使用两个字幕(M 和 N)来描述，例如 M=3、N=12，其中第 1 个数字 3 表示的是两个 Anchor Frame(I 帧或者 P 帧)之间的距离，第 2 个数字 12 表示两个 Key Frame 之间的距离(也就是 GOP Size 或者 GOP Length)，那么对于这个例子来讲，GOP 结构就是 IBBPBBPBBPBBI。

IDR(Instantaneous Decoder Refresh，以及时刷新帧)首先是关键帧(Key Frame)，对于普通的 Key Frame(non-IDR Key Frame)来讲，其后的 P-Frame 和 B-Frame 可以引用此 Key Frame 之前的帧，但是 IDR 不行，IDR 后的 P-Frame 和 B-Frame 不能引用此 IDR 之前的帧，所以当解码器(Decoder)遇到 IDR 后，就必须抛弃之前的解码序列，重新开始。这样当遇到解码错误时，错误不会影响很远，将止步于 IDR。

4) time_base

时间基(time_base)也是用来度量时间的,可以类比 duration。如果把 1s 分为 25 等份,可以理解为一把尺,则每一格表示的就是 1/25s,此时的 time_base={1,25}。如果把 1s 分成 90 000 份,则每个刻度就是 1/90 000s,此时的 time_base={1,90 000}。

时间基表示的就是每个刻度是多少秒。PTS 的值就是占多少个时间刻度(占多少个格子)。它的单位不是秒,而是时间刻度。只有 PTS 加上 time_base 两者同时在一起,才能表达出时间是多少。例如只知道某物体的长度占某一把尺上的 20 个刻度,但是不知道这把尺总共是多少厘米,那就没有办法计算每个刻度是多少厘米,也就无法知道物体的长度。

2. 时间基

FFmpeg 内部有多种时间戳,基于不同的时间基。理解这些时间概念,有助于通过 FFmpeg 进行音视频开发。在 FFmpeg 内部,时间基(time_base)是时间戳(timestamp)的单位,时间戳值乘以时间基,可以得到实际的时刻值(以秒等为单位)。例如,一个视频帧的 dts 是 40,pts 是 160,其 time_base 是 1/1000 秒,那么可以计算出此视频帧的解码时刻是 40 毫秒(40/1000),显示时刻是 160 毫秒(160/1000)。FFmpeg 中时间戳(pts/dts)的类型是 int64_t 类型,如果把一个 time_base 看作一个时钟脉冲,则可把时间戳(pts/dts)看作时钟脉冲的计数。

1) tbn、tbc 与 tbr

不同的封装格式具有不同的时间基,例如 FLV 封装格式的视频和音频的 time_base 是 {1,1000};TS 封装格式的视频和音频的 time_base 是{1,90 000};MP4 封装格式中的视频的 time_base 默认为{1,16 000},而音频的 time_base 为采样率(默认为{1, 48 000})。

在 FFmpeg 处理音视频过程中的不同阶段,也会采用不同的时间基。FFmepg 中有 3 种时间基,命令行中 tbr、tbn 和 tbc 的打印值就是这 3 种时间基的倒数。

(1) tbn:对应容器(封装格式)中的时间基,值是 AVStream.time_base 的倒数。
(2) tbc:对应编解码器中的时间基,值是 AVCodecContext.time_base 的倒数。
(3) tbr:从视频流中猜算得到,有可能是帧率或场率(帧率的 2 倍)。

关于 tbr、tbn 和 tbc 的说明如下:

```
//chapter8/8.4.help.txt
FFmpeg 中的时间戳有 3 种不同的时基。打印的值实际上是这些值的倒数,即 1/tbr、1/tbn 和 1/待定。
tbn 是 AVStream 中来自容器的时基,我认为它用于所有 AVStream 时间戳。
tbc 用于特定流。它用于所有 AVCodecContext 和相关时间戳。
tbr 是根据视频流猜测的,是用户希望看到的值。当他们寻找视频帧速率时,有时是 2 倍,这是由于场速率与帧速率的关系所期望的。
```

2) 内部时间基

除以上 3 种时间基外,FFmpeg 还有一个内部时间基 AV_TIME_BASE,以及分数形式的 AV_TIME_BASE_Q,代码如下:

```
//chapter9/9.4.help.txt
//内部时基表示为整数
#define AV_TIME_BASE            1000000

//以分数值表示的内部时基
#define AV_TIME_BASE_Q          (AVRational){1, AV_TIME_BASE}
```

注意:AV_TIME_BASE 及 AV_TIME_BASE_Q 用于 FFmpeg 内部函数处理,使用此时间基计算得到时间值表示的是微秒。

FFmpeg 的很多结构中有 AVRational time_base 这样的一个成员,它是 AVRational 结构的,代码如下:

```
//chapter9/9.4.help.txt
typedef struct AVRational{
    int num; //< numerator         分子
    int den; //< denominator       分母
} AVRational;
```

AVRational 结构用于标识一个分数,num 为分子,den 为分母。实际上 time_base 的意思就是时间的刻度。例如{1,25}代表的时间刻度就是 1/25,而{1,9000}代表的时间刻度就是 1/90 000。那么,在刻度为 1/25 的体系下的 time=5,转换成在刻度为 1/90 000 体系下的时间 time 为 18 000(5×1÷25×90 000)。

3) 时间转换函数

因为时间基不统一,所以当时间基变化时,需要对时间戳进行转换。转换思路很简单:先将原时间戳以某一中间时间单位(这里取国际通用时间单位:秒)为单位进行转换,然后以新的时间基为单位进行转换,即可得到新的时间戳。由转换思路可知,转换过程即先做个乘法再做个除法运算,涉及除法就有除不尽的情况,也就有舍入问题,FFmpeg 专门为时间戳转换提供了 API,即 av_rescale_q_rnd()函数,一定要使用该 API,提高转换精度,以免给片源未来的播放带来问题。

av_q2d()函数用于将时间从 AVRational 形式转换为 double 形式。AVRational 是分数类型,double 是双精度浮点数类型,转换结果的单位为秒。转换前后的值基于同一时间基,仅仅是数值的表现形式不同而已。该函数的实现代码如下:

```
//chapter9/9.4.help.txt
/**
 * 将分数转换为小数
 * @要转换的分数
 * @返回对应的小数
 * @see av_d2q()
 */
```

```
static inline double av_q2d(AVRational a){
    return a.num / (double) a.den;
}
```

av_q2d()使用方法的伪代码如下：

```
//chapter9/9.4.help.txt
AVStream stream;
AVPacket packet;
//packet 播放时刻值
timestamp(单位秒) = packet.pts × av_q2d(stream.time_base);
//packet 播放时长值
duration(单位秒) = packet.duration × av_q2d(stream.time_base);
```

av_rescale_q()用于不同时间基的转换，用于将时间值从一种时间基转换为另一种时间基。这个函数的作用是计算 a × bq ÷ cq，把时间戳从一个时间基调整到另外一个时间基。在进行时间基转换时，应该首选这个函数，因为它可以避免溢出的情况发生，代码如下：

```
//chapter9/9.4.help.txt
/**
* 用2个有理数重新缩放64位整数。该运算在数学上等价于a×bq/cq
* 此函数等效于带有#av_ROUND_NEAR_INF 的 av_rescale_q_rnd()
* @请参见 see av_rescale(), av_rescale_rnd(), av_rescale_q_rnd()
*/
int64_t av_rescale_q(int64_t a, AVRational bq, AVRational cq) av_const;
```

av_packet_rescale_ts()用于将 AVPacket 中各种时间值从一种时间基转换为另一种时间基，代码如下：

```
//chapter9/9.4.help.txt
/**
* 将数据包中的有效时间字段(时间戳/持续时间)从一个时基转换到另一个时基内。具有未知值
* 的时间戳(AV_NOPTS_VALUE)将被忽略。
* @将对其执行转换的 param pkt 数据包
* @param tb_src: 源时基，表示 pkt 中的定时字段
* @param tb_dst: 目标时基，定时字段将转换为该时基
*/
void av_packet_rescale_ts(AVPacket * pkt, AVRational tb_src, AVRational tb_dst);
```

例如，把流时间戳转换到内部时间戳，代码如下：

```
//把某个视频帧的 pts 转换成内部时间基准
av_rescale_q(AVFrame->pts, AVStream->time_base, AV_TIME_BASE_Q);
```

在 FFmpeg 中进行 seek 时(av_seek_frame)，时间戳必须基于流时间基准，例如 seek 到第5秒的主要代码如下：

```
//chapter9/9.4.help.txt
//首先计算出基于视频流时间基准的时间戳
int64_t timestamp_in_stream_time_base = av_rescale_q(5 * AV_TIME_BASE, AV_TIME_BASE_Q,
video_stream_ ->time_base);
//然后 seek
av_seek_frame(av_format_context, video_stream_index, timestamp_in_stream_time_base, AVSEEK_
FLAG_BACKWARD);
```

4) 转封装过程中的时间基转换

容器中的时间基(AVStream.time_base,对应 tbn)的定义代码如下:

```
//chapter9/9.4.help.txt
typedef struct AVStream {
    ...//省略代码
    /** 这是表示帧时间戳的基本时间单位(秒)
     * This is the fundamental unit of time (in seconds) in terms
     * of which frame timestamps are represented.
     *
     * decoding: set by libavformat,解码时被 libavformat 设置
     * encoding: May be set by the caller before avformat_write_header() to
     *           provide a hint to the muxer about the desired timebase. In
     *           avformat_write_header(), the muxer will overwrite this field
     *           with the timebase that will actually be used for the timestamps
     *           written into the file (which may or may not be related to the
     *           user-provided one, depending on the format).
     * 编码时:可以由调用方在 avformat_write_header()之前设置,以向 muxer 提供有关所需时基
     的提示.在 avformat_write_header()中,muxer 将使用实际用于写入文件的时间戳的时基覆盖此字段
     (可能与用户提供的时间戳相关,也可能与用户提供的时间戳无关,具体取决于格式)
     */
    AVRational time_base; //封装格式(容器)中的时间基
    ...//省略代码
}
```

AVStream.time_base 是 AVPacket 中 PTS 和 DTS 的时间单位,输入流与输出流中 time_base 按以下方式确定。

(1) 对于输入流:打开输入文件后,调用 avformat_find_stream_info()可获取每个流中的 time_base。

(2) 对于输出流:打开输出文件后,调用 avformat_write_header()可根据输出文件的封装格式确定每个流的 time_base 并写入输出文件中。

不同封装格式具有不同的时间基,不同的封装格式具有不同的时间基,例如 FLV 封装格式的视频和音频的 time_base 是{1,1000};TS 封装格式的视频和音频的 time_base 是{1,90 000};MP4 封装格式中的视频的 time_base 默认为{1,16 000},而音频的 time_base 为采样率(默认为{1,48 000})。在转封装(将一种封装格式转换为另一种封装格式)过程中,与时间基转换相关的代码如下:

```
//chapter9/9.4.help.txt
av_read_frame(ifmt_ctx, &pkt); //读取音视频包
//in_stream:输入流; out_stream:输出流
pkt.pts = av_rescale_q_rnd(pkt.pts, in_stream->time_base, out_stream->time_base, AV_
ROUND_NEAR_INF|AV_ROUND_PASS_MINMAX);
pkt.dts = av_rescale_q_rnd(pkt.dts, in_stream->time_base, out_stream->time_base, AV_
ROUND_NEAR_INF|AV_ROUND_PASS_MINMAX);
pkt.duration = av_rescale_q(pkt.duration, in_stream->time_base, out_stream->time_base);
```

使用 av_packet_rescale_ts() 函数可以实现与上面代码相同的效果,代码如下:

```
//chapter9/9.4.help.txt
//从输入文件中读取 packet
av_read_frame(ifmt_ctx, &pkt);
//将 packet 中的各时间值从输入流封装格式时间基转换到输出流封装格式时间基
av_packet_rescale_ts(&pkt, in_stream->time_base, out_stream->time_base);
```

这里的时间基 in_stream->time_base 和 out_stream->time_base 是容器中的时间基(对应 tbn)。例如 FLV 封装格式的 time_base 为 $\{1,1000\}$,TS 封装格式的 time_base 为 $\{1,90\,000\}$,可以使用 FFmpeg 的命令行将 FLV 封装格式转换为 TS 封装格式。先抓取原文件前 4 帧的显示时间戳,命令行及输出内容如下:

```
//chapter9/9.4.help.txt
ffprobe -show_frames -select_streams v xxx.flv | grep pkt_pts      //Linux
ffprobe -show_frames -select_streams v xxx.flv | findstr pkt_pts   //Windows
//显示内容如下
pkt_pts = 40
pkt_pts_time = 0.040000
pkt_pts = 80
pkt_pts_time = 0.080000
pkt_pts = 120
pkt_pts_time = 0.120000
pkt_pts = 160
pkt_pts_time = 0.160000
```

再抓取转换的文件(TS)前 4 帧的显示时间戳,命令行及输出内容如下:

```
//chapter9/9.4.help.txt
ffprobe -show_frames -select_streams v xxx.ts | grep pkt_pts //linux
ffprobe -show_frames -select_streams v xxx.ts | findstr pkt_pts//Windows
//显示内容如下:
pkt_pts = 3600
pkt_pts_time = 0.040000
pkt_pts = 7200
pkt_pts_time = 0.080000
pkt_pts = 10800
pkt_pts_time = 0.120000.
pkt_pts = 14400
pkt_pts_time = 0.160000
```

可以发现,对于同一个视频帧,它们在不同封装格式中的时间基(tbn)不同,所以时间戳(pkt_pts)也不同,但是计算出来的时刻值(pkt_pts_time)是相同的。例如第 1 帧的时间戳,计算关系的代码如下:

```
//chapter9/9.4.help.txt
40  × {1,1000} == 3600  × {1,90000} == 0.040000
80  × {1,1000} == 7200  × {1,90000} == 0.080000
120 × {1,1000} == 10800 × {1,90000} == 0.120000
160 × {1,1000} == 14400 × {1,90000} == 0.160000
```

5) 转码过程中的时间基转换

编解码器中的时间基(AVCodecContext.time_base,对应 tbc)的定义代码如下:

```
//chapter9/9.4.help.txt
typedef struct AVCodecContext {
    ...
    
    /**
     * This is the fundamental unit of time (in seconds) in terms of which frame timestamps are
represented. For fixed - fps content, timebase should be 1/framerate and timestamp increments
should be identically 1.
     * 这是表示帧时间戳的基本时间单位(秒).对于固定 fps 内容,时间基应为 1/帧速率,时间戳
增量应为 1
     * This often, but not always is the inverse of the frame rate or field rate for video. 1/
time_base is not the average frame rate if the frame rate is not constant. 这通常(但并非总是)与
视频的帧速率或场速率相反.如果帧速率不是常数,则 1/time_base 不是平均帧速率
     *
     * Like containers, elementary streams also can store timestamps, 1/time_base is the unit
in which these timestamps are specified. 与容器一样,基本流也可以存储时间戳,1/time_base 是指
定这些时间戳的单位
     * As example of such codec time base see ISO/IEC 14496 - 2:2001(E) vop_time_increment_
resolution and fixed_vop_rate (fixed_vop_rate == 0 implies that it is different from the
framerate)作为此类编解码器时基的示例,可参见 ISO/IEC 14496 - 2:2001(E) vop_time_increment_
resolution 和 fixed_vop_rate(fixed_vop_rate == 0 表示它与帧速率不同)
     *
     * - encoding: MUST be set by user.:编码时必须由用户设置该字段
     * - decoding: the use of this field for decoding is deprecated.解码时不推荐使用此字段
进行解码    Use framerate instead.而是应该使用帧率字段 framerate
     */
    AVRational time_base;    //编解码中的时间基
    
    ...
}
```

上述注释指出,AVCodecContext.time_base 是帧率的倒数,每帧时间戳递增 1,那么 tbc 就等于帧率。在编码过程中,应由用户设置好此参数。在解码过程中,此参数已过时,建议直接使用帧率的倒数作为时间基。

> **注意**：根据注释中的建议，在实际使用时，在视频解码过程中，不使用 AVCodecContext.time_base，而用帧率的倒数作为时间基；在视频编码过程中，用户需要将 AVCodecContext.time_base 设置为帧率的倒数。

不同的封装格式，时间基（time_base）是不一样的。另外，整个转码过程，不同的数据状态对应的时间基也不一致。例如用 mpegts 封装格式，帧率为 25 帧/秒，非压缩时的数据（YUV或者其他）在 FFmpeg 中对应的结构体为 AVFrame，它的时间基为 AVCodecContext 的 time_base，为帧率的倒数（AVRational{1,25}），而压缩后的数据（结构体为 AVPacket）对应的时间基为 AVStream 的 time_base，mpegts 的时间基为 AVRational{1,90 000}。

由于数据状态不同，时间基不一样，所以必须对时间基进行转换，例如在 1/25 时间刻度下占 5 格，在 1/90 000 时间刻度下占 18 000 格。这就是 PTS 的转换。根据 PTS 来计算一帧在整个视频中的时间位置，代码如下：

```
timestamp(s) = pts * av_q2d(st->time_base)
```

Duration 和 PTS 单位一样，Duration 表示当前帧的持续时间占多少格。或者理解为两帧的间隔时间占多少格。计算 Duration 的代码如下：

```
time(s) = st->duration * av_q2d(st->time_base)
```

6）解码过程中的时间基转换

想要播放一个视频，需要获得视频画面和音频数据，然后对比一下时间，让音视频的时间对齐，再放入显示器和扬声器中播放。在 FFmpeg 里，对于视频，它把画面一帧一帧增加认为是一个单元，例如一个帧率为 10 帧/秒的视频，那么在 1s 内它就以 1、2、3、4、5、6、7、8、9、10 这样的方式进行计数，可以简单地认为这里的 1、2……10 就是其中的一个时间戳（PTS）。

AVStream.time_base 是 AVPacket 中 PTS 和 DTS 的时间单位。解码时通过 av_read_frame() 函数将数据读取到 AVPacket，此时 AVPacket 有一个 PTS，该 PTS 是以 AVStream.time_base 为基准的。需要将这个 PTS 转换成解码后的 PTS，可以通过 av_packet_rescale_ts() 函数把 AVStream 的 time_base 转换成 AVCodecContext 的 time_base。对于视频来讲，这里的 AVCodecContext 的 time_base 是帧率的倒数。

通过解码后得到视频帧 AVFrame，这里的 AVFrame 会有一个 PTS，该 PTS 是以 AVCodecContext 的 time_base 为基准的，如果要显示这帧画面，则需要转换成显示的时间，即从 AVCodecContext 的 time_base 转换成 AV_TIME_BASE(1 000 000) 的 timebase，最后得到的才是日常习惯使用的单位微秒。视频解码过程中的时间基转换处理的代码如下：

```
//chapter9/9.4.help.txt
AVFormatContext * ifmt_ctx;
```

```
AVStream * in_stream;
AVCodecContext * dec_ctx;
AVPacket packet;
AVFrame * frame;

//从输入文件中读取编码帧:AVPacket
av_read_frame(ifmt_ctx, &packet);

//先获取解码层的时间基(等于帧率的倒数)
int raw_video_time_base = av_inv_q(dec_ctx->framerate);
//时间基转换:将 AVStream 的时间基转换为 AVCodecContext 的时间基
av_packet_rescale_ts(packet, in_stream->time_base, raw_video_time_base);

//解码
avcodec_send_packet(dec_ctx, packet);
avcodec_receive_frame(dec_ctx, frame);
```

7) 编码过程中的时间基转换

前面解码部分得到了一个 AVFrame,并且得到了微秒为基准的 PTS。如果要去编码,就要逆过来,通过调用 av_rescale_q() 函数将 PTS 转换成编码器(AVCodecContext)的 PTS,转换成功后,就可以压缩了。压缩过程需要调用 avcodec_send_frame() 和 avcodec_receive_packet() 函数,然后得到 AVPacket。此时会有一个 PTS,该 PTS 是以编码器为基准的,所以需要再次调用 av_packet_rescale_ts() 函数将编码器的 PTS 转换成 AVStream 的 PTS,最后才可以写入文件或者流中。视频编码过程中的时间基转换处理的代码如下:

```
//chapter9/9.4.help.txt
AVFormatContext * ofmt_ctx;
AVStream * out_stream;
AVCodecContext * dec_ctx;
AVCodecContext * enc_ctx;
AVPacket packet;
AVFrame * frame;

//编码
avcodec_send_frame(enc_ctx, frame);
avcodec_receive_packet(enc_ctx, packet);

//时间基转换
packet.stream_index = out_stream_idx; //写入文件中,对应的流索引
enc_ctx->time_base = av_inv_q(dec_ctx->framerate); //编码层的时间基,帧率的倒数
//将编码层的时间基转换为封装层的时间基(AVStream.time_base)
av_packet_rescale_ts(&opacket, enc_ctx->time_base, out_stream->time_base);

//将编码帧写入输出媒体文件
av_interleaved_write_frame(o_fmt_ctx, &packet);
```

8) 时间基转换所涉及的数据结构与时间体系

FFmpeg 中时间基转换涉及的数据结构包括 AVStream 和 AVCodecContext。如果由

某个解码器产生固定帧率的码流,则 AVCodecContext 中的 time_base 根据帧率来设定,如帧率为 25 帧/秒,那么 time_base 为{1,25}。

AVStream 中的 time_base 一般根据其采样频率设定,例如 mpegts 封装格式的时间基为{1,90 000},在某些场景下涉及 PTS 的计算时,就涉及两个 Time 的转换,以及到底取哪里的 time_base 进行转换,如下所示。

(1) 场景 1:编码器产生的帧,直接存入某个容器的 AVStream 中,那么此时 packet 的 Time 要从 AVCodecContext 的 Time 转换成目标 AVStream 的 Time。

(2) 场景 2:从一种容器中 demux 出来的源 AVStream 的 packet,存入另一个容器中的 AVStream。此时的 time_base 应该从源 AVStream 的 Time,转换成目的 AVStream 的 time_base 下的 Time。

所以问题的关键还是要理解,不同的场景下取到的数据帧的 Time 是相对哪个时间体系的,如下所示。

(1) demux 出来的帧的 Time:是相对于源 AVStream 的 time_base。
(2) 编码器出来的帧的 Time:是相对于源 AVCodecContext 的 time_base。
(3) mux 存入文件等容器的 Time:是相对于目的 AVStream 的 time_base。

9) 视频流编解码过程中的时间基转换

视频需要按帧播放,解码后的原始视频帧的时间基为帧率的倒数(1/framerate),视频解码过程中的时间基转换处理,代码如下:

```
//chapter9/9.4.help.txt
AVFormatContext * ifmt_ctx;
AVStream * in_stream;
AVCodecContext * dec_ctx;
AVPacket packet;
AVFrame * frame;

//从输入文件中读取编码帧
av_read_frame(ifmt_ctx, &packet);

//时间基转换:先计算解码时的帧率倒数
int raw_video_time_base = av_inv_q(dec_ctx->framerate);
//将 AVStream 的时间基转换为 AVCodecContext 的时间基
av_packet_rescale_ts(packet, in_stream->time_base, raw_video_time_base);

//解码
avcodec_send_packet(dec_ctx, packet);
avcodec_receive_frame(dec_ctx, frame);
```

视频编码过程中的时间基转换处理,代码如下:

```
AVFormatContext * ofmt_ctx;
AVStream * out_stream;
AVCodecContext * dec_ctx;
```

```
AVCodecContext * enc_ctx;
AVPacket packet;
AVFrame * frame;

//编码
avcodec_send_frame(enc_ctx, frame);
avcodec_receive_packet(enc_ctx, packet);

//时间基转换
packet.stream_index = out_stream_idx;
enc_ctx->time_base = av_inv_q(dec_ctx->framerate);            //编码层的时间基;帧率的倒数
av_packet_rescale_ts(&opacket, enc_ctx->time_base, out_stream->time_base);

//将编码帧写入输出媒体文件
av_interleaved_write_frame(o_fmt_ctx, &packet);
```

10) 音频流编解码过程中的时间基转换

音频按采样点播放,解码后原始音频帧的时间基为采样率的倒数(1/sample_rate)。音频解码过程中的时间基转换处理,代码如下:

```
//chapter9/9.4.help.txt
AVFormatContext * ifmt_ctx;
AVStream * in_stream;
AVCodecContext * dec_ctx;
AVPacket packet;
AVFrame * frame;

//从输入文件中读取编码帧
av_read_frame(ifmt_ctx, &packet);

//时间基转换
int raw_audio_time_base = av_inv_q(dec_ctx->sample_rate);       //采样率的倒数
//将封装层的 AVStream.time_base 转换为编解码层的时间基
av_packet_rescale_ts(packet, in_stream->time_base, raw_audio_time_base);

//解码
avcodec_send_packet(dec_ctx, packet)
avcodec_receive_frame(dec_ctx, frame);
```

音频编码过程中的时间基转换处理,代码如下:

```
//chapter9/9.4.help.txt
AVFormatContext * ofmt_ctx;
AVStream * out_stream;
AVCodecContext * dec_ctx;
AVCodecContext * enc_ctx;
AVPacket packet;
AVFrame * frame;

//编码
```

```
avcodec_send_frame(enc_ctx, frame);
avcodec_receive_packet(enc_ctx, packet);

//时间基转换
packet.stream_index = out_stream_idx;
enc_ctx->time_base = av_inv_q(dec_ctx->sample_rate);     //采样率的倒数
//将转换为编解码层的时间基及封装层的 AVStream.time_base
av_packet_rescale_ts(&opacket, enc_ctx->time_base, out_stream->time_base);

//将编码帧写入输出媒体文件
av_interleaved_write_frame(o_fmt_ctx, &packet);
```

3. FFplay 视频同步音频原理及源码解析

对于视频同步处理在 FFplay 代码中有两处地方，一处是在 get_video_frame() 函数中做了简单的丢帧处理，另一处是在 video_refresh() 函数显示控制时做的同步处理。

4. FFplay 的 Clock 时钟

FFplay 采用的同步方案是视频同步到音频，先来看时钟(Clock)结构体，代码如下：

```
//chapter9/9.5.help.txt
//时钟/同步时钟
typedef struct Clock {
    double pts;           //当前正在播放的帧的 pts    /* clock base */
    //当前的 pts 与系统时间的差值,保持设置 pts 时候的差值
    //后面就可以利用这个差值推算下一个 pts 播放的时间点
    double pts_drift;
    double last_updated;//最后一次更新时钟的时间
    double speed;        //播放速度控制
    int serial;          //播放序列 /* clock is based on a packet with this serial */
    int paused;          //是否暂停
    /* 队列的播放序列 PacketQueue 中的 serial:pointer to the current packet queue serial,
    used for obsolete clock detection */
    int *queue_serial;
} Clock;
```

音频和视频每次在播放新的一帧数据时都会调用 set_clock() 函数更新音频时钟或视频时钟。通过分析 set_clock_at() 函数可以发现，就是更新了 Clock 结构体的 4 个变量，其中 pts_drift 是当前帧的 PTS 与系统时间的差值，有了这个差值在未来的某一刻就能够很方便地算出当前帧对应的时钟点，其中的原理如图 9-10 所示。

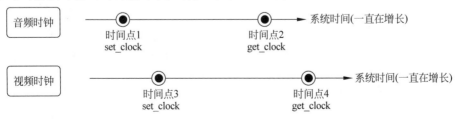

图 9-10　音视频同步与时钟点

例如在"时间点1"设置了一个PTS是10.01s,则pts_drift＝系统时间点1－pts,然后获取"时间点2"的音频时钟就是刚才计算出来的pts_drift＋系统时间点2。例如在"时间点3"设置了一个PTS是10.03s,则pts_drift＝系统时间点3－pts,那么获取"时间点4"的视频时钟就是刚才计算出来的pts_drift＋系统时间点4,其中set_clock()和set_clock_at()函数的代码如下：

```cpp
//chapter9/MFCFFPlayer/MFCFFPlayer/ffplay_MFCDlg.cpp
//主要由set_clock调用
static void set_clock_at(Clock *c, double pts, int serial, double time){
    c->pts = pts;
    c->last_updated = time;
    c->pts_drift = c->pts - time;
    c->serial = serial;
}

static void set_clock(Clock *c, double pts, int serial){
    double time = av_gettime_relative() / 1000000.0;
    set_clock_at(c, pts, serial, time);
}

static double get_clock(Clock *c){
//如果时钟的播放序列与待解码包队列的序列不一致,则返回NAN,即不同步或者需要丢帧
    if (*c->queue_serial != c->serial)
        return NAN;
    if (c->paused) {
        //如果是暂停状态,则返回原来的pts
        return c->pts;
    } else {
        double time = av_gettime_relative() / 1000000.0;
//speed可以先忽略播放速度控制
//如果是1倍播放速度,则c->pts_drift + time
        return c->pts_drift + time - (time - c->last_updated) * (1.0 - c->speed);
    }
}
```

1) get_video_frame()函数

get_video_frame()函数用于获取解码后的视频帧,如果已经来不及显示了,则直接丢弃,代码如下：

```cpp
//chapter9/MFCFFPlayer/MFCFFPlayer/ffplay_MFCDlg.cpp
static int get_video_frame(VideoState *is, AVFrame *frame){
    int got_picture;

    if ((got_picture = decoder_decode_frame(&is->viddec, frame, NULL)) < 0)
        return -1;

    if (got_picture) {
        double dpts = NAN;
```

```c
            if (frame->pts != AV_NOPTS_VALUE)
                dpts = av_q2d(is->video_st->time_base) * frame->pts;

            frame->sample_aspect_ratio = av_guess_sample_aspect_ratio(is->ic, is->video_
st, frame);

            //同步时钟不以视频为基准时
            if (framedrop>0 || (framedrop && get_master_sync_type(is) != AV_SYNC_VIDEO_MASTER))
{
                if (frame->pts != AV_NOPTS_VALUE) {
                    //理论上如果需要连续播放,则 dpts + diff = get_master_clock(is)
                    //所以可以算出 diff,注意绝对值
                    double diff = dpts - get_master_clock(is);
                    if (!isnan(diff) && fabs(diff) < AV_NOSYNC_THRESHOLD &&
                        diff - is->frame_last_filter_delay < 0 &&
                        is->viddec.pkt_serial == is->vidclk.serial &&
                        is->videoq.nb_packets) {
                        is->frame_drops_early++;
                        av_frame_unref(frame);
                        got_picture = 0;
                    }
                }
            }
        }

        return got_picture;
}
```

2) video_refresh()函数

在视频播放线程中,video_refresh()函数用于播放视频,实现了视频显示和同步控制,函数的调用流程如下:

```
main() → event_loop() → refresh_loop_wait_event() → video_refresh()
```

video_refresh()函数的流程如图9-11所示,该函数的主要逻辑与步骤如下所述:

(1) 获取正在播放的帧与下一帧,如果播放序列变了,则重试,通过两帧计算出正在播放的帧在理想情况下应该播放多久,vp_duration()函数就是通过两帧的 pts 差值计算的。

(2) 通过 compute_target_delay()函数算出当前播放帧真正的播放时间,内部做了时间补偿,可以说这是音视频同步的核心。

(3) 通过系统当前时间与上一帧的播放时间对比,看对比结果是继续显示当前帧还是更新显示下一帧。

(4) 通过 frame_queue_next()函数更新读索引。

在 video_refresh()函数中,"计算上一帧显示时长"这一步至关重要,该函数的核心代码如下:

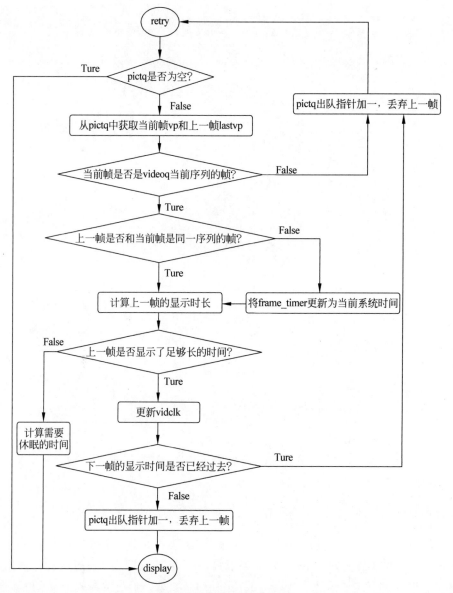

图 9-11 视频刷新的逻辑

```
//chapter9/MFCFFPlayer/MFCFFPlayer/ffplay_MFCDlg.cpp
/** 显示视频 */
static void video_refresh(void * opaque, double * remaining_time){
    VideoState * is = opaque;
    double time;
    Frame * sp, * sp2;

    //以外部时钟为基准
```

```c
    if (!is->paused && get_master_sync_type(is) == AV_SYNC_EXTERNAL_CLOCK && is->realtime)
        check_external_clock_speed(is);

    if (!display_disable && is->show_mode != SHOW_MODE_VIDEO && is->audio_st)
    {
        time = av_gettime_relative() / 1000000.0;
        if (is->force_refresh || is->last_vis_time + rdftspeed < time) {
            video_display(is);
            is->last_vis_time = time;
        }
        *remaining_time = FFMIN(*remaining_time, is->last_vis_time + rdftspeed - time);
    }

    if (is->video_st) {
retry:
        //没有可读取的帧
        if (frame_queue_nb_remaining(&is->pictq) == 0) {
            //nothing to do, no picture to display in the queue
        } else {
            double last_duration, duration, delay;
            Frame *vp, *lastvp;

            /* dequeue the picture */
            //正在显示的帧
            lastvp = frame_queue_peek_last(&is->pictq);
            //将要显示的帧
            vp = frame_queue_peek(&is->pictq);

            if (vp->serial != is->videoq.serial) {
                //不在同一个播放序列了,丢弃
                frame_queue_next(&is->pictq);
                goto retry;
            }

            if (lastvp->serial != vp->serial)
                //不在同一个播放序列,更改最新帧的时间
                is->frame_timer = av_gettime_relative() / 1000000.0;

            if (is->paused)
                //如果是暂停状态,则更新显示
                goto display;

            /* compute nominal last_duration */
            //计算上一帧该帧需要显示多久,理想播放时长
            last_duration = vp_duration(is, lastvp, vp);
            //上一帧经过校正后实际需要显示多长时间
            delay = compute_target_delay(last_duration, is);

            time = av_gettime_relative()/1000000.0;
            if (time < is->frame_timer + delay) {
                //还没达到下一帧的显示时间,继续显示上一帧
```

```
                    * remaining_time = FFMIN(is->frame_timer + delay - time, * remaining_time);
                    goto display;
            }

            //显示下一帧了
            //更新播放时间,与上面 time < is->frame_timer + delay 判断条件对应
            is->frame_timer += delay;
            if (delay > 0 && time - is->frame_timer > AV_SYNC_THRESHOLD_MAX)
                    //如果和系统时间差距太大,就纠正为系统时间
                    is->frame_timer = time;

            SDL_LockMutex(is->pictq.mutex);
            if (!isnan(vp->pts))
                    //更新视频时钟
                    update_video_pts(is, vp->pts, vp->pos, vp->serial);
            SDL_UnlockMutex(is->pictq.mutex);

            //帧队列中是否有可以播放的帧
            if (frame_queue_nb_remaining(&is->pictq) > 1) {
                    Frame *nextvp = frame_queue_peek_next(&is->pictq);
                    duration = vp_duration(is, vp, nextvp);
                    if(!is->step && (framedrop>0 || (framedrop && get_master_sync_type(is) != AV_SYNC_VIDEO_MASTER)) && time > is->frame_timer + duration){
                            is->frame_drops_late++;
                            frame_queue_next(&is->pictq);
                            goto retry;
                    }
            }

            ...
            frame_queue_next(&is->pictq);
            is->force_refresh = 1;

            if (is->step && !is->paused)
                    stream_toggle_pause(is);
    }
display:
    /* display picture */
    if (!display_disable && is->force_refresh && is->show_mode == SHOW_MODE_VIDEO && is->pictq.rindex_shown)
            video_display(is);
    }
    is->force_refresh = 0;
}
```

代码中只保留了与同步相关的部分,完整的代码可以参考 ffplay.c 源码。这段代码的主要思路就是如果视频播放过快,则重复播放上一帧,以等待音频;如果视频播放过慢,则丢帧追赶音频。实现的方式是,参考音频时钟(Audio Clock)来计算上一帧(在屏幕上的那个画面)还应显示多久(含帧本身时长),然后与系统时刻对比,是否该显示下一帧了。这里

与系统时刻的对比,引入了另一个概念——frame_timer,可以理解为帧显示时刻,更新前为上一帧的显示时刻,而更新后(is->frame_timer += delay)则为当前帧显示时刻。上一帧显示时刻加上 delay 即为上一帧应结束显示的时刻,具体原理如图 9-12 所示。

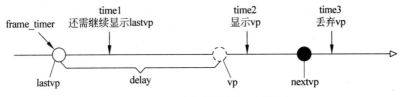

图 9-12　音视频帧显示时刻

这里给出了 3 种情况的示意图,如下所述。

(1) time1:系统时刻小于 lastvp 结束显示的时刻(frame_timer+dealy),即虚线圆圈位置,此时应该继续显示 lastvp。

(2) time2:系统时刻大于 lastvp 的结束显示时刻,但小于 vp 的结束显示时刻(vp 的显示时间开始于虚线圆圈,结束于黑色圆圈)。此时既不重复显示 lastvp,也不丢弃 vp,即应显示 vp。

(3) time3:系统时刻大于 vp 结束显示时刻(黑色圆圈位置,也是 nextvp 预计的开始显示时刻),此时应该丢弃 vp。

接下来就要看最关键的 lastvp 的显示时长(delay)的计算,它是在 compute_target_delay()函数中实现的,代码如下:

```
//chapter9/MFCFFPlayer/MFCFFPlayer/ffplay_MFCDlg.cpp
static double compute_target_delay(double delay, VideoState * is){
    double sync_threshold, diff = 0;

    /* update delay to follow master synchronisation source */
    if (get_master_sync_type(is) != AV_SYNC_VIDEO_MASTER) {
        /* if video is slave, we try to correct big delays by
           duplicating or deleting a frame */
        //音频时钟和视频时钟的差距
        //如果以音频时钟为基准,则 get_master_clock 获得的就是音频时钟的 pts
        diff = get_clock(&is->vidclk) - get_master_clock(is);

        /* skip or repeat frame. 跳过或重复帧 We take into account the
           delay to compute the threshold. */

        sync_threshold = FFMAX(AV_SYNC_THRESHOLD_MIN, FFMIN(AV_SYNC_THRESHOLD_MAX,
delay));
        //需要做同步调整
        if (!isnan(diff) && fabs(diff) < is->max_frame_duration) {
            if (diff <= - sync_threshold)
                //视频落后了,并且超过了同步阈值
                delay = FFMAX(0, delay + diff);
```

```
                else if (diff >= sync_threshold && delay > AV_SYNC_FRAMEDUP_THRESHOLD)
                    //视频超前了,并且超过了同步阈值
                    delay = delay + diff;
                else if (diff >= sync_threshold)
                    //视频超前了
                    delay = 2 * delay;
            }
        }

        av_log(NULL, AV_LOG_TRACE, "video: delay = % 0.3f A - V = % f\n",
                delay, - diff);

        return delay;
    }
```

在上面的代码中注释全部是源码的注释,代码不长,注释信息占了将近一半,可见这段代码的重要性,其中通过 sync_threshold 来确定最终的 delay,而 delay 的调整方法如图 9-13 所示。

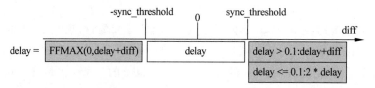

图 9-13 视频刷同步及延迟时间

当视频时钟与参照时钟的差距小于-sync_threshold 时,表示视频播放较慢,需要适当丢帧。通过返回最大为 0 的值,使 frame_timer 变小,从而丢帧。如果大于 sync_threshold,则表示视频播放太快,需要适当重复显示上一帧。返回 2 倍的 delay,也就是让上一帧播放时长加倍,但是如果 delay>0.1,则返回 delay+diff,其中坐标轴是 diff 值的大小,diff 为 0 表示 Video Clock 与 Audio Clock 完全相同,完美同步,而下方的色块表示要返回的值,色块值的 delay 指传入参数,即 lastvp 的显示时长,而 sync_threshold 表示建立一块区域,在这块区域内无须调整 lastvp 的显示时长,直接返回 delay 即可,也就是在这块区域内认为是准同步的。如果小于-sync_threshold,则表示视频播放较慢,需要适当丢帧。具体是返回一个最大为 0 的值,根据前面 frame_timer 的计算方式,至少应将画面更新为 vp。如果大于 sync_threshold,则表示视频播放太快,需要适当重复显示 lastvp,具体是返回 2 倍的 delay,也就是 2 倍的 lastvp 显示时长,即让 lastvp 再显示一帧。如果不仅大于 sync_threshold,而且超过了 AV_SYNC_FRAMEDUP_THRESHOLD,则返回 delay+diff,由具体 diff 决定还要显示多久(统一处理为返回 2 * delay 或者 delay+diff)。

然后通过系统的当前时间与上一帧的播放时间对比,看对比结果是继续显示当前帧还是更新显示下一帧,主要代码如下:

```
//chapter9/MFCFFPlayer/MFCFFPlayer/ffplay_MFCDlg.cpp
time = av_gettime_relative()/1000000.0;
if (time < is->frame_timer + delay) {
    //还没达到下一帧的显示时间,继续显示上一帧
    *remaining_time = FFMIN(is->frame_timer + delay - time, *remaining_time);
    goto display;
}

//显示下一帧
//更新播放时间,与上面 time < is->frame_timer + delay 判断条件对应
is->frame_timer += delay;
if (delay > 0 && time - is->frame_timer > AV_SYNC_THRESHOLD_MAX)
    //如果和系统时间差距太大,就纠正为系统时间
    is->frame_timer = time;

SDL_LockMutex(is->pictq.mutex);
if (!isnan(vp->pts))
    //更新视频时钟
    update_video_pts(is, vp->pts, vp->pos, vp->serial);
SDL_UnlockMutex(is->pictq.mutex);
```

视频同步音频的过程,简单总结如下。

(1) ffplay 音视频同步的基本策略是：如果视频播放过快,则重复播放上一帧,以等待音频；如果视频播放过慢,则丢帧来追赶音频。

(2) 这一策略的实现方式是：引入 frame_timer 的概念,标记帧的显示时刻和应结束显示的时刻,然后与系统时刻对比,决定重复还是丢帧。

(3) lastvp 为应结束显示的时刻,除了考虑这一帧本身的显示时长,还应考虑 Video Clock 与 Audio Clock 的差值。

(4) 并不是每时每刻都在同步,而是有一个"准同步"的差值区域。

要实现音视频同步,通常需要选择一个参考时钟,参考时钟上的时间是线性递增的,编码音视频流时依据参考时钟上的时间给每帧数据打上时间戳。在播放时,读取数据帧上的时间戳,同时参考当前参考时钟上的时间来动态地调节播放。这里说的时间戳就是 PTS。参考时钟的选择一般来讲有以下 3 种。

(1) 将视频同步到音频上：就是以音频的播放速度为基准同步视频。

(2) 将音频同步到视频上：就是以视频的播放速度为基准同步音频。

(3) 将视频和音频同步到外部的时钟上：选择一个外部时钟为基准,视频和音频的播放速度都以该时钟为标准。

总之,如果播放源比参考时钟慢,则加快其播放速度,或者丢弃；反之,则延迟播放。实践中,DTS 和 PTS 是音视频同步的关键技术,同时也与丢帧策略密切相关。为了更好地提高视频播放流畅度与播放效果,音视频同步算法的简单丢弃、快速播放、延迟播放效果并不是最佳,可以改善同步策略,有以下几点可以参考：

(1) 人类对语音是敏感的,要强于视频感,频繁调节音频会带来较差的观感体验,可得

出的结论是音频是时间敏感的,因此将音频时钟作为参考时钟。

(2) 调整策略可以尽量采用渐进的方式,因为音视频同步是一个动态调节的过程,一次调整让音视频 PTS 完全一致,没有必要,并且可能导致播放异常较为明显。

(3) 调整策略仅仅对早到的或晚到的数据块进行延迟或加快处理,有时是不够的。如果想要更加主动并且有效地调节播放性能,则需要引入一个反馈机制,也就是要将当前数据流速度太快或太慢的状态反馈给"源",让源去放慢或加快数据流的速度。

图书推荐

书　　名	作　　者
深度探索 Vue.js——原理剖析与实战应用	张云鹏
剑指大前端全栈工程师	贾志杰、史广、赵东彦
Flink 原理深入与编程实战——Scala＋Java（微课视频版）	辛立伟
Spark 原理深入与编程实战（微课视频版）	辛立伟、张帆、张会娟
HarmonyOS 应用开发实战（JavaScript 版）	徐礼文
HarmonyOS 原子化服务卡片原理与实战	李洋
鸿蒙操作系统开发入门经典	徐礼文
鸿蒙应用程序开发	董昱
鸿蒙操作系统应用开发实践	陈美汝、郑森文、武延军、吴敬征
HarmonyOS 移动应用开发	刘安战、余雨萍、李勇军 等
HarmonyOS App 开发从 0 到 1	张诏添、李凯杰
HarmonyOS 从入门到精通 40 例	戈帅
JavaScript 基础语法详解	张旭乾
华为方舟编译器之美——基于开源代码的架构分析与实现	史宁宁
Android Runtime 源码解析	史宁宁
鲲鹏架构入门与实战	张磊
鲲鹏开发套件应用快速入门	张磊
华为 HCIA 路由与交换技术实战	江礼教
openEuler 操作系统管理入门	陈争艳、刘安战、贾玉祥 等
恶意代码逆向分析基础详解	刘晓阳
深度探索 Go 语言——对象模型与 runtime 的原理、特性及应用	封幼林
深入理解 Go 语言	刘丹冰
深度探索 Flutter——企业应用开发实战	赵龙
Flutter 组件精讲与实战	赵龙
Flutter 组件详解与实战	［加］王浩然（Bradley Wang）
Flutter 跨平台移动开发实战	董运成
Dart 语言实战——基于 Flutter 框架的程序开发（第 2 版）	亢少军
Dart 语言实战——基于 Angular 框架的 Web 开发	刘仕文
IntelliJ IDEA 软件开发与应用	乔国辉
Vue＋Spring Boot 前后端分离开发实战	贾志杰
Vue.js 快速入门与深入实战	杨世文
Vue.js 企业开发实战	千锋教育高教产品研发部
Python 从入门到全栈开发	钱超
Python 全栈开发——基础入门	夏正东
Python 全栈开发——高阶编程	夏正东
Python 全栈开发——数据分析	夏正东
Python 游戏编程项目开发实战	李志远
Python 人工智能——原理、实践及应用	杨博雄 主编，于营、肖衡、潘玉霞、高华玲、梁志勇 副主编
Python 深度学习	王志立
Python 预测分析与机器学习	王沁晨
Python 异步编程实战——基于 AIO 的全栈开发技术	陈少佳
Python 数据分析实战——从 Excel 轻松入门 Pandas	曾贤志

续表

书 名	作 者
Python 概率统计	李爽
Python 数据分析从 0 到 1	邓立文、俞心宇、牛瑶
FFmpeg 入门详解——音视频原理及应用	梅会东
FFmpeg 入门详解——SDK 二次开发与直播美颜原理及应用	梅会东
FFmpeg 入门详解——流媒体直播原理及应用	梅会东
FFmpeg 入门详解——命令行与音视频特效原理及应用	梅会东
Python Web 数据分析可视化——基于 Django 框架的开发实战	韩伟、赵盼
Python 玩转数学问题——轻松学习 NumPy、SciPy 和 Matplotlib	张骞
Pandas 通关实战	黄福星
深入浅出 Power Query M 语言	黄福星
深入浅出 DAX——Excel Power Pivot 和 Power BI 高效数据分析	黄福星
云原生开发实践	高尚衡
云计算管理配置与实战	杨昌家
虚拟化 KVM 极速入门	陈涛
虚拟化 KVM 进阶实践	陈涛
边缘计算	方娟、陆帅冰
物联网——嵌入式开发实战	连志安
动手学推荐系统——基于 PyTorch 的算法实现（微课视频版）	於方仁
人工智能算法——原理、技巧及应用	韩龙、张娜、汝洪芳
跟我一起学机器学习	王成、黄晓辉
深度强化学习理论与实践	龙强、章胜
自然语言处理——原理、方法与应用	王志立、雷鹏斌、吴宇凡
TensorFlow 计算机视觉原理与实战	欧阳鹏程、任浩然
计算机视觉——基于 OpenCV 与 TensorFlow 的深度学习方法	余海林、翟中华
深度学习——理论、方法与 PyTorch 实践	翟中华、孟翔宇
HuggingFace 自然语言处理详解——基于 BERT 中文模型的任务实战	李福林
AR Foundation 增强现实开发实战（ARKit 版）	汪祥春
AR Foundation 增强现实开发实战（ARCore 版）	汪祥春
ARKit 原生开发入门精粹——RealityKit＋Swift＋SwiftUI	汪祥春
HoloLens 2 开发入门精要——基于 Unity 和 MRTK	汪祥春
巧学易用单片机——从零基础入门到项目实战	王良升
Altium Designer 20 PCB 设计实战（视频微课版）	白军杰
Cadence 高速 PCB 设计——基于手机高阶板的案例分析与实现	李卫国、张彬、林超文
Octave 程序设计	于红博
ANSYS 19.0 实例详解	李大勇、周宝
ANSYS Workbench 结构有限元分析详解	汤晖
AutoCAD 2022 快速入门、进阶与精通	邵为龙
SolidWorks 2021 快速入门与深入实战	邵为龙
UG NX 1926 快速入门与深入实战	邵为龙
Autodesk Inventor 2022 快速入门与深入实战（微课视频版）	邵为龙
全栈 UI 自动化测试实战	胡胜强、单镜石、李睿
pytest 框架与自动化测试应用	房荔枝、梁丽丽